★ 本书获中国石油和化学工业优秀出版物奖（教材奖）★

高职高专"十三五"规划教材

物理化学

李素婷　侯 炜　主编　　邬宪伟　主审

The Second Edition
第二版

化学工业出版社
·北京·

本书重点阐述物理化学的基本原理及应用，主要内容包括：相与相平衡、溶液、化学平衡、化学动力学、电解质溶液、电化学基础、热力学第一定律和热力学第二定律、表面化学等。知识的讲解重应用、轻推导，每节后设有思考与练习，每章后有习题，例题、思考与练习题和习题与生产生活结合紧密，有助于读者对物理化学知识的理解和接受。为方便教学，本书配有电子课件。

本书可作为高职高专化工、轻工、材料、冶金、环保等专业的物理化学教材，也可供厂矿企业有关专业的工程科技人员参考。

图书在版编目（CIP）数据

物理化学/李素婷，侯炜主编. —2版. —北京：化学工业出版社，2019.9（2025.2重印）
ISBN 978-7-122-34517-2

Ⅰ.①物… Ⅱ.①李…②侯… Ⅲ.①物理化学-高等学校-教材 Ⅳ.①O64

中国版本图书馆CIP数据核字（2019）第092770号

责任编辑：旷英姿　林　媛　陈有华　　　装帧设计：王晓宇
责任校对：王鹏飞

出版发行：化学工业出版社（北京市东城区青年湖南街13号　邮政编码100011）
印　　装：北京科印技术咨询服务有限公司数码印刷分部
787mm×1092mm　1/16　印张18¼　字数481千字　2025年2月北京第2版第6次印刷

购书咨询：010-64518888　　　　　　　　售后服务：010-64518899
网　　址：http://www.cip.com.cn
凡购买本书，如有缺损质量问题，本社销售中心负责调换。

定　　价：49.00元　　　　　　　　　　　　　　　　　　　版权所有　违者必究

前言 —— Preface

根据多年的使用，在综合多方意见的基础上，本次对《物理化学》教材的修订主要注重了以下几个方面的问题：

1. 对内容结构进行了适当调整。将原来的"第十章 知识拓展"中每节内容合并到相应的章节中，作为选学内容呈现。目的是使知识的前后连贯性更好，方便读者连续学习。

2. 增加思考题的数量和形式。将原有的每一节后的"思考与练习"的内容增加，由原来的5个填空题、5个判断题，扩充为5个填空题、5个判断题、5个单选题和5个问答题。目的是使学习者思考、提高，通过反复练习达到巩固加深效果。

3. 进一步修订学习目标。修改了每章前的"学习目标"，使"学习目标"更详细、叙述更具体，使读者在学习中目标更明确。

4. 更新了新视野内容。每章后的"新视野"的内容适当进行了更新，紧密跟随学科发展和最新应用，拓宽读者的知识面和对相关知识的理解。

5. 修订了部分文字叙述。对内容中叙述不够简洁的文字等进行了修改，力求以最简洁的文字呈现知识内容。

由于作者水平有限，不足之处在所难免，恳请同行、读者批评指正。

编者
2019 年 2 月

第一版前言 —— Preface

本教材是根据全国化工高等职业教育基础化学教学指导委员会教学改革会议精神和会议讨论制定的教学大纲编写的。

本教材在编写过程中充分考虑到高职高专培养高等技术应用性人才的目标要求，力求做到突出应用、够用和适用等特点。

1. 以应用为主

① 在内容编排上做了大胆的尝试，强调结论在各领域的应用和使用范围。首先是热力学结论在相平衡、化学平衡、电化学平衡等方面的应用，例如，直接应用克拉贝龙方程、化学反应等温方程式、能斯特方程等，最后讲述热力学第一、第二定律。这样做的目的是突出应用，使初学者将注意力放在应用上，避免了初学者在热力学第一、第二定律难点处的困惑和对后续内容的不理解。

② 淡化了部分理论知识的由来以及公式的推导过程等内容。例如，简化了熵的导出过程、吉布斯函数的导出过程等。

③ 例题和习题尽量联系生活或生产实际，避免纯理论的公式推导，内容涉及面广；相应的内容后编有实验，使学生在动手操作后既加深对知识的理解又提高了动手能力，同时避免了理论与实验"脱节"的现象。

④ 每章后编有"新视野"，重在介绍物理化学知识在各个领域的最新应用和新技术，旨在开阔读者视野、开放思维、启发创新。

2. 以够用为度

在内容安排上，以选择最基础的知识，使读者能掌握最基本的应用，培养最基本的技能为主要目标。在最后一章编有"知识拓展"，是在前面几章的基础上对知识的延伸，内容上采取模块形式，方便不同专业、不同学时的课程作适当组合和选择。

3. 突出适用性

在对知识的叙述上，力图语言精练、内涵丰富，多处设问使学生或读者思考后加深对知识的理解，同时也利于开阔思维。在每一节后都编有思考与练习，以加强对知识的理解、掌握、巩固和灵活应用。同时也为教者提供方便。

本书由李素婷主编。绪论、第三、四、九章由李素婷编写；第一、二章由张克峰编写；第五、六章及第十章第五~九节由侯炜编写；第七、八章由温泉编写；第十章第一~四节以及第十一~十二节由赵红霞编写。全书由李素婷统稿。

本书由邬宪伟主审，参加审稿的有周健、陈佳。他们在审稿中提出了许多宝贵意见，在此表示衷心感谢。

由于编者水平有限、时间仓促，不足之处在所难免，恳请同行、读者批评指正。

编者
2007 年 4 月

目录 — Contents

绪论 — 001
一、物理化学的内容 / 001
二、物理化学的研究方法 / 002
三、物理化学的学习方法 / 002

第一章 相、相平衡 — 004

第一节 物质的聚集状态 / 004
 一、气体、液体和固体 / 004
 二、相 / 005
 三、相律 / 006

第二节 气体 / 008
 一、理想气体 / 008
 二、混合气体 / 010

第三节 实际气体 / 013
 一、用压缩因子图计算实际气体 / 014
 二、范德华方程 / 015
 三、气体的液化 / 016

第四节 单组分体系 / 018
 一、液体的饱和蒸气压和沸点 / 018
 二、克拉贝龙方程的应用 / 019
 三、单组分体系相图 / 021

实验一 液体饱和蒸气压的测定 / 023

*第五节 简单双组分凝聚体系相图 / 026
 一、相图分析 / 026
 二、应用举例 / 028

新视野 液体和液晶 / 029

习题 / 031

第二章 溶液 — 034

第一节 拉乌尔定律与理想溶液 / 034

一、拉乌尔定律　/ 034
　　二、理想溶液　/ 035
第二节　实际溶液的相图　/ 039
　　一、实际溶液　/ 039
　　二、杠杆规则　/ 042
　　三、精馏　/ 043
实验二　双液系气液平衡相图的绘制　/ 045
第三节　亨利定律　/ 048
　　一、溶液组成的表示法及其换算　/ 048
　　二、亨利定律　/ 049
第四节　稀溶液的依数性　/ 051
　　一、蒸气压降低　/ 051
　　二、沸点升高　/ 052
　　三、凝固点降低　/ 052
　　四、渗透压　/ 053
实验三　凝固点降低法测定溶质的摩尔质量——环己烷溶解萘　/ 055
第五节　不互溶液体混合物和水蒸气蒸馏　/ 057
　　一、不互溶液体混合物　/ 057
　　二、水蒸气蒸馏　/ 057
第六节　分配定律和萃取　/ 059
　　一、分配定律　/ 059
　　二、萃取　/ 059
　　三、浸取　/ 060
新视野　现代分离技术简介　/ 061
习题　/ 063

第三章
化学平衡

066

第一节　化学反应平衡常数　/ 066
　　一、化学平衡　/ 066
　　二、平衡常数　/ 067
　　三、多相反应平衡常数　/ 068
实验四　液相反应平衡常数的测定　/ 070
第二节　平衡常数和平衡组成的计算　/ 073
　　一、平衡转化率或产率的计算　/ 073
　　二、平衡常数的计算　/ 074
第三节　化学反应的方向　/ 077
　　一、化学反应的标准摩尔反应吉布斯函数——$\Delta_r G_m^\ominus$　/ 077
　　二、化学反应方向　/ 079
第四节　化学平衡的移动　/ 083
　　一、温度变化引起化学平衡的移动　/ 083
　　二、总压力变化引起化学平衡的移动　/ 085

三、加入或减少惰性介质引起化学平衡的移动 / 086
　　四、原料配比不同引起化学平衡的移动 / 086
新视野　人体血液中氧和二氧化碳的交换 / 088
习题 / 088

第四章
化学动力学
091

第一节　化学反应速率 / 091
　　一、化学反应速率的表示方法 / 091
　　二、化学反应速率的测定 / 092
　　三、影响化学反应速率的因素 / 093
第二节　一级反应 / 095
　　一、一级反应速率方程的积分式 / 095
　　二、一级反应的特点 / 096
实验五　过氧化氢催化分解反应速率常数的测定 / 098
实验六　蔗糖水解反应速率常数的测定 / 101
*第三节　二级反应 / 103
　　一、两反应物初始浓度相等的二级反应 / 103
　　二、两反应物初始浓度不相等的二级反应 / 105
实验七　乙酸乙酯皂化反应速率常数的测定 / 107
第四节　温度对化学反应速率的影响 / 109
　　一、阿伦尼乌斯方程 / 110
　　二、活化能 / 112
第五节　催化剂对化学反应速率的影响 / 114
　　一、催化剂的一般性质 / 115
　　二、催化剂的活性与稳定性 / 115
第六节　常见的催化反应 / 118
　　一、均相催化反应 / 118
　　二、酶催化反应 / 119
　　三、多相催化反应简介 / 119
新视野　铂-钯-铑系汽车尾气净化剂 / 121
习题 / 122

第五章
电解质溶液
125

第一节　弱电解质的电离平衡 / 125
　　一、电离度 / 125
　　二、电离常数 / 125
　　三、电离度与电离常数的关系 / 127
实验八　醋酸电离常数的测定 / 129
第二节　盐类的水解 / 131

一、盐溶液的酸碱性　/ 131
　　二、盐的水解及水解平衡常数　/ 131
　　三、影响水解平衡的因素　/ 134
　　四、盐类水解平衡的应用　/ 134
第三节　缓冲溶液　/ 136
　　一、同离子效应　/ 136
　　二、缓冲溶液和缓冲原理　/ 136
　　三、缓冲溶液的 pH 计算　/ 137
第四节　配位平衡　/ 140
　　一、配合物的稳定性　/ 140
　　二、EDTA 及其配合物　/ 141
第五节　沉淀平衡　/ 143
　　一、溶度积规则　/ 143
　　二、沉淀生成与溶解的相互转化　/ 144
新视野　pH 与人类健康　/ 149
习题　/ 149

第六章
电化学基础　151

第一节　电解质溶液的导电能力　/ 151
　　一、电导率和摩尔电导率　/ 151
　　二、电导测定的应用　/ 155
第二节　原电池　/ 157
　　一、原电池的组成和原理　/ 157
　　二、原电池的记载方法　/ 158
　　三、可逆电池　/ 159
第三节　电极电位　/ 160
　　一、电极电位　/ 160
　　二、标准电极电位　/ 161
　　三、标准氢电极　/ 162
第四节　电极的种类　/ 163
　　一、第一类电极　/ 163
　　二、第二类电极　/ 164
　　三、第三类电极　/ 165
第五节　原电池电动势的计算　/ 166
　　一、由 $E = E_+ - E_-$ 计算　/ 166
　　二、用能斯特方程计算　/ 167
第六节　原电池电动势的有关应用　/ 169
　　一、原电池电动势的应用　/ 169
　　二、电位滴定　/ 173
第七节　电解　/ 174
　　一、法拉第定律　/ 174
　　二、电解时电极上的反应　/ 175

三、金属电镀 / 176
第八节 分解电压与极化作用 / 178
一、分解电压 / 178
二、极化作用 / 180
三、超电压与超电位 / 180
四、电解工业 / 182
第九节 化学电源 / 183
一、化学电源的概念 / 183
二、几种常见的化学电源及其工作原理 / 184
第十节 金属的腐蚀与保护 / 188
一、金属的腐蚀 / 188
二、金属的防腐 / 189
新视野 电化学生物传感器 / 191
习题 / 192

第七章 热力学第一定律

195

第一节 热力学第一定律 / 195
一、基本概念 / 195
二、热力学第一定律 / 197
三、恒容热与恒压热 / 200
第二节 功与过程的关系 / 202
一、最大功 / 202
二、可逆过程 / 204
第三节 热量计算 / 206
一、热容 / 206
二、热量计算 / 207
三、理想气体简单变化过程的 ΔU 和 ΔH / 208
第四节 相变热的计算及相变化过程 / 210
一、相变热的计算 / 210
二、相变化过程的内能变化和功 / 211
第五节 化学反应热效应 / 213
一、恒容反应热和恒压反应热 / 213
二、化学反应热效应的计算 / 214
第六节 化学反应热效应与温度的关系 / 217
一、基尔霍夫定律 / 217
二、有相变发生的化学反应 / 218
实验九 燃烧焓的测定 / 220
新视野 能量的有效利用 / 223
习题 / 224

第八章

热力学第二定律　227

第一节　热力学第二定律 / 227
　　一、自发过程　/ 227
　　二、熵的物理意义　/ 228
　　三、熵变的定义　/ 229
　　四、热力学第二定律　/ 229
第二节　熵变计算 / 232
　　一、没有非体积功的单纯 pVT 变化过程　/ 232
　　二、相变过程的熵变计算　/ 234
　　三、化学反应熵变计算　/ 236
第三节　吉布斯函数 / 238
　　一、吉布斯函数定义　/ 238
　　二、吉布斯函数判据　/ 238
　　三、热力学基本关系式　/ 239
　　四、吉布斯函数变化值的计算　/ 240
第四节　吉布斯函数的应用 / 243
　　一、吉布斯函数在相平衡中的应用　/ 244
　　二、吉布斯函数在化学平衡中的应用　/ 244
　　三、吉布斯函数在电化学中的应用　/ 245
新视野　热力学第二定律的应用领域　/ 246
习题　/ 248

第九章

表面化学　250

第一节　物质的表面特性 / 250
　　一、表面张力　/ 250
　　二、分散度和比表面　/ 251
第二节　弯曲液面的表面现象 / 253
　　一、弯曲液面下的附加压力　/ 253
　　二、弯曲液面的蒸气压　/ 253
　　三、亚稳状态　/ 254
第三节　吸附作用 / 256
　　一、固体表面的吸附　/ 256
　　二、溶液表面的吸附　/ 257
　　三、界面现象在复合材料中的应用　/ 257
实验十　固体在溶液中的吸附　/ 260
第四节　分散体系 / 261
　　一、分散体系的定义、分类及研究方法　/ 261
　　二、胶体的性质　/ 262
第五节　溶胶的稳定性和聚沉 / 265

一、溶胶的稳定性 / 265
二、溶胶的聚沉 / 265
三、高分子化合物溶液与溶胶 / 266
新视野　纳米材料及其应用概况 / 267

附录　270

附录一　国际单位制（SI） / 270
附录二　不同温度下水的饱和蒸气压 / 270
附录三　弱酸、弱碱的电离平衡常数 / 271
附录四　常见难溶电解质的溶度积 / 271
附录五　标准电极电位表 / 272
附录六　常见配离子的稳定常数 / 275
附录七　常见物质的 $\Delta_f H_m^\ominus$、$\Delta_f G_m^\ominus$ 和 $S_m^\ominus$（298.15K） / 275

参考文献　280

绪　论

人的一生离不开化学，人类通过化学揭开无数奥秘、获得众多新产品、新能源来提高生活水平；同时也利用化学解决许多对人类造成危害的问题：环境污染、自然灾害等。高中化学主要学习常见的化学物质的物理和化学性质以及基本规律，但对于学习化学化工类专业的学生来说，还要进一步学习化学的基本原理，为后续的专业课程学习以及将来从事化工生产操作奠定基础。物理化学是化工类专业从化学向化学工程进一步学习的关键课程。

化学变化总是伴随着物理现象产生。例如：温度、体积、压力、颜色等方面的改变，以及光效应、电效应和热效应的产生等。反之，这些物理因素的变化也会影响反应的方向或反应的进程以及反应进行的速率等。因此，化学变化和物理变化有着密切的联系。于是，物理化学就是应用物理学的原理、实验手段以及数学方法来研究化学现象和过程，从而解决化学基本问题。

一、物理化学的内容

物理化学研究的内容很多，涉及物理学、数学等相关学科。笼统地说物理化学的内容大体上分两类：一是化学热力学，二是化学动力学。

1. 化学热力学

化学热力学以热力学第一定律和热力学第二定律为基础寻找各种变化过程的规律，从而用于解决实际问题。

（1）化学反应进行的方向和限度　在一定条件下，一个化学反应能否发生；反应的方向和进行的程度如何；温度、压力、浓度等因素的变化对化学反应有哪些影响，这些都是化学变化的基本规律之一。

（2）能量守恒　化学反应的热效应怎样；一些过程发生后能量怎样转换，这也是热力学要解决的问题。

（3）平衡问题　物理化学中讨论各种平衡，例如，相平衡、化学平衡、酸碱平衡、配位平衡等。物理化学用热力学方法对各种平衡的规律及其应用进行总结讨论。

（4）电化学基础　同样用热力学方法讨论化学能和电能相互转化的规律及其在相关领域的应用。

（5）界面现象和胶体化学的基础知识　讨论物质表面的特性和规律，从而揭示某些自然规律，解决生产实际问题。

2. 化学动力学

化学反应进行速率的大小；温度、压力、浓度、催化剂等因素对化学反应速率有何影响；化学反应经历的途径等方面的问题是化学变化第二方面的基本问题，它属于化学动力学的研究范畴。

对职业技术教育，本着"理论以够用为度"的原则，按照物理化学课程的教学大纲要求，物理化学课程中不包括量子力学、结构化学和统计热力学等内容。但学习时对物理化学学科领域的总体发展应该有所了解。现代物理化学发展的新动向、新趋势集中表现在：从平衡态向非平衡态，从静态向动态，从宏观向微观，从体相向表面相，从线性向非线性，从纳秒向飞秒发展，并在材料技术、能源技术、生物技术、海洋技术、空间技术、信息技术、生态环境技术等领域中发展。在未来，仍然有许多问题等待人们去解决。

二、物理化学的研究方法

物理化学是一门自然科学，一般的研究方法对物理化学也是适用的。如事物都是一分为二的，矛盾是普遍存在的，矛盾的对立与统一这一辩证唯物主义的方法；实践、认识、再实践这一认识论的方法；以数学及逻辑学为工具通过推理由特殊到一般的归纳及由一般到特殊的演绎的逻辑推理方法；对复杂事物进行简化，建立抽象的理想化模型，上升为理论后，再回到实践中加以检验这种科学模型的方法等，在物理化学的研究中被普遍应用。

此外，由于学科本身的特殊性，物理化学还有自己的具有学科特征的理论研究方法，可归纳为以下两种方法。

1. 宏观方法

热力学方法属于宏观方法。热力学是以由大量粒子组成的宏观体系概括出的热力学第一、第二定律为理论基础，引出或定义了内能、焓、熵、亥姆霍兹函数、吉布斯函数，再加上压力、体积、温度这些可由实验直接测定的宏观量作为体系的宏观性质，利用这些宏观性质，经过归纳与演绎推理，得到一系列热力学公式或结论，用以解决物质变化过程的能量平衡、相平衡和化学反应平衡等问题。这一方法的特点是不涉及物质体系内部粒子的微观结构，只涉及物质体系变化前后状态的宏观性质。实践证明，这种宏观的热力学方法是十分可靠的，至今未发现过实践中与热力学理论相反的情况。

2. 微观方法

量子力学方法属于微观方法。量子力学是以个别的电子、原子核组成的微观体系作为研究对象，考察的是个别微观粒子的运动状态，即微观粒子在空间某体积微元中出现的概率和所允许的运动能级。将量子力学方法应用于化学领域，得到了物质的宏观性质与其微观结构关系的清晰图像。

3. 微观方法与宏观方法间的桥梁

统计热力学方法属于从微观到宏观的方法。统计热力学方法是在量子力学方法与热力学方法即微观方法与宏观方法之间架起的一座桥梁。

对于高职相关专业的学生，依据课程的教学基本要求，学习物理化学时只要求掌握热力学方法。学习物理化学时，不但要学好物理化学的基本内容，既掌握必要的物理化学基本知识，又要注意方法的学习并积极参与实践。无知便无能，但有知不一定有能，只有把知识与方法相结合才能培养出创造性能力。

三、物理化学的学习方法

物理化学是一门逻辑严谨、理论性强的基础课程。因此，初学者往往感觉内容抽象，难以琢磨，有时会在学习方面出现一定的难度。由于物理化学往往是运用物理学的原理，通过严密的数学方法和现代测试手段从物理现象和化学现象的联系入手来探索化学变化过程的规律性。因此，对于修完物理学和高等数学的学生来说，所学过的知识足以适应物理化学的学习需要，但必须注意学习方法的研究。

（1）注重逻辑推理的严密性　物理化学中各章节的一些基本概念和基本原理都是由实践中总结归纳或经过推理而得到的，要略知其产生的根源，才能正确地理解其含义及其使用范围。另外，其中一些理论是在一定的条件下观察所得到的近似或概括，所以，其结论也只能在设定的条件下使用，不能无限制地推广到尚未验证的范围。

（2）重视结论及使用条件　学习时，要注意理解公式中各项的含义，并弄清整个式子的意义和结论是什么，有何用途，怎样使用等。

(3) 重视习题，善于总结　习题是物理化学课程中能巩固课本内容、培养独立思考、联系实际能力以及发展思维的一项重要内容。学习过程中，解每道习题之前，首先应弄清楚该题属于课本中哪一段的内容；与哪几个基本概念和公式相关联；题目中提供了哪些已知条件；要求得到什么结论等问题。再从已知条件着手，弄清解题思路。解完一道习题后，若能复阅并检查解题过程，检查是否存在误用公式或用错单位等现象，则更能加深对解题思路的印象。同时，应做进一步思考，是否还有其他解题方法和思路能够对题目求解，特别应重视那些一题多解的习题。通过比较各种解法的异同，对所学的知识进一步融会贯通。当然，对每道习题所得的结果应理解其物理意义，并对解题思路和所用知识点进行整理总结。总之，求解习题的过程是最能活跃思维的过程。另外在学习过程中要不断思考，对节后的思考题认真思考，从而加深对知识的理解，纠正错误认识，拓宽知识的应用。

(4) 重视实验　化学离不开实验，物理化学研究的是化学的应用原理，其实验尤为重要。通过物理化学实验，可以学会使用简单的仪器来测定某些物理量，通过数据处理来得到化学上的某些量，解决化学问题。实验是从理论到应用的必经环节，因此必须重视实验，认真处理实验数据。完成一个完整的物理化学实验，你会觉得在计算、作图以及对问题的理解等方方面面都得到很大程度的提高。

第一章　相、相平衡

> **学习目标**
> 1. 能正确理解相、组分数、自由度的基本概念。
> 2. 能够利用相律公式计算相平衡体系的自由度。
> 3. 理解气体的性质和理想气体模型的建立。
> 4. 能够熟练用理想气体状态方程式进行相关计算。
> 5. 能够熟练应用分压定律和分体积定律进行相关计算。
> 6. 熟悉单组分体系相图中点、线、区的意义及与状态变化的关系。
> 7. 能够利用克-克方程计算单组分体系温度和压力的关系。
> 8. 了解双组分凝聚体系相图中点、线、区的意义及与状态变化的关系。
> 9. 了解双组分凝聚体系相图在实际生产生活中的有关应用。
> 10. 了解科学的研究方法，增强理论联系实际的能力。

通常情况下我们会看到物质有气体（gas）、液体（liquid）和固体（solid）三种聚集状态，这三种状态之间可以相互转化。例如，固体熔化成液体；液体汽化变成气体；气体凝聚成液体；液体凝固成固体。这些固体熔化，液体汽化，气体液化，液体凝固以及固体升华和气体的凝华等聚集状态的变化，在物理化学上统称为相变化过程。相和相之间的动态平衡称为相平衡。本章将从物质的聚集状态入手研究相平衡体系和相平衡的基本规律及应用。一般采用两种方法进行研究：一是利用解析法，二是利用图解法。

第一节　物质的聚集状态

一、气体、液体和固体

按照分子运动论的观点：物质由大量的分子或其他非常微小的粒子组成，组成物质的这些微粒每时每刻都在不停地运动，运动形式有：平动、转动和振动。分子之间的作用力与分子间的距离、分子的无规则运动程度有关。

气体分子间距离最大，分子间作用力最弱，无规则运动程度最大。从宏观上看，气体可以均匀地充满任意形状的容器，可以无限制膨胀，气体本身则没有一定的形状，易被压缩。

固体分子间距离最小，分子之间作用力较强，无规则运动程度最小。因此宏观上，固体有一定的形状和体积，难被压缩。

液体分子间距离介于气体与固体之间，液体的分子之间作用力与固体的分子之间作用力比要弱得多，而与气体的分子之间作用力比要强一些。宏观上，液体具有一定的体积和流动性，其形状随承装的容器而定，不易被压缩。

当外界条件发生变化，并且变化到一定程度时，物质的聚集状态也将发生变化。例如我们生活中常见的水在常温常压下是液体，在常压下加热到100℃，就会变成水蒸气；冷却到0℃就会转变为冰。

研究物质的聚集状态及其变化规律，是我们认识宏观物质的基础。

二、相

我们经常说气相、液相和固相,那么究竟什么是相?气体、液体和固体与气相、液相和固相是两个不同的概念,如:油、水混合物为液体但为不同的两个相。我们先学习一些基本概念。

1. 相

体系中物理和化学性质相同的均匀部分称为一相。例如,气态水和液态水,是两相,因为它们物理性质不同。对于多种物质组成的体系,相是指分散到分子、原子或离子程度的均匀部分。例如,乙醇和水的混合物,能混合到分子的程度,所以为一相;四氯化碳和水的混合物,无论怎样振荡都不能分散到分子的程度,所以为两相。体系中相的数目称为相数,用Φ表示。

体系中相数的一般规律如下。

(1) 气体混合物　不论有多少种气体混合在一起,只有一个气相。

(2) 液体混合物　按其互溶程度可以组成一相、两相或多相。

(3) 固体混合物　一般有一种固体便有一个相。两种固体粉末无论混合得多么均匀,仍是两个相(固体溶液除外,它是单相),因为固体粉末没有分散到分子的程度。

如果按体系的相数来分类,体系分为只有一个相的单相体系(例如混合气体)和多相共存的多相体系。在相平衡一章我们主要讨论相平衡体系。那么什么是相平衡体系呢?若体系为多相体系,则物质在各个相之间分布达到平衡,即体系中每一相的组成和数量不随时间而改变,这时我们说该体系达到了相平衡。

2. 组分

一个体系中能被单独分离出来,并能独立存在的物质的数目称为物种数,用符号S表示。例如,氯化钠的水溶液,物种数$S=2$,2指NaCl和H_2O,绝不能说Na^+是一种物质,Cl^-也是一种物质。同一种物质存在于不同相中只能算一个物种。例如,水、水蒸气与冰共存时,$S=1$。

如果按组成体系的物种数来分类,相平衡体系又分为单组分体系和多组分体系。所谓单组分体系即体系只由一种物质组成(注意:单组分体系与单相体系不同)。例如,只有液态水的单组分单相体系;气态水和液态水共存的单组分两相平衡体系等。多组分体系即由两种或两种以上物质组成的体系,例如上述的氯化钠水溶液为二组分体系。

有时确定一个相平衡体系不一定要把该相中所有物质的浓度都指出,指出其中的几个,另外一些物质浓度与指出的物质之间有一定的关系,因此在处理相平衡体系时经常用到组分数。

为确定平衡体系中各相组成所需要的最少数目的独立物质,称为"独立组分",简称"组分",其数目称为"组分数",用符号"C"表示。例如,氯化钠的水溶液中,水是一种组分,NaCl也是一种组分。组分数与体系中物种数有所区别,组分数往往小于或等于物种数,其规律如下。

① 当相平衡体系中没有化学反应等平衡时,组分数等于物种数,$S=C$。

② 有化学反应等平衡条件时的组分数小于物种数。例如,N_2、H_2和NH_3三种气体混合并发生化学反应

$$N_2(g)+3H_2(g) \rightleftharpoons 2NH_3(g)$$

由于有一个化学平衡存在,N_2、H_2和NH_3三种气体浓度之间有平衡常数限制,指出其中两种气体的浓度,另外一种气体的浓度就可知,所以物种数$S=3$,组分数$C=2$。

由上述举例我们可以得出规律,$C=S-R$,R是独立化学平衡关系的数目。值得注意

的是当相平衡体系中存在多个化学平衡关系时，R 必须是独立的化学平衡关系。

另外，当体系中处于同一相的两种物质有浓度比例关系时，组分数还要小。例如，还是 N_2、H_2 和 NH_3 三种气体混合并发生化学反应

$$2NH_3(g) \rightleftharpoons N_2(g) + 3H_2(g)$$

其组分数 $C=S-R=3-1=2$。可在开始时 N_2 和 H_2 按一定的摩尔比投放；或在密闭抽真空的容器中投入氨气使其分解达到平衡。这时，已知其中任一组分，便能计算其他两种成分，于是组分数变为 1，而不是原先的 2。照此类推，体系中有 R' 个浓度限制条件就可使组分数减 R' 个。

应该强调，浓度限制条件只能适用于同一相，否则就会产生重复而导致错误。例如，将碳酸钙投入真空容器加热分解达到平衡

$$CaCO_3(s) \rightleftharpoons CaO(s) + CO_2(g)$$

物种数 $S=3$，化学平衡关系数 $R=1$，但 $R' \neq 1$ 而等于零。因为产生的气体 CO_2 和固体 CaO，虽说其物质的量之比为 1∶1，但两者各处不同的相中，其数量比不代表浓度比，故不能作为浓度限制条件。

至此，我们可以得出结论：计算一个相平衡体系的组分数 C 可归纳为如下等式

$$C = S - R - R' \tag{1-1}$$

式中　S——体系中的物种数；

　　　R——独立化学平衡关系式数；

　　　R'——同一相的浓度限制条件数。

3. 自由度

在不引起旧相消失和新相形成的前提下，体系中可自由变动的独立强度性质（该性质不随物质的量而变化，如：温度、压力等）的变量数目，称为体系在指定条件下的"自由度"。用符号"f"表示。常用强度性质有温度、压力和物质的浓度等。

例如，对于液态水，若保持其为液态，即不汽化为气体，也不凝固为固体，温度、压力可以在一定范围内同时改变，这意味着它有两个独立可变的强度性质，故自由度 $f=2$。然而，对于液态水与水蒸气两相平衡体系，若保持体系始终为气液两相平衡，则温度、压力两变量中只有一个可以独立变动：100℃下其压力必须保持在 100℃的蒸气压 101.325kPa；90℃下其压力要保持在 90℃的蒸气压 70.117kPa 等，于是 $f=1$。这就是说温度和压力只有一个是自由的。温度确定以后，压力就不能随意变动，必须保持在该温度下的蒸气压；反之，指定平衡压力，温度就不能随意选择，必须保持在该压力下的沸点温度，否则必将导致两相平衡状态的破坏。

对于简单的相平衡体系，例如上例中的液态水体系、水和水蒸气的两相平衡体系等，我们可以根据经验知识来判断自由度。但对于复杂的相平衡体系则很难用经验知识来判断自由度，这就需要一个规律——相律。

三、相律

对一个达成相平衡的体系，根据相平衡条件可以推导出相数 Φ，组分数 C 及自由度 f 三者之间存在以下制约关系：

$$f = C - \Phi + 2 \tag{1-2}$$

式中　f——相平衡体系的自由度；

　　　C——相平衡体系的组分数；

　　　Φ——相平衡体系的相数；

　　　2——指温度和压力两个独立强度性质，如果指定了其中的一个则+1，两个都被指

定则+0。

这个规律称为"相律"。它是1876年由吉布斯（Gibbs）以热力学方法导出的，故又称为"吉布斯相律"。

【例题 1-1】 求气、液、固三相共存的单组分相平衡体系的自由度。

解 单组分体系在气、液、固三相平衡时有

$$S=1 \quad C=S=1 \quad \Phi=3$$

代入式(1-2)有

$$f=C-\Phi+2=1-3+2=0$$

自由度 $f=0$，说明单组分体系在气、液、固三相平衡时，温度、压力都不能任意变化。

【例题 1-2】 用相律讨论下面反应的相平衡体系的自由度：

$$NH_4Cl(s) \rightleftharpoons NH_3(g)+HCl(g)$$

(1) 若将 $NH_3(g)$ 和 $HCl(g)$ 按 1:1 的比例投放入真空容器中，达成平衡；

(2) 以任意量的 $NH_4Cl(s)$、$NH_3(g)$ 和 $HCl(g)$ 开始，达到平衡；

(3) 在抽空的密闭容器中，只投入 $NH_4Cl(s)$ 并达到平衡。

解 (1) $S=3$，$R=1$，$R'=1$，所以 $C=3-1-1=1$，由于 $\Phi=2$，

所以 $f=C-\Phi+2=1-2+2=1$

(2) $S=3$，$R=1$，$R'=0$，所以 $C=3-1-0=2$，由于 $\Phi=2$，

所以 $f=C-\Phi+2=2-2+2=2$

(3) $S=3$，$R=1$，$R'=1$，所以 $C=3-1-1=1$，由于 $\Phi=2$，

所以 $f=C-\Phi+2=1-2+2=1$

思考与练习

一、填空题

1. 铁块与铁粉的混合物为_____相。

2. 在不饱和的 NaCl 溶液中组分数 $C=$_____，相数 $\Phi=$_____，自由度 $f=$_____；在 NaCl 固体与饱和的 NaCl 溶液共存体系中 $C=$_____，相数 $\Phi=$_____，自由度 $f=$_____。

3. 在一密闭容器内，发生如下反应并在120℃达成平衡

$$ZnO(s)+H_2(g) \rightleftharpoons Zn(s)+H_2O(g)$$

分析该密闭容器内物种数 $S=$_____，相数 $\Phi=$_____，组分数 $C=$_____，自由度 $f=$_____。

4. $NH_4HS(s)$ 和任意量的 $NH_3(g)$ 及 $H_2S(g)$ 达平衡

$$NH_4HS(s) \rightleftharpoons NH_3(g)+H_2S(g)$$

分析该相平衡体系的 $C=$_____，$\Phi=$_____，$f=$_____。

5. 对于一般单组分体系，相律公式可以写为 $f=C-\Phi+2=3-\Phi$。由此分析单组分体系相数最少为_____，自由度最大为_____。

二、判断题

1. 粉碎得很细的铜粉和铁粉经过均匀混合后成为一个相。（　）

2. 水不到沸点不会变成水蒸气。（　）

3. 单组分体系一定是单相体系，多组分体系一定是多相体系。（　）

4. 对于氯化钠的水溶液，自由度为3，指温度、压力和浓度。（　）

5. 只有相平衡体系才有相律公式成立。(　　)

三、单选题

1. 汞、水、苯体系的相数 $P=$ (　　)。
   A. 1　　　　　　B. 2　　　　　　C. 3　　　　　　D. 4
2. 以下各体系中属于单相的是 (　　)。
   A. 极细的斜方硫和单斜硫的混合物　　　B. 漂白粉
   C. 大小不一的单斜硫碎粒　　　　　　　D. 墨汁
3. 不饱和的 NaCl 溶液与冰共存体系中组分数 C、相数 Φ 分别为 (　　)。
   A. 2, 1　　　　　B. 2, 2　　　　　C. 2, 1　　　　　D. 2, 2
4. 由 79% N_2 和 21% O_2 所组成的空气系统的组分数 C、相数 Φ 分别为 (　　)。
   A. $C=2, \Phi=1$　B. $C=2, \Phi=2$　C. $C=2, \Phi=1$　D. $C=2, \Phi=1$
5. 水蒸气、水、冰三相平衡共存的点，称为三相点，在该点组分数、相数分别为 (　　)。
   A. $C=1, \Phi=1$　B. $C=1, \Phi=3$　C. $C=2, \Phi=3$　D. $C=3, \Phi=3$

四、问答题

1. 物质的聚集状态只有气体、液体和固体三种状态吗？请查阅有关资料回答。
2. 同一种物质在不同相中，相数不为 1，而不同相中的同一种物质物种数为 1，这种表述是否正确？
3. 对于相平衡体系，组分数在什么情况下等于物种数，又在什么情况下不等于物种数？
4. 相律公式中的 "2" 指的是什么？
5. 请以水的液体单相，气液两相平衡和气、液、固三相平衡为例，讲解自由度的数值和具体对应的量（例如，温度或压力，温度和压力等）是哪些。

第二节　气　　体

气体是物质存在的最简单形态之一，它广泛存在于自然界，与我们的日常生活、工业生产和科学研究紧密相关。对气体的宏观研究和理论探索开始较早，且从宏观研究气体的变化规律相对液体和固体比较简单。了解气体及变化规律是学习物理化学的重要基础知识。对于气体的研究是从低压条件下得出的规律，假设简单模型，然后再根据实际加以修正得出实际气体的规律。这种假设的简单模型称为理想气体。

一、理想气体

1. 理想气体模型

理想气体在微观上具有以下两个特征：
① 分子本身的大小比分子间的平均距离小得多，分子可视为质点；
② 分子间无相互作用力。

理想气体是一个科学的抽象概念，实际上并不存在理想气体，它只能看作是实际气体在压力很低时的一种极限情况。理想气体模型把气体分子看作本身无体积且分子间无作用力。当压力很低时，实际气体中所含气体分子的数目很少，分子间距离大，彼此的引力可忽略不计，实际气体就接近理想气体。

虽然在客观上理想气体是不存在的，但是它代表了一切气体在低压下行为的共性，对研究实际气体的基本规律有着指导性意义。

2. 理想气体状态方程

从 17 世纪中期，人们开始研究低压下（$p<1\text{MPa}$）气体的 pVT 关系。发现了物质的量为 n 的理想气体的状态方程：

$$pV=nRT \tag{1-3}$$

或

$$\rho=\frac{pM}{RT} \tag{1-4}$$

式中　p——压力，Pa；

　　　V——体积，m³ 或 L；

　　　T——热力学温度，K，$T=t(\text{℃})+273.15$；

　　　n——表示物质的量，mol；

　　　R——摩尔气体常数，数值为 8.314J/(mol·K)；

　　　M——气体的摩尔质量，kg/mol；

　　　ρ——气体的密度，kg/m³。

这个方程就是理想气体的状态方程，只有理想气体才完全遵守这个关系式。而对于实际气体，必须考虑到分子间的作用力和分子本身体积，将理想气体状态方程式修正后才能应用。不过对于分子间作用力不大的气体分子，在低压高温下，我们通常也可以用理想气体状态方程式来计算。

【例题 1-3】　在体积为 0.2m^3 的钢瓶中盛有 0.89kg 的 CO_2 气体，当温度为 30℃ 时，钢瓶内的压力达到多少？

解　$V=0.2\text{m}^3$，$m=0.89\text{kg}$，$M=0.044\text{kg/mol}$，$T=273.15+30=303.15$（K）

根据理想气体状态方程式得

$$p=\frac{nRT}{V}=\frac{mRT}{MV}=\frac{0.89\times8.314\times303.15}{0.044\times0.2}=2.55\times10^5\ (\text{Pa})$$

【例题 1-4】　在标准状况（0℃，100kPa）下，$5.0\times10^{-3}\text{kg}$ 的某气体体积为 $4.0\times10^{-3}\text{m}^3$，计算此气体的摩尔质量。

解　$T=273.15+0=273.15(\text{K})$，$p=100\times10^3\text{Pa}$，$m=5.0\times10^{-3}\text{kg}$，$V=4.0\times10^{-3}\text{m}^3$

$$M=\frac{mRT}{pV}=\frac{5.0\times10^{-3}\times8.314\times273.15}{100\times10^3\times4.0\times10^{-3}}=0.028\ (\text{kg/mol})$$

【例题 1-5】　某空气压缩机每分钟吸入 100kPa、303.15K 的空气 41.2m^3，而排出 363.15K 的空气 26.0m^3。试求压缩后空气的压力。

解　设空气的物质的量、压力、体积、温度在压缩机入口处分别为 n_1、p_1、V_1、T_1，在出口处分别为 n_2、p_2、V_2、T_2，由理想气体状态方程得

$$n_1=\frac{p_1V_1}{RT_1} \qquad n_2=\frac{p_2V_2}{RT_2}$$

稳定操作时，压缩机每分钟吸入与排出空气的物质的量相同，故

$$\frac{p_1V_1}{RT_1}=\frac{p_2V_2}{RT_2}$$

$$p_2=\frac{p_1V_1T_2}{V_2T_1}=\frac{100\times10^3\times41.2\times363.15}{26.0\times303.15}=190.0\ (\text{kPa})$$

压缩后空气的压力为 190.0kPa。

理想气体状态方程是一个极限方程，实际气体只有在压力趋于 0 的情况下才严格服从理

想气体状态方程,低压下的实际气体只是近似服从理想气体状态方程。至于压力低到什么程度才可以做这样的近似,并没有具体的压力界限。理想气体状态方程所允许使用的压力范围与气体的种类有关,也受计算结果要求的精度限制。一般情况下,那些难液化的气体,如氧气、氢气、氮气等气体,允许使用理想气体状态方程的压力范围就相对宽一些,而对于容易液化的气体,如氨气、水蒸气等气体,允许使用的压力范围就窄一些。

二、混合气体

实际生产中我们遇到的大多数是混合气体,例如空气、天然气、煤气等。对于混合气体在低压条件下同样可以用理想气体状态方程式计算。混合气体中的每一个组分对混合气体的压力、体积以及质量都有不同程度的贡献,至于贡献的大小与该组分在混合气体中所占的比例有关。

1. 混合气体的平均摩尔质量

混合物并没有固定的摩尔质量,它将随着混合物所含组分以及组成而变化,因此称为平均摩尔质量。

混合气体的平均摩尔质量是 1mol 混合气体所具有的质量。很容易得出混合气体的平均摩尔质量计算公式为

$$\overline{M} = \sum_i y_i M_i \tag{1-5}$$

式中 $\overline{M}$——表示混合气体的平均摩尔质量;

i——表示混合气体中的任意一个组分;

M_i——表示混合气体中组分 i 的摩尔质量;

y_i——表示混合气体中组分 i 的摩尔分数,$y_i = n_i / \sum n_i$。

混合气体的平均摩尔质量等于混合气体中的每个组分的摩尔分数与它们的摩尔质量乘积的总和。

对于混合气体,理想气体状态方程式可写为

$$pV = \frac{mRT}{\overline{M}} \quad \text{或者} \quad \rho = \frac{p\overline{M}}{RT}$$

利用上述两式同样可以对混合气体进行相关的计算。

【例题 1-6】 求干空气(含 N_2 和 O_2 的摩尔分数分别为 79% 和 21%)的平均摩尔质量,在标准状况(0℃,100kPa)下的密度以及 1kg 标准状况干空气占有的体积。

解 由式(1-5),干空气的平均摩尔质量为

$$\overline{M} = y_{N_2} M_{N_2} + y_{O_2} M_{O_2} = 79\% \times 28 + 21\% \times 32 = 28.84 \text{ (g/mol)}$$

标准状况干空气的密度为

$$\rho = \frac{p\overline{M}}{RT} = \frac{100 \times 10^3 \times 0.02884}{8.314 \times 273.15} = 1.27 \text{ (kg/m}^3\text{)}$$

1kg 标准状况干空气占有的体积

$$V = \frac{mRT}{p\overline{M}} = \frac{1 \times 8.314 \times 273.15}{100 \times 10^3 \times 0.02884} = 0.79 \text{ (m}^3\text{)}$$

或者 $V = m/\rho = 1/1.27 = 0.79 \text{ (m}^3\text{)}$

混合气体中每一个组分对压力和体积的贡献,用分压力和分体积表示。

2. 分压定律

在一定温度下,将 1、2 两种气体分别放入体积相同的两个容器中,在保持两种气体的

温度和体积相同的情况下，测得它们的压力分别为 p_1 和 p_2。保持温度不变，将其中一个容器中的气体全部抽出并充入另一个容器中，如图1-1所示。混合后混合气体的总压力约为 $p=p_1+p_2$。

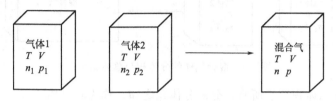

图1-1　混合气体的分压与总压示意

道尔顿（Dalton）总结了这些实验事实，得出下列结论：某一气体在气体混合物中产生的分压等于它单独占有整个容器时所产生的压力；而气体混合物的总压力等于其中各气体分压之和，这就是气体分压定律。

如果是多种气体混合则

$$p=\sum_i p_i \tag{1-6}$$

式中　p——表示混合气体的总压力；

　　　p_i——表示混合气体中任一组分的分压力。

对于单独存在的组分1和组分2，理想气体状态方程可分别写为

$$p_1V=n_1RT \qquad p_2V=n_2RT$$

上述两式分别与式(1-1)相比可得 $\dfrac{p_1}{p}=\dfrac{n_1}{n}=y_1$，$\dfrac{p_2}{p}=\dfrac{n_2}{n}=y_2$

于是可得公式：

$$p_i=y_i p \tag{1-7}$$

式(1-7)是分压定律的另一种表达式。

从式(1-7)可以看出，混合气体中某组分摩尔分数越大，分压力越大。因此对于混合气体经常用分压力表示混合气体的浓度。

分压定律是理想气体的定律，实际气体只有在低压下接近理想气体时才适用。

【例题1-7】　在300K时，将100kPa、$2.00\times 10^{-3} m^3$ 的 O_2 与 50.0kPa、$2.00\times 10^{-3} m^3$ 的 N_2 混合。(1) 计算混合后温度仍为300K，总体积为 $2.00\times 10^{-3} m^3$ 总压力为多少。(2) 如果混合后温度仍为300K，总体积为 $4.00\times 10^{-3} m^3$，计算总压力又为多少。

解　(1) 混合后温度仍为300K，总体积为 $2.00\times 10^{-3} m^3$ 则说明 O_2 和 N_2 的分压力分别为：

$$p_{O_2}=100\text{kPa} \qquad p_{N_2}=50.0\text{kPa}$$

根据分压定律总压力为

$$p=p_{O_2}+p_{N_2}=100+50.0=150 \text{ (kPa)}$$

(2) 混合后温度仍为300K，总体积为 $4.00\times 10^{-3} m^3$。则由于温度没有变，体积增大到原来的2倍，说明 O_2 和 N_2 的分压力分别为原来的一半：

$$p_{O_2}=\left(\frac{1}{2}\right)\times 100=50.0(\text{kPa}) \qquad p_{N_2}=\left(\frac{1}{2}\right)\times 50.0=25.0 \text{ (kPa)}$$

$$p=p_{O_2}+p_{N_2}=50.0+25.0=75.0 \text{ (kPa)}$$

3. 分体积定律

如图1-2所示，在恒温、恒压条件下，将体积为 V_1 和 V_2 的两种气体混合，在压力很低

的条件下，可得 $V=V_1+V_2$。

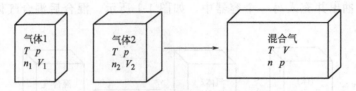

图 1-2 混合气体的分体积与总体积示意

即混合气体的总体积等于所有组分的分体积之和，称为阿马格（Amagat）分体积定律。公式为

$$V=\sum_i V_i \tag{1-8}$$

同样也有

$$V_i=y_i V \tag{1-9}$$

分体积定律也是理想气体的定律，实际气体只有在低压下接近理想气体时才适用。

【例题 1-8】 某工厂的烟囱每小时排放 $573m^3$（标准状况）的废气，其中 CO_2 的含量为 23.0%（摩尔分数），求每小时排放 CO_2 的质量。

解 由分体积定律可知

$$V_{CO_2}=y_{CO_2}V=23.0\%\times 573=131.8 \text{ (m}^3\text{)}$$

由理想气体状态方程计算

$$m_{CO_2}=\frac{pV_{CO_2}M_{CO_2}}{RT}=\frac{100\times 10^3\times 131.8\times 0.044}{8.314\times 273.15}=255.4 \text{ (kg)}$$

所以，该工厂的烟囱每小时排放的废气中含有 255.4kg 的 CO_2。

由分压定律和分体积定律可知，混合气体中某组分的分压力、分体积与该组分在混合气体中的摩尔分数的关系：

$$\frac{p_i}{p}=\frac{V_i}{V}=\frac{n_i}{n}=y_i$$

【例题 1-9】 实验室用 $KClO_3$ 分解制取 O_2 时，25℃、100kPa 压力下，用排水集气法收集到氧气 0.245L。已知 25℃时水的饱和蒸气压为 3.17kPa，求在 25℃，100kPa 时干燥氧气的体积。

解 由题意可知，收集到的气体是氧气与水蒸气的混合气体，在该混合气体中氧气的分压力为：

$$p_{O_2}=p-p_{H_2O}=100-3.17=96.83 \text{ (kPa)}$$

$$y_{O_2}=\frac{p_{O_2}}{p}=\frac{96.83}{100}=0.9683$$

$$V_{O_2}=y_{O_2}V=0.9683\times 0.245\times 10^{-3}=0.24\times 10^{-3} \text{ (m}^3\text{)}$$

在 25℃、100kPa 时收集到的干燥氧气为 0.24L。

分压定律和分体积定律之所以只适用于理想气体混合物，是因为理想气体分子之间没有相互作用力，混合气体中的每一个组分都不会对其他组分产生影响。也就是说，每一种组分气体都是独立起作用的，对总压和总体积的贡献和它单独存在时是相同的。对于实际气体，分子之间有相互作用，且在混合气体中的相互作用与单组分气体不同，于是气体的分压不等于它单独存在时的压力，气体的分体积也不等于单独存在时的体积，即分压定律和分体积定律不能成立。

? 思考与练习

一、填空题
1. 理想气体分子与分子之间或分子与器壁间的碰撞是_____。
2. 实际气体在_____条件下可按理想气体计算。
3. 水煤气的体积分数分别为：H_2 50.0%，CO 38.0%，N_2 6.0%，CO_2 5.0%，CH_4 1.0%。则该水煤气的平均摩尔质量为_____。
4. 分压定律和分体积定律对_____气体混合物才成立。
5. 标准状况下体积比为1∶3的氮气与氢气的混合物的密度为_____。

二、判断题
1. 理想气体是一种假想气体，实际上根本不存在理想气体。
2. 理想气体混合物中，摩尔分数较大的组分对总压力、体积和摩尔质量的贡献也大。
3. 分压定律和分体积定律只适用于理想气体。
4. 理想气体分子间没有相互作用力。
5. 理想气体混合物的平均摩尔质量不随组成的变化而变化。

三、单选题
1. 真实气体在（　　）情况下可近似看作理想气体。
   A. 高温高压　　B. 低温低压　　C. 高温低压　　D. 低温高压
2. 将一定量的理想气体在等温条件下压缩到原来体积的一半，则压力变为原来的（　　）。
   A. 2倍　　B. 1/2倍　　C. 不变　　D. 不可估计
3. 密度的国际单位是（　　）。
   A. kg/mL　　B. g/mL　　C. kg/m^3　　D. g/m^3
4. 在压力不变的条件下，将20℃的某理想气体的温度升高到40℃，则体积变化到原来的（　　）。
   A. 2倍　　B. 1/2倍　　C. 1.067倍　　D. 0.93倍
5. 利用理想气体状态方程式计算，摩尔质量的单位应采取（　　）。
   A. kg/mol　　B. g/mol　　C. kg/kmol　　D. g/kmol

四、问答题
1. 理想气体的模型是理想化的，为什么要建立理想气体模型？
2. 理想气体状态方程式中各个物理量的国际单位都是什么？
3. 理想混合气体的密度与混合气体的平均摩尔质量是什么关系？
4. 请叙述分压力和分体积的概念。
5. 在火灾现场逃生时为什么要头部尽量低地逃走？

第三节　实际气体

从我们对理想气体的定义可以看出，我们实际上是把完全满足一个简单化的理想气体状态方程的气体定义为理想气体的。显然实际气体不可能完全满足这样的方程，因此我们必须通过实验来测量实际气体的状态变化性质，从而有可能分析与理想气体发生偏差的缘故。

由于很复杂的缘故，实际气体偏离了理想气体的状态变化规律，因此我们无法从关于理想气体的规律来推导出实际气体的状态变化规律,那么我们只有从实验中获得有关实际气体的状态变化的数据,通过对实验数据的分析来寻找一定的规律。

一、用压缩因子图计算实际气体

人们通过实验研究得到真实气体的压缩因子方程为

$$pV_m = ZRT \tag{1-10}$$

前已述及,实际气体只有在低压下才能服从理想气体状态方程式。但如温度较低或压力较高时,实际气体的行为往往与理想气体发生较大的偏差。常定义"压缩因子"Z以衡量实际气体与理想气体的偏差:

$$Z = \frac{pV_m}{RT} = \frac{pV}{nRT} \tag{1-11}$$

理想气体 $pV_m = RT$,$Z=1$。若一气体,在某一定温度和压力下 $Z \neq 1$,则该气体与理想气体发生了偏差。$Z>1$ 时,$pV_m>RT$,说明在同温同压下实际气体的体积比理想气体状态方程式计算的结果要大,即气体的可压缩性比理想气体小。而当 $Z<1$ 时,情况恰好相反。

1. 压缩因子图

荷根(Hougen)和华特生(Watson)测定了许多气体有机物质和无机物质压缩因子随对比温度和对比压力变化的关系,绘制成曲线,所得关系图称为"普遍化压缩因子图"。如图1-3所示。

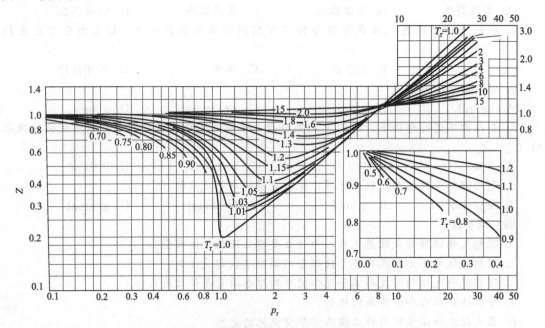

图1-3 压缩因子 Z 随 p_r 及 T_r 变化关系

2. 实际气体计算

当实际气体的临界压力 p_c 和临界温度 T_c 的数据为已知,可将某态下的压力 p 和温度 T 换算成相应的对比压力 $p_r = \dfrac{p}{p_c}$ 和对比温度 $T_r = \dfrac{T}{T_c}$,从图中找出该对比态下的压缩因子 Z。再由下式计算气体的摩尔体积 V_m:

$$pV_m = ZRT$$

当然，计算并不仅限于体积。上式形式简单，计算方便，并可应用于高温高压，作为一般估算，准确度基本上可以满足，在化工计算上常常采用。一般说来，对非极性气体，准确度较高（误差约在5%以内）；对极性气体，误差大些。

【例题 1-10】 试用压缩因子图法计算573K和20265kPa下甲醇的摩尔体积。甲醇的临界常数 $T_c = 513K$，$p_c = 7974.3kPa$。

解

$$T_r = \frac{T}{T_c} = \frac{573}{513} = 1.12$$

$$p_r = \frac{p}{p_c} = \frac{20265}{7974.3} = 2.54$$

由图1-3查出当 $T_r = 1.12$，$p_r = 2.54$ 时，$Z = 0.45$

$$V_m = \frac{ZRT}{p} = \frac{0.45 \times 8.314 \times 573}{20265} = 0.106(L)$$

实验值为0.114L，误差为7.5%。用理想气体状态方程式计算 $V_m = 0.244L$！而用范德华方程式计算，$V_m = 0.126 dm^3$。可见此法不仅方便，且较准确。

二、范德华方程

处理实际气体的方法除了压缩因子图外，还有其他解析法，如范德华方程。

1. 范德华方程

对于1mol的气体，有状态方程如下

$$\left(p + \frac{a}{V^2}\right)(V - b) = RT \tag{1-12}$$

式中 b——1mol气体分子的等效体积；

a——气体内压力与气体体积平方成反比的比例系数。

a、b 称为范德华常数，其数值与气体的种类有关。表1-1列出了部分气体的范德华常数。

表1-1　一些气体的范德华常数

气体	$a/(Pa \cdot m^6/mol^2)$	$b \times 10^{-4}/(m^3/mol)$	气体	$a/(Pa \cdot m^6/mol^2)$	$b \times 10^{-4}/(m^3/mol)$
Ar	0.1353	0.322	H_2S	0.4519	0.437
Cl_2	0.6576	0.562	NO	0.1418	0.283
H_2	0.02432	0.266	NH_3	0.4246	0.373
He	0.003445	0.236	CCl_4	1.9788	1.268
Kr	0.2350	0.399	CO	0.1479	0.393
N_2	0.1368	0.386	CO_2	0.3658	0.428
Ne	0.02127	0.174	$CHCl_3$	0.7579	0.649
O_2	0.1378	0.318	CH_4	0.2280	0.427
Xe	0.4154	0.511	C_2H_2	0.4438	0.511
H_2O	0.5532	0.305	C_2H_4	0.4519	0.570
HCl	0.3718	0.408	C_2H_6	0.5492	0.642
HBr	0.4519	0.443	乙醇	1.2159	0.839
HI	0.6313	0.531	二乙醚	1.7671	1.349
SO_2	0.686	0.568	C_6H_6	1.9029	1.208

由表中数据可以看出：愈易液化的气体，其 a 值愈大。故 a 值可作为分子间引力大小的衡量。

2. 两个修正项的意义

范德华方程对理想气体作如下的修正。

① 不是把气体分子看成质点，而是看成具有一定的体积，这样在计算可被压缩的空间时，就必须减去气体分子本身所占有的体积。

② 不是把气体看成分子之间除了相互碰撞以外，不存在任何其他相互作用的体系，而是增加考虑分子之间的相互作用势，这个相互作用势的排斥力方面使得分子本身占有一定的体积，它的引力方面使得气体内部的分子之间具有内压力，从而减小了气体对外壁的压力，因此状态方程里的气体的压力必须加上内压力部分。

三、气体的液化

真实气体与理想气体的不同之处除了分子本身占有体积之外，还有真实气体分子间存在作用力，这种作用力随着温度的降低和压力的升高而加强。当达到一定程度时，聚集状态将发生变化——液化。真实气体变成液体的过程称为气体的液化。气体液化是真实气体区别于理想气体的特征之一。下面以真实气体 CO_2 为例，讨论真实气体的液化。

图 1-4 是二氧化碳状态变化的压力-体积图。从图中可以得出以下结论。

只有在温度足够高的 T_6，气体才近似于理想气体，它的等温线表现为等轴双曲线。

① 温度降低就会使得气体的状态变化，性质偏离于理想气体，如图中的 T_5。

② 温度降低到某个值，如图中的 T_4，等温曲线上会出现一个拐点，如图中 C 点，这样从 C 点出发，再增加压力，就会使得气体液化。从而等温线上出现与压力轴平行的垂直线段。这条等温线所处的温度称为临界温度，这条等温线称为临界等温线。这个拐点称为临界点，这点的压力称为临界压力。这点的单位质量的气体的体积称为临界比容。当然在这个状态的气体称为临界状态。在临界点，气体和液体的差别消失，看不到气液分界面，并且会产生乳光现象。在临界温度以上无论加多大的压力，气体都不会液化。

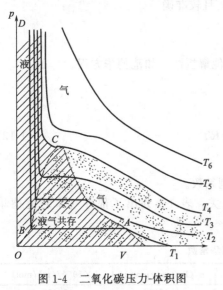

图 1-4 二氧化碳压力-体积图

③ 在临界点以下再降低温度，如图中的 T_3 及 T_3 以下温度的线，在线上就会在等温线上出现一段平直线，为液气共存的状态范围，这个范围的气体称为饱和蒸气，相应的压力值称为饱和蒸气压力。随着温度的降低，这个范围增大，而饱和蒸气压力减小。

在低温低压时实际气体比理想气体易于压缩而高压时则比理想气体难于压缩。原因是在低温尤其是接近气体的液化温度的时候，分子间引力显著地增加；而在高压时气体密度增加，实际气体本身体积占容器容积的比例也变得不可忽略。这种论断可由安德留斯的气体液化实验结果得到证实。

安德留斯（Andrews）作了如下的实验：在一封闭管中装有液态 CO_2，将管加热，当温度达 31.1℃时，液体和蒸气的界面突然消失。高于此温度时无论加多大的压力，都无法再使气体 CO_2 液化。这种现象在其他液体实验中同样也可以观察到。安德留斯把能够以加压方法使气体液化的最高温度，称为"临界温度"（以 T_c 表示）；在临界温度下为使气体液化所需施加的最小压力，称为"临界压力"（以 p_c 表示）；物质在临界温度和临界压力下的摩尔体积，称为"临界摩尔体积"（以 $V_{c,m}$ 表示），三者总称临界参数（表 1-2）。而由临界温度 T_c 和临界压力 p_c 决定的状态，称为"临界状态"或"临界点"。

各种实际气体的状态方程式都包含着与气体性质有关的常数，形式也比较复杂。对于实际气体，能否找到具有通用性而且形式较为简单的状态方程表示形式？临界参数 T_c、p_c 和 $V_{c,m}$ 为取决于气体性质的特征量，能否以之作为衡量温度、压力和摩尔体积的尺度？为此，范德华作出如下定义：

令
$$T_r = \frac{T}{T_c}, p_r = \frac{p}{p_c}, V_r = \frac{V_m}{V_{c,m}}$$

其中 T_r、p_r 和 V_r 分别称为"对比温度""对比压力"和"对比摩尔体积"。

表 1-2　一些气体的临界参数

气体	p_c/kPa	$V_{c,m} \times 10^{-6}/(m^3/mol)$	T_c/K	$Z = \frac{p_c V_c}{nRT_c}$
He	229.0	57.8	5.21	0.306
Ne	2725.6	41.7	44.4	0.308
Ar	4863.6	73.3	150.7	0.285
Xe	5876.8	119	289.8	0.290
H_2	1297.0	65.0	33.2	0.305
O_2	5076.4	78.0	154.8	0.308
N_2	3394.4	90.1	126.3	0.291
F_2	5572.9	—	144	—
Cl_2	7710.8	124	417.2	0.276
Br_2	10335.2	135	584	0.287
CO_2	7376.4	94.0	304.2	0.275
H_2O	22088.8	55.3	647.4	0.227
NH_3	11247.1	72.5	405.5	0.242
CH_4	4640.7	99	191	0.289
C_2H_4	5116.9	124	283.1	0.270
C_2H_6	4883.9	148	—	0.285
C_6H_6	4924.4	260	—	0.274

各种对比态方程都具有如下形式：
$$f(p_r, T_r, V_r) = 0 \tag{1-13}$$

上式为含有三个变量的通用方程，其中只有两个变量是独立的。可见，对于不同气体，只要处于相同的对比态——即两种气体具有相同的对比温度和对比压力，它们的对比摩尔体积必然相等。这个结论常称为"对应态原理"。压缩因子图就是基于对应状态原理而产生的。

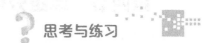

思考与练习

一、填空题

1. 对理想气体作的修正一：不是把气体分子看成_____，而是看成具有一定的体积，这样在计算可被压缩的_____时，就必须减去气体分子本身所占有的体积。

2. 对理想气体作的修正二：不是把气体看成分子之间除了_____以外，不存在任何其他相互作用的体系，而是增加考虑分子之间的相互作用势，因此状态方程里的气体的压力必须加上内压力部分。

3. 1mol 的气体的范德华方程：_____。
4. 理想气体 $pV_m = ZRT$，$Z=1$。$Z>1$ 时，说明在同温同压下实际气体的可压缩性比理想气体_____。
5. 在低温低压时实际气体比理想气体易于压缩，原因是在低温尤其是接近气体的液化温度的时候，分子间引力_____。

二、判断题

1. 显然不可能有这样的方程完全满足实际气体的状态变化，因此我们必须通过实验来测量实际气体的状态变化性质。
2. 如果压力足够，即使在"临界温度"以上气体也能被液化。
3. 范德华方程中的 a 为分子间引力大小的修正。
4. 范德华方程中的 b 为分子体积大小的修正。
5. 用压缩因子图对实际气体进行计算，在一般工程应用中误差不大。

三、单选题

1. 我国"西气东输"工程的管道内气体压力较大，一般选择（　　）进行工程计算。
   A. 理想气体状态方程　　B. 压缩因子　　C. 范德华方程　　D. 维里方程
2. 实际气体在（　　）条件下与理想气体接近。
   A. 高温高压　　　　B. 低温低压　　　　C. 高温低压　　　　D. 低温高压
3. 压缩因子数值是（　　）。
   A. 通过公式计算得来　　　　　　　　B. 通过数据表查得
   C. 通过压缩因子图查得　　　　　　　D. 不一定
4. 从范德华方程式可以看出，b 值是（　　）。
   A. 气体分子的有效体积　　　　　　　B. 气体分子之间的空隙体积
   C. 气体分子和空隙体积之和　　　　　D. 气体所占空间的总体积
5. 氮气的压缩因子小于氧气的压缩因子，则（　　）。
   A. 氮气比氧气容易压缩　　　　　　　B. 氮气比氧气难压缩
   C. 是否容易压缩与压缩因子无关　　　D. 不一定

四、问答题

1. 实际气体和理想气体的区别在哪里？
2. 范德华方程式对理想气体状态方程式做了哪些修正？
3. 压缩因子大于1的气体，是难压缩还是容易压缩？
4. 医院里做冷冻用的液化气体是哪种气体，为什么能够达到冷冻的目的？
5. 盛装不同气体的钢瓶颜色和标识是不同的，请搜集、查找并记录统计。

第四节　单组分体系

一、液体的饱和蒸气压和沸点

在日常生活中，我们会采取晾晒的方法除去衣服、谷物等物体里的水分，是什么原因能使水分从这些物体里除去？如果我们将湿润的物体放在蒸汽腾腾的浴室里晾晒，能除去物体里的水分吗？这些问题实际上关系到固体的蒸气压和液体的饱和蒸气压。

在某一温度下，液体处于密闭真空容器中，液体分子会从表面逃逸成蒸气分子，同时蒸气分子因碰撞而凝结成液相，当两者的速率相等时，就达到了动态平衡，此时气相中的蒸气密度不再改变，具有一定的饱和蒸气压。因此，在一定温度下，纯液体与其气相达平衡时蒸气的压力称为该温度下液体的饱和蒸气压。这里的平衡是两相平衡也是个动态平衡。当蒸气压与外界压力相等时液体便沸腾。因此在各沸腾温度下的外界压力就是相应温度下液体的饱和蒸气压。

在一定外压下纯液体只能在某个相应的温度沸腾，沸腾的温度，称为液体的沸点。液体的沸点与所受的外界压力有关，外压加大则沸点升高；外压减小则沸点下降。当外压为101.3kPa时的沸腾温度为液体的正常沸点。液体的沸点随着外压的变化而变化的规律，在日常生活和生产中都起着很大的作用。例如，做饭用的压力锅就是利用这个原理，加大平衡外压，使水的沸点升高，大大缩短煮饭的时间。化工生产中为了提纯那些在沸点前就分解的物质，常采用减压蒸馏的方法，依靠减压降低沸点，达到提纯的目的。例如，甘油的提纯就是在1.3kPa和180℃进行的。也有为了提纯沸点很低的物质而采取加压的措施的。例如，乙烯（正常沸点－103.7℃）及丙烯（正常沸点－47.4℃），它们的沸点都比室温低很多，为了减少设备造价（低温设备需要特殊钢材），简化操作，通常采取加压措施以提高沸点，提纯时采用加压蒸馏。

饱和蒸气压是由物质的本质决定的，是表示挥发能力大小的属性。不同液体的饱和蒸气压不尽相同。液体饱和蒸气压数值的大小足以说明液体的挥发性：在相同外压下，饱和蒸气压越大的液体沸点越低，也越容易挥发。例如，常压101.3kPa下，水的沸点为100℃；乙醇的沸点为78℃，说明乙醇比水容易挥发。同样，78℃时水的饱和蒸气压为43.665kPa；而乙醇的饱和蒸气压为101.3kPa。也说明乙醇比水容易挥发。

液体的饱和蒸气压与温度是一一对应的，随温度的升高而增大。另外值得强调的是，不但液体有饱和蒸气压，固体同样也有饱和蒸气压，其数值也是由固体本质和温度决定的。

二、克拉贝龙方程的应用

根据相律 $f=C-\Phi+2$，对于单组分在两相平衡时，$f=1-2+2=1$，说明在温度和压力两个变量中只有一个可以任意改变（在一定范围内），而另一个变量随它的改变而改变，即自由度为1。例如，上述的液体（或固体）的饱和蒸气压与温度的关系。单组分两相平衡时，温度和压力两个变量之间的关系可用克劳修斯-克拉贝龙（Clausius-Clapeyron）方程来表示：

$$\frac{dp}{dT}=\frac{\Delta_\alpha^\beta H_m}{T\Delta_\alpha^\beta V_m} \tag{1-14}$$

式中　$\Delta_\alpha^\beta V_m$——体系由 α 相变到 β 相时摩尔体积的变化，$\Delta_\alpha^\beta V_m=V_m^\beta-V_m^\alpha$；

　　　T——相变温度；

　　　$\Delta_\alpha^\beta H_m$——摩尔相变焓（可按常数处理）；

　　　$\dfrac{dp}{dT}$——饱和蒸气压（或升华压）随温度的变化率。

上式应用于单组分体系任何两相平衡，如蒸发、熔化、升华、晶型转变过程。

1. 固-液平衡

对于固-液平衡体系，式(1-15)表示压力随熔点的变化。

$$\frac{dp}{dT}=\frac{\Delta_s^l H_m}{T\Delta_s^l V} \tag{1-15}$$

式中　$\dfrac{dp}{dT}$——压力随熔点的变化率；

　　　$\Delta_s^l V$——熔化时体积的变化，$\Delta_s^l V=V_m^l-V_m^s$；

T——熔点；

$\Delta_s^l H_m$——固体熔化时的摩尔相变焓。

【例题 1-11】 萘在其熔点 80.1℃，熔化时的摩尔相变焓为 19.03kJ/mol，液态萘与固态萘摩尔体积差为 $\Delta_s^l V = V_m^l - V_m^s = 1.87 \times 10^{-5} \, m^3/mol$，求熔点随压力的变化率。

解 已知 $\Delta_s^l H_m = 19.03 \, kJ/mol$

$$\Delta_s^l V = V_m^l - V_m^s = 1.87 \times 10^{-5} \, m^3/mol$$

代入克劳修斯-克拉贝龙方程，得

$$\frac{dT}{dp} = \frac{T \Delta_s^l V_m}{\Delta_s^l H_m} = \frac{353.25 \times 1.87 \times 10^{-5}}{19.03 \times 10^3} = 3.47 \times 10^{-7} \, (K/Pa) = 0.347 \, (K/MPa)$$

可见，外压每升高 1MPa，萘的熔点将升高 0.347K。

2. 液-气平衡与固-气平衡

克劳修斯-克拉贝龙方程用于液-气平衡时有

$$\frac{dp}{dT} = \frac{\Delta_l^g H_m}{T \Delta_l^g V_m} = \frac{\Delta_l^g H_m}{T(V_m^g - V_m^l)} \tag{1-16}$$

由于 $V_m^g \gg V_m^l$，V_m^l 可略而不计，$\Delta_l^g V_m$ 可用 V_m^g 代替。又因液体的饱和蒸气压一般不太高，可将蒸气看作理想气体，即

$$V_m^g = \frac{RT}{p} \tag{1-17}$$

将式(1-17) 代入式(1-16)，得 $\dfrac{dp}{dT} = \dfrac{\Delta_l^g H_m \times p}{RT^2}$ 或 $d\ln p = \dfrac{\Delta_l^g H_m}{RT^2} dT$

在温度变化不大时 $\Delta_l^g H_m$ 可认为是常数，将上式作不定积分，得

$$\ln p = -\frac{\Delta_l^g H_m}{RT} + C \tag{1-18a}$$

$$\lg p = -\frac{\Delta_l^g H_m}{2.303 RT} + C' \tag{1-18b}$$

式中 C、C'——积分常数。

若将克劳修斯-克拉贝龙方程作在 $T_1 - T_2$ 的定积分，得

$$\ln \frac{p_2}{p_1} = -\frac{\Delta_l^g H_m}{R} \left(\frac{1}{T_2} - \frac{1}{T_1} \right) \tag{1-19a}$$

$$\lg \frac{p_2}{p_1} = -\frac{\Delta_l^g H_m}{2.303 R} \left(\frac{1}{T_2} - \frac{1}{T_1} \right) \tag{1-19b}$$

以上各式对固-气平衡同样适用。

【例题 1-12】 碘乙烷的正常沸点为 72.5℃，求 30℃时碘乙烷的饱和蒸气压。已知碘乙烷汽化时的摩尔相变焓 $\Delta_l^g H_m = 30376 \, J/mol$。

解 根据题有

$$T_1 = 273 + 72.5 = 345.5K, \quad p_1 = 101.3 \, kPa, \quad T_2 = 303K, \quad p_2 = ?$$

代入式(1-19b) 有

$$\lg \frac{p_2}{p_1} = -\frac{\Delta_l^g H_m}{2.303 R} \left(\frac{1}{T_2} - \frac{1}{T_1} \right) = -\frac{30376}{2.303 \times 8.314} \times \left(\frac{1}{303} - \frac{1}{345.5} \right) = -0.644$$

$$\frac{p_2}{101300} = 0.227$$

$$p_2 = 23.00 \, (kPa)$$

三、单组分体系相图

在对相变及相平衡体系的研究中，不但用上述的解析法来解决问题。有时还用图解法来处理问题，而且，用图解法既直观又全面。图解法就是研究由一种或数种物质所构成的相平衡体系的性质（如沸点、熔点、蒸气压、溶解度等）与条件（如温度、压力及组成等）的函数关系，并绘制成图。把表示这种关系的图叫做相平衡状态图，简称相图。

对于单组分体系，由相律得

$$f = C - \Phi + 2 = 3 - \Phi$$

若 $\Phi=1$，则 $f=2$，称双变量体系；$\Phi=2$，$f=1$，称单变量体系；$\Phi=3$，$f=0$，称无变量体系。

上述结果表明，对单组分系统，最多只能三相平衡，自由度数最多为 2，即最多有两个独立的强度变量，也就是温度和压力。因此用平面图以温度和压力为坐标就可以画出单组分体系的相图。下面以水为例，介绍单组分体系相图。

1. 水的相图

众所周知，水有三种不同的聚集状态。在指定的温度、压力下可以互成平衡，即水-冰，冰-蒸汽，水-蒸汽。

在特定条件下还可以建立冰-水-蒸汽的三相平衡体系。表 1-3 的实验数据表明了水在各种平衡条件下，温度和压力的对应关系。水的相图就是根据这些数据描绘而成的。

表 1-3 水的压力-温度平衡关系

温度/℃	体系的水蒸气压力/kPa		水-冰/kPa	温度/℃	体系的水蒸气压力/kPa		水-冰/kPa
	水-蒸汽	冰-蒸汽			水-蒸汽	冰-蒸汽	
−20	—	0.103	1.996×10^5	0.00989	0.610	0.610	0.610
−15	0.191	0.165	1.611×10^5	20	2.338	—	
−10	0.286	0.259	1.145×10^4	100	101.3	—	
−5	0.421	0.401	6.18×10^4	374	2.204×10^4	—	

水的相图如图 1-5 所示，OA、OB、OC 三条线将平面分成三个区：气、液、固；点 O 是三条线的交点，其温度和压力一定，由体系自身的性质决定。现在我们对相图做简单分析。

2. 相图分析

两相线：图中三条曲线分别代表上述三种两相平衡状态，线上的点代表两相平衡的必要条件，即平衡时体系温度与压力的对应关系。在相图中表示体系（包含有各相）总组成的点称为"体系点"，表示某一相的组成的点称为"相点"，但两者常统称为"状态点"。

OA 线是冰与水蒸气两相平衡共存的曲线，它表示冰的饱和蒸气压与温度的对应关系，称为"升华压曲线"，由图 1-5 可见，冰的饱和蒸气压是随温度的下降而下降的。

OB 线是固液两相平衡线，它表示冰的熔点随外压的变化关系，故称之为冰的"熔化曲线"。熔化的逆过程就是凝固，因此它又表示水的凝固点随外压的变化关系，故也可称为水的"凝固点曲线"。该线甚陡，略向左倾，斜率呈负值，意味着外压剧增，冰的熔点仅略有降低，大约是每

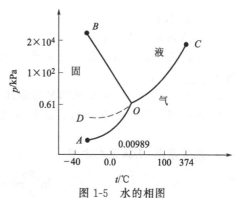

图 1-5 水的相图

增加 1 个标准压力 $p^{\ominus}=100\text{kPa}$，冰的熔点仅下降 0.0075℃。水的这种行为是反常的，因为大多数物质的熔点随压力增加而稍有升高。

OC 线是气液两相平衡线，它代表气-液平衡时，温度与蒸气压的对应关系，称为"蒸气压曲线"。显然，水的饱和蒸气压是随温度的升高而增大。

上述三条线上蒸气压与温度的关系均可用克劳修斯-克拉贝龙方程式计算。

在单组分体系中，当体系状态点落在某曲线上，则意味体系处于两相共存状态，即 $\Phi=2$，$f=1$。这说明温度和压力，只有一个可以自由变动，另一个随前一个而定。

必须指出，OC 线不能向上无限延伸，只能到水的临界点即 374℃ 与 $22.3\times100\text{kPa}$ 为止，因为在临界温度以上，气、液处于连续状态。如果特别小心，OC 线能向下延伸如虚线 OD 所示，它代表未结冰的过冷水与水蒸气共存，是一种不稳定的状态，称为"亚稳状态"。OD 线在 OA 线之上，表示过冷水的蒸气压比同温度下处于稳定状态的冰蒸气压大，其稳定性较低，稍受扰动或投入晶种将有冰析出。OA 线在理论上可向左下方延伸到绝对零点附近，但向右上方不得越过交点 O，因为事实上不存在升温时该熔化而不熔化的过热冰。OB 线向左上方延伸可达 2000 个标准压力左右，若再向上，会出现多种晶型的冰，称为"同质多晶现象"，情况较复杂。

单相区：如图 1-5 所示，三条两相线将平面分成三个区域；每个区域代表一个单相区，其中 AOC 为气相区，AOB 为固相区，BOC 为液相区。它们都满足 $\Phi=1$，$f=2$，说明这些区域内 T、p 均可在一定范围内自由变动而不会引起新相形成或旧相消失。换句话说要同时指定 T、p 两个变量才能确定体系的一个状态。

三相点：三条两相线的交点 O 是水蒸气、水、冰三相平衡共存的点，称为"三相点"。在三相点上 $\Phi=3$，$f=0$，故体系的温度、压力皆恒定，不能变动，否则会破坏三相平衡。三相点的压力为 0.610kPa，温度为 0.00989℃，这一温度已被规定为 273.16K，而且作为国际绝对温标的参考点。值得强调的是，三相点温度不同于通常所说的水的冰点，因为水的冰点是指敞露于空气中的冰-水两相平衡时的温度，在这种情况下，冰-水已被空气中的组分（CO_2、N_2、O_2 等）所饱和，已变成多组分体系。正由于其他组分溶入致使原来单组分体系水的冰点下降约 0.00242℃；其次，因压力从 0.610kPa 增大到 101.325kPa，根据克拉贝龙方程式计算其相应冰点温度又将降低 0.00747℃，这两种效应之和即 0.00989℃≈0.01℃（或 273.16K）就使得水的冰点从原来的三相点处即 0.00989℃下降到通常的 0℃（或 273.15K）。

思考与练习

一、填空题

1. 水的相图中的 OA 线称为_____。
2. 水蒸气、水、冰三相平衡共存的点，称为_____点，在该点相数为_____，自由度为_____。
3. 外压为_____kPa 时的沸腾温度定义为液体的正常沸点。
4. 描述图 1-6 中由 Q 点到 J 点的状态变化情况_____。M 点到 N 点的状态变化情况_____。
5. 克劳修斯-克拉贝龙方程

$$\ln\frac{p_2}{p_1}=-\frac{\Delta H}{R}\left(\frac{1}{T_2}-\frac{1}{T_1}\right)$$

成立的条件是_____。

二、判断题

1. 水的相图中的 OC 线可以一直向上延长。
2. 当液体的蒸气压大于外界压力时液体便沸腾。
3. 液体的饱和蒸气压除了与温度有关以外还与外压有关。
4. 水的三相点温度不同于通常所说的水的冰点。冰点是指敞露于空气中的冰-水两相平衡时的温度，在这种情况下，冰-水已被空气中的组分（CO_2、N_2、O_2 等）所饱和，已变成多组分体系。
5. 克劳修斯-克拉贝龙方程只表示纯液体的蒸气压随温度变化的关系。

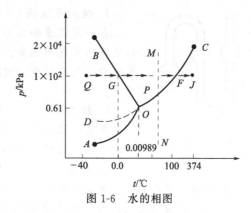

图 1-6 水的相图

三、单选题

1. 在水的相图（图 1-6）中，固相区的相数和自由度数分别为（　　）。
   A. 2，2　　　　　　B. 1，2　　　　　　C. 2，1　　　　　　D. 1，2
2. 在水的相图（图 1-6）中，固液两相平衡线 OB 上的相数和自由度数分别为（　　）。
   A. 2，2　　　　　　B. 1，2　　　　　　C. 2，1　　　　　　D. 1，2
3. 在水的相图（图 1-6）中，三相点 O 处的相数和自由度数分别为（　　）。
   A. 3，2　　　　　　B. 1，3　　　　　　C. 3，1　　　　　　D. 2，3
4. 从水的相图中可以看出，液态水的沸点随着饱和蒸气压的增大而（　　）。
   A. 增大　　　　　　B. 减小　　　　　　C. 不变　　　　　　D. 不一定
5. 从水的相图中可以看出，在低于 610Pa 的压力下升温，冰可以（　　）。
   A. 升华　　　　　　B. 变成过冷水　　　C. 沸腾　　　　　　D. 凝固

四、问答题

1. 如果想让冰直接升华成水蒸气，压力最高不能超过多少？
2. 从水的相图可以看出液态水的饱和蒸气压随温度的升高而增大还是减小？
3. 水的冰点和三相点有区别吗？
4. 从水的相图上看出 OC 线的斜率是正还是负？能说明什么问题？
5. 查阅二氧化碳的相图，和水的相图比较，看看有哪些不同。

实验一　液体饱和蒸气压的测定

一、实验目的

1. 学会用气压计测定乙醇在不同温度下的蒸气压。
2. 学会用图解法求算乙醇的摩尔汽化热和正常沸点。

二、实验原理

根据前面所学知识，液体饱和蒸气压随温度变化的定量关系可用克劳修斯-克拉贝龙方程表示。

由式(1-18a) 可知，$\ln p$ 与 $1/T$ 呈线性关系，直线斜率 $A = -\Delta_\alpha^\beta H_m / R$ 因此可通过作图求出摩尔相变焓 $\Delta_\alpha^\beta H_m$。

测定饱和蒸气压的方法主要有以下三种。

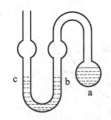

图1-7 等压计示意图

1. 饱和气流法

在一定温度和压力下，把干燥气体缓慢地通过被测液体，使气流被该液体的蒸气所饱和。然后可用某物质将气流吸收，知道了一定体积的气流中蒸气的质量。便可计算蒸气压。此法一般适用于蒸气压比较小的液体。

2. 静态法

在某一温度下，直接测量饱和蒸气压，测定时要求体系内无杂质气体，此法一般适用于蒸气压比较大的液体。

3. 动态法

在不同外界压力下，测液体的沸点。

本实验采用静态法，用一个球管与一个U形管相连，构成了实验测定装置——等压计，其外形如图1-7所示。

球a中盛有被测液体，故称之为样品池，U形管bc部分以被测液体作为封闭液，这一部分称为等压计。

测定时先将a与b之间的空气抽净，然后从c的上方缓慢放入空气，使等压计bc两端的液面平齐，且不再发生变化时，则ab之间的蒸气压即为此温度下被测液体的饱和蒸气压，因为此饱和蒸气压与c上方的压力相等，而c上方的压力可由压力计直接读出。温度则由温度计直接读出，这样便得到一个温度下的饱和蒸气压数据。当升高温度时，因饱和蒸气压增大，则等压计内b液面逐渐下降，c液面逐渐上升。同样从c的上方再缓慢放入空气，以保持bc两液面的平齐，当恒温槽达到所需测定的温度时，在bc两液面平齐时，即可读出该温度下的饱和蒸气压。用同样的方法可测定其他温度下的饱和蒸气压。

三、仪器与药品

饱和蒸气压测定组合装置（气压计、缓冲瓶、冷阱、管路连接）；恒温槽1套；精密数字压力计（低压真空压力计）1台；精密数字压力计（绝压气压计）1台；真空泵1台；滴管板1只；吸耳球1个；无水乙醇（AR）。

四、实验步骤

1. 实验测量装置如图1-8所示。向冷阱5的杜瓦瓶内加入冰水。取下磨口活塞4，用滴管向等压计2内加入无水乙醇，再用吸耳球挤压进样品池内，使其中的无水乙醇约占球a体积的4/5即可，再盖好加料口磨口活塞4。

2. 把等压计上的冷凝水龙头开关拧开，将恒温槽的水温调到20℃，打开低压真空压力计6的开关，由精密数字压力计（绝压气压计）读取当天的大气压。

3. 将真空泵接到活塞8上，关闭二通活塞10，打开活塞9（整个实验过程中活塞9始终处于打开状态，无需再动）。启动真空泵，打开活塞8使体系中的空气被抽出，同时将看到低压真空压力计6的读数发生变化。当等压计内的乙醇沸腾至3～5min时，关闭活塞8和真空泵，旋转二通活塞10使空气缓慢进入体系中，当等压计U形管两臂液面平

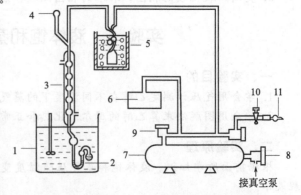

图1-8 测定饱和蒸气压的实验装置示意图
1—恒温槽；2—等压计；3—冷凝管；4—加料口磨口活塞；5—冷阱；6—压力计；7—缓冲瓶；8, 9, 10—二通活塞；11—毛细管

齐时关闭活塞10。若等压计液柱再变化，再旋转二通活塞10使液面平齐，待液柱不再变化时，记下恒温槽温度和低压真空压力计6的读数。若液柱始终变化时，说明空气未被抽干净，应重复操作步骤3。

4. 由上面的操作，得到了一个20℃时乙醇的饱和蒸气压。在该温度下，重复操作步骤3，再进行一次测定，若两次测定的结果相差小于0.27kPa，即可进行下一步测定。注意：在第二次测定时，等压计内的乙醇可能被抽干，当抽气结束时，关闭真空泵后，应立即松开夹在冷凝管上的夹子，轻轻摇晃等压计，使样品池的乙醇溅入等压计内，以保持等压计内有足够量的乙醇。

5. 调节恒温槽使水温升高4℃左右，在温度升高过程中，等压计的液柱将发生变化，应经常旋转二通活塞10，缓慢放入空气，使等压计的液面保持平齐。当温度达到24℃时，在液面平齐且不再发生变化的情况下，记下此时的温度和压力计6的读数。

6. 重复操作步骤5分别测定28℃、32℃、36℃、40℃、44℃、48℃乙醇的饱和蒸气压。

7. 实验结束后，打开二通活塞10，使体系内外压力一致，将冷阱内的乙醇倒掉。

五、注意事项

本实验共测8个温度下乙醇的饱和蒸气压。人为因素造成的测定误差是影响 $\Delta_l^g H_m$ 和沸点结果的主要原因。因此，在实验操作过程中应注意以下几点。

1. 在升温过程中，可以将恒温槽的加热挡置于"强"位；当温度接近于恒温槽温度时，可置于"弱"位，使恒温槽在恒温时有较低的灵敏度。

2. 要获得准确的饱和蒸气压数值，最关键是要将等压计和样品池之间的空气彻底抽净。在抽气即将结束之前，可松开夹在冷凝管上的夹子，轻轻摇晃等压计，以加速空气的排出。而空气的排净与否，只能根据经验和从实验数据上判断，从经验上讲，20℃时乙醇的气液两相很快达到平衡，压力计内的两臂液面平齐后，不应该总发生变化，若总发生变化，则表明空气没有被除净；从实验数据判断，20℃时的数据应测两次，两次相差0.27kPa应在实验误差内，至少说明后一次测定空气已被抽净。

20℃乙醇的饱和蒸气压的标准值为0.95kPa，可供参考。

3. 在升温过程中，要及时向体系中放入空气，以保持等压计两液面平齐，不要等温度升高4℃后再放气，以免使等压计内的乙醇沸腾，使液封量减少。

4. 最初将乙醇加入样品池后，残留在等压计U形管内的乙醇要适量，以U形管体积的2/3为宜。过多时会影响抽气，过少，乙醇会很快被抽尽。另外，抽气速度要适中，避免抽气速度过快，等压计液体沸腾剧烈，乙醇很快被抽尽。

六、数据记录与处理

1. 将上述的实验数据记录于下表。

实验室大气压_____kPa   室温_____℃

温度			饱和蒸气压 p/kPa	$\ln p$
t/℃	T/K	$1/T$		
20				
24				
28				
32				
36				
40				
44				
48				

2. 以 $\ln p$-$1/T$ 作图，由直线的斜率求出乙醇在实验温度范围内汽化的摩尔相变焓 $\Delta_l^g H_m$ 和正常沸点 T_b。

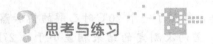

思考与练习

1. 为什么在测定前必须把等压计储管内的空气排除干净？如在操作中发生空气倒灌，应如何处理？
2. 升温过程中如液体急剧汽化，应如何处理？

※第五节　简单双组分凝聚体系相图

在第一章中我们学习了单组分体系的相图、双组分气液平衡相图并对相图进行了分析。相图有很多种，本节将介绍简单双组分凝聚体系相图。所谓"简单"是指在凝聚相不生成固溶体、化合物。

一、相图分析

首先用热分析法绘制具有低共熔点的二组分体系相图。

热分析法（步冷曲线法）是绘制相图的常用方法之一。这种方法是通过观察体系在冷却（或加热）时温度随时间的变化关系，来判断有无相变的发生。通常的做法是先将体系全部熔化，然后让其在一定环境中自行冷却，并每隔一定的时间记录一次温度。以温度（T）为纵坐标，时间（t）为横坐标，画出步冷曲线 T-t 图。

首先将二组分体系加热熔化，记录冷却过程中温度随时间的变化曲线，即步冷曲线。当体系有新相凝聚时，放出相变热，步冷曲线的斜率改变，出现转折点，并出现水平线段。据此在 T-x 图上标出对应的位置，得到低共熔 T-x 图。现以金属 Bi-Cd 体系为例，如图 1-9 所示如果体系不发生相变，则体系的温度随时间的变化将是均匀的，冷却也较快。若在冷却过程中发生了相变，由于在相变过程中伴随着热效应，所以体系温度随时间的变化速度将发生改变，体系的冷却速度减慢，步冷曲线就出现转折即拐点。当溶液继续冷却到某一点时，由于此时溶液的组成已达到最低共熔混合物的组成，故有最低共熔混合物析出，在最低共熔混合物完全凝固以前，体系温度保持不变，因此步冷曲线出现水平线段即平台。当溶液完全凝固后，温度才迅速下降。

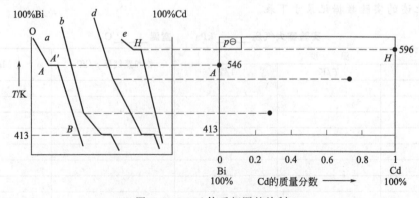

图 1-9　Bi-Cd 体系相图的绘制

首先标出纯 Bi 和纯 Cd 的熔点。

将 100% Bi 的试管加热熔化，记录步冷曲线，如图 1-9 中曲线 a 所示。在 546K 时出现水平线段，这时有 Bi(s) 出现，凝固热抵消了自然散热，体系温度不变，当 Bi 全部凝固后，温度继续下降。所以 546K 是 Bi 的熔点。同理，在步冷曲线 e 上，596K 是纯 Cd 的熔点。分别标在 T-x 图上。

如果是 Bi-Cd 混合的双组分体系，步冷曲线上先出现拐点，然后出现水平线段，如图 1-9 中 b 和 d 曲线所示。拐点是因为在该温度时开始析出一种固体（图中 b 析出 Bi，d 析出 Cd），当温度继续降低两种固体同时析出时在步冷曲线上出现平台。对于不同组成的 Bi-Cd 混合的双组分体系，出现拐点的温度不同，但出现平台的温度却都相同，约在 413K。如此继续，可取不同的 Bi-Cd 配比，得到一系列的点，连接这些点可得 Bi-Cd 的 T-x 图。如图 1-10 所示。

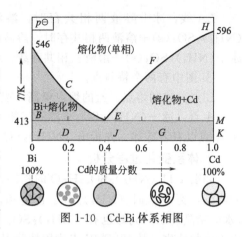

图 1-10 Cd-Bi 体系相图

1. 图中点、线、区的意义

(1) Bi-Cd 的 T-x 图

① 图上有 4 个相区。

AEH 线之上，溶液（l）单相区；ABE 之内，两相区，Bi(s)+l；HEM 之内，两相区，Cd(s)+l；BEM 线以下，两相区，Bi(s)+Cd(s)。

② 有 3 条多相平衡曲线。

ACE 线，Bi(s)+l 共存时，溶液组成线；HFE 线，Cd(s)+l 共存时，溶液组成线；BEM 线，Bi(s)+Cd(s)+l，三相平衡线，三个相的组成分别由 B、E、M 3 个点表示。

③ 有 3 个特殊点。

A 点，纯 Bi(s) 的熔点；H 点，纯 Cd(s) 的熔点；E 点，Bi(s)+Cd(s)+l。

④ 三相共存点。

因为 E 点温度均低于 A 点和 H 点的温度，称为低共熔点。在该点析出的混合物称为低共熔混合物。它不是化合物，由两相组成，只是混合得非常均匀。E 点的温度会随外压的改变而改变，在这 T-x 图上，E 点仅是某一压力下的一个截点。

(2) $(NH_4)_2SO_4$-H_2O 体系相图　具有低共熔点的二组分体系相图，除上述两种金属类型以外，还有水-盐体系的。以 $(NH_4)_2SO_4$-H_2O 体系为例，在不同温度下测定盐的溶解度，根据大量实验数据，绘制出水-盐的 T-x 图。如图 1-11 所示。

现在对 $(NH_4)_2SO_4$-H_2O 双组分体系相图作简单分析。

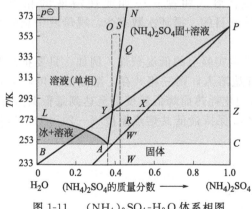

图 1-11 $(NH_4)_2SO_4$-H_2O 体系相图

① 图中有 4 个相区。

LAN 以上，溶液单相区；LAB 之内，冰+溶液两相区；NAC 以上，$(NH_4)_2SO_4(s)$ 和溶液两相区；BAC 线以下，冰与 $(NH_4)_2SO_4(s)$ 两相区。

② 图中有 3 条曲线。

LA 线，冰＋溶液两相共存时，溶液的组成曲线，也称为冰点下降曲线；AN 线，$(NH_4)_2SO_4(s)$＋溶液两相共存时，溶液的组成曲线，也称为盐的饱和溶度曲线；BAC 线，冰＋$(NH_4)_2SO_4(s)$＋溶液三相共存线。

③ 图中有两个特殊点。

L 点：冰的熔点。盐的熔点极高，受溶解度和水的沸点限制，在图上无法标出。

A 点：冰＋$(NH_4)_2SO_4$＋溶液三相共存点。溶液组成在 A 点以左者冷却，先析出冰；在 A 点以右者冷却，先析出 $(NH_4)_2SO_4(s)$。

2. 体系变化过程分析

如图 1-11 $(NH_4)_2SO_4$-H_2O 的相图，S 点为 $(NH_4)_2SO_4$ 的不饱和溶液区，随着温度的降低，到 Q 点时 $(NH_4)_2SO_4$ 达饱和，开始有结晶析出，继续降温到达 W' 点开始有冰（水的结晶析出）同时也有 $(NH_4)_2SO_4$ 结晶析出，在 W' 点时水与 $(NH_4)_2SO_4$ 全部结晶析出液相消失，从 W' 到 W 点为固体降温过程。

二、应用举例

1. 低熔点合金的制备

工业上常利用 Sn 和 Pb 制成低熔点合金，其低共熔点为 183.3℃。而 Sn 和 Pb 的熔点分别为：232℃和 327℃。利用低共熔合金可以制造保险丝和焊锡等，如 Sn-Pb-Bi 三组分合金，其低共熔点为 96℃，可用于制造自动灭火栓。

2. 盐类的提纯

水-盐体系的相图可用于盐的分离和提纯，帮助人们有效地选择用结晶法分离提纯盐类的最佳工艺条件，视具体情况可采取降温、蒸发浓缩或加热等各种不同的方法。例如，欲自 80℃，20% $(NH_4)_2SO_4$ 溶液中获得纯 $(NH_4)_2SO_4$ 晶体应采取哪些操作步骤？

可以利用相图确定 $(NH_4)_2SO_4$ 的纯化条件；如 S 点代表粗盐的热溶液组成，先滤去杂质，然后降温，由冷至50℃即 Q 点时，便有纯 $(NH_4)_2SO_4$ 晶体析出，继续降温，结晶不断增加，至 10℃时，饱和液浓度相当于 Y 点。至此，可将晶体与母液分开，并将母液重新加热到 O 点，再溶入粗 $(NH_4)_2SO_4$，适当补充些水分，物系点又自 O 移到 S，降温到 50℃，然后又过滤、降温、结晶、分离、加热、溶入粗盐……如此使溶液的相点沿 $OSQRYO$ 路程循环多次，从而达到粗盐的提纯精制目的。循环次数多少，视母液中杂质浓缩程度对结晶纯度的影响而定。

水-盐相图具有低共熔点特征，可用来创造科学实验上的低温条件。例如，只要把冰和食盐（NaCl）混合，当有少许冰融化成水，又有盐溶入，则三相共存，溶液的浓度将向最低共熔物的组成逼近，同时体系自发地通过冰的融化耗热而降低温度直至达到最低共熔点。此后，只要冰和盐存在，且三相共存，则此体系就保持最低共熔点温度（－21.1℃）恒定不变。

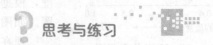

思考与练习

一、填空题

1. 水-盐体系的相图可用于盐的精制和提纯，帮助人们有效地选择用结晶法分离提纯盐类的最佳工艺条件。根据图 1-11，如果体系浓度低于最低共熔点 A 点浓度，不能直接降温来精制盐，因为_____；只有将体系浓缩，使其浓度大于最低共熔点 A 点浓度，然后降温，方能得到硫酸铵晶体，但降温不能接近三相线否则_____。

2. 在图 1-10 中，E 点温度均低于 A 点和 H 点的温度，称为最低共熔点。E 点析出的混合物称为_____。它不是化合物，由_____相组成。在 E 点自由度 $f=$ _____。

3. 组成恰好是最低共熔点组成的双组分体系，步冷曲线上_____（有、没有）拐点；_____（有、没有）平台。

4. 水-盐相图具有低共熔点特征，可用来创造_____条件。例如，把冰和食盐（NaCl）混合，只要冰和盐存在，且三相共存，则此体系就保持_____共熔点温度（—21.1℃）恒定不变。

二、判断题

1. 在图 1-10 Bi-Cd 的相图上，在 BEM 线以下为固相的单相区。
2. 合金的熔点一般比其中任一种金属的熔点都低。
3. 每条步冷曲线都只有一个拐点或平台。
4. 纯组分的步冷曲线上只出现平台没有拐点。
5. Sn-Pb-Bi 三组分合金，其低共熔点为 96℃，可用于制造自动灭火栓。

三、单选题

1. 两个具有最低共熔点的金属混合，其混合后的熔点和两纯金属的熔点比（　　）。
A. 一定低于两纯金属的熔点　　　　B. 一定高于两纯金属的熔点
C. 要看混合的比例而定　　　　　　D. 一定介于两纯金属的熔点之间

2. 当某盐的水溶液浓度低于最低共熔点时，降低温度，首先析出的是（　　）。
A. 冰　　　　B. 盐　　　　C. 冰和盐混合　　　　D. 不一定

3. 当某盐的水溶液浓度大于最低共熔点时，降低温度，首先析出的是（　　）。
A. 冰　　　　B. 盐　　　　C. 冰和盐混合　　　　D. 不一定

4. 当某盐的水溶液浓度等于最低共熔点时，降低温度，首先析出的是（　　）。
A. 冰　　　　B. 盐　　　　C. 冰和盐混合　　　　D. 不一定

5. Cd-Bi 体系相图（1-8）中最低共熔点处的相数和自由度分别是（　　）。
A. 2，2　　　　B. 3，1　　　　C. 3，2　　　　D. 3，3

四、问答题

1. 纯金属的步冷曲线只出现"平台"而不出现拐点，而达到最低共熔点的混合金属的步冷曲线也只出现平台，为什么？
2. Cd-Bi 体系相图（1-10）中最低共熔点处的相数和自由度分别是多少？
3. 实验室常在冰水中加入食盐，以达到降低温度的目的，道理何在？
4. 用某些合金可制造自动灭火栓，说说其中的道理。
5. 盐类提纯时，溶解盐的时候一定要保持盐的浓度要大于最低共熔点浓度，为什么？

新视野　　　　　　液体和液晶

我们知道物质常见的存在状态是气体、液体和固体，其中液体的可压缩性小，而流动性很大，它具有一定的体积但无一定形状，其形状随容器的形状而变化。从液体内部结构看，液体既不像气体分子那样无规则的自由运动，也不像固体那样难于移动。显微镜下可以看到花粉微粒在液体中做布朗运动，这是液体分子做无规则运动的实验基础。从总体上看，液体呈无序结构。现代实验方法已经证明液体在很小的范围内（如液态金属中为 1.5nm）却可呈有序状态，液体的流动性就是这种"长程无序，短程有序"的表现。人们用黏度来描述液体的流动性，反映了液体流动时内摩擦力大小。黏度与液体的密度、温度和压力有关。人体血液黏度必须保持一定水平，血栓就是血液黏度异常引起的。另外，液体还有一个重要的特性，就是做"溶剂"，许多物质（包括固体、液体和气体）都可以溶解在液体中成为溶液，生活和生产中都离不开溶液。

液体冷却则凝固为固体，固体既难于压缩，更不能流动，它有一定的形状和体积。固体物质随其内部结构是否有规则排列而有晶体和非晶体之分。介于液体和晶体之间有一类物质叫液晶。

液晶是一大类新型材料。液体、液晶、固体分子间作用力虽然有所不同，但这些微粒都不能像气体分子那样自由扩散，统称为凝聚态。

液晶类物质的力学性质像液体，可以自由流动，而它的光学性质却像晶体，显各向异性，在某个方向有远程有序，在另一方向却近程有序。19世纪末一位奥地利植物学家在研究胆甾醇苯甲酸酯时发现，加热到145.5℃时，晶体熔化为各向异性的混浊黏稠液体；继续加热到178.5℃时，则变为各向同性、清亮透明。在145.5（熔点）~178.5℃（清亮点）之间为液晶态，它是液态和晶态间的过渡态。

$$晶体 \xleftrightarrow{熔点} 液晶 \xleftrightarrow{清亮点} 液体$$

不能流动　　　能流动　　　能流动
各向异性　　　各向异性　　　各向同性

熔点和清亮点就是液晶的相变温度，表1-4列出了几种胆甾型液晶的相变温度。

表1-4　几种胆甾型液晶的相变温度

化合物	熔点/℃	清亮点/℃	化合物	熔点/℃	清亮点/℃
胆甾醇苯甲酸酯	145.5	178.5	胆甾醇己酸酯	99.5	101.5
胆甾醇丙酸酯	102	116	胆甾醇月桂酸酯	85.5	92.5

这类液晶分子呈层状排列，层与层间的重叠呈螺旋状结构，因而对不同波长的光反射情况不同，液晶就显示鲜艳的色彩，反射情况还随温度有所变化。如将几种液晶化合物按一定比例混合，并制成胶囊薄膜，就是一个新型的彩色液晶温度计，在不同温度显示不同颜色。各种商品液晶温度计的测量范围可在0~250℃之间，精确度可达0.5℃。这类温度计使用方便、显示清晰。在肿瘤病变位置检测、金属材料探伤、电子元件检查、彩色电视、全息照相等方面都已取得很好的实用效果。

还有一类棒形分子也具有液晶态，如4-甲氧基苯亚甲基-4′-正丁基苯胺（简写为MBBA）的结构简式是

$$CH_3O-\text{〇}-CH=N-\text{〇}-C_4H_9$$

它是极性化合物，分子间的相互作用使它们作有序排列，当熔化成液态时也能保持一定的有序性，这些分子接近于平行地交错排列，既容易转动，也容易滑动。两个苯环直接相连的联苯类化合物（苯环也可被环己基取代），也有很好的液晶态，这类化合物统称为向列型液晶。

表1-5列出了它们的相变温度。这些液晶态物质随电压变化透明性不同，是理想的显示材料，具有工作电压低、功耗低并能与集成电路配套等优点，现已广泛用于手表、车辆计程表和各种电子仪器。

生物体内许多物质（如蛋白质、核酸、类脂）等也都显液晶态，有胆甾型螺旋结构，也有向列型棒形结构。要探讨生命奥秘，要研究致病原因，都离不开对液晶的认识和了解。

有些高分子化合物是由小分子单体聚合成链并卷曲交织在一起，它们容易聚集成短程有序的液晶态。高分子液晶材料的研究对提高材料机械强度，改善合成纤维色泽等方面正产生着深远的影响。

表 1-5 几种向列型液晶的相变温度

化合物	熔点/℃	清亮点/℃	化合物	熔点/℃	清亮点/℃
CH₃O—⟨⟩—CH=N—⟨⟩—C₄H₉	21	48	C₅H₁₁—⟨⟩—⟨⟩—CN	22	35
C₆H₁₃—⟨⟩—COO—⟨⟩—CN	44	47	C₅H₁₁—⟨⟩—⟨⟩—CN	62	83
C₆H₁₃—⟨⟩—⟨⟩—CN	14	28			

由于高分子液晶的独特结构与性质其应用日益广泛。人们不仅开发了大量的高强、高模以及具有显示和信息存储功能的高分子液晶材料，同时还在不断探索在其他领域的应用。可以肯定，作为一门交叉学科，高分子液晶材料科学在高性能结构材料、信息记录材料、功能膜及非线性光学材料等方面的开发中必将发挥越来越重要的作用。

液晶化合物现在已经发现几千种，液晶制品已经进入千家万户的日常生活中，液晶已成为化学家、物理学家和生物学家共同感兴趣的新兴研究领域。

习 题

1-1 指出下列体系的物种数，组分数，相数及自由度数各为多少？
(1) 由 79%N_2 和 21%O_2 所组成的空气；
(2) NaCl 和 KCl 的水溶液与其蒸气达成的气液平衡；
(3) $(NH_4)_2SO_4(s)$，$H_2O(s)$ 及溶液在 $p=100kPa$ 下。

1-2 指出下列平衡体系的组分数及自由度数。
(1) 在真空容器中，$NH_4HS(s)$ 部分分解为 NH_3 和 H_2S 并达成平衡；
(2) 若上述体系中再加入少量的 H_2S，重新达成平衡；
(3) 在真空容器中，$MgCO_3(s)$ 部分分解为 $MgO(s)$ 和 $CO_2(g)$ 并达成平衡；
(4) $C(s)$，CO，CO_2，O_2 在 1000℃ 下达到化学平衡。

1-3 碳酸钠和水可以形成 $Na_2CO_3·H_2O$，$Na_2CO_3·7H_2O$，$Na_2CO_3·10H_2O$ 三种化合物。问 (1) 在 100kPa 时，该体系共存的相数最多是几相？(2) 在 30℃ 时能与水蒸气平衡共存的含水盐最多为多少种？

1-4 下列体系中，各含有多少组分数、相数和自由度数？
(1) 将任意量的 $CH_2=CH_2$，$H_2O(g)$ 与 C_2H_5OH 三种气体在 110℃ 及 100kPa 下，共置于容器内（假设气体之间不发生化学反应）；
(2) 在 360℃ 时将定量的 C_2H_5OH 放入容器内，发生了分解反应，并建立了平衡体系

$$C_2H_5OH \longrightarrow CH_2=CH_2+H_2O$$
(3) 360℃ 时将任意量的 H_2O 和 C_2H_4 放入容器中内，建立 C_2H_4、H_2O 与 C_2H_5OH 的化学平衡体系；
(4) 在 360℃ 时把体积比为 1∶1 的 C_2H_4 与 H_2O 放入容器内，建立 C_2H_4、H_2O 与 C_2H_5OH 的化学平衡体系。

1-5 在体积为 $10^{-3}m^3$ 的容器内，含有 $1.5×10^{-3}kg$ 的 N_2，计算 20℃ 时的压力。

1-6 设储存 H_2 的气柜容积为 $2000m^3$，气柜中压力保持在 120.0kPa。若夏季的最高温

度为 42℃，冬季的最低温度为 -38℃，问在冬季最低温度时比夏季最高温度时气柜多装多少千克氢气？

1-7　23℃，100kPa 时 $3.24×10^{-4}$ kg 某理想气体的体积为 $2.8×10^{-4}$ m³，试求该气体在 100kPa，100℃时的密度。

1-8　两容积相等的烧瓶装有 N_2，烧瓶之间有细管相通。若烧瓶都浸在 100℃的沸水中，瓶内气体的压力为 60kPa。若一只烧瓶在 0℃的冰水中，另一只仍然浸在沸水中，试求瓶内气体的压力。

1-9　水煤气的体积分数分别为 H_2，50%；CO，38%；N_2，6.0%；CO_2，5.0%；CH_4，1.0%。在 25℃，100kPa 下，(1) 求各组分的摩尔分数及分压；(2) 计算水煤气的平均摩尔质量和在该条件下的密度。

1-10　容器 A 和 B 分别盛有 O_2 与 N_2，两容器用旋塞连接，温度均为 25℃。容器 A 的体积为 $5×10^{-4}$ m³，其中 O_2 压力为 100kPa，容器 B 的体积为 $1.5×10^{-3}$ m³，其中 N_2 的压力为 500kPa。旋塞打开后，两气体即混合。在混合均匀后，温度仍为 25℃，试计算其中气体的总压及 N_2、O_2 的分压。

1-11　某混合气体含有 0.15g H_2，0.7g N_2 及 0.34g NH_3，计算在 100kPa 的压力下 H_2、N_2、NH_3 各气体的分压力。如果温度为 27℃，这个混合气体的总体积应是多少？

1-12　根据环保标准，空气中汞含量不得超过 0.01mg/m³。如果在实验室不小心打破了水银温度计，计算 298K 时，汞蒸气是否超标；如果实验室通风良好，汞蒸气的分压只有其饱和蒸气压的 10%，问是否超标。已知汞在 298K 的蒸气压为 0.24Pa。

1-13　将 4.6g Cl_2 和 4.19g SO_2 混合，在体积为 2m³ 的容器中保持温度始终为 190℃。Cl_2 和 SO_2 部分反应，生成硫酰二氯（SO_2Cl_2）。反应后，混合气体的压力为 202.6kPa。计算混合气体中所含三个组分的摩尔分数及分压。

1-14　醋酸的熔点为 16℃，压力每增加 1kPa 其熔点上升 $2.9×10^{-4}$ K，已知醋酸的熔化热为 194.2J/g，试求 1g 醋酸熔化时体积的变化。

1-15　求苯甲酸乙酯（$C_9H_{10}O_2$）在 26.6kPa 时的沸点。已知苯甲酸乙酯的正常沸点为 213℃，苯甲酸乙酯汽化时的摩尔相变焓为 $\Delta_l^g H_m = 44.20$ J/mol。

1-16　光气 $COCl_2$ 在 9.91℃时的蒸气压为 107.8kPa，在 1.35℃时的蒸气压为 77.148kPa，求光气汽化时的摩尔相变焓。

1-17　已知水在 50℃时的饱和蒸气压为 12.764kPa，水的正常沸点为 100℃，试求以下各项：(1) 水汽化时的摩尔相变焓；(2) 已知蒸气压与温度的关系为 $\lg p = -\dfrac{A}{T} + B$ 求常数 A、B 各为多少。

1-18　0℃时冰融化时的摩尔相变焓为 6008 J/mol。已知在此温度下冰的摩尔体积为 $1.9652×10^{-5}$ m³/mol，液态水的摩尔体积为 $1.8018×10^{-5}$ m³/mol，求压力随温度的变化率。

1-19　炊事用的高压锅内压力最高可达 230kPa，试计算水在高压锅内能达到的最高温度。已知水汽化时的摩尔相变焓为 40.67kJ/mol。

1-20　苯乙烯在高于其正常沸点 145℃时很容易聚合。为防止苯乙烯聚合，在蒸馏时采取减压蒸馏的方法，若蒸馏温度控制在 50℃，压力应减到多少？已知苯乙烯在 145℃时汽化的摩尔相变焓为 40.31kJ/mol。

1-21　分别用理想气体状态方程和范德华方程计算 40℃，0.1kg CO_2 在 $5×10^{-3}$ m³ 的容器中的压力。

1-22　在一只容积为 0.02m³，能承受最高压力 15198.8kPa 的储氧钢瓶内，储有

1.64kg 的氧时，试用范德华方程计算出最高允许温度为多少度？

1-23 有一台 CO_2 压缩机，出口压力为 15150kPa，出口温度 150℃。试用压缩因子图计算该状态下 1000mol CO_2 的体积。

1-24 H_2、N_2 混合气，其摩尔分数分别为 H_2：75％；N_2：25％。试用压缩因子计算 1000kg 该混合气体在 27℃，24310kPa 下的体积。

1-25 27℃ 时 $0.04m^3$ 钢瓶中储存 C_2H_4 的压力为 14692.27kPa。如果在使用时放出了标准状态下 C_2H_4 的气体 $1.2m^3$，试求钢瓶中剩余 C_2H_4 的压力（至少用两种方法）。

1-26 已知不同温度下 $(NH_4)_2SO_4$ 在水中溶解度数据如下：

温度/℃	$(NH_4)_2SO_4$ /(g/100g 溶液)	固 相	温度/℃	$(NH_4)_2SO_4$ /(g/100g 溶液)	固 相
−5.5	16.7	冰	40	44.8	$(NH_4)_2SO_4$(固)
−11	28.6	冰	50	45.8	$(NH_4)_2SO_4$(固)
−18	37.5	冰	60	46.8	$(NH_4)_2SO_4$(固)
−19.1	38.4	冰+$(NH_4)_2SO_4$(固)	70	47.8	$(NH_4)_2SO_4$(固)
0	41.4	$(NH_4)_2SO_4$(固)	80	48.8	$(NH_4)_2SO_4$(固)
10	42.2	$(NH_4)_2SO_4$(固)	90	49.8	$(NH_4)_2SO_4$(固)
20	43	$(NH_4)_2SO_4$(固)	100	50.8	$(NH_4)_2SO_4$(固)
30	43.8	$(NH_4)_2SO_4$(固)	108.9	51.8	$(NH_4)_2SO_4$(固)

(1) 根据数据绘出 $(NH_4)_2SO_4$ 体系相图；

(2) 说明图中点、线、区域的相态及自由度；

(3) 16％ 的 $(NH_4)_2SO_4$ 水溶液冷却至 −10℃ 时，析出多少固体物质，这时溶液的浓度为多少？

(4) 如果有 500g 组成为 20％ $(NH_4)_2SO_4$ 的水溶液冷却到 −10℃，问析出冰还是 $(NH_4)_2SO_4$ 固体，析出多少克？

(5) 如配制 2000kg，−19℃ 的冷冻盐水，需要多少 $(NH_4)_2SO_4$？

第二章 溶 液

> 学习目标
> 1. 理解拉乌尔定律的产生。
> 2. 理解理想溶液模型建立及其研究方法。
> 3. 能够利用拉乌尔定律和分压定律计算理想溶液的气液平衡组成关系。
> 4. 熟悉理想溶液和实际溶液的沸点组成图中点、线、区的意义及与状态变化的关系。
> 5. 能够利用杠杆规则进行有关计算。
> 6. 理解精馏的基本原理。
> 7. 理解亨利定律的产生,理解化工生产单元操作"吸收"和生活中的应用。
> 8. 能够用稀溶液的依数性解决生产生活中的问题。
> 9. 能够利用分配定律进行萃取效率计算。
> 10. 了解水蒸气蒸馏原理及其方法。

关于相平衡的问题,我们在第一章已经学习了相律、单相体系气体、单组分体系两相平衡时温度与压力的关系——克劳修斯-克拉贝龙方程;同时也学习了单组分体系的相图。当体系是双组分或多组分体系相平衡时,仍然遵循相律。那么,对于双组分或多组分体系相平衡体系会有哪些规律,其相图又会是怎样的呢?本章我们将讨论双组分体系气液平衡的规律以及相图。

第一节 拉乌尔定律与理想溶液

一、拉乌尔定律

在一定温度下,稀溶液中溶剂的蒸气压等于纯溶剂的蒸气压与溶剂的摩尔分数之积。
其数学表达式为

$$p_A = p_A^* x_A \tag{2-1}$$

式中 p_A——气相中溶剂的蒸气分压;

p_A^*——纯溶剂的饱和蒸气压;

x_A——溶剂的摩尔分数。

该定律是法国物理学家拉乌尔于1887年在实验基础上提出的,它是稀溶液的基本规律之一。对于不同的溶液,虽然定律适用的浓度范围不同,但在 $x_A \rightarrow 1$ 的条件下任何溶液都能严格遵从上式。拉乌尔定律最初是在研究不挥发性非电解质的稀溶液时总结出来的,后来发现,对于其他稀溶液中的溶剂也是正确的。

从微观上看,在任意满足 $x_A \rightarrow 1$ 的溶液中,溶剂分子所受的作用力几乎与纯溶剂中的分子相同。所以,在一个溶液中,若其中某组分的分子所受的作用与纯态时相等,则该组分的蒸气压就服从拉乌尔定律。

拉乌尔定律表述的是当物质由单组分(纯溶剂)成为稀溶液(双组分)时蒸气压会有所降低。因为蒸气压降低,稀溶液的其他性质(沸点、凝固点等)也将随之变化。

对于挥发性溶质，拉乌尔定律将一个组分在气相和液相的浓度紧密联系在一起：p_A 指气相中溶剂 A 的分压，x_A 指液相中溶剂 A 的摩尔分数，如图 2-1 所示。

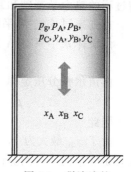

图 2-1 稀溶液的气液平衡示意图

【例题 2-1】 25℃时 C_6H_{12}（环己烷 A）的饱和蒸气压为 13.33kPa，在该温度下 840g 的 C_6H_{12} 中溶解 0.5mol 某种非挥发性有机化合物 B，求该溶液的蒸气压？已知 $M(C_6H_{12})=84$g/mol。

解 根据题意有 $n_B=0.5$mol
$n_A=840/84=10$mol

$$x_A=\frac{n_A}{n_A+n_B}=\frac{10}{10+0.5}=0.952$$

$$p_A=p_A^* x_A$$

$$p_A=p_A^* x_A=13.33×0.952=12.69 \text{（kPa）}$$

二、理想溶液

拉乌尔定律成立的条件是稀溶液，当液体混合物浓度较大时将对拉乌尔定律产生很大偏差，如果在所有浓度范围拉乌尔定律都成立的话，液态混合物的气液平衡方面的问题将会很简单。讨论液态混合物的方法与相平衡一章中讨论气体的 pVT 关系相同，先找到理想情况下的规律，然后对于实际情况再根据区别加以修正得出规律。因此提出理想溶液的概念。

所有组分在全部浓度范围内都服从拉乌尔定律的溶液叫理想溶液。

我们来分析理想溶液的模型。拉乌尔定律之所以稀溶液才成立，是因为稀溶液中溶质的分子数目很小，对溶剂分子间作用力的影响很小。所以，从微观上看，理想溶液中各组分的分子结构非常相似，它们（A—A、B—B、A—B）之间的相互作用力完全相同，分子大小也完全相同，如图 2-2 所示。

从宏观上看，形成溶液的各个组分能够以任意比例相互混溶，混合前后体积不变，并且没有吸热、放热现象。

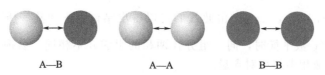

图 2-2 理想溶液组分分子微观示意图

理想溶液模型和理想气体模型的区别如下。

① 理想气体分子间无作用力；理想溶液的分子间存在作用力，但只强调分子间的作用力相似。

② 理想气体分子的体积为零；理想溶液不要求分子体积为零，但要求各种分子的大小、形状相似。

许多实际溶液体系性质很接近理想溶液。例如：同系物混合所组成的溶液；同分异构体所组成的溶液等。

1. 理想溶液的气-液平衡组成

在一封闭容器中，一定条件下，液相中各组分均有部分分子从界面逸出进入液面上方气相空间，而气相也有部分分子返回液面进入液相内。经长时间接触，当每个组分的分子从液相逸出与气相返回的速度相同，或达到动平衡时，即该过程达到了气液两相平衡。

平衡时气液两相的组成之间的关系称为相平衡关系。它取决于体系的热力学性质，是蒸馏过程的热力学基础和基本依据。

首先来讨论气-液平衡时蒸气总压 p 与液相组成 x_B 的关系。

假设体系中只有 A 和 B 两个组分，在温度 T 下当气液两相平衡时，根据拉乌尔定律

$$p_A = p_A^* x_A \qquad p_B = p_B^* x_B \tag{2-2}$$

由道尔顿分压定律，以及 $x_B = 1 - x_A$ 有

$$p = p_A + p_B = p_A^* x_A + p_B^* x_B = p_A^* (1 - x_B) + p_B^* x_B$$

因此

$$p = p_A^* + (p_B^* - p_A^*) x_B \tag{2-3}$$

由于 x_B 最大为 1，最小为 0，所以由式(2-3) 可知，理想溶液气液两相平衡时的蒸气总压总是介于两个纯组分的饱和蒸气压之间，即 $p_B^* > p > p_A^*$（假设 B 比 A 容易挥发）。

另外由式(2-3) 还可以看出，理想溶液气-液平衡时，气相的总压力随液相组成的变化而变化。如果以总压 p 对液相组成 x_B 作图得到一直线，即压力-组成图上的液相线。只有理想溶液，液相线为直线。

由式(2-3) 经过变换可得

$$x_B = \frac{p - p_A^*}{p_B^* - p_A^*} \tag{2-4a}$$

$$x_A = \frac{p - p_B^*}{p_A^* - p_B^*} \tag{2-4b}$$

式(2-3) 及式(2-4a)、式(2-4b) 经常用来计算理想溶液在气-液平衡时液相组成或总压。

(1) 气-液平衡时气相组成 y 与液相组成 x 的关系

由分压定律有

$$y_B = \frac{p_B}{p} = \frac{p_B^* x_B}{p} = \frac{p_B^* x_B}{p_B^* x_B + p_A^* x_A} \tag{2-5a}$$

$$y_A = \frac{p_A}{p} = \frac{p_A^* x_A}{p} = \frac{p_A^* x_A}{p_B^* x_B + p_A^* x_A} \tag{2-5b}$$

由式(2-5a) 和式(2-5b) 可知，如果 B 比 A 容易挥发，则 $p_B^* > p > p_A^*$。$\frac{p_B^*}{p} > 1$，$y_B > x_B$；同理 $\frac{p_A^*}{p} < 1$，$y_A < x_A$。由此我们可以得出结论：饱和蒸气压不同的两种液体形成理想溶液并达到气-液平衡时，同一组分在两相的组成并不相同，易挥发组分在气相中的相对含量大于它在液相中的相对含量。

【例题 2-2】 已知 100℃，甲苯和苯的饱和蒸气压分别为 179.1kPa 和 76.08kPa。计算摩尔分数为 0.5 的甲苯和苯的混合溶液在 100℃ 达气液两相平衡时的蒸气总压以及气相组成分别为多少。

解 当溶液达气液两相平衡时，可以认为液相组成变化不大摩尔分数仍然为 0.5。

因此，根据式(2-3) 可计算气液两相平衡时的蒸气总压为

$$p = p_{甲苯}^* + (p_{苯}^* - p_{甲苯}^*) x_{苯}$$
$$= 179.1 + (76.08 - 179.1) \times 0.5 = 127.6 \text{ (kPa)}$$

根据式(2-5a)可以计算气相组成

$$y_{甲苯} = \frac{p_{甲苯}}{p} = \frac{p_{甲苯}^* x_{甲苯}}{p} = \frac{179.1 \times 0.5}{127.6} = 0.70$$

$$y_{苯} = 1 - y_{甲苯} = 1 - 0.70 = 0.30$$

(2) 气-液平衡时蒸气总压 p 与气相组成 y_B 的关系

结合 $p = p_A^* + (p_B^* - p_A^*) x_B$ 和式 $y_B = \frac{p_B^* x_B}{p}$ 可得

$$p = \frac{p_A^* p_B^*}{p_B^* - (p_B^* - p_A^*) y_B} \tag{2-6}$$

可见,理想溶液气液平衡时气相的蒸气总压与气相组成之间不是简单的直线关系。如果以 y_B 为横坐标,总压 p 为纵坐标,得到的是条曲线,即压力-组成图上的气相线。

2. 压力-组成图

从上述讨论可知,理想溶液的蒸气压随着组成的改变而改变。以压力为纵坐标,以液相组成(或气相组成)为横坐标,可以得到理想溶液的压力-组成图。如图 2-3 所示,可以得到以下结论。

(1) 液相线 p-x_B 线,表示蒸气总压随液相组成的变化,根据式(2-3)应该是直线。

(2) 气相线 p-y_B 线,表示蒸气总压随气相组成的变化,与液相线不同,气相线不是直线。

(3) 液相区 液相线以上的区域。当体系的压力和组成处于液相区时,由于压力大于蒸气压,应该全部为液体。

(4) 气相区 气相线以下的区域。当体系的组成和压力处于气相区时,其压力小于蒸气压,应该全部为气体。

(5) 气液两相平衡区 液相线与气相线之间的区域。当体系处于这个区内(如 o 点),则处于气液两相平衡状态,其气相组成和液相组成分别由过 o 点的水平线段交于气相线的 b 点和交于液相线的 a 点给出。

实际液体混合物中有许多性质接近理想溶液的,例如,苯和甲苯溶液的性质接近理想溶液,在 79.6℃ 下实测压力-组成数据如表 2-1 所示。按表中数据作得压力-组成图如图 2-4 所示。

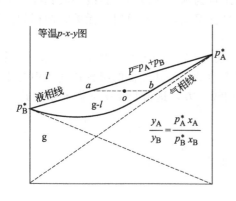

图 2-3 理想溶液的压力-组成图

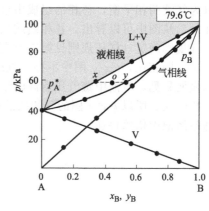

图 2-4 甲苯(A)-苯(B)溶液的压力-组成图

表 2-1 苯和甲苯组成,蒸气压数据

液相组成 x_B	气相组成 y_B	蒸气总压 p/100kPa	液相组成 x_B	气相组成 y_B	蒸气总压 p/100kPa
0	0	0.3846	0.6344	0.8179	0.7722
0.1161	0.2530	0.4553	0.7327	0.8782	0.8331
0.2271	0.4295	0.5225	0.8243	0.9240	0.8907
0.3383	0.5667	0.5907	0.9189	0.9672	0.9845
0.4532	0.6656	0.66499	0.9565	0.9827	0.9179
0.5451	0.7574	0.7166	1.000	1.000	0.9982

3. 沸点-组成图

理想溶液的沸点-组成图(t-x、y 图),是恒压下以溶液的温度(t)为纵坐标,组成 x(或 y)为横坐标作得的相图。一般从实验数据直接绘制,对于理想溶液也可以从 p-x 图数据间接求得。表 2-2 是甲苯（A)-苯（B）二组分体系在 100kPa 下的实验结果，其中 x_B、y_B 分别为温度 t 时 B 组分在液相、气相中的摩尔分数。由于苯比甲苯容易挥发，由表可见，y_B 恒大于 x_B，由沸点 T 与气、液相组成 y_B、x_B 关系数据构成图 2-5。

表 2-2 甲苯（A)-苯（B）二组分体系在 100kPa 下的气-液平衡数据

x_B	0	0.100	0.200	0.400	0.600	0.800	0.900	1.000
y_B	0	0.206	0.372	0.621	0.792	0.912	0.960	1.000
t/℃	110.6	109.2	102.2	95.3	89.4	84.4	82.2	80.1

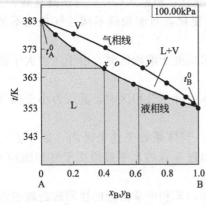

图 2-5 甲苯(A)-苯（B）溶液的 t-x 图

(1) 气相线　t-y_B 线，表示饱和蒸气组成随温度的变化，也称为"露点线"（一定组成的气体冷却至线上温度时开始凝结，如露水一样）。

(2) 液相线　t-x_B 线，表示沸点与液相组成的关系，称之"泡点线"（一定组成的溶液加热至线上温度时可沸腾起泡）。

(3) 气相区　气相线以上的区域。当体系组成和温度处于气相区时，因为温度高于该组成溶液的沸点，所以全部为气体。

(4) 液相区　液相线以下的区域。当体系组成和温度处于液相区时，因为温度低于该组成溶液的沸点，所以全部为液体。

(5) 气液两相平衡区　气相线和液相线包围的区域为气液两相平衡区。当体系状态点在此区域时为气液两相平衡，各相的组成由过体系状态点的水平线段与气相线和液相线的交点给出。并且，从图中可以看出，各相组成只决定于平衡温度，而与总组成无关。两相的数量比则由杠杆规则确定（杠杆规则见第二节内容）。

与 p-x-y 图相比，t-x-y 图中不存在直线，这说明 t-$f(x$、$y)$关系不如 p-$f(x$、$y)$关系那样简单。显而易见，溶液中蒸气压愈高的组分其沸点愈低，而沸点低的组分在气相中的成分总比在液相的大。所以 t-x-y 图的气相线总是在液相线上方，这恰与 p-x-y 图相反。这一规律在非理想溶液中依然存在。

? 思考与练习

一、填空题

1. 邻二甲苯与对二甲苯的混合溶液可以按理想溶液处理是因为：(1)＿＿＿＿＿＿；(2)＿＿＿＿＿＿。

2. 两种液体 A 和 B，如果说 B 比 A 容易挥发，则同温度下 A 的饱和蒸气压 p_A^*＿＿＿＿（大于、小于或等于）B 的饱和蒸气压 p_B^*。相同压力下 A 的沸点＿＿＿＿（高于、低于或相等）B 的沸点。

3. 上题中 A 和 B 混合形成理想溶液，当达到气液两相平衡时＿＿＿＿（A 或 B）在气相中含量大于其在液相的含量；＿＿＿＿在气相的含量小于其在液相的含量。

4. 理想溶液的蒸气总压总是＿＿＿＿（大于、小于或等于）容易挥发纯组分的饱和蒸气压，＿＿＿＿（大于、小于或等于）难挥发纯组分的饱和蒸气压；理想溶液的沸点总是＿＿＿＿（高于、低于或等于）容易挥发纯组分的沸点，＿＿＿＿（高于、低于或等于）难挥发纯组分的沸点。

5. 在理想溶液的压力-组成图中,处于上方的是_____线;在温度-组成图中,处于上方的是_____线。

二、判断题

1. 理想溶液与理想气体一样,为了处理问题简单而假想的模型:分子间没有作用力,分子本身体积为零。
2. 两种液体相溶,且在混合时没有吸放热现象,则此混合溶液必为理想溶液。
3. 二组分体系溶液的压力-组成图表示恒温条件下压力变化与溶液组成的关系;而二组分体系溶液的温度-组成图表示恒压条件下温度变化与溶液组成的关系。
4. 根据相律 $f=C-\Phi+2$,二组分溶液,当温度一定或压力一定时,有 $f=C-\Phi+1=3-\Phi$,因此二组分溶液相图中的两相平衡区 $\Phi=2$,$f=1$,也就是说温度变化组成必须随之变化。
5. 二组分理想溶液在性质上与单组分体系很相似,沸点都是确定不变的温度。

三、单选题

1. 理想溶液的蒸气总压总是(　　)容易挥发纯组分的饱和蒸气压,(　　)难挥发纯组分的饱和蒸气压;理想溶液的沸点总是(　　)容易挥发纯组分的沸点,(　　)难挥发纯组分的沸点。
   A. 低于,高于,高于,低于　　　　B. 低于,低于,高于,高于
   C. 高于,高于,低于,低于　　　　D. 高于,低于,低于,高于
2. 拉乌尔定律不适用于(　　)。
   A. 挥发性溶质,稀溶液　　　　　B. 不挥发性溶质,稀溶液
   C. 挥发性溶质,所有浓度　　　　D. 不挥发性溶质,所有浓度
3. 双组分理想溶液,易挥发组分在气相和液相的浓度之间关系为(　　)。
   A. 气相组成大于液相组成　　　　B. 气相组成小于液相组成
   C. 气相组成等于液相组成　　　　D. 没关系
4. 双液系沸点-组成图中,关于线的说法不对的是(　　)。
   A. 气相线也称露点线　　　　　　B. 气相线也称泡点线
   C. 液相线不能称为泡点线　　　　D. 液相线也称露点线
5. 在双液系沸点-组成图中的气液两相平衡区,相数和自由度分别为(　　)。
   A. 2,2　　　B. 2,1　　　C. 1,1　　　D. 1,2

四、问答题

1. 理想溶液的模型与理想气体的模型有什么区别?
2. 所有溶液都符合拉乌尔定律吗?拉乌尔定律适用的条件是什么?
3. 请说明为什么理想溶液的饱和蒸气压总是介于两个纯组分的饱和蒸气压之间。
4. 理想溶液的压力-组成图(图2-3)中,气相线在液相线的上方,为什么?
5. 在理想溶液的沸点-组成图中,气相线在液相线的上方,请说明原因。

第二节　实际溶液的相图

一、实际溶液

我们通常遇到的绝大多数溶液其蒸气压与组成之间的关系并不完全服从拉乌尔定律,这类溶液称为实际溶液。显然,实际溶液的相图完全由实验得出。分为以下几种。

由于实际溶液中分子间相互作用不同。随着溶液浓度的增大，其蒸气压-组成关系不服从拉乌尔定律。当体系的总蒸气压和蒸气分压的实验值均大于拉乌尔定律的计算值时，称为发生了"正偏差"，若小于拉乌尔定律的计算值，称发生了"负偏差"。产生偏差的原因大致有如下三方面。

① 分子环境发生变化，分子间作用力改变而引起挥发性的改变。当同类分子间引力大于异类分子间引力时，混合后作用力降低，挥发性增强，产生正偏差，反之则产生负偏差。

② 由于混合后分子发生缔合或解离现象引起挥发性改变。若离解度增加或缔合度减少，蒸气压增大，产生正偏差，反之，出现负偏差。

③ 由于二组分混合后生成化合物，蒸气压降低，产生负偏差。

由气-液平衡实验数据表明，实际溶液的 p-x 图及 t-x 图按正负偏差大小，大致可分成以下几种类型。

1. 正常类型的实际溶液相图

在对拉乌尔定律产生偏差的实际溶液中，一类是偏差不大的体系，体系的总蒸气压仍是介于两纯组分蒸气压之间；体系的沸点也仍是介于两个纯组分之间。这种实际溶液的相图，称为正常类型的实际溶液相图。例如，四氯化碳-苯，甲醇-水，苯-丙酮等体系。图 2-6(a) 是苯与丙酮二组分溶液的实验数据与拉乌尔定律比较的蒸气压-组成图（p-x 图），图中虚线表示服从拉乌尔定律情况，实线表示实测的总蒸气压、蒸气分压随组成变化。图 2-6(b) 为相应的 p-$x(y)$ 图，图 2-6(c) 为相应的 t-$x(y)$ 图。

对拉乌尔定律产生负偏差，并且偏差不大的实际溶液不多。图 2-7(a) 为氯仿-乙醚二组分体系的 p-x 图，其蒸气压产生负偏差。图 2-7(b) 为相应的 p-$x(y)$ 图，而图 2-7(c) 为相应的 t-$x(y)$ 图。

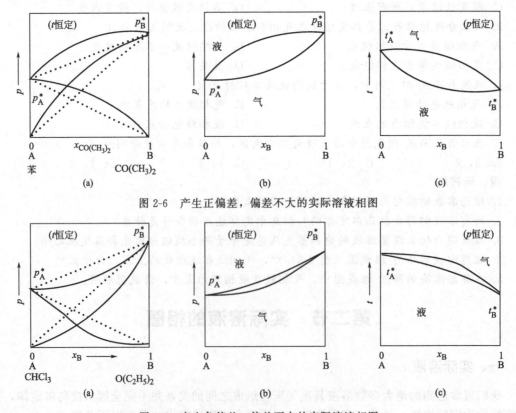

图 2-6 产生正偏差，偏差不大的实际溶液相图

图 2-7 产生负偏差，偏差不大的实际溶液相图

2. 具有极值的实际溶液相图

有些实际溶液对拉乌尔定律产生的偏差较大,致使溶液的蒸气压超出两个纯组分的蒸气压,在相图上出现极值。

第一种产生极值的实际溶液是正偏差很大,以致在 $p\text{-}x(y)$ 图上出现最高点(即极大点),而 $t\text{-}x(y)$ 图上出现最低点(即极小点)的体系。从图 2-8 的蒸气压-组成图上可以看出体系发生正偏差并在总蒸气压曲线上出现一个最高点[图 2-8(a),(b) 图中 H 点]。蒸气压高的溶液在同一压力下其沸点低,相应地在 $t\text{-}x(y)$ 图中会出现一个最低点[图 2-8(c) 图中 E 点],称为"最低恒沸点"(温度 t'),在这点上液相和气相有同样的组成(x'),这一混合物称为"最低恒沸混合物"。属于这类体系的有:水-乙醇、甲醛-苯、乙醇-苯、二硫化碳-丙酮等。

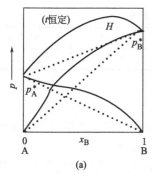
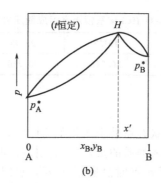
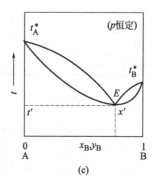

图 2-8 产生较大正偏差的实际溶液的相图

表 2-3 给出了部分具有最低恒沸点的二组分体系在 101.325kPa 下的恒沸点和对应组成。

表 2-3 在 101.325kPa 下二组分的最低恒沸点混合物

组分 A	沸点/℃	组分 B	沸点/℃	恒沸点/℃	恒沸点组成 w_B
H_2O	100	$CHCl_3$	61.0	56.0	0.972
H_2O	100	C_2H_5OH	78.3	78.1	0.956
$CHCl_3$	61.0	CH_3OH	64.5	53.3	0.126

第二种产生极值的实际溶液是负偏差很大,以致 $p\text{-}x(y)$ 图上出现最低点,而 $t\text{-}x(y)$ 图上出现最高点的体系。由图 2-9 可知,组成在某一浓度范围内,溶液的总蒸气压发生负偏差且在总蒸气压曲线上出现最低点[图(a)、(b)中的 F 点]。而蒸气压低时的沸点就高,故在 $t\text{-}x(y)$ 图上将出现最高点[图 2-9(c) 中的 H 点],称为"最高恒沸点"(温度 t'),

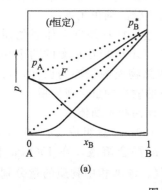
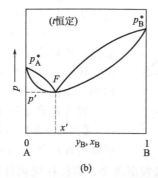
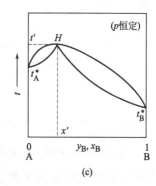

图 2-9 产生较大负偏差的实际溶液的相图

在此点上气、液两相组成相同[见图(c)中 x'],这一混合物称为"最高恒沸物"。属于这一类体系的有:氯化氢-水,硝酸-水,氯仿-乙酸甲酯、氯仿-丙酮等。表 2-4 给出了常见的几种二组分体系在 101.325kPa 下的恒沸点以及恒沸混合物的组成。

表 2-4 在 101.325kPa 下部分二组分的最高恒沸点混合物

组分 A	沸点/℃	组分 B	沸点/℃	恒沸点/℃	恒沸点组成($w_B \times 100$)
H_2O	100	HCl	−20	208.4	20.24
CH_3COCH_3	56.3	$CHCl_3$	61.0	64.5	80
CH_3COOCH_3	56.8	$CHCl_3$	61.0	64.5	77

应该指出,恒沸混合物的组成随外压而改变,故恒沸混合物并非化合物而是混合物。表 2-5 列出了水-氯化氢体系的恒沸混合物组成随压力变化的情况。

表 2-5 H_2O-HCl 体系恒沸点组成随压力变化关系

外压/kPa	102.7	101.3	99.99	98.66	97.32
恒沸点组成($w_{HCl} \times 100$)	20.218	20.242	20.266	20.290	20.314

二、杠杆规则

对于二组分溶液,当体系的状态点处于两相平衡区时,其气液两相在质量上又存在什么关系?实际上气液两相的质量(或物质的量)之比受杠杆规则的约束。

如图 2-10 所示,当体系处于 o 点时总质量为 W,总组成为 x_0;其气相的质量为 W_g,组成为 y_g;液相的质量为 W_L,组成为 x_L。则对于体系中的某一组分,其在气相和在液相的含量之和等于体系的总含量。

$$W_L x_L + W_g y_g = W x_0$$
$$W_L x_L + W_g y_g = (W_L + W_g) x_0$$
$$W_L (x_L - x_0) = W_g (x_0 - y_g)$$

$$\frac{W_L}{W_g} = \frac{x_0 - y_g}{x_L - x_0} \tag{2-7}$$

$$\frac{W_L}{W_g} = \frac{\overline{og}}{\overline{oL}} \tag{2-8}$$

式中 $\overline{og}$——图 2-10 中体系状态点到气相点的线段长度;

$\overline{oL}$——图 2-10 中体系状态点到液相点的线段长度。

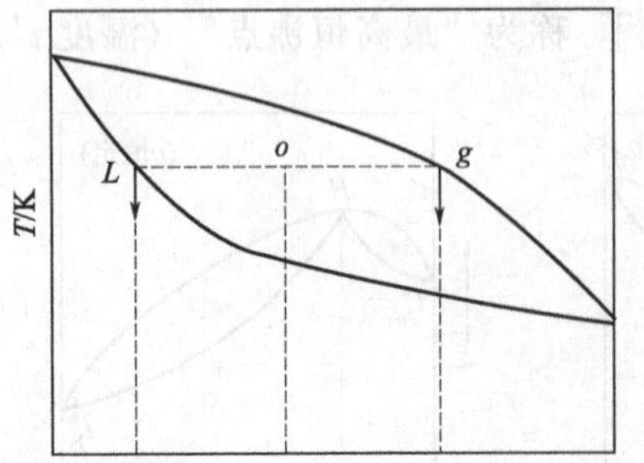

上述规则与物理学中的杠杆原理很相似:o 点为支点,g 点承受着气体的重力,L 点承受着液体的重力,杠杆两端力与力臂的乘积相等。

显然,有了相图,根据杠杆规则若体系物质的总物质的量为未知,仅可求出相互平衡的两个相的摩尔比;若体系物质的总物质的量亦为已知,可求出相平衡的两个相各自的物质的量(或质量)。

杠杆规则适用于任何两相平衡体系。

图 2-10 杠杆规则示意图

【例题 2-3】 现有 100mol 总组成 $x_B = 0.48$ 的甲苯(A)和苯(B)的混合溶液,在 100kPa 下,加热到 94℃时达到气-液平衡。试根据图 2-5 用杠杆规则计算气、液两相中物质的量分别是多少。

解 根据图 2-5 可知，当在 94℃ 达到气-液平衡，气相组成为 $y_B = 0.62$ 液相组成为 $x_B = 0.4$，根据杠杆规则有

$$\frac{n_L}{n_g} = \frac{0.62 - 0.48}{0.48 - 0.4} = 1.75$$

由于 $n_L + n_g = 100$

所以 $n_g = 100 - n_L = 100 - 1.75 n_g$

$n_g = 36.36 \text{ (mol)}$

$n_L = 100 - 36.36 = 63.64 \text{ (mol)}$

三、精馏

对于二组分溶液，在实验室或工业生产中经常会涉及将两个组分如何分离的问题，精馏是最常用的一种分离方法。

1. 精馏原理

从上面的叙述可知，二组分体系在达到气液两相平衡时，容易挥发组分 B 在气相的含量较多，如图 2-11 所示。若原始溶液的组成为 x，加热到 t_4 时处于气液两相平衡，此时气相组成为 y_4，液相组成为 x_4。很显然气相中容易挥发组分 B 的含量比原始溶液高，而液相中难挥发组分 A 的含量比原始溶液高。若将上述气液两相分开，气相冷却到温度 t_3，则气相部分冷凝为液体，此时气相组成为 y_3，从图中可以看出，此时的气相中容易挥发组分 B 的含量又有所增加。以此类推，气相经过多次部分冷凝，最后得到的蒸气的组成接近纯 B。

对于液相，将组成为 x_4 的液体加热，温度升高到 t_5，此时为气液两相平衡，液相组成为 x_5，从图中可以

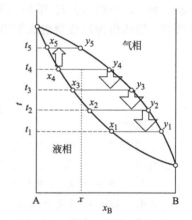

图 2-11 精馏过程的 t-x 示意图

看出，液相中难挥发组分 A 的含量升高。以此类推，液相部分蒸发，最终在液相能得到难挥发组分纯 A。

总之，经过多次反复进行气相部分冷凝，液相部分蒸发过程，使气相组成沿气相线下降，最终得到纯的容易挥发组分 B；液相组成沿液相线上升，最终得到难挥发的纯组分 A。

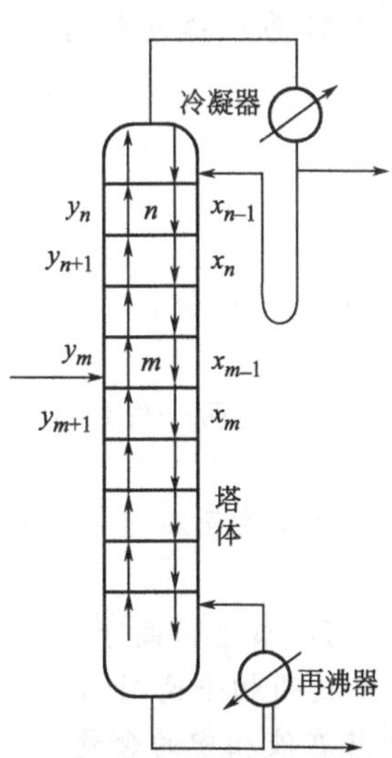

2. 精馏应用

工业上是否像我们分析的那样，将气相和液相彻底分开然后部分冷凝或部分蒸发？而且从相图上也可以分析出，气相部分冷凝，气相的量会越来越少；液相部分蒸发，液相的量也会越来越少。这在工业生产上还有意义吗？事实上，工业上精馏过程是在精馏塔里完成的。图 2-12 为精馏塔的示意图，在塔内，气相往上走，液相往下走。在每一层塔板上热的气相与冷的液相接触，进行热交换和质交换：气相被部分冷凝，液相被部分蒸发；容易挥发组分随气相往上走，难挥发组分随液相往下走，从而达到了分离的目的。

图 2-12 精馏塔示意图

值得强调的是，对于具有极值的实际溶液，通过精馏不能同时得到两个纯组分，而是得到恒沸混合物和一个纯组分。例如，具有最低恒沸点的水-乙醇混合液，在 100kPa 下其恒沸点

为 78.13℃，恒沸点组成质量分数为含 C_2H_5OH 0.956，若所取的混合液含 C_2H_5OH 小于此质量分数即介于图 2-8(c) 中 $0\sim x'$ 之间，则精馏结果只能得到纯水和恒沸物，而得不到纯乙醇。原则上只有当组成介于 $x'\sim 1$ 之间，才能用精馏方法分离出乙醇和恒沸物，但实际上有困难。

最后举例说明如何利用恒沸混合物这一特征进行混合物体系的分离和提纯。为了从 H_2O-HCl 体系中提纯盐酸，由表 2-4 可知，只要设法使溶液中 HCl 的浓度超过 20.24% 即可，因为只有组分处于图 2-9(b) 中的右半部，通过精馏才可得到纯氯化氢，然后将所得氯化氢气体通入纯水以获得一定浓度的纯 HCl 溶液。又例如，原则上当乙醇-水体系中含乙醇超过 95.6% 时，可用精馏方法自残留物中获得纯乙醇，实际上因乙醇的沸点与恒沸点温度只有 0.17K 的间隔，难以实现。故目前常采用在 95.6% 乙醇中加入适量的苯以得到无水乙醇。因为形成了乙醇-水-苯三元体系，它具有一个三元恒沸点（温度 337.6K，组成：乙醇 18.5%，水 7.4%，苯 74.1%）。显然它低于乙醇-水的恒沸点（351.2K），故先行馏出所有的水，剩下残留液是乙醇-苯的二元体系，具有一最低恒沸点（340.8K，苯 67.6%）。进一步精馏，则按恒沸混合物组成馏出，剩下残留物就是纯乙醇。

? 思考与练习

一、填空题

1. 恒沸混合物在达到沸点时，气相组成和液相组成_____。
2. 实际溶液对拉乌尔定律都会产生偏差，按偏差大小可将实际溶液的温度-组成图分为三种：一种是偏差不大与理想溶液相似的_____类型，一种是产生较大正偏差称为具有_____类型，还有一种是产生较大负偏差称为具有_____类型。
3. 实际溶液的相图完全由_____得出。
4. 对于具有最低恒沸点的实际溶液——A 和 B 的混合溶液，如果体系状态点在恒沸点左侧则_____（A 或 B）在气相中含量大于其在液相含量；如果体系状态点在恒沸点右侧则_____（A 或 B）在气相中含量大于其在液相含量。
5. 精馏的结果是气相经多次部分冷凝得到_____（难或容易）挥发组分，从精馏塔_____（顶或底）被采出；液相经多次部分蒸发得到_____（难或容易）挥发组分，从_____（顶或底）被采出。

二、判断题

1. 杠杆规则仅适用于气、液两相平衡体系。
2. 精馏过程中只有传热过程。
3. 在实际溶液的压力-组成图上出现极大值，则温度-组成图上必出现极小值。
4. 可以用市售的 60°烈性白酒经反复蒸馏而得到纯乙醇。
5. 对于二组分的实际溶液，都可以通过精馏的方法进行分离，从而得到两个纯组分。

三、单选题

1. 两种液体 A 和 B，如果说 B 比 A 容易挥发，则同温度下 A 的饱和蒸气压（　　）B 的饱和蒸气压。相同压力下 A 的沸点（　　）B 的沸点。
   A. 高于，高于　　　B. 高于，低于　　　C. 低于，低于　　　D. 低于，高于
2. a 和 b 混合形成理想溶液，如果说 b 比 a 容易挥发，当达到气液两相平衡时（　　）在气相中含量大于其在液相中的含量；（　　）在气相中的含量小于其在液相中的含量。
   A. a，a　　　　　B. a，b　　　　　C. b，b　　　　　D. b，a

3. 当实际溶液对理想溶液产生正偏差很大时,则(   )。
   A. 沸点组成图上产生最低恒沸点　　　　B. 沸点组成图上产生最高恒沸点
   C. 在蒸气压组成图上产生最低恒沸点　　D. 在蒸气压组成图上产生最高恒沸点
4. 两种液体a和b,b比a容易挥发,并产生最低恒沸点,当体系组成位于恒沸点左侧靠近a组分一端时,表现出(   )。
   A. b比a容易挥发　　B. a比b容易挥发　　C. b和a挥发程度相当　　D. 无法确定
5. 两种液体a和b形成理想溶液,并且b比a容易挥发。若在精馏塔中精馏,精馏的结果是(   )。
   A. 上口冷凝器得到b,下口再沸器中得a　　B. 上口冷凝器得到a,下口再沸器中得b
   C. 上口冷凝器得到a和b的混合物　　　　D. 下口再沸器得到a和b的混合物

四、问答题

1. 简单描述什么样的实际溶液与理想溶液性质接近。
2. 实际溶液的沸点组成图分为几种?各有什么特点?
3. 杠杆规则适用于相图中的哪个区域?
4. 可以用市售的高度白酒通过精馏的办法得到纯乙醇吗?为什么?
5. 简单描述精馏原理。

实验二　双液系气液平衡相图的绘制

一、实验目的

1. 测定异丙醇-环己烷双液系在常压下的气-液平衡数据,绘制常压下的 t-x 图。
2. 确定体系的恒沸温度及恒沸混合物的组成。
3. 了解阿贝折射仪的测量原理,掌握其使用方法。

二、实验原理

二组分实际溶液在恒定压力下的温度-组成图 (t-x) 可分为三类。

第一类　溶液沸点介于两纯组分沸点之间如图2-6(c)或图2-7(c);

第二类　溶液存在最低恒沸点如图2-8(c);

第三类　溶液存在最高恒沸点如图2-9(c)。

异丙醇-环己烷是完全互溶的,其温度-组成图(即 t-x 图)属于具有最低恒沸点的类型。不难看出,恒沸温度和组成是相图的特征参数。

在101325Pa下异丙醇的沸点为82.45℃,环己烷的沸点为80.75℃。

实验要求在恒压下,测定整个浓度范围内所选定的几个不同组成溶液的沸点 T 和平衡时气相组成 y、液相组成 x,然后绘制温度-组成图。

为了获得上述测定数据,本实验利用沸点仪(如图2-13),采用回流冷凝法,当气液两相的相对量一定时,体系的温度也将保持恒定,沸点即沸腾温度可由温度计读取。分别由蒸气冷凝的凹槽(图中5)中取样分析平衡气相组成;从加液口(图中2)取样分析平衡液相组成,试样分析使用的仪器是阿贝折射仪。实验所测定的是试样的折射率,还需将折射率转换成组成。因此需使用折射率-组成的工作曲线。由此曲线即可查出各气液试样所对应的

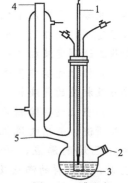

图2-13　沸点仪

1—温度计;2—加液口;
3—电热丝;4—分馏液
取样口;5—分馏液凹槽

组成。

三、仪器与药品

沸点仪1套；阿贝折射仪1套；精密数字温度计1支；调压变压器（0.5~0.1kV）1台；移液管（1mL、5mL、10mL、25mL）4支；长颈取样滴管2只；烧杯（250mL）1支。

分析纯环己烷；分析纯异丙醇。

四、实验步骤

1. 折射率-组成工作曲线的绘制

（1）不同质量分数溶液的配制方法　洗净并烘干8个小滴瓶，冷却后准确称量其中的6个。然后用带刻度的移液管分别加入1mL、2mL、3mL、4mL、5mL、6mL的异丙醇，分别称其质量，再依次分别加入6mL、5mL、4mL、3mL、2mL、1mL的环己烷，再称量。旋紧盖子后摇匀。另外两个滴瓶分别加入纯环己烷和异丙醇，编号备用。

（2）测定折射率　用阿贝折射仪分别测定上述8个滴瓶的折射率。

将上述质量和折射率的数据记录于表2-6。

表2-6　工作曲线的绘制记录表

编号	1	2	3	4	5	6	7	8
环己烷体积/mL	7	6	5	4	3	2	1	0
环己烷质量/g								
异丙醇体积/mL	0	1	2	3	4	5	6	7
异丙醇质量/g								
异丙醇的质量分数								
折射率								

2. 溶液沸点及气液相组成的测定

此项操作在沸点仪中实现，沸点仪如图2-13所示。

（1）取25mL纯异丙醇由加液口注入干燥的沸点仪中，盖好瓶塞，连接好电路，使电热丝完全浸入液体中，温度计要浸入液体内。冷凝管中通入冷却水，接通电源，通过调压变压器控制温度缓慢升高，当温度恒定后，记下沸点温度，停止加热（即将调压变压器调至零处）。从磨口塞加液口向沸点仪中加入1mL环己烷，重新加热至沸腾。回流并注意温度的变化，待温度趋于恒定后，再稳定2~3min，使体系达平衡。记录下沸腾温度和大气压。停止加热，稍冷，立即用干燥洁净的取样管首先由冷凝管上端伸入分流液凹槽中取样，用阿贝折射仪迅速测定气相的折射率。然后再用干燥洁净的取样管从沸点仪下部加液口取样，用阿贝折射仪迅速测定液相的折射率。

（2）按上述操作步骤继续测定加入环己烷2mL、3mL、4mL、5mL、10mL时，各液体的沸点及相应的气液相试样的折射率。

（3）当上述实验测量工作完毕后，将沸点仪中的液体由加液口倒入回收储瓶中，用少量环己烷清洗，并用吹风机或打气球将其吹干。再注入25mL纯环己烷，与步骤（1）相似，测定环己烷的沸点，并分别测定加入异丙醇为0.2mL、0.3mL、0.5mL、1mL、4mL、5mL时，各试样的沸点及气液相的折射率。测定结束后，将沸点仪内液体倒入回收储瓶中，沸点仪则不必清洗干燥。

五、注意事项

1. 调压变压器控制的供热电压不易过高，以维持被测液体处于刚刚沸腾状态为宜，要防止电压过高引起的暴沸。

2. 回流时间不可过短。当沸腾温度趋于恒定后,还应维持2~3min的回流,使体系尽量达到平衡状态后,再记录沸点温度与取样测试折射率。

3. 对于试样折射率的测定要做到:动作迅速,铺满试样,锁紧旋钮,以保证测试的准确性。

六、数据记录与处理

1. 实验数据记录

将测定工作曲线的数据记录在表2-6中。

将测定溶液沸点和气、液相折射率的数据填入表2-7。

表2-7 异丙醇-环己烷气液平衡数据

室温_____℃ 大气压_____Pa

溶液标号	沸点/℃	液相分析		气相分析	
		折射率	$x_{环己烷}$	折射率	$y_{环己烷}$
1					
2					
3					
4					
5					
6					
7					
8					

2. 对沸点温度的校正

在101.3kPa下测得的沸点为正常沸点。但通常情况下外界压力并不恰好为101.3kPa,用下式进行校正

$$\Delta t = \frac{273.15 + t}{10} \times \frac{101300 - p}{101300}$$

式中 t——溶液沸点,℃;

p——实验条件下的压力,Pa。

利用上式对测定的沸点进行校正。

3. 数据处理

(1) 绘制工作曲线 以异丙醇的质量分数为横坐标,折射率为纵坐标,绘制工作曲线。

(2) 相图绘制 利用折射率-组成工作曲线,将实验测得的气液相试样的折射率转换成气、液相的异丙醇的质量分数,作为横坐标;校正后的沸点作为纵坐标,绘制常压下的t-$x(y)$图,绘制时曲线要圆滑连续,不应出现折线。

4. 在所绘制的t-$x(y)$图上确定出异丙醇-环己烷双液系最低恒沸温度与恒沸组成。

思考与练习

1. 为什么要等溶液沸腾一段时间后方冷却取样,在溶液刚沸腾时就冷却取样对气相浓度会有怎样影响?

2. 为什么工业上常生产95%的乙醇,用精馏的方法能否获得无水乙醇?

第三节 亨利定律

一、溶液组成的表示法及其换算

溶液组成的表示方法有多种，常用的有以下 4 种。

1. 摩尔分数

摩尔分数，指溶液中某种组分的物质的量与溶液中总物质的量之比。用公式表示为

$$x_B = \frac{n_B}{\sum n} \tag{2-9}$$

通常用 x_i 表示液相组成；用 y_i 表示气相组成。

2. 质量分数

溶液中某组分 B 的质量占溶液总质量的百分比。用公式表示为

$$w_B = \frac{W_B}{\sum W} \times 100\% \tag{2-10}$$

3. 质量摩尔浓度

溶液中某组分 B 的物质的量与溶剂的质量之比，单位为 mol/kg，用公式表示为

$$m_B = \frac{n_B}{W_A} \tag{2-11}$$

4. 物质的量浓度

溶液中某组分 B 的物质的量与溶液体积的比，单位为 mol/L，用公式表示为

$$c_B = \frac{n_B}{V} \tag{2-12}$$

上述各种浓度的表示方法可以相互换算，换算过程中会涉及密度。值得一提的是，密度的国际单位为 kg/m^3，常用单位为 g/mL。

【例题 2-4】 将 0.023kg 的乙醇溶于 0.5kg 水中组成的溶液，其密度为 $0.992 \times 10^3 kg/m^3$，试用（1）摩尔分数；（2）质量分数；（3）质量摩尔浓度；（4）物质的量浓度分别来表示该溶液的组成。已知乙醇的摩尔质量为 $46 \times 10^{-3} kg/mol$。

解 （1）摩尔分数

$$x_{乙醇} = \frac{n_{乙醇}}{n_{乙醇} + n_{水}} = \frac{\frac{0.023}{0.046}}{\frac{0.023}{0.046} + \frac{0.5}{0.018}} = 0.018$$

（2）质量分数

$$w_{乙醇} = \frac{W_{乙醇}}{W_{乙醇} + W_{水}} \times 100\% = \frac{0.023}{0.023 + 0.5} \times 100\% = 4.4\%$$

$$w_{水} = \frac{W_{水}}{W_{乙醇} + W_{水}} \times 100\% = \frac{0.5}{0.023 + 0.5} \times 100\% = 95.6\%$$

（3）质量摩尔浓度

$$m_{乙醇} = \frac{n_{乙醇}}{W_{水}} = \frac{\frac{0.023}{0.046}}{0.5} = 1.00 \text{ (mol/kg)}$$

（4）物质的量浓度

第二章 溶液

$$c_{乙醇} = \frac{n_{乙醇}}{V} = \frac{n_{乙醇}}{\frac{W_{乙醇}+W_{水}}{\rho}}$$

$$= \frac{\frac{0.023}{0.046}}{\frac{0.5+0.023}{0.992 \times 10^3}} = 948.3 \, (mol/m^3)$$

二、亨利定律

拉乌尔定律主要讨论稀溶液中溶剂的性质，稀溶液中挥发性溶质在气液两相的平衡则遵守亨利定律。

在一定温度下，当液面上的一种气体与溶液中所溶解的该气体达到平衡时，该气体在溶液中的浓度与其在液面上的平衡压力成正比，称为亨利定律。

$$p_B = k_x x_B \tag{2-13}$$

式中 p_B——所溶解气体在溶液液面上的平衡分压力；

x_B——气体溶于溶液中的摩尔分数；

k_x——以摩尔分数表示溶液浓度时的亨利常数。

气体在溶液中的浓度以其他浓度单位表示时，例如质量摩尔浓度 m_B 或物质的量浓度 c_B 表示，则亨利定律相应形式为

$$p_B = k_m m_B \tag{2-14}$$
$$p_B = k_c c_B \tag{2-15}$$

式中 m_B——溶质的质量摩尔浓度；

c_B——溶质的物质的量浓度；

k_m——用质量摩尔浓度表示的亨利常数；

k_c——用物质的量浓度表示的亨利常数。

稀溶液的溶质不服从拉乌尔定律而遵守亨利定律。是因为溶质浓度小，其分子基本上被溶剂分子包围，此时每个溶质分子受到的作用力与纯溶质差别很大，溶质分子从稀溶液中逸出的能力和纯态相比变化也很大，所以比例常数 k_B 不等于 p_B^*，溶质不遵守拉乌尔定律。但因浓度不大，每个溶质分子所处的环境相同，溶质分子与溶剂分子间的作用力为常数。所以，k_B 是常数。p_B 与 x_B 成正比，k_B 是各种分子相互作用的综合表现。

【例题 2-5】 在 25℃时，测得空气中氧溶于水中的量为 $8.7 \times 10^{-3} \, kg/m^3$。问同温度下，氧气的压力为 100kPa 时，每升水中能溶解多少克氧？设空气中氧占 21%。

解 空气中氧气的分压为

$$p_{O_2} = 100 \times 21\% = 21.0 \, (kPa)$$

代入式(2-15)，亨利常数

$$k_c = \frac{p_{O_2}}{c_{O_2}} = \frac{21.0}{8.7 \times 10^{-3}} = 2414 \, (kPa \cdot m^3/kg)$$

所以

$$c_{O_2} = \frac{p_{O_2}}{k_c} = \frac{100}{2414} = 0.0414 \, (kg/m^3)$$

表 2-8 给出了部分气体在 25℃时溶解于水和苯中的亨利常数。从表中数据可以看出，亨利常数由溶质和溶剂的性质决定。

表2-8　25℃时部分气体的亨利常数

气体	亨利常数 k_x/Pa		气体	亨利常数 k_x/Pa	
	水为溶剂	苯为溶剂		水为溶剂	苯为溶剂
H_2	7.12315×10^9	3.66797×10^9	CO	5.78566×10^9	1.63133×10^9
N_2	8.68355×10^9	2.39127×10^9	CO_2	1.66173×10^9	1.14497×10^9
O_2	4.39715×10^9	—	CH_4	4.18472×10^9	5.69447×10^9

亨利定律是化工单元操作"吸收"的理论基础。吸收也是一种分离方法，它是利用混合气体中各种气体在溶剂中溶解度的差别，有选择地把溶解度大的气体吸收下来，从而将该气体从混合气体中分离或回收除去。表2-9、表2-10是实验数据，从表2-9可以看出，一定压力下溶解度随温度的升高而减小；从表2-10数据可以看出，一定温度下气体的溶解度随压力的增加而增大。所以工业上利用这一特点选择低温高压的条件进行吸收，吸收效果很好。

表2-9　不同温度下氧气在水中的溶解度（100kPa）

温度/℃	0	20	40	60	80
溶解度/(g/100gH_2O)	0.00694	0.00443	0.00311	0.00221	0.00135

表2-10　不同压力下氧气在水中的溶解度（25℃）

p/Pa	c/(g/m³)	$k=p/c$	p/Pa	c/(g/m³)	$k=p/c$
23331	9.5	2456	55195	22.0	2510
26913	10.7	2516	81326	32.5	2501
39997	16.0	2501	101325	40.8	2482

使用亨利定律时要注意以下几点。

① 公式中，p_B是物质B在液面上的气体分压力而不是总压力。对于混合气体，当总压力不大时，可以认为是理想气体，每种气体都可应用亨利定律。

② 若溶质服从亨利定律，则溶剂必须服从拉乌尔定律，反之亦然。在理想溶液中，这两个定律没有区别，$k_B=p_B^*$，而且它们在所有浓度范围内都适用。

③ 溶质分子在溶剂中和气相中的形态应当相同，如果溶质发生电离、缔合，则不能应用亨利定律。但若把在溶液中已电离或缔合的分子除外，只计算与气相中形态相同的分子，亨利定律仍适用。而溶质分子溶剂化不影响亨利定律，因溶剂化不改变溶质浓度。

④ 溶液浓度的单位不同时，虽然k_B值不同，但平衡分压p_B不变。

温度越高，压力越低（浓度越小）亨利定律越准确，温度升高时，它适用的压力范围可扩大。

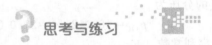

思考与练习

一、填空题

1. 在25℃时，某种气体在水和苯中的亨利常数分别为k_1和k_2，并且$k_1>k_2$，则在相同平衡分压下，该气体在水中的溶解度_____（>、<、=）在苯中的溶解度。

2. 化工单元操作"吸收"是使被吸收的气体在液体中溶解度越大越好。根据亨利定律，应选择_____温度，_____压力。

3. 氯化氢气体溶于水中_____（符合、不符合）亨利定律。

4. 亨利常数随温度的升高而_____（增大、减小或不变）。

5. 溶液组成的表示常用_____、_____、_____、_____。

二、判断题

1. 稀溶液的溶质不服从拉乌尔定律而遵守亨利定律。
2. 若溶质服从亨利定律，则溶剂必须服从拉乌尔定律，反之亦然。
3. 溶质分子在溶剂中和气相中的形态应当相同，如果溶质发生电离、缔合或溶剂化则不能应用亨利定律。
4. 温度越高，压力越低（浓度越小）亨利定律越不准确。
5. 将0.5g乙醇溶于1.0g的水中，乙醇的质量摩尔浓度约为7.25mol/kg。

三、单选题

1. 根据亨利定律，化工单元操作"吸收"的条件应为（　　）。
   A. 低温高压　　　　B. 高温低压　　　　C. 高温高压　　　　D. 低温低压
2. 下列不完全适用亨利定律的是（　　）。
   A. 氧气溶于水的稀溶液　　　　　　　　B. 氮气溶于水的稀溶液
   C. 氯化氢气体溶于水的稀溶液　　　　　D. 二氧化碳溶于水的稀溶液
3. 相同溶剂和溶质形成稀溶液，在不同温度下的溶解度和亨利常数（　　）。
   A. 温度越高溶解度越小，亨利常数越大　　B. 温度越高溶解度越小，亨利常数越大
   C. 温度越高溶解度越小，亨利常数也越小　　D. 温度越高溶解度越大，亨利常数也越大
4. 亨利定律公式中的 p 指的是（　　）。
   A. 气相总压力
   B. 溶于溶剂的气体在气相的分压力
   C. 除了溶于溶剂的气体分压之外所有气体的分压
   D. 外界大气压
5. 物质的量浓度是溶液浓度的表示方法，其单位是（　　）。
   A. mol/L　　　　　B. mol/g　　　　　C. mol/kg　　　　　D. 1

四、问答题

1. 在生活中有这样一种现象，当天阴将下雨时，池塘里的鱼会不断跃出水面，能说出其中的道理吗？
2. 潜水员潜水时氧气面罩中不是纯氧气也不是空气，而是氦气和氧气按照空气中氮气和氧气的比例配成的，请查阅氮气和氦气在水中的亨利常数，解释原因。
3. 潜水员在深海潜水后要进入减压舱缓慢减压，为什么？如果直接暴露在大气中会怎样？
4. 实验室浓硫酸的质量分数为98%，请换算成物质的量浓度。
5. 当溶液的浓度用物质的量分数和物质的量浓度表示时，亨利常数怎样换算？

第四节　稀溶液的依数性

在挥发性溶剂中加入非挥发性溶质，就能使溶剂的蒸气压降低、沸点升高、凝固点降低并呈现渗透压。稀溶液的这4种性质都与所溶入的溶质的性质没有关系，而只与所溶入溶质浓度成正比故简称为依数性。

一、蒸气压降低

根据拉乌尔定律有

$$\Delta p_A = p_A^* x_B \tag{2-16}$$

式中　x_B——溶质B在液相的摩尔分数；
　　　p_A^*——纯溶剂A的饱和蒸气压；

Δp_A——形成稀溶液后，溶剂的蒸气压降低值。

可见，蒸气压降低的数值与溶质 B 在液相的摩尔分数成正比，由于比例系数是纯 A 的饱和蒸气压，所以蒸气压降低值与溶质的本质无关。

式(2-16)适用于只有 A 和 B 两个组分形成的理想溶液或稀溶液中的溶剂。

【例题 2-6】 50℃时，纯水的蒸气压为 7940Pa，现有一含甘油 10%（质量分数）的水溶液，试计算该溶液的蒸气压以及比纯水的蒸气压降低了多少？

解 甘油是非挥发性溶质，此溶液较稀，可以用拉乌尔定律计算

$$M_{水}=0.018 \text{kg/mol} \qquad M_{甘油}=0.092 \text{kg/mol}$$

$$x_{甘油}=\frac{n_{甘油}}{n_{甘油}+n_{水}}=\frac{\dfrac{0.1}{0.092}}{\dfrac{0.1}{0.092}+\dfrac{0.9}{0.018}}=0.02$$

$$p_{溶液}=p_{水}^* x_{水}=7940\times(1-0.02)=7781.2 \text{ (Pa)}$$

$$\Delta p = p_{水}^* - p_{溶液} = 7940-7781.2=158.8 \text{ (Pa)}$$

正因为溶剂的饱和蒸气压降低，所以会引起溶液的沸点升高、凝固点降低以及产生渗透压等现象。

二、沸点升高

含非挥发性溶质的稀溶液，由于蒸气压会有所降低，在达到原来的沸点温度时蒸气压小于外压，因此必须升高温度，使蒸气压等于外压方可沸腾。所以沸点会有所升高。

实验证明，含有非挥发性溶质的稀溶液，其沸点升高值与溶液中溶质 B 的质量摩尔浓度成正比。

$$\Delta T_b = k_b m_B \tag{2-17}$$

式中 m_B——溶质 B 在液相的质量摩尔浓度；

ΔT_b——沸点升高值；

k_b——沸点升高常数，它只与溶剂的性质有关。

表 2-11 给出了几种常见溶剂的沸点升高常数的数值。

表 2-11 几种常见溶剂的沸点升高常数

溶剂	水	甲醇	乙醇	丙酮	氯仿	苯	四氯化碳
纯溶剂沸点/℃	100.00	64.51	78.33	56.15	61.20	80.10	76.72
k_b/(K·kg/mol)	0.52	0.83	1.19	1.73	3.85	2.60	5.02

【例题 2-7】 将 1.09×10^{-3} kg 的某不挥发未知物溶于 23×10^{-3} kg 水中，测得该溶液的沸点为 373.31K，试计算该物质的摩尔质量。已知水的沸点升高常数 $k_b=0.52$ K·kg/mol。

解 根据题意，沸点升高值为

$$\Delta T_b = 373.31-373.15=0.16 \text{ (K)}$$

由式(2-17)得 $m_B = \Delta T_b/k_b = 0.16/0.52 = 0.3 \text{ (mol/kg)}$

由于 $m_B = \dfrac{W_B/M_B}{W_{水}}$ 即 $0.3 = \dfrac{1.09\times10^{-3}/M_B}{23\times10^{-3}}$

所以 $M_B = 0.158 \text{ (kg/mol)}$

三、凝固点降低

物质的凝固点是该物质处于固液两相平衡时的温度，按多相平衡的条件，在凝固点时固

相和液相的蒸气压相等。由于非挥发性溶质溶于溶剂形成稀溶液后蒸气压会降低，所以纯溶剂固相蒸气压大于稀溶液的蒸气压，只有降低温度二者相等方可达到平衡开始析出固体。所以稀溶液的凝固点低于纯溶剂的凝固点。与沸点升高一样，经验证明，沸点升高值与溶液中溶质的质量摩尔浓度成正比，用数学公式表示为

$$\Delta T_f = k_f m_B \tag{2-18}$$

式中　m_B——溶质 B 的质量摩尔浓度；
　　　ΔT_f——凝固点降低值；
　　　k_f——凝固点降低常数，只与溶剂的性质有关。

此式适用于稀溶液且凝固时析出的为纯 A(s)，即无固溶体生成。

【例题 2-8】 已知 $H_2O(l)$ 的凝固点为 0℃，$k_f=1.86$，如果在 90g $H_2O(l)$ 中溶解 2g $C_{12}H_{22}O_{11}$（蔗糖，以 B 表示）时，$\Delta T_f=0.121$，求 $C_{12}H_{22}O_{11}$ 的摩尔质量 M_B。

解　溶质 B 的质量摩尔浓度 $m_B = \dfrac{\dfrac{W_B}{M_B}}{W_A}$ 同时 $m_B = \dfrac{\Delta T_f}{k_f}$

两式相等　$M_B = \dfrac{W_B k_f}{\Delta T_f W_A} = \dfrac{2 \times 10^{-3} \times 1.86}{0.121 \times 90 \times 10^{-3}} = 0.342$（kg/mol）

四、渗透压

在等温等压条件下，用一个只允许溶剂分子通过而不允许溶质分子通过的半透膜将纯溶剂与溶液隔开，经过一定时间，发现溶液端的液面会上升至某一高度，如图 2-14 所示。

如果溶液浓度改变，液面上升的高度也随之改变。这种溶剂通过半透膜渗透到溶液一边，使溶液端的液面升高的现象称为渗透现象。如果想使

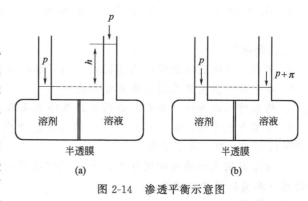

图 2-14　渗透平衡示意图

两侧液面高度相同，则需要在溶液端施加额外压力。假设在等温等压下，当溶液一侧所施加外压力为 π 时，两侧液面可持久保持同一水平，也就是达到渗透平衡，这个压力 π 称为渗透压。

大量实验结果表明，稀溶液的渗透压数值与溶液中所含溶质的数量成正比。

$$\pi = c_B RT \tag{2-19}$$

此式称为范特霍夫渗透压公式，适用于在一定温度下稀溶液与纯溶剂之间达到渗透压平衡时溶液的渗透压 π 及溶质的物质的量浓度 c_B 的计算。

【例题 2-9】 非挥发性物质 B 溶于水中形成稀溶液，已知 $m_B=0.001$mol/kg，试求 25℃此溶液的蒸气压降低值；凝固点降低值；沸点升高值以及渗透压。已知 25℃时水的饱和蒸气压为 3168Pa。

解　$x_B = \dfrac{n_B}{n_{水} + n_B} \approx \dfrac{n_B}{n_{水}} = \dfrac{n_B}{m_{水}/M_{水}} = \dfrac{0.001 \times 1}{\dfrac{1000}{18.016}} = 1.8 \times 10^{-5}$

$c_B \approx 0.001 \times 1000 = 1$（mol/m³）

$$\Delta p = p_{水}^* x_B = 3168 \times 1.8 \times 10^{-5} = 0.057 \text{ (Pa)}$$
$$\Delta T_f = k_f m_B = 1.86 \times 0.001 = 1.86 \times 10^{-3} \text{ (K)}$$
$$\Delta T_b = k_b m_B = 0.52 \times 0.001 = 5.2 \times 10^{-4} \text{ (K)}$$
$$\pi = c_B RT = 1 \times 8.314 \times 298.15 = 2479 \text{ (Pa)}$$

计算结果表明，稀溶液的几个依数性中渗透压是最显著的。

思考与练习

一、填空题

1. 在挥发性溶剂中加入非挥发性溶质，就能使溶剂的_____、_____、_____，并呈现_____压力。
2. 所有依数性都与溶液中溶质的浓度成_____比，其比例系数与_____无关。
3. 在等体积的水中，分别加入少量等物质的量的乙醇和蔗糖，则溶液的沸点高到低的顺序为_____>_____。
4. 常压下，纯水可以在0℃完全变成冰，糖水在_____（高于、低于或等于）0℃时结冰；盐水在_____（高于、低于或等于）0℃时结冰。
5. 洗净晾干的白菜等蔬菜加盐腌制后，总会产生一定量的卤水，其原因是_____。

二、判断题

1. 可以利用渗透压原理，用半透膜，向海水施压从而达到使海水淡化的目的。
2. 水中溶解少量的乙醇后沸点会升高。
3. 给农作物施加过量的肥料会因为存在渗透压而造成农作物失水而枯萎。
4. 家里煮饺子的时候在水里加少量的盐是想使水的沸点升高，使饺子尽快熟，从而避免沸腾时间长，饺子皮不完整。
5. 由于凝固点和沸点测定方便，所以经常利用测定稀溶液凝固点或沸点的方法确定某些物质（溶质）的摩尔质量。

三、单选题

1. 在挥发性溶剂中加入非挥发性溶质，不能产生的是（　　）。
   A. 蒸气压升高　　B. 沸点升高　　C. 凝固点降低　　D. 产生渗透压
2. 在三杯等体积的水中，分别加入少量等质量的乙醇、蔗糖和氯化钠，则溶液的沸点由高到低的顺序为（　　）。
   A. 氯化钠>蔗糖>乙醇　　　　　　B. 乙醇>氯化钠>蔗糖
   C. 氯化钠>乙醇>蔗糖　　　　　　D. 不能判断
3. 常压下，纯水可以在0℃完全变成冰，糖水在（　　）下结冰。
   A. 高于0℃　　B. 低于0℃　　C. 等于0℃　　D. 无法判断
4. 拉乌尔定律的表述不正确的是（　　）。
   A. 稀溶液的蒸气压等于纯溶剂的饱和蒸气压与溶剂浓度的乘积
   B. 稀溶液的蒸气压等于纯溶剂的饱和蒸气压与溶质浓度的乘积
   C. 稀溶液的蒸气压降低值与溶质的浓度成正比
   D. 稀溶液的蒸气压与纯溶剂的饱和蒸气压及溶剂的浓度成正比
5. 水中加入下列物质，沸点不会升高的是（　　）。
   A. 氯化钠　　B. 蔗糖　　C. 乙醇　　D. 碳酸钙

四、问答题

1. 拉乌尔定律是稀溶液依数性的根源，请从拉乌尔定律解释沸点升高和凝固点降低以及渗透压的产生。
2. 静脉注射用葡萄糖溶液的浓度是根据什么原理确定的，随意改变葡萄糖溶液浓度给患者静脉注射可以吗？
3. 腌制咸菜能延长保质期，一般用盐，试问用糖可以达到延长保质期的目的吗？
4. 海水淡化的主要原理是什么？
5. 为什么人在摄入盐较多时会不断喝水？

实验三　凝固点降低法测定溶质的摩尔质量
——环己烷溶解萘

一、实验目的
掌握凝固点降低法测定物质的摩尔质量的原理与技术。

二、实验原理
根据稀溶液凝固点降低式(2-18) 可得

$$M_B = k_f \times \frac{W_B}{\Delta T_f W_A} \tag{2-20}$$

式中　W_A——溶剂的质量，kg；
　　　W_B——溶质的质量，kg；
　　　k_f——溶剂的凝固点降低常数，K·kg/mol；
　　　M_B——溶质的摩尔质量，kg/mol。

若已知 k_f，测得 ΔT_f，便可用式(2-20)求得 M_B。

纯溶剂和溶液在冷却过程中其温度随时间而变化的冷却曲线见图 2-15 所示。纯溶剂的冷却曲线见图 2-15(a)，曲线中的低下部分表示发生了过冷现象。

溶液的冷却情况与此不同，当溶液冷却到凝固点时，开始析出固态纯溶剂。随着溶剂的析出而温度不断下降，在冷却曲线上得不到温度不变的水平线段，如图 2-15(b)所示。因此，在测定浓度一定的溶液的凝固点时，析出的固体越少，测得的凝固点才越准确。同时过冷程度应尽量减小，一般可采用在开始结晶时，加入少量溶剂的微小晶体作为晶种的方法，以促使晶体生成，溶液的凝固点应从冷却曲线上待温度回升后外推而得，见图 2-15(b)。

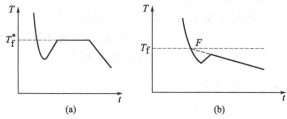

图 2-15　纯溶剂(a)和溶液(b)的冷却曲线

三、仪器与药品
凝固点降低实验装置 1 套；贝克曼温度计 1 支；普通温度计(0～150℃) 1 支；烧杯(500mL) 1 个；移液管(25mL) 1 支；分析天平 1 台；放大镜 1 个。

分析纯的苯和萘；碎冰。

四、实验步骤
1. 调节贝克曼温度计

调节贝克曼温度计,使6℃时贝克曼温度计的刻度在3附近。

2. 安装实验装置

凝固点测定装置如图2-16所示。冰槽中装入1/3的冰和2/3的水,使浴槽温度低于被测液体凝固点2~3℃。在测定管中装入环己烷约20g(准确到±0.02g)(或用移液管移入25.00mL环己烷,再根据当时温度下环己烷的密度计算其质量)。注意冰-水面要高于测定管中的环己烷液面。将贝克曼温度计擦干插入测定管,检查小搅拌棒,使其能上下自由运动而不与温度计摩擦。

3. 测定纯溶剂环己烷的凝固点

先测定纯溶剂环己烷的近似凝固点。将测定管直接浸入冰水浴中,快速搅拌。当液体温度下降几乎停顿时,取出测定管,放入外套管内继续搅拌,记下最后稳定的温度值,即是近似凝固点。此手续不必重复。

取出测定管,不断搅拌,用手将其微热,使结晶完全熔化。将测定管在冰水中浸一下后立即放入外套管内,快速搅拌,此时液体环己烷的温度下降。当温度降至凝固点以上0.2℃时停止搅拌,液体环己烷的温度继续下降。过冷到凝固点以下0.5℃时迅速搅拌,温度先下降随后迅速上升,用放大镜读出稳定的最高温度,即为环己烷的凝固点。重复测定,直到取得三个偏差不超过±0.005℃的数据为止。

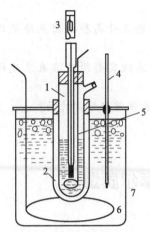

图2-16 凝固点测定装置
1—测定管;2—空气套管;
3—贝克曼温度计;4—温度计;
5—小搅拌棒;6—大搅拌棒;
7—冰槽(也可用杜瓦瓶)

4. 测定溶液的凝固点

用分析天平称量约0.3g的萘片,放入测定管并搅拌,使萘片全部溶解。同上述方法测定溶液的近似凝固点,再准确测定凝固点。测定过程中过冷不得超过0.2℃。

环己烷液用完后须倒入回收瓶。

5. 环己烷的密度

环己烷的密度可用下面的经验公式计算

$$\rho/(\text{kg/m}^3) = 797.1 - 0.8879 t/℃$$

环己烷的密度亦可用比重天平来测定。

五、注意事项

1. 样品测定管在放入空气套管之前要擦干,以免局部降温过快影响测定结果。
2. 测定纯溶剂或溶液的凝固点时,应每间隔30s读出温度值,用步冷曲线来确定凝固点。

六、数据记录与处理

1. 将实验数据填入下表,并由式(2-20)计算萘的摩尔质量。

物质的质量 W/g		凝固点 T/K 测量值和平均值	凝固点降低值 $\Delta T = T_f^* - T_f$	摩尔质量/(kg/mol)	摩尔质量的平均值
环己烷		$T=$			
萘	第一次	$T_1=$	$\Delta T_1=$	$M_1=$	
	第二次	$T_2=$	$\Delta T_2=$	$M_2=$	
	第三次	$T_3=$	$\Delta T_3=$	$M_3=$	

2. 与文献值比较,计算本实验的相对误差。

? 思考与练习

1. 为什么要在样品测定管外加上空气套管？
2. 在测定溶剂的凝固点时可过冷程度大一些对测定结果没有很大影响，而在测定溶液凝固点时却必须尽量减小过冷程度？

第五节 不互溶液体混合物和水蒸气蒸馏

一、不互溶液体混合物

如果两种液体彼此之间溶解度非常小，相互之间溶解度可忽略不计，这时可近似地看作互不相溶。如水和油类所形成的两组分液体。

实验证明，对于这种不互溶的液体，每个组分在气相的分压等于它在纯态时的饱和蒸气压，而与另一组分的存在与否以及数量无关。因此，互不相溶的液体（设为 A、B）混合物的蒸气总压，等于在相同温度下，各纯组分单独存在时蒸气压之和，即

$$p = p_A^* + p_B^* \tag{2-21}$$

由此可见，在一定温度下，互不相溶液体混合物的蒸气总压恒大于任一纯组分的蒸气压。因此不互溶液体混合物的沸点也低于任一纯组分的沸点。

例如，当外压为 100kPa 时，水的沸点为 100℃，氯苯的沸点为 130℃，而水和氯苯混合物的沸点则为 91℃。这是因为在 91℃时，水和氯苯的蒸气压之和已经达到 100kPa（外压），混合物就沸腾了。

二、水蒸气蒸馏

工业上提纯某些热稳定性较差的有机化合物时，为了防止在沸点时发生分解，必须降低蒸馏时的温度。通常采用的方法有两种，一是减压蒸馏，二是水蒸气蒸馏。

水蒸气蒸馏适用于和水不互溶的有机液体。在进行水蒸气蒸馏时，应使水蒸气以鼓泡的形式通过有机液体，这样可起到供给热量和搅拌液体的作用。蒸发出来的蒸气（含有水和有机物）经冷凝后分为两层，除去水层可得产品。

进行水蒸气蒸馏时，假设蒸气为理想气体，水蒸气的用量可用分压定律计算。根据分压定律，得到

$$p_{H_2O}^* = p y_{H_2O} = p \times \frac{n_{H_2O}}{n_{H_2O} + n_B} \tag{2-22}$$

$$p_B^* = p y_B = p \times \frac{n_B}{n_{H_2O} + n_B} \tag{2-23}$$

综合式(2-22)和式(2-23)可得

$$\frac{W_{H_2O}}{W_B} = \frac{p_{H_2O}^* M_{H_2O}}{p_B^* M_B} \tag{2-24}$$

其中 W_{H_2O}/W_B 表示蒸馏出单位质量有机物 B 所需的水蒸气用量，称为水蒸气消耗系数。该系数越小，则水蒸气蒸馏效率越高。从式(2-24)可看出，若有机物的蒸气压越高，摩尔质量越大，水蒸气消耗系数越小。

思考与练习

一、填空题

1. 不互溶的液体混合物在气液两相平衡时的蒸气总压与每个液体的饱和蒸气压的关系为_____。
2. 不互溶的液体，每个组分在气相的_____等于它_____时的饱和蒸气压，而与另一组分的存在与否以及_____无关。
3. 水蒸气蒸馏适用_____的液体有机物。
4. 水蒸气蒸馏中水蒸气消耗系数表达式为_____。
5. 欲进行水蒸气蒸馏的有机物饱和蒸气压越低，水蒸气消耗系数越_____；有机物的摩尔质量越大，水蒸气消耗系数越_____。

二、判断题

1. 在一定温度下，互不相溶两液体混合物的蒸气总压一定大于任一纯组分的蒸气压。
2. 互不相溶两液体混合物的沸点低于任一纯组分的沸点。
3. 有机物的沸点越高，摩尔质量越大，水蒸气蒸馏系数越小。
4. 向热的油里滴水，会立刻沸腾并迸溅起来是因为油和水互不相溶，混合后沸点大大降低的缘故。
5. 所有难溶于水的有机物都必须通过水蒸气蒸馏的方法进行蒸馏。

三、单选题

1. 水的沸点是 373.15K，溴苯的沸点是 429K，二者混合后的沸点在（　　）范围。
   A. 低于 373.15K　　　　　　　　　　B. 高于 429K
   C. 介于 373.15K 和 429K 之间　　　　D. 无法判断
2. 某有机物在温度 T 时饱和蒸气压为 p_1，水的饱和蒸气压为 p_2，则二者混合形成不互溶液态混合物时，混合液体的蒸气压为（　　）。
   A. p_1　　　　B. p_2　　　　C. p_1+p_2　　　　D. 大于 p_2
3. 两个不互溶的液体混合，混合液体的饱和蒸气压（　　）。
   A. 等于二者饱和蒸气压之和　　　　B. 大于饱和蒸气压大的组分
   C. 小于饱和蒸气压小的组分　　　　D. 介于两个组分饱和蒸气压之间
4. 两个不互溶的液体混合，混合液体的沸点（　　）。
   A. 等于二者沸点之和　　　　　　　B. 等于高沸点组分的沸点
   C. 等于低沸点组分的沸点　　　　　D. 介于两个组分沸点之间
5. 水蒸气消耗系数是指单位质量有机物需要的水蒸气用量，下列说法正确的是（　　）。
   A. 系数越小，消耗水蒸气越少　　　B. 系数越小，消耗水蒸气越多
   C. 系数越大，消耗水蒸气越少　　　D. 不确定

四、问答题

1. 在加热的油锅中加入水，会发生迸溅，十分危险，这其中的道理何在？
2. 在水银表面上盖上一层水，能降低汞的蒸气压吗？
3. 水的沸点是 373.15K，溴苯的沸点是 429K，请用蒸气压温度曲线解释二者形成不互溶液体混合物后，沸点将低于 373.15K。
4. 有机物水蒸气蒸馏系数如何计算？

5. 水蒸气蒸馏的主要目的是什么？

第六节　分配定律和萃取

一、分配定律

如果在 α 和 β 两种互不相溶的液体混合物中，加入一种既溶于 α 又溶于 β 的组分 i，在一定温度下达到平衡时，物质 i 在两液层中浓度之比为一常数，这种规律称为分配定律。表示为

$$K=\frac{c_i^\alpha}{c_i^\beta} \qquad (2\text{-}25)$$

式中　c_i^α——溶质在 α 相的平衡浓度；

c_i^β——溶质在 β 相的平衡浓度；

K——分配系数，它与平衡时的温度及溶质、溶剂的性质有关。

如：在水和苯不互溶的液体混合物中，加入同时能溶于水和苯的 $HgBr_2$。在一定温度下，当溶解达到平衡时，$HgBr_2$ 在两液层中的浓度之比为一常数。如果保持温度不变，再增加 $HgBr_2$，则在水层和苯层中 $HgBr_2$ 的浓度都会增加，但比值 K 不变。若增加其中一种液体（如苯）的量，则因苯的加入使苯层中 $HgBr_2$ 的浓度减小，破坏平衡，引起水层中一部分 $HgBr_2$ 向苯层转移，当达到新的平衡时，两液层的平衡浓度之比仍为常数。

二、萃取

用一种与溶液不相溶的溶剂，将溶质从溶液中提取出来的过程称为萃取。萃取过程实际上是分配定律的具体应用。如果水中溶解了少量的某种物质，可加入一定量的与水不相溶的溶剂，使该物质在两溶剂中重新分配，达到平衡时，该物质在后加入的溶剂中溶解度越大，萃取越有效。如果经过多次萃取就可使该物质从水中有效地分离出来。

假定在含有某种溶质 $W_0(g)$ 的溶液 $V_a(mL)$ 中，用 $V_b(mL)$ 的某溶剂进行萃取，萃取后残留在原液中的溶质为 $W_1(g)$，根据式(2-25)可得

$$K=\frac{\dfrac{W_1}{V_a}}{\dfrac{W_0-W_1}{V_b}} \qquad (2\text{-}26)$$

整理后得

$$W_1=W_0\frac{KV_a}{KV_a+V_b} \qquad (2\text{-}27)$$

如果每次用 $V_b(mL)$ 溶剂萃取 n 次，最后在残液内剩余的溶质的量为 $W_n(g)$，有公式

$$W_n=W_0\left(\frac{KV_a}{KV_a+V_b}\right)^n \qquad (2\text{-}28)$$

【例题 2-10】 1L H_2O 中溶解有机胺(B)50g，现以 600mL C_6H_6 进行如下萃取：

(1) 用 600mL C_6H_6 一次萃取；

(2) 用 100mL C_6H_6 分六次萃取。

解　(1) 设一次萃取后水中残留有机胺(B)的质量为 $W_1(g)$

$$W_1=W_0\frac{KV_a}{KV_a+V_b}=50\times\frac{0.2\times1000}{0.2\times1000+600}=12.5\ (g)$$

萃取出有机胺(B)为　　　　　　$50-12.5=37.5\ (g)$

(2) 分六次萃取后水中残留有机胺(B)的质量为 W_6(g)

$$W_6 = W_0 \left(\frac{KV_a}{KV_a+V_b}\right)^6 = 50 \times \left(\frac{0.2 \times 1000}{0.2 \times 1000+100}\right)^6 = 4.39 \text{ (g)}$$

萃取出有机胺(B)为　　　　　50－4.39＝45.61（g）

通过计算知道，如果用同样数量的溶剂，萃取次数越多，从溶液中萃取出来的溶质也越多。

对沸点靠近或有共沸现象的液体混合物，可以用萃取的方法分离。对芳烃和烷烃的分离，常用二乙二醇醚为萃取剂。

工业上，萃取是在塔中进行。塔内有多层筛板，萃取剂从塔顶加入，混合原料在塔下部输入。依靠密度不同，在上升与下降过程中充分混合，反复萃取。

芳烃不断溶解在萃取剂中，作为萃取相在塔底排出；脱除芳烃的烷烃作为萃取余相从塔顶流出。

三、浸取

利用溶剂对物质溶解度的不同，用溶剂浸渍固体混合物，或加入液体混合物中，提取或分离组分的过程。

进行浸取的原料是溶质与不溶性固体的混合物，其中溶质是可溶组分，而不溶固体称为载体或惰性物质。

浸取按溶剂种类可分为以下几种。

① 酸浸取，又称酸解。浸取剂有硫酸、盐酸、硝酸、亚硫酸及其他无机酸与有机酸。例如，硼矿与 H_2SO_4 在 90℃可得到 H_3BO_3。

② 碱浸取，又称碱解。浸取剂有氢氧化钠、氢氧化钾、碳酸钠、氨水、硫化钠、氰化钠及有机碱类。例如，硼砂生产：

$$2(MgO \cdot B_2O_3) + Na_2CO_3 + CO_2 \longrightarrow Na_2B_4O_7 + 2MgCO_3$$
　　　　　硼矿　　　　　　　　　　　　　可溶性硼盐　不溶性碳酸盐

③ 水浸取，浸取剂为水。

④ 盐浸取，浸取剂为氯化钠、氯化铁、硫酸铁、氯化铜等无机盐类。

? 思考与练习

一、填空题

1. 如果在 α 和 β 两种互不相溶的液体混合物中，加入一种既溶于 α 又溶于 β 的组分 i，在一定温度下达到平衡时，物质 i 在两液层中浓度之比为一常数，这种规律称为_____。

2. 利用溶剂对物质溶解度的不同，将溶剂浸渍固体混合物，或加入液体混合物中，提取或分离组分的过程，称为_____。

3. 如果用同样数量的溶剂，萃取次数_____，从溶液中萃取出来的溶质也_____。

4. 浸取按溶剂种类可分为_____、_____、_____、_____。

5. 如果用 η 表示萃取效率，其计算公式应该是_____。

二、判断题

1. 如果条件允许，在同样多的萃取剂条件下，使用少量多次的萃取可使萃取更有效。

2. 萃取的效果仅与萃取剂的性质和萃取方法有关。

3. 共沸现象的液体混合物，仅能用萃取的方法分离。
4. 萃取效果如何一方面决定于分配系数的大小，另一方面决定于萃取剂的用量和萃取方法。
5. 将沸腾的水通入捣碎的八角茴香中进行蒸馏，这个过程既是水蒸气蒸馏也是一个浸取过程。

三、单选题

1. 分配系数是一种溶质在两种不互溶的溶剂中溶解达到平衡的（　　）。
   A. 溶质在两溶剂中的浓度之比　　　B. 溶质在两溶剂中的浓度之差
   C. 溶质在两溶剂中的浓度之和　　　D. 溶质在两溶剂中的浓度之商
2. 下列与分配系数关系不大的是（　　）。
   A. 温度　　　B. 溶质性质　　　C. 溶剂性质　　　D. 大气压
3. 萃取是利用（　　）将溶质从溶剂中提取出来的过程。
   A. 与溶液不相溶的溶剂　　　B. 与溶液相溶的溶剂
   C. 有机物　　　D. 水
4. 为提高萃取效率，一般采取（　　）方法。
   A. 少量多次　　　B. 少量少次　　　C. 多量多次　　　D. 一次性
5. 浸取是从（　　）中提取物质的过程。
   A. 固体混合物　　　B. 液体混合物　　　C. 混合气体　　　D. 都不是

四、问答题

1. 将少量碘单质溶于水中，水溶液成棕色，加入四氯化碳溶液振摇后静置会有什么现象产生？
2. 用计算说明用相同量的萃取剂，一次性萃取和少量多次萃取的效率。
3. 萃取剂必须选择对溶质溶解度大、与溶剂不相溶的物质，否则会产生什么情况？
4. 用四氯化碳萃取水中的碘，在分液漏斗中静置分层后，上层是水还是下层是水？
5. 在用分液漏斗进行萃取操作时，为什么混合溶液混合后振摇几下要打开上口塞放气？

新视野　　　现代分离技术简介

随着现代生产和科学技术的飞速发展，石油、化工、医药、食品、冶金、原子能等各领域对分离技术都提出了越来越高的要求。常规的分离技术，如蒸馏、吸收、萃取、吸附、结晶等，已经不能满足人们在生活、生产及科研中对产品质量、纯度的苛刻要求。于是，诸如膜分离、泡沫分离、超临界气体萃取、气相色谱等各具特色的新颖的现代分离技术越来越受到人们的重视。近几十年来，现代分离技术逐渐发展成一门多学科交叉的高新技术。

1. 固体膜分离技术简介

固体膜分离技术是利用固体膜对混合物中各组分的选择性渗透来实现分离提纯和浓缩的新型分离技术。分子通过膜的能力的大小主要取决于分子的大小、形状、化学性质以及膜的物理化学性质等因素。

（1）固体膜分离技术的特点　固体膜分离技术适用于化学或物理性质相似的组分的分离，结构或位置不同的同分异构体的分离；热敏性组分的分离；大分子物质、生物物质、酶制剂等物质体系的分离。它是常规分离方法的有效补充，并且可以和常规分离方法结合使用，以达到良好的分离效果。

固体膜分离技术的优点可以归纳如下：

① 操作过程简单，分离效率高；

② 膜分离过程一般不涉及相变，因此可以节省能耗；
③ 对环境一般无特别要求，适用范围较广；
④ 操作过程不产生新的污染，是回收有用物质，降低污染程度的有效方法之一。
固体膜分离技术目前存在的问题主要有以下两个方面：
① 该领域的研究更偏重于应用，缺乏坚实的理论基础；
② 具有高选择性、高渗透性的优良膜材料的生产问题有待于解决。

(2) 固体膜种类及膜分离过程　按照膜的结构一般把固体膜分成四种类型：微孔膜、均相膜、非对称膜和荷电膜。

① 微孔膜的孔一般是不规则的，孔径在 $0.01\sim10\mu m$，孔数 10^7 个$/cm^2$，孔隙率 80% 左右。微孔膜分离过程相当于传统的"过滤"，大于最大孔的粒子被膜阻挡，反之，粒子可以通过。因此微孔膜分离只有当分离的粒子大小差异较大时才能获得较好的分离效果。

② 由于高分子链段的无序热运动，在分子链段间会产生的不固定孔道和路径，其性能类似于致密薄膜，称为均相膜。均相膜的孔径通常为 $0.5\sim1nm$，孔隙率小于10%。利用均相膜分离时，溶液中各组分的分离与它们在膜内的传递速度有关，而传递速度又决定于组分在膜中的扩散速度和溶解度。此类膜常用于气体分离、反渗透蒸发等膜分离过程。橡胶膜是其典型代表。

③ 非对称膜是由很薄的聚合物层（约 $0.2\mu m$）覆盖在 $100\sim200\mu m$ 厚的多孔支撑层上形成的。主要用于以静压力为推动力的膜分离过程，如超滤、反渗透等。

④ 离子交换膜（荷电膜）是经过制膜、引入交联结构和引入离子交换基团三道工序制成的高分子物料膜。它主要用于渗析、电渗析、电解等分离过程。

按分离粒子或分子大小的不同，膜分离过程主要有6种。
① 透析：渗透过程中既有溶剂产生流动，又有溶质产生流动。
② 电渗析：是以电位差为推动力，利用离子交换膜的选择透过性，从溶液中脱出或富集电解质的膜分离过程。
③ 微过滤：是以压力为推动力，多孔细小的薄膜为过滤介质，使不溶物浓缩过滤的操作。
④ 超滤：是以压力差为推动力，按粒径大小将溶液中所含的微粒和大小分子进行分离的操作。
⑤ 反渗透：以压力差为推动力，从溶液中分离出来溶剂的膜分离操作。
⑥ 纳米过滤：介于超滤和反渗透之间，以压力差为推动力，从溶液中分离出分子量在 $300\sim1000$ 的物质的膜分离过程。

(3) 固体膜的应用　目前，固体膜已广泛应用于各种重要的生产、生活领域。在水处理领域，如海水淡化，超纯水制取等；医药工业，如人工肾、人工肺的制造，药剂浓缩、提纯等；食品工业，如果汁的浓缩，饮料的灭菌等；石油化学工业，如天然气、氦的回收，合成氨厂尾气中氢的回收等；环境保护，如城市生活废水及工业废水的处理等。目前，固体膜技术的应用潜力是世界公认的，是一种极为重要的当代高科技技术，值得各国科研机构进行更为深入的研究和发展。

2. 液膜及气膜分离技术

液膜分离技术是20世纪60年代中期诞生的一种新型的膜分离技术。其基本原理和固体膜分离基本相同，都是根据膜对不同物质具有选择性渗透的性质来进行分离的。

液膜是由液体形成的薄膜，组成液膜的溶液叫膜溶剂，一般含有表面活性剂和其他添加剂，待处理的液体通常叫做料液，膜溶剂必须和料液不相溶。

与固体膜相比，由于液膜厚度薄很多，组分的扩散系数也大很多。因此，组分通过液膜的传递速率可以比固体膜大几个数量级。另外还可以利用传质过程中的化学反应来提高液膜的选择性，促进传质过程。

(1) 液膜分离技术　按液膜的类型，主要分为三类：液滴型、隔膜型和乳化型。按液膜的组成，主要分为油包水型和水包油型。按传质的机理不同，又可分为无载体输送的液膜和有载体输送的液膜两种。

液相膜处理技术包括反渗透、超滤、微过滤、渗析和电渗析等。近年来，国外又开发出另一滤膜系列——纳米过滤膜，它介于反渗透与超滤之间，能截留有机小分子而使大部分无机盐通过。该方法操作压力低，在食品工业、生物化工及水处理等许多方面有很好的应用前景。

液膜分离技术的应用领域很广，在废水处理、湿法冶金、石油化工及生物医药等领域中的应用均已取得相当的成效。在气体吸收，溶剂萃取，离子交换等方面都可用液膜来代替固体膜。研究表明，用液膜技术处理含酚的废水，效果很好，此项技术在工业上已得到了应用。尽管液膜技术的应用潜力很大，但由于其分离机理的研究尚处于起步阶段，再加上缺少足够的数据和资料来评价其应用的经济价值，已经大规模应用的例子并不多。因此，该技术是一种急需研究和完善的现代分离技术。

(2) 气膜分离技术　气膜分离通常以气态物质作为分离介质，气态物质常常充斥于疏水多孔聚合物膜将两种水溶液隔开时，可以使一种液体中所含有的挥发性物质迅速扩散通过膜，而在另一种溶剂中富集或分离除去。和液膜分离技术相似，它是新兴的分离技术，有着广阔的应用前景。但其理论和技术都有待于进一步研究和发展。

3. 泡沫分离技术

泡沫分离是以气泡作为分离介质来浓集表面活性物质的一种新型分离技术。当溶液中需要分离的物质是表面活性剂组分时，通入惰性气体，将会在溶液中形成泡沫，而表面活性物质被富集在泡沫表面，收集泡沫便可得到溶质含量比原溶液高的泡沫液。

(1) 泡沫分离技术的分类、分离基本过程及影响因素　按照被分离物质的溶解性可分为泡沫分馏及泡沫浮选，前者指分离可溶性物质，后者指不可溶性物质。按照被分离对象的形状、颗粒大小及性质等，又可分为矿物质浮选、粗粒浮选、细粒浮选，离子浮选、分子浮选、沉淀浮选及吸附胶体浮选等。

泡沫分离技术一般都由两个过程组成：一是被脱出的物质吸附到气-液界面上，二是对被泡沫吸附的物质进行收集和脱除。对应上述两个步骤的主要设备称为泡沫塔和泡沫器。

(2) 泡沫分离技术的应用　除了在选矿工业已被广泛应用外，泡沫分离技术在工业废水处理中也开始走向工业化。尤其是沉淀浮选和吸附胶体浮选，很有希望成为大规模的废水处理的理想方法。如电镀、纺织、木材防腐以及鞣革加工等废水的处理。当用泡沫分离技术处理民用废水时，往水中充氧，不仅可以脱除污染物质，而且对生物降解也很有帮助。

在大规模泡沫分离过程中，存在的主要问题是泡沫沟流和泡沫溢出。当前主要受到泡沫塔的垂直程度的影响，后者可以通过在塔内设置水平挡板来减少泡沫的溢出。

除上述分离方法外，还有色谱分离法和高梯度磁分离技术。色谱法是分离混合物、提纯物质以及结构同一性鉴定的有效方法之一。高梯度磁分离技术通过强大磁力场，促使弱磁性物质分离和非磁性物质分离的一种现代分离方法。

习　题

2-1　68.4g 蔗糖($C_{12}H_{22}O_{11}$)溶于1080g H_2O 中，计算该溶液在100℃时的蒸气压，以

及蒸气压下降值为多少。

2-2　20℃时，乙醚($C_2H_5OC_2H_5$)的蒸气压为58.4kPa，今在100g乙醚中溶解某非挥发性有机物质10g，其蒸气压下降2.19kPa，计算该有机物的摩尔质量。

2-3　A、B两液体混合形成理想溶液，已知温度t℃时$p_A^*=40530$Pa，$p_B^*=121590$Pa，求：

(1) A、B的混合溶液在t℃，100kPa下沸腾时的液相组成；
(2) 沸腾时饱和蒸气的组成。

2-4　甲醇和乙醇混合而成的溶液可看作理想溶液。已知在20℃时纯甲醇和纯乙醇的饱和蒸气压分别为11.83kPa和5.93kPa。现将等质量的甲醇和乙醇混合形成溶液，计算：

(1) 20℃时该混合溶液的蒸气压；
(2) 20℃时甲醇在气相的摩尔分数；
(3) 20℃时该混合溶液的气相中甲醇的分压力。

2-5　通过实验测得25℃时，丙醇-水二组分体系中水的分压力和总压力数据如下：

$x_水$	0	0.100	0.200	0.400	0.600	0.800	0.950	0.980	1.000
$p_水$/kPa	0	1.08	1.79	2.65	2.89	2.91	3.09	3.13	3.17
p/kPa	2.90	3.67	4.16	4.72	4.78	4.72	4.53	3.80	3.17

(1) 画出压力-组成图；
(2) 组成为0.4的丙醇-水混合体系在平衡压力$p=4.16$kPa下达到气液两相平衡，利用相图求相应的气相组成和液相组成分别为多少？
(3) 上述体系共4mol，在$p=4.16$kPa下达到平衡时，气相、液相的量分别为多少？

2-6　在100kPa下，水-醋酸溶液的正常沸点与气、液相组成的关系如下：

t/℃	100.0	102.1	104.4	107.5	113.8	118.1
x_{HAc}	0	0.300	0.500	0.700	0.900	1.000
y_{HAc}	0	0.185	0.374	0.575	0.833	1.000

(1) 请作出温度-组成图；
(2) 由相图确定$x_{HAc}=0.85$时溶液的沸点；
(3) 由相图确定$y_{HAc}=0.85$时溶液的露点；
(4) 由相图确定100℃时的气-液平衡组成；
(5) 把0.5mol醋酸和0.5mol水所组成的溶液加热到100℃，求此时气相及液相中醋酸的物质的量分别是多少？

2-7　20℃时，在1L的NaBr水溶液中含有溶质NaBr 321.9g，已知该溶液的密度为1.238g/mL。请分别用(1)物质的量浓度；(2)质量摩尔浓度；(3)摩尔分数来表示该溶液的浓度。

2-8　在100kPa，36.5℃时，空气中氮气在血液中的溶解度为6.6×10^{-4}mol/L。若潜水员在深海呼吸了1000kPa的空气，当他返回地面时，估计每毫升血液将放出多少毫升空气。

2-9　20℃时，当HCl的分压力为1.013×10^5Pa时，它在苯中的摩尔分数为0.0425。若20℃时纯苯的蒸气压为1.00×10^4Pa，问苯和HCl的总压力为1.013×10^5Pa时，100g苯中最多可溶解HCl多少克？

2-10　设20℃及总压（饱和水蒸气＋氧气）为100kPa时，有0.17g氧气溶于4L水中。试求：(1)该条件下溶解氧气的浓度(g/L)；(2)在氧气的分压力为100kPa时，溶解氧气的浓度。已知20℃时，水的饱和蒸气压为2.399kPa。

2-11 $CHCl_3$ 在61.2℃沸腾。今有2.4g某有机化合物溶于1000g $CHCl_3$ 中，其沸点升高到61.7℃。又从元素分析结果知道，该化合物含碳84.0%，含氢15.0%，推测该化合物的分子式。已知 $CHCl_3$ 的沸点升高常数为3.85K·kg/mol。

2-12 25℃及100kPa下，将60mL干燥的 CO_2 与40g H_2O 一起振荡直至吸收达到平衡。如果吸收后气体的压力仍保持在100kPa，湿气体积为28mL。请计算在25℃以及100kPa时，CO_2 在 H_2O 中的溶解度及亨利常数 k_m。已知25℃时水的饱和蒸气压为3.17kPa。

2-13 纯樟脑的凝固点为177.9℃，今有 5.4×10^{-2} g某物质与10.3g樟脑形成溶液，其凝固点下降了2.56℃，求该化合物的摩尔质量。已知樟脑的凝固点降低常数 $k_f = 40$ K·kg/mol。

2-14 将摩尔质量为58.1g/mol的某物质0.127g，溶于25g CH_3COOH 中，该溶液在纯 CH_3COOH 凝固点以下0.34℃凝固，计算 CH_3COOH 的凝固点下降常数。

2-15 为防止高寒地区汽车发动机水箱结冻，常在 H_2O 中加入 $HOCH_2-CH_2OH$（乙二醇）为抗冻剂，如果要使 H_2O 的凝固点下降到 -30℃，问每千克 H_2O 中应加多少克乙二醇？已知 H_2O 的 $k_f = 1.86$ K·kg/mol，乙二醇的摩尔质量为62g/mol。

2-16 烟草中的有害成分尼古丁的最简化学式是 C_5H_7N，现将496mg的尼古丁溶于10g水中，所得的溶液在100.17℃沸腾，试判断尼古丁的分子式。已知水的沸点升高常数为0.52K·kg/mol。

2-17 估算10kg水中需要加入多少甲醇，才能保证水在 -10℃不结冰。已知水的凝固点降低常数 $k_f = 1.86$ K·kg/mol。

2-18 现有蔗糖（$C_{12}H_{12}O_{11}$）溶于水形成的稀溶液，在外压为101.323kPa下，该溶液的凝固点为 -0.200℃。计算该溶液在298K的蒸气压。已知水的凝固点降低常数为1.86 K·kg/mol，298K时纯水的饱和蒸气压为3.17kPa。

2-19 将101mg胰岛素溶于10.0mL水中，测得该溶液在25℃的渗透压为4.34kPa，求25℃时：

(1) 胰岛素的摩尔质量；

(2) 上述溶液的蒸气压（已知在25℃水的饱和蒸气压是3.17kPa）。

2-20 25℃时海水的浓度约相当于0.70mol/kg的NaCl，试估算25℃时海水的渗透压为多少。若要使海水淡化，需要向海水一边至少施加多大压力？

第三章　化学平衡

学习目标

1. 理解化学平衡的"动态"和"平衡"。
2. 理解化学反应平衡常数的存在、特点及其表达方式和方法。
3. 能够利用平衡常数进行平衡转化率和平衡组成的有关计算。
4. 能够利用化学反应等温方程式计算并判断平衡移动方向。
5. 能够查阅标准摩尔反应吉布斯函数计算化学反应平衡常数。
6. 正确理解温度、压力、惰性气体以及原料配比对化学平衡移动方向的影响。

在工业生产过程中，利用化学反应生产某产品需要预知产物的产率或反应物的转化率，这就需要研究化学反应的限度——化学平衡问题。化学平衡是物理化学中若干平衡问题中的一种。本章主要讨论化学平衡的特点；平衡常数及平衡转化率的计算；化学反应自发进行的方向判断以及温度、浓度、原料配比、惰性介质对平衡产率的影响等问题。显然，这些问题都是指导实际生产的指挥棒。

第一节　化学反应平衡常数

一、化学平衡

炭还原法炼铁的主要反应：

$$C(s) + \frac{1}{2}O_2 \rightleftharpoons CO(g)$$

$$Fe_2O_3(s) + 3CO(g) \rightleftharpoons 2Fe(s) + 3CO_2(g)$$

按此方程式计算出炼制 1t 生铁需要约 0.32t 焦炭。实际生产中炼制 1t 铁，需要消耗 0.4~0.6t 焦炭。显然，计算结果与实际情况有较大差别。那么为什么实际消耗要比理论消耗多这么多？原因除了工艺设备原因之外，主要原因是上述反应有一个进行的限度。也就是说在高炉中 C 和 O_2 不能全部转化为 CO，而 Fe_2O_3 和 CO 也不能全部转化为 Fe 和 CO_2。这样的反应称为可逆反应。

可逆反应就是既能正方向进行，又能向逆方向进行的化学反应。

多数化学反应都是可逆地进行的，如在高温下，CO_2 和 H_2 作用可以生成 CO 和 H_2O(g)；同时 CO 和 H_2O(g) 也可以生成 CO_2 和 H_2。这两个反应可用方程式表示为

$$CO_2(g) + H_2(g) \rightleftharpoons CO(g) + H_2O(g)$$

在一定温度下，把定量的 CO_2 和 H_2 置于一密闭容器中使反应开始。每隔一定时间取样分析，反应物 CO_2 和 H_2 的浓度逐渐减少，而生成物 CO 和 H_2O(g) 的浓度逐渐增加。若保持温度不变，当反应进行到一定时间，将发现混合气体中各组分浓度不再随时间而改变，维持恒定，此时即达到化学平衡状态。这一过程可用反应速率解释。反应刚开始，反应物浓度最大，具有最大的正反应速率。此时尚无生成物，故逆反应速率为零。随着反应进行，反应物不断消耗，浓度减小，正反应速率随之减小。另一方面，生成物浓度不断增加，

逆反应速率逐渐增大，当反应进行到一定程度，正向反应速率和逆向反应速率逐渐相等，反应物和生成物的浓度就不再变化，这种表面静止的状态就叫做平衡状态。

在宏观上，当化学反应达到平衡状态时，参加反应的各种物质的浓度不再改变；在微观上，反应并未停止，正逆反应仍在进行，只是正逆反应速率相等，因此化学平衡是一种动态平衡。

必须指出，化学平衡是有条件的、相对的和可以改变的。当外界条件（例如温度、浓度等）发生变化，原平衡状态随之被破坏。

二、平衡常数

当化学反应处在平衡状态时，参加反应的物质浓度称为平衡浓度。

通过大量事实总结出一个规律，对于一般的可逆反应

$$\nu_A A + \nu_B B \rightleftharpoons \nu_R R + \nu_D D$$

在一定温度下达到平衡时，生成物浓度（或分压）以反应方程式中化学计量系数为指数的乘积与反应物浓度（或分压）以化学计量系数为指数的乘积之比为一常数，该常数称为化学平衡常数，通常用 $K^\ominus$ 表示。在物理化学中平衡常数是一个很重要的常数值，可以用热力学方法计算，所以又称为热力学平衡常数。在以后的物理化学学习中会经常用到热力学平衡常数。

热力学平衡常数表达式为

气相反应 $\nu_A A(g) + \nu_B B(g) \rightleftharpoons \nu_R R(g) + \nu_D D(g)$

$$K^\ominus = \Pi \left(\frac{p_i}{p^\ominus}\right)^{\nu_i} = \frac{\left(\frac{p_R}{p^\ominus}\right)^{\nu_R} \left(\frac{p_D}{p^\ominus}\right)^{\nu_D}}{\left(\frac{p_A}{p^\ominus}\right)^{\nu_A} \left(\frac{p_B}{p^\ominus}\right)^{\nu_B}} \tag{3-1}$$

溶液相的反应 $\nu_A A$（溶液）$+ \nu_B B$（溶液）$\rightleftharpoons \nu_R R$（溶液）$+ \nu_D D$（溶液）

$$K^\ominus = \Pi \left(\frac{c_i}{c^\ominus}\right)^{\nu_i} = \frac{\left(\frac{c_R}{c^\ominus}\right)^{\nu_R} \left(\frac{c_D}{c^\ominus}\right)^{\nu_D}}{\left(\frac{c_A}{c^\ominus}\right)^{\nu_A} \left(\frac{c_B}{c^\ominus}\right)^{\nu_B}} \tag{3-2}$$

式中 $p^\ominus = 100 \text{kPa}$ ——标准压力；
$c^\ominus = 1.00 \text{mol/L} = 1000 \text{mol/m}^3$ ——溶液的标准浓度。

显然，热力学平衡常数是个量纲1的量。

在平衡常数表达式中，平衡时各生成物浓度的乘积是分子，各反应物浓度为分母，它们的指数与反应方程式中相应物种的计量系数相对应。

在使用热力学平衡常数时注意以下问题。

① 平衡常数表达式必须与计量方程式相对应。同一个化学反应，以不同的计量方程式表示时，其平衡常数的数值不同。例如，合成氨反应：

$$N_2(g) + 3H_2(g) \rightleftharpoons 2NH_3(g)$$

$$K_1^\ominus = \frac{\left(\frac{p_{NH_3}}{p^\ominus}\right)^2}{\left(\frac{p_{N_2}}{p^\ominus}\right)\left(\frac{p_{H_2}}{p^\ominus}\right)^3}$$

$$\frac{1}{2}N_2(g) + \frac{3}{2}H_2(g) \rightleftharpoons NH_3(g)$$

$$K_2^\ominus = \frac{\dfrac{p_{NH_3}}{p^\ominus}}{\left(\dfrac{p_{N_2}}{p^\ominus}\right)^{\frac{1}{2}} \left(\dfrac{p_{H_2}}{p^\ominus}\right)^{\frac{3}{2}}}$$

显然 $K_1^\ominus = (K_2^\ominus)^2$

② 热力学平衡常数的数值只与温度有关，而与压力、浓度、原料配比等无关。

热力学平衡常数是表明化学反应限度的一种特征值。化学反应进行的限度决定于反应的本质和温度，因此热力学平衡常数也决定于化学反应的本质和温度。

另外，物质的浓度有不同的表示方法，例如：气体一般用分压力或摩尔分数表示浓度；溶液用物质的量浓度或摩尔分数表示浓度。因此平衡常数也有不同的表达形式。下面将几种常用的平衡常数以及它们与热力学平衡常数的关系列入表3-1，以便在后续的计算中应用。

表 3-1　几种常用的平衡常数表示方法及其与热力学平衡常数的关系

表示符号	K_p	K_c	K_y
意义	用平衡分压表示的平衡常数	用平衡物质的量浓度表示的平衡常数	用平衡摩尔分数表示的平衡常数
表达式	$K_p = \dfrac{p_R^{\nu_R} p_D^{\nu_D}}{p_A^{\nu_A} p_B^{\nu_B}}$	$K_c = \dfrac{c_R^{\nu_R} c_D^{\nu_D}}{c_A^{\nu_A} c_B^{\nu_B}}$	$K_y = \dfrac{y_R^{\nu_R} y_D^{\nu_D}}{y_A^{\nu_A} y_B^{\nu_B}}$
与 $K^\ominus$ 的关系	$K^\ominus = K_p (1/p^\ominus)^{\sum \nu_i}$	$K^\ominus = K_c (0.083 T)^{\sum \nu_i}$	$K^\ominus = K_y (p/p^\ominus)^{\sum \nu_i}$

注：表中 $\sum \nu_i = (\nu_R + \nu_D) - (\nu_A + \nu_B)$（纯固体或液体的计量系数不记入计算）。

三、多相反应平衡常数

前面讨论的化学反应平衡常数一般都指均相化学反应，即参加反应的物质都是溶液相或者都是气相。但实际上并不是所有的化学反应都是均相反应，有很多化学反应参加反应的各组分聚集状态不同而形成多相反应。例如：

$$Fe_2O_3(s) + 3CO(g) \rightleftharpoons 2Fe(s) + 3CO_2(g)$$

反应达到平衡时，平衡常数的关系式同样适用，即

$$K^\ominus = \frac{\left(\dfrac{p_{CO_2}}{p^\ominus}\right)^3 \left(\dfrac{p_{Fe}}{p^\ominus}\right)^2}{\left(\dfrac{p_{CO}}{p^\ominus}\right)^3 \left(\dfrac{p_{Fe_2O_3}}{p^\ominus}\right)}$$

对于纯固体或纯液体，在一定温度下反应达平衡时的平衡分压指的是该温度下纯固体或纯液体的饱和蒸气压或升华压。通过前面的学习我们知道，纯固体或纯液体的饱和蒸气压或升华压在数值上只与温度有关，与纯固体或纯液体的数量无关，因此可以把纯固体或纯液体的饱和蒸气压或升华压合并到平衡常数中去，写成

$$K^\ominus = \frac{\left(\dfrac{p_{CO_2}}{p^\ominus}\right)^3}{\left(\dfrac{p_{CO}}{p^\ominus}\right)^3}$$

因此对于多相反应的平衡常数表达式，只用参加反应的气体（或溶液）组分的分压（或浓度）表示即可。例如，氯化铵的分解反应

$$NH_4Cl(s) \rightleftharpoons NH_3(g) + HCl(g)$$

其平衡常数表达式可写为

$$K^{\ominus}=\left(\frac{p_{NH_3}}{p^{\ominus}}\right)\left(\frac{p_{HCl}}{p^{\ominus}}\right)$$

又如碳酸钙的分解反应

$$CaCO_3(s) \rightleftharpoons CaO(s)+CO_2(g)$$

其平衡常数表达式为

$$K^{\ominus}=\frac{p_{CO_2}}{p^{\ominus}}$$

对于固体物质分解产生气体的反应，经常用分解压这样一个概念。例如上述碳酸钙分解反应的平衡常数表达式中的 $p_{CO_2}/p^{\ominus}$ 称为 CO_2 的分解压。当 CO_2 的压力与标准压力的比值小于碳酸钙的分解压时，碳酸钙将自发分解；当 CO_2 的压力与标准压力的比值大于碳酸钙的分解压时，碳酸钙不会分解。不同温度下碳酸钙的分解压见表 3-2。

表 3-2 碳酸钙在不同温度时的分解压

温度/℃	500	600	700	800	897	1000	1100	1200
分解压 $p_{CO_2}/p^{\ominus}$	9.6×10^{-5}	2.42×10^{-3}	2.92×10^{-2}	0.22	1	3.87	11.50	28.68

分解压反映了化合物在一定温度下的稳定性，分解压越小，化合物越稳定。

思考与练习

一、填空题

1. 写出下列化学反应的热力学平衡常数的表示式（式中"aq"表示溶液）：

$$CH_4(g)+2O_2(g) \rightleftharpoons CO_2(g)+2H_2O(l)$$

$$2H_2S(g) \rightleftharpoons 2H_2(g)+2S(s)$$

$$PbI_2(s) \rightleftharpoons Pb^{2+}(aq)+2I^-(aq)$$

$$AgCl(s)+2NH_3(aq) \rightleftharpoons [Ag(NH_3)_2]^+(aq)+Cl^-(aq)$$

2. 合成氨反应 $N_2+3H_2 \rightleftharpoons 2NH_3$ 在 500℃ 时的热力学平衡常数为 24.6，若在温度、压力等条件不变的情况下，将产物氨气移去一部分后，平衡常数_____（变或不变）。

3. 化学反应 $H_2(g)+I_2(g) \rightleftharpoons 2HI(g)$ 的热力学平衡常数 $K_1^{\ominus}$ 与化学反应 $\frac{1}{2}H_2(g)+\frac{1}{2}I_2(g) \rightleftharpoons HI(g)$ 的热力学平衡常数 $K_2^{\ominus}$ 的关系为_____。

4. 已知某温度下列反应的热力学平衡常数

$$H_2O(g) \rightleftharpoons H_2(g)+\frac{1}{2}O_2(g) \qquad K_1^{\ominus}$$

$$CO_2(g) \rightleftharpoons CO(g)+\frac{1}{2}O_2(g) \qquad K_2^{\ominus}$$

$$CO(g)+H_2O(g) \rightleftharpoons CO_2(g)+H_2(g) \qquad K_3^{\ominus}$$

则 $K_3^{\ominus}$ 与 $K_1^{\ominus}$、$K_2^{\ominus}$ 关系为_____。

5. 一定温度下，将纯 $NH_4HS(s)$ 置于抽空的容器中，$NH_4HS(s)$ 发生分解，$NH_4HS(s) \rightleftharpoons NH_3(g)+H_2S(g)$，测得平衡时体系总压力为 $p^{\ominus}$，则热力学平衡常数为_____。

二、判断题

1. 化学反应的平衡浓度不随时间而变化，但随起始浓度的变化而变化；化学反应的热力学平衡常数不随时间变化也不随起始浓度变化而变化。

2. 平衡常数 K_y 与热力学平衡常数一样，只与反应的温度有关，与压力等其他因素无关。

3. 多相反应的平衡常数与参加反应的固体存在量无关。

4. 在温度 T 时，可逆化学反应 $A \rightleftharpoons B+C$ 的平衡常数为 K，同温度下，反应 $B+C \rightleftharpoons A$ 的平衡常数为 K'。则 K 与 K' 的乘积一定等于 1。

5. 从表 3-2 碳酸钙在不同温度下的分解压力数值可以看出，碳酸钙在低温下比在高温下稳定。

三、单选题

1. 下列只与温度有关的是（　　）。

  A. 平衡常数　　　B. 反应物的转化率　　C. 产物的产率　　　D. 反应速率

2. 合成氨反应方程式写成

$$N_2(g)+3H_2(g) \rightleftharpoons 2NH_3(g) \tag{1}$$

$$\frac{1}{2}N_2(g)+\frac{3}{2}H_2(g) \rightleftharpoons NH_3(g) \tag{2}$$

则二者的平衡常数的关系是（　　）。

  A. $K_1=2K_2$　　B. $K_2=2K_1$　　C. $K_1=K_2^2$　　D. $K_2=K_1^{\frac{1}{2}}$

3. 对于化学反应下列说法正确的是（　　）。

  A. 平衡常数只与温度有关与浓度、压力都无关

  B. 反应物的转化率只与温度有关

  C. 产物的产率只与温度有关

  D. 反应速率只与温度有关

4. 关于化学反应平衡下列说法不正确的是（　　）。

  A. 平衡常数只与温度有关

  B. 化学平衡是动态平衡

  C. 达到化学平衡正逆反应速率相等

  D. 平衡常数除了与温度有关外，还与总压力、惰性介质等有关

5. 关于化学平衡下列说法正确的是（　　）。

  A. 平衡后增大反应物浓度，平衡常数不变　B. 增大反应物浓度，反应物的转化率不变

  C. 增大反应物浓度，产物的产率不变　　　D. 增大反应物浓度，反应速率不变

四、问答题

1. 化学平衡是化学反应在一定条件下的限度，因此当化学反应达到平衡时，意味着反应就停止了，这种说法对吗？

2. 对于有气体参加的化学反应，标准平衡常数通常如何表示？请以合成氨为例写出表达式。

3. 多相反应的平衡常数如何表示？请以碳酸钙分解反应为例，写出表达式。

4. 平衡常数的几种表示方法之间是否可以换算？请举例说明。

5. 平衡常数与化学反应方程式的写法有关，举例说明。

实验四　液相反应平衡常数的测定

一、实验目的

1. 了解比色法测定化学平衡常数的方法。

2. 学习分光光度计的使用方法。

二、实验原理

当一束波长一定的单色光通过有色溶液时,被吸收的光的强度和溶液的浓度、溶液的厚度以及入射光强度等因素有关。

根据朗伯-比尔定律可知吸光度与溶液浓度等因素的关系为

$$A = \lg \frac{I_0}{I} = \varepsilon c b$$

式中 A——吸光度;

I_0——入射光强度;

I——透过光的强度;

c——溶液的浓度;

b——溶液的厚度;

ε——摩尔吸光系数。

从朗伯-比尔定律可知当溶液厚度及摩尔吸光系数一定的情况下,溶液的吸光度与溶液的浓度成正比。

对于同种溶液,有 $\quad \dfrac{A_1}{A_2} = \dfrac{c_1}{c_2}, \quad c_2 = \dfrac{A_2}{A_1} c_1$

如果 c_1 是标准溶液的浓度,A_1 是标准溶液的吸光度,则测定待测溶液的吸光度 A_2,即可求出待测溶液的浓度。

本实验通过比色法测定下列化学反应的平衡常数

$$Fe^{3+} + SCN^- \rightleftharpoons [Fe(SCN)]^{2+}$$

$$K^{\ominus} = \frac{\dfrac{c_{[Fe(SCN)]^{2+}}}{c^{\ominus}}}{\left(\dfrac{c_{Fe^{3+}}}{c^{\ominus}}\right)\left(\dfrac{c_{SCN^-}}{c^{\ominus}}\right)}$$

因为 $c^{\ominus} = 1 \text{mol/L}$,所以上式变为

$$K^{\ominus} = \frac{c_{[Fe(SCN)]^{2+}}}{c_{Fe^{3+}} \cdot c_{SCN^-}}$$

由于反应中 $[Fe(SCN)]^{2+}$ 是深红色,所以平衡时溶液中 $[Fe(SCN)]^{2+}$ 的浓度可用已知浓度的 $[Fe(SCN)]^{2+}$ 标准溶液比色法测得。然后计算平衡时其他离子的浓度,从而计算出平衡常数。

本实验中,已知浓度的 $[Fe(SCN)]^{2+}$ 的标准溶液根据下面假定配制:当 Fe^{3+} 浓度远大于 SCN^- 浓度时,可认为 SCN^- 全部转化为 $[Fe(SCN)]^{2+}$,因此 $[Fe(SCN)]^{2+}$ 的标准浓度就是所用 SCN^- 的初始浓度。

本实验用 HNO_3 保持溶液的 pH,阻止 Fe^{3+} 水解。

三、仪器与药品

721型(或其他型号)分光光度计 1 台;移液管(2mL、5mL、10mL)1 支;容量瓶(25mL)1 个;烧杯(100mL)4 个。

0.02mol/L 的 $FeCl_3$ 溶液;0.00200mol/L 的 KSCN 溶液。

四、实验步骤

1. $[Fe(SCN)]^{2+}$ 标准溶液的配制

在洁净干燥的 1 号小烧杯中加入 10.0mL 0.200mol/L 的 $FeCl_3$ 溶液、2.00mL 0.00200mol/L 的 KSCN 溶液和 8.00mL 蒸馏水，得到 $[Fe(SCN)]^{2+}$ 的浓度为 0.00200mol/L 的溶液。

2. 待测溶液的配制

分别在 100mL 小烧杯中，用移液管将 0.200mol/L $FeCl_3$ 溶液、0.00200mol/L 的 KSCN 溶液及蒸馏水按下表的体积混合、编号。

烧杯编号	$FeCl_3$ 溶液体积/mL	KSCN 溶液体积/mL	蒸馏水的体积/mL	烧杯编号	$FeCl_3$ 溶液体积/mL	KSCN 溶液体积/mL	蒸馏水的体积/mL
2	5.00	5.00	0.00	4	5.00	3.00	2.00
3	5.00	4.00	1.00	5	5.00	2.00	3.00

3. 将上述 1~5 号混合溶液分别装入比色管中，用 721 型分光光度计，在 474nm 下测定吸光度。

五、注意事项

1. 溶液的体积要尽量取得准确，以免影响测定结果。
2. 编号要清楚不能混淆。

六、数据记录与处理

将测定的 1~5 号溶液的吸光度以及计算得的起始浓度和平衡浓度填入下表：

编号	起始浓度		吸光度 A_i	平衡浓度			平衡常数
	$c_{Fe^{3+}}$ /(mol/L)	c_{SCN^-} /(mol/L)		$c_{Fe^{3+}}$ /(mol/L)	c_{SCN^-} /(mol/L)	$c_{[Fe(SCN)]^{2+}}$ /(mol/L)	
1							
2							
3							
4							
5							

由下列式子计算平衡浓度

对于 1 号标准溶液 $c_{[Fe(SCN)]^{2+}}$（标准）$= c_{SCN^-}$（标准）

对于 2~5 号溶液

$$c_{[Fe(SCN)]^{2+}}（平衡）= \frac{A_i}{A_1} c_{[Fe(SCN)]^{2+}}（标准）$$

$$c_{Fe^{3+}}（平衡）= c_{Fe^{3+}}（起始）- c_{[Fe(SCN)]^{2+}}（平衡）$$

$$c_{SCN^-}（平衡）= c_{SCN^-}（起始）- c_{[Fe(SCN)]^{2+}}（平衡）$$

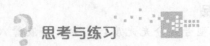

思考与练习

1. 为什么标准溶液中 SCN^- 的平衡浓度等于起始浓度？
2. 从理论上讲，2~5 号溶液中几种离子的起始浓度不同、平衡浓度也不同，计算后的热力学平衡常数相同吗？

第二节 平衡常数和平衡组成的计算

平衡常数的用途很多。例如，已知平衡常数和体系的初始组成，可以计算平衡组成、平衡转化率、平衡产率；利用平衡常数还可以计算总压力、反应物配比以及惰性气体对平衡的影响。其中，计算平衡转化率（即最大转化率）和平衡产率（即最大产率）是平衡常数的重要用途之一。

一、平衡转化率或产率的计算

平衡转化率是指平衡时已转化的某种原料量占该原料投料量的质量分数，即

$$\text{反应物的平衡转化率} = \frac{\text{平衡时已转化的某种原料量}}{\text{该原料的投料量}} \times 100\%$$

对于某些分解反应也将反应物的平衡转化率称为解离度。例如，$PCl_5(g)$ 分解的反应 $PCl_5(g) \rightleftharpoons PCl_3(g) + Cl_2(g)$，$PCl_5(g)$ 的平衡转化率也称为 $PCl_5(g)$ 的解离度。

平衡产率是指反应达到平衡时产品产量占按化学反应方程式计量产品的理论产量的质量分数。

$$\text{产品的平衡产率} = \frac{\text{平衡时产品的产量}}{\text{按化学方程式计量该产品的理论产量}} \times 100\%$$

在没有副反应发生的情况下，平衡转化率等于平衡产率。

【例题 3-1】 一氧化碳变换反应方程式为

$$CO(g) + H_2O(g) \rightleftharpoons CO_2(g) + H_2(g)$$

该反应在 550℃ 时的热力学平衡常数 $K^{\ominus} = 3.56$。设变换反应前原料气投料比为每摩尔一氧化碳配入 8mol 水蒸气。计算：该反应在 550℃ 及 100kPa 下 (1) $CO(g)$ 的平衡转化率；(2) 平衡时干气中 $CO(g)$ 的摩尔分数。

解 (1) 设 $CO(g)$ 的平衡转化率为 α，则

$$CO(g) + H_2O(g) \rightleftharpoons CO_2(g) + H_2(g)$$

初始 n_B/mol   1   8   0   0
平衡 n_B/mol $1-\alpha$ $8-\alpha$ α α

平衡后的总物质的量 $\sum n = (1-\alpha) + (8-\alpha) + \alpha + \alpha = 9$

$$K_y = \frac{y_{CO_2} y_{H_2}}{y_{CO} y_{H_2O(g)}} = \frac{\frac{\alpha}{9} \times \frac{\alpha}{9}}{\frac{1-\alpha}{9} \times \frac{8-\alpha}{9}} = \frac{\alpha^2}{(1-\alpha)(8-\alpha)}$$

在总压力为 100kPa 下 $K_y = K^{\ominus} = 3.56$

所以有 $\dfrac{\alpha^2}{(1-\alpha)(8-\alpha)} = 3.56$

整理得 $2.56\alpha^2 - 32.04\alpha + 28.84 = 0$

解此一元二次方程得 $\alpha = 97.63\%$

(2) 平衡时干气的总物质的量为

$$n = (1-\alpha) + \alpha + \alpha = 1 + \alpha = 1 + 0.9763 = 1.9763 \text{ (mol)}$$

平衡干气中 CO 的摩尔分数 $= (1 - 0.9763)/1.9763 = 0.01$

【例题 3-2】 反应 $PCl_5(g) \rightleftharpoons PCl_3(g) + Cl_2(g)$ 在 760K 时的热力学平衡常数 $K^{\ominus} = 33.3$。若将 50g 的 PCl_5 气体注入容积为 3.0L 的容器中，求平衡时 PCl_5 的解离度以及平衡

时容器中的总压力是多少？

解 反应开始时 PCl_5 气体的物质的量为

$$n_{PCl_5} = \frac{50.0}{208.5} = 0.240 \text{ (mol)}$$

PCl_5 的最初压力为

$$p_{PCl_5} = \frac{n_{PCl_5}RT}{V} = \frac{0.240 \times 8.314 \times 760}{3.00 \times 10^{-3}} = 5.05 \times 10^5 \text{ (Pa)}$$

设 PCl_5 的解离度为 α，则

$$PCl_5(g) \rightleftharpoons PCl_3(g) + Cl_2(g)$$

反应开始时分压力　　　　　5.05×10^5　　　　0　　　　0

平衡时分压力　　　　$5.05 \times 10^5(1-\alpha)$　　$5.05 \times 10^5 \alpha$　　$5.05 \times 10^5 \alpha$

$$K^\ominus = \frac{\left(\frac{p_{PCl_3}}{p^\ominus}\right)\left(\frac{p_{Cl_2}}{p^\ominus}\right)}{\frac{p_{PCl_5}}{p^\ominus}} = \frac{\left(\frac{5.05 \times 10^5 \alpha}{10^5}\right)^2}{\frac{5.05 \times 10^5 \times (1-\alpha)}{10^5}} = \frac{5.05\alpha^2}{1-\alpha} = 33.3$$

解得 $\alpha = 88.2\%$

平衡时容器中总压力为

$$p = 5.05 \times 10^5(1-\alpha) + 5.05 \times 10^5 \alpha + 5.05 \times 10^5 \alpha$$
$$= 5.05 \times 10^5 + 5.05 \times 10^5 \alpha = 5.05 \times 10^5 + 5.05 \times 10^5 \times 0.882$$
$$= 9.5 \times 10^5 \text{ (Pa)}$$

从上述例题可以看出，在已知平衡常数的前提下可以计算反应的平衡转化率或平衡产率。同样可以通过测定平衡时的组成或转化率计算平衡常数。

二、平衡常数的计算

【例题 3-3】 在高温时，光气发生如下分解反应：

$$COCl_2(g) \rightleftharpoons CO(g) + Cl_2(g)$$

在 1000K 时，将 0.631g 的 $COCl_2(g)$ 注入容积为 472mL 的密闭容器中，当反应达到平衡时，容器内的压力为 220.38kPa。计算该反应在 1000K 时的热力学平衡常数 $K^\ominus$。

解 反应初始时容器内的压力为

$$p_{COCl_2} = \frac{mRT}{MV} = \frac{0.631 \times 8.314 \times 1000}{99 \times 472 \times 10^{-6}} = 112.27 \text{ (kPa)}$$

设反应达平衡时 $Cl_2(g)$ 的分压力为 p

则　　　　　　　　　　　　$COCl_2(g) \rightleftharpoons CO(g) + Cl_2(g)$

初始压力/kPa　　　　　　　　　112.27　　　　0　　　　0

平衡压力/kPa　　　　　　　　　$112.7-p$　　　p　　　　p

平衡体系总压力为 $112.7 - p + p + p = 112.7 + p = 220.38$

所以　　　　　　　　　　　　$p = 107.68 \text{kPa}$

平衡时各气体的分压力分别为

$$p_{Cl_2} = 107.68 \text{kPa}$$
$$p_{CO} = p_{Cl_2} = 107.68 \text{kPa}$$
$$p_{COCl_2} = 112.27 - 107.68 = 4.59 \text{kPa}$$

热力学平衡常数为

$$K^{\ominus}=\frac{\left(\dfrac{p_{Cl_2}}{p^{\ominus}}\right)\left(\dfrac{p_{CO}}{p^{\ominus}}\right)}{\dfrac{p_{COCl_2}}{p^{\ominus}}}=\frac{\left(\dfrac{107.68\times 1000}{10^5}\right)\times\left(\dfrac{107.68\times 1000}{10^5}\right)}{\dfrac{4.59\times 1000}{10^5}}=25.26$$

【例题 3-4】 将 1.5mol 的 NO 气体，1.0mol 的 Cl_2 和 2.5mol 的 NOCl 的气体混合在容积为 15.0L 的容器中。230℃时反应

$$2NO(g)+Cl_2(g)\rightleftharpoons 2NOCl(g)$$

达到平衡，测得平衡体系中有 3.06mol 的 NOCl(g) 存在，计算平衡时 NO 气体的物质的量和该反应的热力学平衡常数。

解法一 设平衡时 Cl_2 转化的物质的量为 x mol，则

$$2NO(g)+Cl_2(g)\rightleftharpoons 2NOCl(g)$$

初始时物质的量/mol　　　　1.5　　　1.0　　　2.5
平衡时物质的量/mol　　　1.5−2x　1.0−x　3.06

由方程式中的计量系数可知 NO(g) 减少的物质的量与 NOCl(g) 增加的物质的量相等，即

$$2x=3.06-2.5$$
$$x=0.28\text{（mol）}$$

所以平衡时　　　　$n_{NO}=1.5-2x=1.5-2\times 0.28=0.94$（mol）
　　　　　　　　　$n_{Cl_2}=1.0-x=1.0-0.28=0.72$（mol）

平衡时各物质的分压力分别为

$$p_{NO}=\frac{n_{NO}RT}{V}=\frac{0.94\times 8.314\times 503}{15\times 10^{-3}}=262.1\text{（kPa）}$$

$$p_{Cl_2}=\frac{n_{Cl_2}RT}{V}=\frac{0.72\times 8.314\times 503}{15\times 10^{-3}}=200.7\text{（kPa）}$$

$$p_{NOCl}=\frac{n_{NOCl}RT}{V}=\frac{3.06\times 8.314\times 503}{15\times 10^{-3}}=853.1\text{（kPa）}$$

因此该反应的热力学平衡常数为

$$K^{\ominus}=\frac{\left(\dfrac{p_{NOCl}}{p^{\ominus}}\right)^2}{\left(\dfrac{p_{NO}}{p^{\ominus}}\right)^2\left(\dfrac{p_{Cl_2}}{p^{\ominus}}\right)}=\frac{\left(\dfrac{853.1\times 1000}{10^5}\right)^2}{\left(\dfrac{262.1\times 1000}{10^5}\right)^2\times\left(\dfrac{200.7\times 1000}{10^5}\right)}=5.28$$

解法二 反应前各物质的分压分别为

$$p'_{NO}=\frac{n'_{NO}RT}{V}=\frac{1.5\times 8.314\times 503}{15\times 10^{-3}}=418.2\text{（kPa）}$$

$$p'_{Cl_2}=\frac{n'_{Cl_2}RT}{V}=\frac{1.0\times 8.314\times 503}{15\times 10^{-3}}=278.8\text{（kPa）}$$

$$p'_{NOCl}=\frac{n'_{NOCl}RT}{V}=\frac{2.5\times 8.314\times 503}{15\times 10^{-3}}=697.0\text{（kPa）}$$

NOCl 的平衡分压为

$$p_{NOCl}=\frac{n_{NOCl}RT}{V}=\frac{3.06\times 8.314\times 503}{15\times 10^{-3}}=853.1\text{（kPa）}$$

设达平衡时 Cl_2 气体消耗的分压力为 y，则

$$2NO(g) + Cl_2(g) \rightleftharpoons 2NOCl(g)$$

初始时分压/kPa	418.2	278.8	697.0
平衡时分压/kPa	418.2−2y	278.8−y	853.1

由于 $853.1 - 697.0 = 2y$

所以 $y = 78.0\text{kPa}$

所以平衡分压分别为

$$p_{NO} = 418.2 - 2 \times 78.0 = 262.2 \text{ (kPa)}$$

$$p_{Cl_2} = 278.8 - 78.0 = 200.8 \text{ (kPa)}$$

该反应的热力学平衡常数为

$$K^\ominus = \frac{\left(\dfrac{p_{NOCl}}{p^\ominus}\right)^2}{\left(\dfrac{p_{NO}}{p^\ominus}\right)^2\left(\dfrac{p_{Cl_2}}{p^\ominus}\right)} = \frac{\left(\dfrac{853.1 \times 1000}{10^5}\right)^2}{\left(\dfrac{262.2 \times 1000}{10^5}\right)^2 \times \left(\dfrac{200.8 \times 1000}{10^5}\right)} = 5.27$$

? 思考与练习

一、填空题

1. 对于反应 $2SO_2(g) + O_2(g) \rightleftharpoons 2SO_3(g)$ 若在某温度下 SO_3 的平衡产率为 α 则该反应的热力学平衡常数 $K^\ominus$ 与 α 的关系式为_____。

2. 一定温度下戊烯和醋酸混合在与反应无关的 $845 \times 10^{-6} \text{m}^3$ 的溶剂中,达到平衡时有如下数据:

$$C_5H_{10}(l) + CH_3COOH(l) \rightleftharpoons CH_3COOC_5H_{11}(l)$$

平衡时物质的量/mol   0.00567   0.000216   0.000784

该反应的 $K^\ominus = $_____。

3. 在一定温度下,在含过量硫的容器中通入压力为 200kPa 的 CO 气体,发生如下反应

$$S(s) + 2CO(g) \rightleftharpoons SO_2(g) + 2C(s)$$

反应达平衡时的总压力为 103kPa,则该反应的热力学平衡常数 $K^\ominus = $_____。

4. 在 1000K 时 $CO_2(g) + H_2(g) \rightleftharpoons CO(g) + H_2O(g)$ 的热力学平衡常数为 1,则该温度下,若投料比为 1∶1,H_2 的转化率为_____。

5. 温度为 50℃,压力为 6.67×10^4 Pa 的条件下,反应:

$$N_2O_4(g) \rightleftharpoons 2NO_2(g)$$

达到平衡时,测得 $N_2O_4(g)$ 和 $NO_2(g)$ 的分压分别为 2.5×10^4 Pa 和 4.17×10^4 Pa。则上述反应的 $K^\ominus = $_____。

二、判断题

1. 温度一定,化学反应的热力学平衡常数不随起始浓度而变化,转化率也不随起始浓度变化。

2. 用不同的反应物表示的转化率即使在同一条件下也不相同。

3. 化学反应 $2NO_2(g) \rightleftharpoons N_2O_4(g)$ 在 T K 时 $NO_2(g)$ 的转化率为 23.6%,则相同条件下 $N_2O_4(g)$ 的产率为 11.8%。

4. 对于一个化学平衡体系,在其他条件不变条件下,将部分产物取出时,热力学平衡常数也发生变化。

5. 化学反应的热力学平衡常数数值与计量方程式的写法有关。

三、单选题

1. 化学反应达到平衡后,增大反应物的浓度,下列说法正确的是( )。
   A. 化学反应平衡常数变大 B. 反应物的平衡转化率增大
   C. 产物的产率增大 D. 反应物浓度变小

2. 关于平衡转化率,下列说法正确的是( )。
   A. 化学反应达到平衡时反应物的转化率 B. 化学反应在一定时间内反应物的转化率
   C. 化学反应达到平衡时产物转化的比率 D. 一定时间内产物转化的比率

3. 一定温度下,计算反应物的转化率和产物的产率,最关键是利用( )。
   A. 平衡常数不变 B. 平衡常数随温度变化的比例
   C. 化学反应进行的速率不变 D. 平衡时动态平衡

4. 下列说法不正确的是( )。
   A. 反应物的转化率提高,产物的产率一定也提高
   B. 两种反应物,一种的转化率高,另一种的转化率一定高
   C. 平衡常数越大,反应正向进行的程度越大
   D. 转化率和产率任何时候都相等

5. 碳酸钙的分解压就是其分解反应的( )。
   A. 平衡常数 B. 转化率 C. 产率 D. 都不是

四、问答题

1. 碳酸钙分解反应,加大气相二氧化碳的浓度,则碳酸钙的分解会发生什么样的变化?
2. 某化学反应两种反应物 A 和 B,如果 A 比 B 贵重,则生产中如何提高 A 的转化率?
3. 计算反应物的转化率和产物产率与方程式写法无关,请举例说明。
4. 同一化学反应,方程式写法不同平衡常数不同,反应物的转化率也不同吗?为什么?
5. 能不能改变平衡常数来提高转化率或者产率?

第三节　化学反应的方向

一切自发进行的过程都有方向。例如,水由高水位自动流到低水位,这个变化是由高位能到低位能;热由高温物体自动传递到低温物体,这个变化也是由高能量到低能量。通过热力学的大量研究发现,自发过程的方向决定于化学势能。一切自发过程都是由高化学势能向低化学势能方向进行,化学反应也不例外。因此判断一个变化的方向,只要计算出相应变化的化学势能变化值与 0 比较即可。那么化学势能用什么表示?在恒温恒压下热力学中化学势能的具体表现就是体系的吉布斯函数——G。也就是说,恒温恒压下化学反应都是向吉布斯函数减少的方向进行,化学反应平衡的条件是 $\Delta G = 0$。至于什么是吉布斯函数,将在第八章学习,在本章我们将应用吉布斯函数解决问题。那么,吉布斯函数与平衡常数之间是什么关系?

一、化学反应的标准摩尔反应吉布斯函数——$\Delta_r G_m^\ominus$

化学反应的摩尔反应吉布斯函数是指按化学反应计量方程式,完成一个化学反应所引起体系吉布斯函数的变化,用符号 $\Delta_r G_m$ 表示。如果化学反应是在标准状态(即 $p_i = 100 \text{kPa}$,$c = 1.0 \text{mol/L}$)下进行,则摩尔反应吉布斯函数称为标准摩尔反应吉布斯函数,用符号 $\Delta_r G_m^\ominus$ 表示。对于一个化学反应,$\Delta_r G_m^\ominus$ 是由反应的本质以及温度决定的,与其他条件无关。通过热力学方法可以推导得出 $\Delta_r G_m^\ominus$ 与热力学平衡常数的关系为

$$\Delta_r G_m^\ominus = -RT \ln K^\ominus \tag{3-3}$$

式(3-3)是计算热力学平衡常数的基本公式,只要计算出反应的标准摩尔反应吉布斯函数,就不难求出热力学平衡常数了。那么,标准摩尔反应吉布斯函数如何计算呢?由标准摩尔生成吉布斯函数 $\Delta_f G_m^{\ominus}$ 可以计算反应的 $\Delta_r G_m^{\ominus}$。

① 标准摩尔生成吉布斯函数的定义 在恒温及标准状态下,由最稳定单质生成1mol某物质时的吉布斯函数的变化,称为该物质的标准摩尔生成吉布斯函数。用符号 $\Delta_f G_m^{\ominus}(T)$ 表示。

很显然,最稳定单质的 $\Delta_f G_m^{\ominus}$ 为零。$\Delta_f G_m^{\ominus}$ 与温度有关。25℃时一般物质的 $\Delta_f G_m^{\ominus}$ 可由热力学手册中查得,本书附录中附有一些物质在25℃时的 $\Delta_f G_m^{\ominus}$ 数据。

② 标准摩尔生成吉布斯函数 $\Delta_f G_m^{\ominus}$ 与化学反应的标准摩尔反应吉布斯函数 $\Delta_r G_m^{\ominus}$ 经热力学方法推导,可得 $\Delta_f G_m^{\ominus}$ 与化学反应的标准摩尔反应吉布斯函数 $\Delta_r G_m^{\ominus}$ 的关系为

$$\Delta_r G_m^{\ominus} = \sum_i \nu_i \Delta_f G_{m,i}^{\ominus} \tag{3-4}$$

利用式(3-4)可以通过化学化工手册查找参加反应物质的 $\Delta_f G_m^{\ominus}$,计算化学反应的 $\Delta_r G_m^{\ominus}$,从而计算化学反应的热力学平衡常数。

【例题3-5】 利用书后附录,求反应 $CH_4(g) + 2O_2(g) \rightleftharpoons CO_2(g) + 2H_2O(l)$ 在298K的 $\Delta_r G_m^{\ominus}$ 和298K的 $K^{\ominus}$。

解 从附录查得 $CH_4(g)$、$CO_2(g)$ 和 $H_2O(l)$ 在298K的标准摩尔生成吉布斯函数 $\Delta_f G_m^{\ominus}$ 分别为 -50.5 kJ/mol、-394.4 kJ/mol 和 -237.13 kJ/mol。

根据式(3-4)有

$$\begin{aligned}\Delta_r G_m^{\ominus} &= \sum_i \nu_i \Delta_f G_{m,i}^{\ominus} \\ &= [\Delta_f G_m^{\ominus}(CO_2,g) + 2\Delta_f G_m^{\ominus}(H_2O,l)] - [\Delta_f G_m^{\ominus}(CH_4,g) + 2\Delta_f G_m^{\ominus}(O_2,g)] \\ &= (-394.4 - 2 \times 237.13) - (-50.5 + 2 \times 0) \\ &= -818.16 \text{ (kJ/mol)}\end{aligned}$$

根据式(3-3)有

$$\ln K^{\ominus} = -\frac{\Delta_r G_m^{\ominus}}{RT} = \frac{818.16 \times 1000}{8.314 \times 298} = 330.23$$

$$K^{\ominus} = 2.45 \times 10^{143}$$

【例题3-6】 乙烷裂解时如下两个反应都能发生:

(1) $C_2H_6(g) \rightleftharpoons C_2H_4(g) + H_2(g)$
(2) $C_2H_4(g) \rightleftharpoons C_2H_2(g) + H_2(g)$

已知1000K时 $C_2H_6(g)$、$C_2H_4(g)$ 和 $C_2H_2(g)$ 的标准摩尔生成吉布斯函数 $\Delta_f G_m^{\ominus}$ 分别为114.223kJ/mol、118.198kJ/mol 和 169.912kJ/mol。分别计算两个反应在1000K时的热力学平衡常数 $K^{\ominus}$。

解 根据式(3-4)有
反应(1)

$$\begin{aligned}\Delta_r G_m^{\ominus} &= \sum_i \nu_i \Delta_f G_{m,i}^{\ominus} = \Delta_f G_m^{\ominus}(C_2H_4,g) - \Delta_f G_m^{\ominus}(C_2H_6,g) \\ &= 118.198 - 114.223 \\ &= 3.975 \text{ (kJ/mol)}\end{aligned}$$

由式(3-3)得

$$\ln K^{\ominus} = -\frac{\Delta_r G_m^{\ominus}}{RT} = \frac{3.975 \times 1000}{8.314 \times 1000} = -0.478$$

$$K^{\ominus} = 0.62$$

反应 (2)
$$\Delta_r G_m^\ominus = \sum_i \nu_i \Delta_f G_{m,i}^\ominus = \Delta_f G_m^\ominus(C_2H_2,g) - \Delta_f G_m^\ominus(C_2H_4,g)$$
$$= 169.912 - 118.198$$
$$= 51.714 \text{ (kJ/mol)}$$
$$\ln K^\ominus = -\frac{\Delta_r G_m^\ominus}{RT} = \frac{51.714 \times 1000}{8.314 \times 1000} = -6.22$$
$$K^\ominus = 1.99 \times 10^{-3}$$

【例题 3-7】 分别计算 298.15K 时下述两个反应的热力学平衡常数 $K^\ominus$。
(1) 乙苯直接脱氢；
(2) 乙苯氧化脱氢。
已知 298.15K 时乙苯 (g)、苯乙烯 (g) 和水 (g) 的 $\Delta_f G_m^\ominus$ 分别为 130.6kJ/mol、213.8kJ/mol 和 -228.6kJ/mol。

解 (1) 乙苯直接脱氢
$$C_6H_5C_2H_5(g) \rightleftharpoons C_6H_5CH=CH_2(g) + H_2(g)$$
$$\Delta_r G_m^\ominus = \sum \nu_i \Delta_f G_{m,i}^\ominus = \Delta_r G_m^\ominus(C_6H_5CH=CH_2) + \Delta_r G_m^\ominus(H_2) - \Delta_r G_m^\ominus(C_6H_5C_2H_5)$$
$$= 213.8 + 0 - 130.6 = 83.2 \text{ (kJ/mol)}$$
$$K^\ominus = \exp\left(-\frac{\Delta_r G_m^\ominus}{RT}\right) = \exp\left(-\frac{83.2 \times 10^3}{8.314 \times 298.15}\right) = 2.7 \times 10^{-15}$$

热力学平衡常数数值如此小，可见在该温度下，此反应是不可能的。

(2) 乙苯氧化脱氢
$$C_6H_5C_2H_5(g) + \frac{1}{2}O_2(g) \rightleftharpoons C_6H_5CH=CH_2(g) + H_2O(g)$$
$$\Delta_r G_m^\ominus = \sum \nu_i \Delta_f G_{m,i}^\ominus = \Delta_r G_m^\ominus(C_6H_5CH=CH_2) + \Delta_r G_m^\ominus(H_2O) - \Delta_r G_m^\ominus(C_6H_5C_2H_5)$$
$$= 213.8 - 228.6 - 130.6 = -145.4 \text{ (kJ/mol)}$$
$$K^\ominus = \exp\left(-\frac{\Delta_r G_m^\ominus}{RT}\right) = \exp\left(-\frac{-145.4 \times 10^3}{8.314 \times 298.15}\right) = 3.0 \times 10^{25}$$

由此可见，在 298.15K，乙苯氧化脱氢反应是可以进行得比较完全。因此在 298.15K 时，宜选择乙苯氧化脱氢方法制备苯乙烯。

二、化学反应方向

前面，我们曾利用 CO_2 的分解压判断碳酸钙能否自发分解，这是化学反应的方向问题。如前所述，化学反应平衡的条件是 $\Delta G = 0$，化学反应总是自发地向吉布斯函数减小的方向进行。因此，在等温等压条件下用 $\Delta G \leqslant 0$ 判断反应自发进行的方向。

$\Delta G = 0$ 化学反应处于平衡状态
$\Delta G < 0$ 化学反应将向正方向自发进行
$\Delta G > 0$ 化学反应将逆向自发进行

那么对于化学反应，吉布斯函数的变化值如何计算，化学反应自发方向又如何具体判断？

用热力学方法推导出的化学反应等温方程式可以计算化学反应的吉布斯函数的变化值，从而判断化学反应的方向。

1. 化学反应等温方程式
对于气相反应 $\nu_A A(g) + \nu_B B(g) \rightleftharpoons \nu_R R(g) + \nu_D D(g)$

化学反应等温方程式为

$$\Delta_r G_m = \Delta_r G_m^\ominus + RT\ln \frac{\left(\frac{p'_R}{p^\ominus}\right)^{\nu_R}\left(\frac{p'_D}{p^\ominus}\right)^{\nu_D}}{\left(\frac{p'_A}{p^\ominus}\right)^{\nu_A}\left(\frac{p'_B}{p^\ominus}\right)^{\nu_B}} \tag{3-5}$$

$$\Delta_r G_m = \Delta_r G_m^\ominus + RT\ln Q_p \tag{3-6}$$

式中 $\Delta_r G_m$——化学反应的摩尔反应吉布斯函数,指按计量系数完成一个化学反应所引起体系的吉布斯函数的变化值;

Q_p——化学反应任意时刻的压力商,$Q_p = \prod_i \left(\frac{p'_i}{p^\ominus}\right)^{\nu_i} = \dfrac{\left(\frac{p'_R}{p^\ominus}\right)^{\nu_R}\left(\frac{p'_D}{p^\ominus}\right)^{\nu_D}}{\left(\frac{p'_A}{p^\ominus}\right)^{\nu_A}\left(\frac{p'_B}{p^\ominus}\right)^{\nu_B}}$;

p'_i——参加反应的 i 组分在任意时刻的分压力;

$\Delta_r G_m^\ominus$——化学反应的标准摩尔反应吉布斯函数。

对于溶液相反应 $\nu_A A(aq) + \nu_B B(aq) \rightleftharpoons \nu_R R(aq) + \nu_D D(aq)$

化学反应等温方程式为

$$\Delta_r G_m = \Delta_r G_m^\ominus + RT\ln \frac{\left(\frac{c'_R}{c^\ominus}\right)^{\nu_R}\left(\frac{c'_D}{c^\ominus}\right)^{\nu_D}}{\left(\frac{c'_A}{c^\ominus}\right)^{\nu_A}\left(\frac{c'_B}{c^\ominus}\right)^{\nu_B}} \tag{3-7}$$

$$\Delta_r G_m = \Delta_r G_m^\ominus + RT\ln Q_c \tag{3-8}$$

式中 Q_c——化学反应任意时刻的浓度商。

$$Q_c = \prod_i \left(\frac{c'_i}{c^\ominus}\right)^{\nu_i} = \frac{\left(\frac{c'_R}{c^\ominus}\right)^{\nu_R}\left(\frac{c'_D}{c^\ominus}\right)^{\nu_D}}{\left(\frac{c'_A}{c^\ominus}\right)^{\nu_A}\left(\frac{c'_B}{c^\ominus}\right)^{\nu_B}} \tag{3-9}$$

上述化学反应等温方程式对于多相化学反应同样成立。

【例题 3-8】 298.15K 时,理想气体反应

$$\frac{1}{2}N_2 + \frac{3}{2}H_2 \rightleftharpoons NH_3 \quad \Delta_r G_m^\ominus = -16.4 \text{kJ/mol}$$

体系的总压力为 100kPa 混合气体中摩尔比为 $n(N_2):n(H_2):n(NH_3)=1:3:2$。试求 (1) 反应体系的压力商 Q_p;(2) 摩尔反应吉布斯函数 $\Delta_r G_m$;(3) 判断反应自发进行的方向。

解

(1)

$$Q_p = \frac{\dfrac{p_{NH_3}}{p^\ominus}}{\left(\dfrac{p_{N_2}}{p^\ominus}\right)^{\frac{1}{2}}\left(\dfrac{p_{H_2}}{p^\ominus}\right)^{\frac{3}{2}}} = \frac{\dfrac{2}{1+2+3} \times \left(\dfrac{100}{100}\right)^{1-\frac{1}{2}-\frac{3}{2}}}{\left(\dfrac{1}{6}\right)^{\frac{1}{2}} \times \left(\dfrac{3}{6}\right)^{\frac{3}{2}}} = 2.3$$

(2)
$$\Delta_r G_m = \Delta_r G_m^\ominus + RT\ln Q_p$$
$$= -16400 + 8.314 \times 298 \ln 2.3$$
$$= -14336 \text{ (J/mol)}$$

(3) $\Delta_r G_m < 0$,故反应可正向自发进行。

2. 平衡常数与压力商

上述化学反应等温方程式

$$\Delta_r G_m = \Delta_r G_m^\ominus + RT\ln\frac{\left(\frac{p'_R}{p^\ominus}\right)^{\nu_R}\left(\frac{p'_D}{p^\ominus}\right)^{\nu_D}}{\left(\frac{p'_A}{p^\ominus}\right)^{\nu_A}\left(\frac{p'_B}{p^\ominus}\right)^{\nu_B}}$$

当化学反应达到平衡时,$\Delta_r G_m = 0$

$$\Delta_r G_m^\ominus + RT\ln\frac{\left(\frac{p_R}{p^\ominus}\right)^{\nu_R}\left(\frac{p_D}{p^\ominus}\right)^{\nu_D}}{\left(\frac{p_A}{p^\ominus}\right)^{\nu_A}\left(\frac{p_B}{p^\ominus}\right)^{\nu_B}} = 0$$

即

$$\Delta_r G_m^\ominus = -RT\ln\frac{\left(\frac{p_R}{p^\ominus}\right)^{\nu_R}\left(\frac{p_D}{p^\ominus}\right)^{\nu_D}}{\left(\frac{p_A}{p^\ominus}\right)^{\nu_A}\left(\frac{p_B}{p^\ominus}\right)^{\nu_B}}$$

由于

$$\frac{\left(\frac{p_R}{p^\ominus}\right)^{\nu_R}\left(\frac{p_D}{p^\ominus}\right)^{\nu_D}}{\left(\frac{p_A}{p^\ominus}\right)^{\nu_A}\left(\frac{p_B}{p^\ominus}\right)^{\nu_B}} = K^\ominus$$

所以

$$\Delta_r G_m^\ominus = -RT\ln K^\ominus$$

于是化学反应等温方程式又可写为

$$\Delta_r G_m = -RT\ln K^\ominus + RT\ln Q_p \tag{3-10}$$

化学反应自发方向可以用下述方法判断:

$K^\ominus > Q_p$ (或 Q_c),$\Delta_r G_m < 0$,化学反应正方向自发

$K^\ominus < Q_p$ (或 Q_c),$\Delta_r G_m > 0$,化学反应逆方向自发

$K^\ominus = Q_p$ (或 Q_c),$\Delta_r G_m = 0$,化学反应处于平衡状态

【例题 3-9】 已知 $2H_2(g) + O_2(g) \rightleftharpoons 2H_2O(g)$ 在 2000K 时,热力学平衡常数 $K^\ominus = 1.55 \times 10^7$。假定各气态物质可视为理想气体。

(1) 计算 $p_{H_2} = p_{O_2} = 10.0$ kPa、$p_{H_2O} = 100$ kPa 的混合气中进行上述反应的 $\Delta_r G_m$,并判断反应自发进行的方向。

(2) 当 H_2 和 O_2 的分压仍保持不变,欲使反应 $2H_2(g) + O_2(g) \rightleftharpoons 2H_2O(g)$ 不能正向自发进行,水蒸气的分压至少需要多大?

解 (1) 根据化学反应等温方程式

$\Delta_r G_m = -RT\ln K^\ominus + RT\ln Q_p$

$$= -8.314 \times 2000 \times \ln(1.55 \times 10^7) + 8.314 \times 2000 \times \ln\frac{\left(\frac{100 \times 10^3}{10^5}\right)^2}{\left(\frac{10.0 \times 10^3}{10^5}\right)^2 \times \left(\frac{10.0 \times 10^3}{10^5}\right)}$$

$= -1.6 \times 10^5$ (J/mol)

$$\Delta_r G_m < 0$$

在此条件下,正反应可以自发进行。

(2) 欲使反应不能进行,必须使

$$Q_p \geqslant K^{\ominus}$$

$$Q_p = \frac{\left(\dfrac{p'_{H_2O}}{p^{\ominus}}\right)^2}{\left(\dfrac{p'_{H_2}}{p^{\ominus}}\right)^2 \left(\dfrac{p'_{O_2}}{p^{\ominus}}\right)} = \frac{\left(\dfrac{p'_{H_2O}}{10^5}\right)^2}{\left(\dfrac{10.0 \times 10^3}{10^5}\right)^2 \left(\dfrac{10.0 \times 10^3}{10^5}\right)} \geqslant 1.55 \times 10^7$$

$$p'_{H_2O} \geqslant 1.24 \times 10^7 \text{（Pa）}$$

即水蒸气的分压最少要等于 1.24×10^7 Pa，反应才不能正向自发进行。

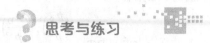

思考与练习

一、填空题

对于气相反应 $H_2(g) + CO_2(g) \rightleftharpoons H_2O(g) + CO(g)$ 在温度 1000K 时达到平衡时，测得它们的浓度分别为 $c_{H_2} = 0.600 \text{mol/L}$；$c_{CO_2} = 0.459 \text{mol/L}$；$c_{H_2O} = 0.500 \text{mol/L}$；$c_{CO} = 0.425 \text{mol/L}$ 则该温度下该反应的热力学平衡常数 $K^{\ominus} =$ _____，$\Delta_r G_m^{\ominus} =$ _____。

现有上述反应的混合气体，其中含有 10% H_2O，其余 3 种气体均为 30%。则该上述反应在 1000K、100kPa 下的 $Q_p =$ _____，$\Delta_r G_m =$ _____，自发进行方向为 _____。

二、判断题

1. 所有单质的标准摩尔反应吉布斯函数 $\Delta_r G_m^{\ominus}$ 都为零。

2. 可以利用化学反应的 $\Delta_r G_m^{\ominus}$ 来判断反应的自发方向：$\Delta_r G_m^{\ominus} < 0$，反应正向自发；$\Delta_r G_m^{\ominus} > 0$，反应逆向自发进行；$\Delta_r G_m^{\ominus} = 0$，化学反应达到平衡。

3. $\Delta_r G_m^{\ominus}$ 与化学反应的热力学平衡常数 $K^{\ominus}$ 都是由反应本质决定，而与温度等外界因素无关。

4. 化学反应的热力学平衡常数 $K^{\ominus}$ 数值的大小表明反应进行的程度，并不能直接说明反应的自发方向。

5. Q_p 表示化学反应在任意时刻的压力商，随着反应的不断进行，其数值不断接近热力学平衡常数 $K^{\ominus}$，当反应达平衡时 Q_p 等于 $K^{\ominus}$。

三、单选题

1. 当化学反应达到平衡时，增大反应物的浓度，平衡移动的方向是（　　）。
A. 正向移动　　B. 逆向移动　　C. 不移动　　D. 无法确定

2. 当化学反应达到平衡时，增大产物的浓度，平衡移动的方向是（　　）。
A. 正向移动　　B. 逆向移动　　C. 不移动　　D. 无法确定

3. 当一个吸热的化学反应达到平衡时，升高温度，平衡移动的方向是（　　）。
A. 正向移动　　B. 逆向移动　　C. 不移动　　D. 无法确定

4. 当化学反应达到平衡时，加入催化剂，平衡移动的方向是（　　）。
A. 正向移动　　B. 逆向移动　　C. 不移动　　D. 无法确定

5. 当一个气体分子数减少的化学反应达到平衡时，升高压力，平衡移动的方向是（　　）。
A. 正向移动　　B. 逆向移动　　C. 不移动　　D. 无法确定

四、问答题

1. 化学反应如何利用体系中参加反应物质的浓度和平衡常数判断平衡移动的方向？

2. 化学反应的方向与化学反应平衡常数的内在联系如何，请探讨。

3. 化学反应等温式其实是在比较平衡常数和不平衡时的浓度商，从而判断化学反应方向，请举例说明生产中如何改变浓度提高产率。

4. 举出实际生产中采取高压、低压反应条件的实例并加以说明。

5. 合成氨反应是放热反应，为何实际生产中还采取高温条件？

第四节　化学平衡的移动

通过前几节学习，我们已经清楚知道可逆化学反应达到限度时，就达到了化学平衡。化学平衡的标志和特征常数是热力学平衡常数。热力学平衡常数由反应的标准摩尔反应吉布斯函数可以求算出，而热力学平衡常数也与标准摩尔反应吉布斯函数一样，只由反应的温度决定而与浓度、压力等条件无关。如果热力学平衡常数不发生变化，化学平衡就不会发生移动了吗？回答是否定的，因为通过转化率的计算我们已经清楚知道，在热力学平衡常数不变的情况下，起始浓度发生变化，转化率也发生变化，平衡将发生移动。本节我们将讨论化学平衡移动的问题。

平衡移动问题关系到生产条件、产品产率以及经济效益，因此是化学平衡中很重要的问题。

浓度变化引起化学平衡的移动，在热力学平衡常数与压力商的比较中即可判定：如果增大反应物的浓度或减少产物浓度，压力商 Q_p 减小，则 $Q_p < K^{\ominus}$，平衡向正反应方向移动；如果产物浓度增大，反应物浓度减小，压力商 Q_p 增大，则 $Q_p > K^{\ominus}$，平衡向逆反应方向移动。下面主要讨论温度、总压力、惰性介质以及原料配比等条件变化所引起的化学平衡的移动。

一、温度变化引起化学平衡的移动

温度对化学平衡的影响主要体现在温度对热力学平衡常数的影响上。因此我们必须知道热力学平衡常数随温度的变化关系。

在等压条件下用热力学方法可以推导出热力学平衡常数与温度的关系式，称为化学反应的等压方程：

$$\frac{\mathrm{d}\ln K^{\ominus}}{\mathrm{d}T} = \frac{\Delta_r H_m^{\ominus}}{RT^2} \tag{3-11}$$

式中　$\Delta_r H_m^{\ominus}$——化学反应的摩尔反应焓，即恒压下化学反应的热效应，可通过热力学方法计算其数值。

从式(3-11)可以定性判断化学反应的热力学平衡常数随温度的变化，从而判断化学平衡移动的方向。

对于吸热反应 $\Delta_r H_m^{\ominus} > 0$，温度升高，$K^{\ominus}$ 数值变大，化学平衡向正方向移动。

对于放热反应 $\Delta_r H_m^{\ominus} < 0$，温度升高，$K^{\ominus}$ 数值变小，化学平衡向逆方向移动。

将式(3-11)进行积分可得等压方程的积分式。

(1) 当 $\Delta_r H_m^{\ominus}$ 为常数时

$$\ln \frac{K_2^{\ominus}}{K_1^{\ominus}} = -\frac{\Delta_r H_m^{\ominus}}{R}\left(\frac{1}{T_2} - \frac{1}{T_1}\right) \tag{3-12a}$$

$$\ln K^{\ominus} = -\frac{\Delta_r H_m^{\ominus}}{RT} + C \tag{3-12b}$$

式中 C——积分常数。

（2）当 $\Delta_r H_m^\ominus$ 不为常数时

通过 $\Delta_r H_m^\ominus$ 与温度间的关系积分后得

$$\ln K^\ominus = -\frac{\Delta H_0}{RT} + \frac{\Delta a}{R}\ln T + \frac{\Delta b}{2R}T + \frac{\Delta c}{6R}T^2 + I \tag{3-13}$$

式中 Δa，Δb，Δc——热容与温度关系中的经验常数（第七章），可由手册查得。

若已知化学反应的 $\Delta_r H_m^\ominus$ 和某一温度的热力学平衡常数，则利用式(3-12a)很容易求得其他温度的热力学平衡常数，从而进行平衡的相关计算。

【例题 3-10】 已知变换反应 $CO(g) + H_2O(g) \rightleftharpoons CO_2(g) + H_2(g)$ 在 500K 时的热力学平衡常数为 $K^\ominus = 126$，在此温度下，$\Delta_r H_m^\ominus = -41.16$ kJ/mol（可看作常数）。（1）求该反应在 800K 时的热力学平衡常数；（2）在总压 100kPa，原料比 1：1 的条件下，分别计算 500K 及 800K 时 $CO(g)$ 的平衡转化率。

解 （1）$T_1 = 500K$，$T_2 = 800K$，$K_1^\ominus = 126$，$\Delta_r H_m^\ominus = -41160$ J/mol

将数据代入到式(3-12a)有

$$\ln\frac{K_2^\ominus}{126} = -\frac{41160}{8.314}\times\left(\frac{1}{800} - \frac{1}{500}\right)$$

$$K_2^\ominus = 3.07$$

（2）500K 时，设 $CO(g)$ 的平衡转化率为 α，则

$$CO(g) + H_2O(g) \rightleftharpoons CO_2(g) + H_2(g)$$

起始物质的量/mol   1   1   0   0

平衡物质的量/mol $1-\alpha$ $1-\alpha$ α α

则平衡时总的物质的量为 $1-\alpha+1-\alpha+\alpha+\alpha=2$

由于 $\sum\nu_i = 0$，所以 $K^\ominus = K_y = \dfrac{\alpha\times\alpha}{(1-\alpha)(1-\alpha)} = \dfrac{\alpha^2}{1-2\alpha+\alpha^2} = 126$

解得 $\alpha = 91.8\%$

800K 时，设 $CO(g)$ 的平衡转化率为 α'，则

$$CO(g) + H_2O(g) \rightleftharpoons CO_2(g) + H_2(g)$$

起始物质的量/mol   1   1   0   0

平衡物质的量/mol $1-\alpha'$ $1-\alpha'$ α' α'

则平衡时总的物质的量为 $1-\alpha'+1-\alpha'+\alpha'+\alpha'=2$

由于 $\sum\nu_i = 0$，所以 $K^\ominus = K_y = \dfrac{\alpha'^2}{1-2\alpha'+\alpha'^2} = 3.07$

解得 $\alpha' = 63.7\%$

此反应是个放热反应，温度升高热力学平衡常数减小，平衡转化率也减小。所以从化学平衡角度考虑，上述反应不宜在高温条件下进行。

【例题 3-11】 碳酸氢钠分解反应在不同温度下的 $K^\ominus$ 列于下表。将 $\lg K^\ominus$ 对 $1/T$ 作图求 $\Delta_r H_m^\ominus$。

$$2NaHCO_3(s) \rightleftharpoons Na_2CO_3(s) + CO_2(g) + H_2O(g)$$

T/K	303	323	353	373
$K^\ominus$	1.66×10^{-5}	3.90×10^{-4}	6.27×10^{-3}	2.31×10^{-1}

解 先将给出数据换算成 $1/T$ 和 $\lg K^\ominus$，然后作图（图 3-1）由直线斜率求出 $\Delta_r H_m^\ominus$。

$1/T$	3.30×10^{-3}	3.10×10^{-3}	2.83×10^{-3}	2.68×10^{-3}
$\lg K^\ominus$	-4.78	-3.41	-2.20	-0.64

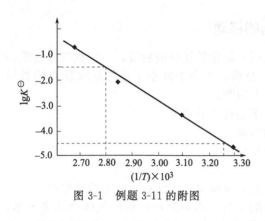

图 3-1 例题 3-11 的附图

$$斜率 = \frac{-4.50-(-1.40)}{(3.26-2.80)\times10^{-3}} = -6.74\times10^3$$

$$\frac{-\Delta_r H_m^{\ominus}}{2.303\times8.314} = -6.74\times10^3$$

$$\Delta_r H_m^{\ominus} = 1.29\times10^5 \text{ (J/mol)}$$

二、总压力变化引起化学平衡的移动

压力的变化对固相或液相反应的平衡几乎没有什么影响。因为总压力的变化对固体或液体浓度的影响不大。对于有气体参加的化学反应，总压力变化直接影响气体物质的分压力，因此平衡浓度也可能发生变化，平衡也要发生相应的移动。总压力变化引起的化学平衡的移动可从热力学平衡常数 $K^{\ominus}$，与用参加反应物质摩尔分数表示的平衡常数 K_y 之间的关系得到解释。

$$K^{\ominus} = K_y \left(\frac{p}{p^{\ominus}}\right)^{\sum \nu_i}$$

在温度不变的情况下，热力学平衡常数 $K^{\ominus}$ 的数值不会发生变化，当总压力发生变化时，K_y 的数值发生变化，从而引起化学平衡的移动。

K_y 随总压力的变化情况取决于 $\sum \nu_i$。

(1) $\sum \nu_i > 0$ 总压力增大，K_y 减小，平衡向逆反应方向移动。
(2) $\sum \nu_i < 0$ 总压力增大，K_y 增大，平衡向正反应方向移动。
(3) $\sum \nu_i = 0$ 总压力变化，K_y 数值不变，平衡不移动。

概括地讲增大反应体系的总压力，化学平衡向气体分子数减少的方向移动。

【例题 3-12】 已知在 325K 及 100kPa 下反应 $N_2O_4(g) \rightleftharpoons 2NO_2(g)$，$N_2O_4(g)$ 的转化率为 50.2%。若保持温度不变，压力增加为 1000kPa 时，$N_2O_4(g)$ 的转化率为多少？

解 设有 1mol $N_2O_4(g)$，它的转化率为 α，则

$$N_2O_4(g) \rightleftharpoons 2NO_2(g)$$

起始 n/mol　　　　1.0　　　　0
平衡 n/mol　　　　$1.0-\alpha$　　2α
达到平衡态时　　$n_{总} = 1.0-\alpha+2\alpha = 1.0+\alpha$

$$K_y = \frac{y_{NO_2}^2}{y_{N_2O_4}} = \frac{\left(\frac{2\alpha}{1.0+\alpha}\right)^2}{\frac{1.0-\alpha}{1.0+\alpha}} = \frac{4\alpha^2}{1.0-\alpha^2}$$

$$K^{\ominus} = K_y \left(\frac{p}{p^{\ominus}}\right)^{2-1} = \frac{4\alpha^2}{1.0-\alpha^2}\left(\frac{p}{p^{\ominus}}\right) = \frac{4\times 0.502^2}{1-0.502^2}\times\left(\frac{100}{100}\right) = 1.35$$

因为 $K^{\ominus}$ 不随温度变化而变化，所以当 $p=1000$kPa 时，$K^{\ominus}=1.35$

$$K^{\ominus} = \frac{4\alpha'^2}{1-\alpha'^2}\left(\frac{p}{p^{\ominus}}\right) = \frac{4\times\alpha'^2}{1-\alpha'^2}\times\left(\frac{1000}{100}\right) = 1.35$$

$$\alpha' = 0.181$$

即在 325K，1000kPa 时，$N_2O_4(g)$ 的转化率为 18.1%。与同温度下 100kPa 下的 50.2% 小很多。

三、加入或减少惰性介质引起化学平衡的移动

所谓的惰性介质，是指存在于反应体系中但不参加化学反应的物质，一般指气体物质。在反应体系总压力不变的情况下，加入惰性介质，相当于减小了参加反应物质的总压力，从而化学平衡移动方向可以从总压力的变化上判断。

加入惰性介质，参加反应物总压力减小，于是有以下情况。

(1) $\sum \nu_i > 0$ K_y 增大，平衡向正反应方向移动。
(2) $\sum \nu_i < 0$ K_y 减小，平衡向逆反应方向移动。
(3) $\sum \nu_i = 0$ K_y 数值不变，平衡不移动。

可见，加入惰性介质平衡向气体分子数增加的方向移动。因此在工业上合成氨时，原料气要定期排空。因为合成氨的原料气采用净化后的空气，循环使用后惰性气体会越来越多，使氨气的产率降低。而石油烃裂解时往往向反应体系中加入不参加反应的水蒸气以提高产率。另外，乙苯脱氢是个吸热反应，又是个气体分子数增加的反应，加入水蒸气，对苯乙烯的生成有利。同时，过热的蒸汽可以作为热载体，提供给反应所需的热量；同时水蒸气的存在，既可防止苯乙烯聚合，又可防止催化剂结炭中毒。

四、原料配比不同引起化学平衡的移动

对于理想气体反应
$$\nu_A A(g) + \nu_B B(g) \rightleftharpoons \nu_R R(g) + \nu_D D(g)$$

设原料气中只有反应物而没有产物，反应物的配比 $r = \nu_B/\nu_A$。其变化范围为 0 到无穷大。那么，进入反应器的原料配比应该是多少，才能使所得的产品的浓度最大？下面以合成氨反应为例介绍如下：
$$N_2(g) + 3H_2(g) \rightleftharpoons 2NH_3(g)$$

通过实际计算得出合成氨反应在 500℃，300×100kPa 下平衡混合物中氨气的体积分数与原料配比的关系见表 3-3。

表 3-3   500℃，300×100kPa 下不同氢、氮比时，混合气中氨的平衡含量

$r = n_{H_2}/n_{N_2}$	1	2	3	4	5	6
$\varphi_{NH_3}/\%$	18.8	25.0	26.4	25.8	24.2	22.2

由表中数据可以看出，氨在混合气体中的平衡组成在 $r=3$ 时为极大值。因此在合成氨时总要把氢气与氮气的体积比控制在 3:1 左右，以使氨气的含量最高。

在工业生产上，若原料气中 A 气体比 B 气体便宜，而且 A 气体又容易从混合气体中分离，则为了充分利用气体 B，可以使 A 气体大大过量，以提高 B 的转化率。这样虽然在平衡混合气中产物的含量低了，但经过分离便得到更多的产物，可取得更高的经济效益。

上述关于温度、压力、惰性介质以及原料配比等因素对平衡组成的影响，所得的各个结论可总结为：当改变一个化学平衡体系的条件，平衡就向着减弱这个改变的方向移动。这个规律叫勒夏特列原理。

还应当指出，一个化学反应在实际生产中不应该只考虑化学平衡一个方面的因素，还要从反应速率（包括催化剂）等方面综合考虑，然后选择最佳工艺条件。

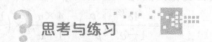
思考与练习

一、填空题

1. 在溶剂中，反应 $I_2 + C_5H_8$（环戊烯）$\rightleftharpoons 2HI + C_5H_6$（环戊二烯），在 448~688K

的温度区间内，$K^\ominus$ 与温度的关系为

$$\ln K^\ominus = -\frac{11155}{T} + 17.39$$

该反应为_____反应（填吸热或放热）；

升高温度时，反应的 $K^\ominus$ _____（填增大或减小）；

该反应的摩尔反应焓 $\Delta_r H_m^\ominus$ = _____。

2. 合成氨反应 $N_2(g) + 3H_2(g) \rightleftharpoons 2NH_3(g)$，在 25℃ 时为放热反应。温度升高时，反应平衡向_____移动，增大体系总压，反应平衡向_____移动。

3. 石油烃裂解是个气体分子数增加的反应，加入惰性介质对生产_____（有利或无利）。

4. 已知反应 $H_2O(g) \rightleftharpoons H_2(g) + \frac{1}{2}O_2(g)$ 的 $\Delta_r H_m^\ominus = 242 \text{kJ/mol}$，当温度降低时，此反应的热力学平衡常数将_____（增大或减小）。

5. 对于有气体参加的化学反应，当温度不变时增大反应体系的总压力，热力学平衡常数_____（变大、变小或不变），平衡向_____（气体分子数增加的方向、气体分子数减少的方向或不）移动。

二、判断题

1. 化学反应的热力学平衡常数数值发生变化时，平衡要发生移动；当化学平衡发生移动时，热力学平衡常数数值也一定要发生变化。

2. 反应 $2A(g) + B(g) \rightleftharpoons 2C(g)$ 的 $\Delta_r H_m^\ominus > 0$，则在一定温度下，随着反应进行，C 浓度不断增加，A、B 浓度不断减小，平衡常数不断增大。

3. 当原料配比按反应方程式的计量系数比投入时，产物的产率最高。

4. 在工业上，从反应体系中将产物移出，从而促使化学平衡正向移动提高产率。

5. 合成氨反应的原料气在循环一定时期后放空是一种浪费。

三、单选题

1. 合成氨反应是个放热反应，下列条件变化有利于合成氨的是（　　）。
A. 升高温度　　　B. 加大压力　　　C. 加入惰性气体　　　D. 加入水蒸气

2. 石油烃裂解反应是个吸热反应，下列条件变化有利于裂解的是（　　）。
A. 降低温度　　　B. 加大压力　　　C. 去除水蒸气　　　D. 加入水蒸气

3. 化学反应平衡常数与温度的关系是（　　）。
A. 吸热反应，随温度升高而增大　　　B. 放热反应，随温度的升高而增大
C. 吸热反应，随温度的升高而减小　　　D. 吸热反应，随温度的升高而减小

4. 惰性介质的加入有利于下列（　　）。
A. 合成氨反应　　　B. 石油烃裂解反应
C. 二氧化硫氧化成三氧化硫的反应　　　D. 一氧化碳氧化成二氧化碳的反应

5. 增大一种反应物的浓度，下列说法错误的是（　　）。
A. 反应平衡向正方向移动　　　B. 另一种反应物的转化率增大
C. 平衡常数增大　　　D. 产物的产率增大

四、问答题

1. 请举例说明温度对化学反应平衡的影响。

2. 工业上用净化后的空气和氢气合成氨，原料气循环使用，但是循环几个周期后要将原料气放空，为什么？

3. 炼油厂在进行石油烃裂解时，往反应体系中加入大量的水蒸气，目的是什么？

4. 举例说明原料配比在实际生产中的指导意义。

5. 从化学平衡移动的原理上看，低温、高压有利于合成氨反应正向进行，为什么工业生产中却在高温高压条件下进行？

新视野　　人体血液中氧和二氧化碳的交换

人体肺和组织细胞间传递氧和二氧化碳分子的载体是血红蛋白（Hb）。血红蛋白和肌红蛋白（Mb）都属于血红素蛋白。在血红素中铁以 Fe（Ⅱ）状态存在。Fe（Ⅱ）居于中心位置，周围直接相连的是 4 个氮原子，形成一个平面正方形的配位化合物。这四个氮原子是由卟啉分子的大环多齿配位体所提供的。所以血红素是一种铁的卟啉螯合物。由于 Fe（Ⅱ）的配位数也可以为 6，所以它还可以连接两个配位体。当它通过与之配位的组氨酸的氮原子，从垂直于卟啉大环平面的两侧与蛋白质的肽链相连时，就形成一种新的蛋白质，叫做血红蛋白，其分子量约为 64500，每个血红蛋白分子含有 4 个血红素基团。血红蛋白是红细胞的主要成分（占 35%）。

以血红蛋白为载体，在人体肺和组织细胞间输送氧和二氧化碳是一个复杂的过程，它涉及几个可逆反应，每一个可逆反应都遵循平衡移动原理。如氧和血红蛋白的结合是一个可逆反应，其反应如下：

$$\text{Hb（溶液）} + \text{O}_2(g) \rightleftharpoons \text{HbO}_2\text{（溶液）}$$
$$\text{血红蛋白} \qquad\qquad \text{氧合血红蛋白}$$

当血液流经肺部时，这里氧的浓度高，氧被血红蛋白结合，平衡向正反应方向移动，形成 HbO_2；当红细胞随着血液循环离开肺部进入组织（如肌肉组织）时，这里氧的浓度低，上述平衡向逆反应方向移动，血红蛋白释放出氧，一部分直接供给组织细胞进行氧化或其他需氧过程，另一部分则释放到肌肉组织中去，与肌红蛋白结合形成 MbO_2，把氧暂时储存起来，一旦人体新陈代谢需要，就立即释放出来。

Hb 除具有运载氧的功能外，还可以运送二氧化碳。CO_2 溶于水中，反应生成 H^+：

$$\text{CO}_2(g) + \text{H}_2\text{O}(l) \rightleftharpoons \text{HCO}_3^- + \text{H}^+$$

研究发现，增加 CO_2 的浓度，降低 pH，可以降低 Hb 和 O_2 的结合，增加 CO_2 和 H^+ 与 Hb 的结合。当血液流经组织，特别是代谢迅速的肌肉时，根据上式，这里的 pH 较低，CO_2 浓度较高，有利于 Hb 释放 O_2，而 O_2 的释放又促使 Hb 与 H^+ 和 CO_2 的结合。在肺部，情况正好相反。上述过程可概括如下：

$$\text{HbO}_2 + \text{H}^+ + \text{CO}_2 \underset{\text{在肺部}}{\overset{\text{在肌肉中}}{\rightleftharpoons}} \text{Hb}\begin{matrix}\text{H}^+\\ \\ \text{CO}_2\end{matrix} + \text{O}_2$$

注意，血红素基团中被 O_2 占据的位置也可被其他小分子配体（如 CO、NO、CN^-）取代。研究表明，Hb 与 CO 的亲和力是氧的 200～250 倍，在人体体温时，下列反应的平衡常数约为 200：

$$\text{HbO}_2\text{（溶液）} + \text{CO（气体）} \rightleftharpoons \text{Hb(CO)（溶液）} + \text{O}_2(g)$$

即使在肺部吸入的空气中只含有 0.1%（体积分数）的 CO，Hb 仍优先和 CO 结合，这样通向组织去的氧气流被中断，引起严重中毒！这就是 CO 和 CN^- 是剧毒性物质的原因。

？习　题

3-1　反应 $\text{SO}_3(g) \rightleftharpoons \text{SO}_2(g) + \dfrac{1}{2}\text{O}_2(g)$，在 900K 时的热力学平衡常数 $K^{\ominus} = 0.153$。

试求 900K、100kPa 下，反应 $2SO_2(g) + O_2(g) \rightleftharpoons 2SO_3(g)$ 的 $K_2^\ominus$。

3-2 1000K 时生成水煤气的反应为
$$C(s) + H_2O(g) \rightleftharpoons CO(g) + H_2(g)$$
在 100kPa 时，$H_2O(g)$ 的平衡转化率 $\alpha = 0.844$。求：(1) 上述反应的热力学平衡常数；(2) 200kPa 时 $H_2O(g)$ 的平衡转化率。

3-3 298K 时，化学反应
$$N_2O_4(g) \rightleftharpoons 2NO_2(g)$$
的热力学平衡常数 $K^\ominus = 0.135$，求总压分别为 100.0kPa 及 50.0kPa 时 $N_2O_4(g)$ 的平衡转化率及平衡组成。

3-4 已知 $FeO(s) + CO(g) \rightleftharpoons Fe(s) + CO_2(g)$ 在 1273K 时 $K_c = 0.5$。若起始浓度 $c_{CO} = 0.05 mol/L$，$c_{CO_2} = 0.01 mol/L$，问：(1) 反应物、生成物的平衡浓度各为多少？(2) CO 的转化率是多少？(3) 增加 FeO 固体的量，对平衡有何影响？

3-5 将固体氨基甲酸铵放入真空容器中，按下式分解
$$NH_2COONH_4(s) \rightleftharpoons 2NH_3(g) + CO_2(g)$$
在 418.2K 下达平衡后，容器内压力为 8815kPa，求该反应的热力学平衡常数 $K^\ominus$。（气相可视为理想气体混合物）

3-6 将 1mol $SO_2(g)$ 与 1mol $O_2(g)$ 的混合气体在 100kPa 及 903K 下通过盛有铂丝的玻璃管，控制气流速度，使反应达到平衡，把产生的气体急剧冷却，用 KOH 吸收 $SO_2(g)$ 和 $SO_3(g)$。最后量得残余的氧气在 100kPa 及 273K 下体积为 13.78L，计算反应
$$SO_2(g) + \frac{1}{2}O_2(g) \rightleftharpoons SO_3(g)$$
在 903K 时的 $\Delta_r G_m^\ominus$ 及 $K^\ominus$。

3-7 将空气中的单质氮变成各种含氮化合物的反应称为固氮反应。根据 $\Delta_f G_m^\ominus$ 计算下列三种固氮反应在 298K 的 $\Delta_r G_m^\ominus$ 及 $K^\ominus$。并从热力学角度选择哪个反应最好。
$$N_2(g) + O_2(g) \rightleftharpoons 2NO(g)$$
$$2N_2(g) + O_2(g) \rightleftharpoons 2N_2O(g)$$
$$N_2(g) + 3H_2(g) \rightleftharpoons 2NH_3(g)$$

3-8 已知反应 $N_2(g) + O_2(g) \rightleftharpoons 2NO(g)$ 在 2273K 的 $\Delta_r G_m^\ominus = 43.4 kJ/mol$。判断在 2273K 时下列起始状态反应自发进行的方向。

(1) $c_{N_2} = 0.81 mol/L$；$c_{O_2} = 0.81 mol/L$；$c_{NO} = 0 mol/L$。

(2) $c_{N_2} = 0.98 mol/L$；$c_{O_2} = 0.68 mol/L$；$c_{NO} = 0.26 mol/L$。

(3) $c_{N_2} = 1.0 mol/L$；$c_{O_2} = 1.0 mol/L$；$c_{NO} = 1.0 mol/L$。

3-9 某温度下反应 $CaO(s) + CO_2(g) \rightleftharpoons CaCO_3(s)$ 的热力学平衡常数 $K^\ominus = 255$，若在此温度下使 $CaCO_3(s)$ 稳定存在而不自发分解，CO_2 的分压至少要保持在多少？

3-10 已知反应 $2SO_2(g) + O_2(g) \rightleftharpoons 2SO_3(g)$ 的热力学平衡常数 $K^\ominus$ 在 1000K 时为 3.45。试计算：

(1) 在 1000K 时，当 $p_{SO_2} = 20kPa$，$p_{O_2} = 10kPa$，$p_{SO_3} = 100kPa$ 时，上述反应的 $\Delta_r G_m^\ominus$，并判断该反应自发进行的方向。

(2) 若 $p_{SO_2} = 20kPa$，$p_{O_2} = 10kPa$，欲使反应能正向自发进行，问 SO_3 的分压要怎样控制？（上述反应可以按理想气体处理）

3-11 已知下列反应在 298K 的标准摩尔反应吉布斯函数。

(1) $CO(g) + 2H_2(g) \rightleftharpoons CH_3OH(l)$ $\Delta_r G_m^\ominus = -26.7 kJ/mol$

(2) $H_2(g) + C_2H_4(g) \rightleftharpoons C_2H_6(g)$ $\Delta_r G_m^\ominus = -35.238 kJ/mol$

(3) $\frac{1}{2}H_2(g) + \frac{1}{2}Cl_2(g) \rightleftharpoons HCl(g)$ $\Delta_r G_m^{\ominus} = -95.27 kJ/mol$

计算上述各反应在298K的热力学平衡常数 $K^{\ominus}$。

3-12 利用书后附录查找参加反应物质的标准摩尔生成吉布斯函数，计算下列反应的标准摩尔反应吉布斯函数。

$$4NH_3(g) + 5O_2(g) \rightleftharpoons 4NO(g) + 6H_2O(g)$$

3-13 反应 $NH_4HS(s) \rightleftharpoons NH_3(g) + H_2S(g)$ 的 $\Delta_r H_m^{\ominus}(298K) = 93.63 kJ/mol$ 且为常数。现将过量的 $NH_4HS(s)$ 投入体积一定的真空容器中，平衡时总压为59.97kPa，若气相可按理想气体处理，试计算：(1) 298K时反应的标准摩尔反应吉布斯函数和热力学平衡常数；(2) 308K时该反应的热力学平衡常数；(3) 将0.6mol的 $H_2S(g)$ 和0.7mol的 $NH_3(g)$ 放入25.25L的真空容器中，在308K下将生成多少摩尔的 $NH_4HS(s)$？

3-14 298K下，反应 $AgCl(s) \rightleftharpoons Ag(s) + \frac{1}{2}Cl_2(g)$ 的 $\Delta_r H_m^{\ominus} = 126 kJ/mol$。已知 $AgCl(s)$ 的标准摩尔生成吉布斯函数 $\Delta_f G_m^{\ominus} = -109 kJ/mol$，计算：(1) 该反应的 $\Delta_r G_m^{\ominus}$；(2) $AgCl(s)$ 在298K的分解压。

3-15 在373K，反应 $COCl_2(g) \rightleftharpoons CO(g) + Cl_2(g)$ 的热力学平衡常数 $K^{\ominus} = 8 \times 10^{-9}$，反应的 $\Delta_r H_m^{\ominus} = 104.7 kJ/mol$（设 $\Delta_r H_m^{\ominus}$ 不随温度而变化），试计算：(1) 373K，总压为200kPa时，$COCl_2(g)$ 的解离度；(2) 总压为200kPa时，使 $COCl_2(g)$ 的解离度达到0.1%，需在什么温度下进行反应。

3-16 已知反应 $2H_2(g) + O_2(s) \rightleftharpoons 2H_2O(g)$ 的 $\Delta_r G_m^{\ominus}(298K) = -457 kJ/mol$，$\Delta_r G_m^{\ominus}(1000K) = -385 kJ/mol$，计算该反应在298~1000K范围内的 $\Delta_r H_m^{\ominus}$。

3-17 五氯化磷的离解反应

$$PCl_5(g) \rightleftharpoons PCl_3(g) + Cl_2(g)$$

在200℃时的 $K^{\ominus} = 0.308$，设反应可视为理想气体反应，试计算：(1) 200℃、100kPa下，$PCl_5(g)$ 的解离度；(2) $PCl_5(g)$ 与 $Cl_2(g)$ 的摩尔比为1:5投料时，200℃、100kPa下，$PCl_5(g)$ 的解离度。

3-18 按1:3的氮氢比例投料，在500℃、$3.0 \times 10^7 Pa$ 下进行合成氨反应

$$\frac{1}{2}N_2(g) + \frac{3}{2}H_2(g) \rightleftharpoons NH_3(g)$$

已知500℃时上述反应的热力学平衡常数为 3.75×10^{-3}，设反应为理想气体反应，试计算下列两种情况下氮气的平衡转化率以及氨气的平衡产量。

(1) 原料中只有氮气和氢气；
(2) 原料中另外还含有10%的惰性气体甲烷和氩气。

3-19 在1273K，总压为3000kPa时，反应 $CO_2(g) + C(s) \rightleftharpoons 2CO(g)$ 达到平衡，混合气体中 $CO_2(g)$ 的摩尔分数为0.17。求：(1) 总压为2000kPa反应达平衡时 $CO_2(g)$ 的摩尔分数；(2) 在此温度下压力达到多少才能使 $CO_2(g)$ 的物质的量分数为25%；(3) 加入 $N_2(g)$，使 $N_2(g)$ 分压达到2000kPa，此时体系的总压为3000kPa，通过计算说明 $N_2(g)$ 的加入对平衡有什么影响。

3-20 乙苯脱氢制苯乙烯的反应如下：

$$C_6H_5C_2H_5(g) \rightleftharpoons C_6H_5CH=CH_2(g) + H_2(g)$$

在600℃时，$K^{\ominus} = 0.178$。试计算：(1) $p = 100 kPa$ 时，乙苯的转化率和苯乙烯的产率；(2) 压力 $p = 100 kPa$ 不变，加入惰性介质水蒸气，使原料气中乙苯与水蒸气的摩尔比为1:9时乙苯的转化率又是多少？

第四章 化学动力学

> **学习目标**
> 1. 能够正确表达化学反应速率。
> 2. 了解化学反应速率的测定方法。
> 3. 理解简单反应、反应级数、反应分子数、化学反应速率常数等基本概念。
> 4. 理解一级反应的特点。
> 5. 熟练应用一级反应的动力学方程式进行转化率、半衰期等相关计算。
> 6. 了解其他具有简单级数反应的特点。
> 7. 理解催化剂的基本特征,活化能、活化分子等基本概念和碰撞理论。
> 8. 能够用阿伦尼乌斯方程计算不同温度下的化学反应速率常数。
> 9. 了解催化反应的类型及其特点。

前面我们学习了化学平衡,掌握了用摩尔反应吉布斯函数判断化学反应自发方向的方法。那么对于常温常压下的合成氨反应

$$N_2(g)+3H_2(g) \rightleftharpoons 2NH_3(g) \qquad \Delta_r G_m=-33.4 kJ/mol$$

由于 $\Delta_r G_m<0$,所以判断在常温常压下上述反应能正方向自发进行,即在常温常压下氮气和氢气有合成氨气的可能性。可为什么在实际生产中却没有在常温常压下合成氨的,都是在高温高压下或通过其他方法固氮?原因是上述反应虽然能够正方向自发进行但是反应进行太慢,根本达不到生产要求。

化学反应进行的快慢即化学反应速率问题,是化学动力学研究的范畴。

化学动力学是研究化学反应速率及反应机理的科学。它的主要内容:一方面确定化学反应的速率与反应物浓度、温度、催化剂等影响因素的关系,从而了解化学反应速率的一般性规律;另一方面是研究化学反应进行的机理,确定由反应物变成产物所经历的实际步骤,找出决定反应速率的关键步骤,揭示化学反应过程的本质。

通过化学动力学的研究,可以知道如何提高主反应的反应速率,抑制副反应的进行,为化工生产最佳反应条件的选择、反应器的设计等提供重要依据。因此化学动力学的研究无论在理论上还是在生产实践中都具有重要的意义。

第一节 化学反应速率

一、化学反应速率的表示方法

物体移动的速率用单位时间内移动的距离表示。化学反应进行的快慢从参加反应物质浓度的变化上可以体现出来:反应物浓度随时间不断减少;生成物浓度随时间不断增大。因此化学反应速率可以用单位时间参加反应某物质浓度的变化表示。

在化工生产中,化学反应通常在反应器中完成。反应器可简单分为两大类,即流动管式反应器和间歇式反应器。间歇式反应器的特点是一次投料,反应体系的体积不变或变化甚微,因此体积可看作定值。因此,化学反应速率定义为

$$\vartheta = \frac{1}{V} \times \frac{dn}{dt} \tag{4-1}$$

式中，V 为反应体系的体积。反应速率就是单位体积内，参加反应物质的物质的量随时间的变化率。

对于恒容反应，$dn_i/V = dc_i$，考虑到反应物浓度不断减少，将上式可写成

$$\vartheta = \pm \frac{dc_i}{dt} \tag{4-2}$$

式中，"−"为用反应物表示的速率；"+"为用生成物表示的速率。即化学反应速率数值上没有负值。

例如，合成氨反应 $N_2(g) + 3H_2(g) \rightleftharpoons 2NH_3(g)$ 的反应速率，可以用参加反应的 $N_2(g)$、$H_2(g)$ 或 $NH_3(g)$ 分别表示为

$$\vartheta_{N_2} = -\frac{dc_{N_2}}{dt} \qquad \vartheta_{H_2} = -\frac{dc_{H_2}}{dt} \qquad \vartheta_{NH_3} = \frac{dc_{NH_3}}{dt}$$

很显然 $\vartheta_{N_2} \neq \vartheta_{H_2} \neq \vartheta_{NH_3}$

由于 $-dc_{N_2} = -3dc_{H_2} = 2dc_{NH_3}$，所以上述速率之间的关系为

$$-\frac{dc_{N_2}}{dt} = -\frac{1}{3} \times \frac{dc_{H_2}}{dt} = \frac{1}{2} \times \frac{dc_{NH_3}}{dt}$$

推广到任意化学反应 $\nu_A A + \nu_B B \longrightarrow \nu_R R + \nu_D D$ 有

$$\frac{1}{\nu_A}\vartheta_A = \frac{1}{\nu_B}\vartheta_B = \frac{1}{\nu_R}\vartheta_R = \frac{1}{\nu_D}\vartheta_D \tag{4-3}$$

习惯上，将用反应物表示的速率称为消耗速率，而用生成物表示的速率称为生成速率。

二、化学反应速率的测定

由以上讨论可知，反应物 A 或生成物 D 的速率可以用浓度（或分压）随时间的变化率表示。因此要测定反应中某物质的消耗速率或生成速率，就必须测定不同时间里反应物质的浓度或分压，绘制浓度（或分压）随时间变化的曲线，如图 4-1 所示。反应物 A 的 c_A-t 曲线向下弯曲，由曲线上各点的斜率可以确定 A 的速率 $\vartheta_A = -dc_A/dt$。产物 D 的 c_D-t 曲线向上弯曲，由线上各点的斜率可以确定 D 的速率 $\vartheta_D = dc_D/dt$。所以测定化学反应速率，就是分析测定不同反应时间某种反应组分的浓度。

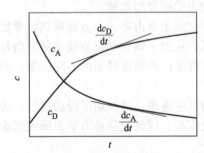

图 4-1 反应物或产物的浓度随时间变化的曲线

测定反应组分浓度的方法有化学法和物理法。

(1) 化学法 用化学分析法测定的要点是当取出样品后立即"冻结"反应，然后进行化学分析。"冻结"反应的目的，在于使反应终止在取样那一刻，使所测样品的浓度恰好是取样时刻的浓度。"冻结"反应的方法有骤冷、冲稀、加阻化剂或移去催化剂等。化学法的优点是设备简单，可直接得到不同时刻的浓度；缺点是操作费时，在没有合适的"冻结"方法时，往往误差很大。

(2) 物理法 物理方法的要点是利用反应组分的某一物理性质（例如体积、压力、旋光度、密度、折射率、电导、光谱……）的明显变化，并且与浓度呈单值关系。测得该物理性质随时间的变化，就可以得知反应过程中，反应组分 A 或 D 的浓度变化的信息。例如，$2H_2O_2(l) \longrightarrow 2H_2O(l) + O_2(g)$，可以通过测定氧气的体积随时间的变化来确定氧气的生成速率。用物理法测定反应速率的优点是迅速而方便，特别是可以不用从反应体系中取样，

可以在反应器中直接进行连续测定。便于自动记录，因而在反应动力学的实验中得到广泛应用。

三、影响化学反应速率的因素

一个化学反应可能是一步完成的，也可能是多步完成的。大多数的反应并不是按化学反应计量式所表示的那样一步完成，而是要经过生成中间物质的多个反应步骤才能完成。反应物分子变成产物分子所经历的具体步骤称为反应机理，也称反应历程。

例如，氢与碘生成碘化氢的气相反应 $H_2+I_2 \longrightarrow 2HI$，经过精密的研究，有人认为反应机理如下：

$$I_2 + M^* \longrightarrow 2I\cdot + M^0$$
$$H_2 + 2I\cdot \longrightarrow 2HI$$

式中，M^* 代表气体中高能量的 H_2 和 I_2 等分子；M^0 代表气体中低能量的 H_2 和 I_2 等分子。也就是说该反应是由上述两个简单的反应步骤组成。而丙酮的热分解反应 $CH_3COCH_3 \longrightarrow C_2H_4+CO+H_2$ 则是一步完成的。

反应过程中的每一步骤都反映了反应物粒子（原子、分子、离子或自由基）间的一次直接作用的结果。我们把反应过程中的每一个步骤称为一个基元反应，所以基元反应就是反应物粒子一步直接作用实现的反应。

上述机理中的每一步就是一个基元反应，而反应的真实途径就是反应机理。假如反应是一步完成的，由一个基元反应构成，这样的反应又称为简单反应，例如丙酮的热分解反应。由两个或两个以上基元反应构成的化学反应则称为复合反应，又称为非基元反应，例如，H_2 和 I_2 的反应是非基元反应。

基元反应中，反应物粒子数目称为反应分子数。根据反应分子数可以将基元反应分为单分子反应、双分子反应、三分子反应。绝大多数基元反应为双分子反应；在分解反应或异构化反应中，可能出现单分子反应；4个粒子同时碰撞在一起而发生反应的机会极少，至今还没有发现反应分子数大于3的基元反应。很显然，反应分子数只能是正整数，而且只有基元反应才有反应分子数，非基元反应无反应分子数而言。

影响化学反应速率的外界因素有很多。例如，参加反应物质的浓度、温度、催化剂、溶剂等。通过大量的实验总结出化学反应速率方程。

对于反应 $\nu_A A + \nu_B B \longrightarrow \nu_R R + \nu_D D$

有
$$\vartheta_A = k_A c_A^\alpha c_B^\beta \tag{4-4}$$

式中　ϑ_A——反应物 A 的消耗速率；

c_A、c_B——反应物的浓度；

k_A——化学反应速率常数；

α、β——由实验确定的常数，常称为反应级数。

上述规律称为质量作用定律。式(4-4)称为化学反应速率方程式，是动力学中非常重要的公式。它集中表示出反应物浓度对化学反应速率的影响。式中的 α、β 更是关键的数据。式中的 α、β 分别称为 A 和 B 的反应级数，而各组分反应级数的代数和 $n=\alpha+\beta$，则称为反应的总级数。

反应级数 n 可以是整数、分数、负数或者为零。一般 n 不大于3。

值得注意的是，反应级数是根据实验结果确定的，并不是由反应计量方程式凭直觉推得的，举例如下。

（1）五氧化二氮的分解反应

$$2N_2O_5(g) \longrightarrow 4NO_2(g) + O_2(g)$$

实验测得 $-\dfrac{\mathrm{d}p_{N_2O_5}}{\mathrm{d}t}=kp_{N_2O_5}$，为一级反应。

（2）醋酸与乙醇的酯化反应
$$CH_3COOH(l)+C_2H_5OH(l)\longrightarrow CH_3COOC_2H_5(l)+H_2O(l)$$

实验测得 $-\dfrac{\mathrm{d}c_{CH_3COOH}}{\mathrm{d}t}=kc_{CH_3COOH}c_{C_2H_5OH}$，为二级反应。

（3）乙醛在450℃的分解反应
$$CH_3CHO(g)\longrightarrow CH_4(g)+CO(g)$$

实验测得 $-\dfrac{\mathrm{d}p_{CH_3CHO}}{\mathrm{d}t}=kp_{CH_3CHO}^{3/2}$，为3/2级反应。

（4）臭氧转化为氧的反应
$$2O_3(g)\longrightarrow 3O_2(g)$$

实验测得 $-\dfrac{\mathrm{d}p_{O_3}}{\mathrm{d}t}=kp_{O_3}^2 p_{O_2}^{-1}$，对$O_3$为2级，对$O_2$为$-1$级反应，总级数为1级。

化学反应速率常数也称为比速率。相当于各反应物浓度皆等于1时的反应速率。不同反应，k值不同，对于同一个反应，速率常数随温度、溶剂和催化剂等条件的改变而不同。速率常数的大小直接显示反应的快慢和反应的难易程度。

值得一提的是反应速率常数k的单位。从式(4-4)可以看出k的单位随反应级数的不同而不同，即 [浓度]$^{1-n}$ [时间]$^{-1}$。

总之，影响化学反应速率的因素中，浓度的影响很明显体现在化学反应速率方程中，而温度以及催化剂等因素的影响则体现在化学反应速率常数及反应机理上。后续内容我们将分别讨论几种因素对化学反应速率的影响。

思考与练习

一、填空题

1. 如果通过实验确定 $2A\longrightarrow B$ 为双分子基元反应，该反应的级数为_____。
2. 对于基元反应 $A+B\longrightarrow D$，速率方程为_____，该反应为_____级反应。
3. 蔗糖水解反应 $C_{12}H_{22}O_{11}(l)+H_2O(l)\longrightarrow C_6H_{12}O_6(l,葡萄糖)+C_6H_{12}O_6(l,果糖)$ 为基元反应，按质量作用定律其反应速率方程式为_____。
4. 一级反应的速率常数k的单位为_____。
5. 化学反应速率受_____、_____、_____等条件的影响。

二、判断题

1. 二级反应一定是双分子反应。
2. 对于基元反应，反应级数等于反应分子数。
3. 反应 $A+B\longrightarrow P$，实验确定速率方程为 $-\dfrac{\mathrm{d}c_A}{\mathrm{d}t}=kc_A c_B$，则该反应一定是基元反应。
4. 凡是反应级数为分数的反应都是复杂反应，凡是反应级数为1、2和3的反应都是基元反应。
5. 对于任意一个化学反应，反应级数和反应分子数都只能是正整数。

三、单选题

1. 关于化学反应速率常数的说法不正确的是（　　）。

A. 称为比速率
B. 相当于各反应物浓度都等于1时的反应速率
C. 不同化学反应化学反应速率常数不同
D. 化学反应速率常数不随温度改变而变化

2. 在 $N_2+3H_2 \longrightarrow 2NH_3$ 的反应中，经 2.0min 后 NH_3 的浓度增加了 0.6mol/L，若用反应进度的变化表示此反应的平均速率，则为（　　）。

A. 0.15mol/(L·min)　　　　　　B. 0.3mol/(L·min)
C. 0.45mol/(L·min)　　　　　　D. 0.6mol/(L·min)

3. $N_2+3H_2 \longrightarrow 2NH_3$ 的反应中，某时刻测得用反应进度表示的平均速率为 0.15mol/(L·min)，若化学方程式为 $1/2N_2+3/2H_2 \longrightarrow NH_3$，反应速率为（　　）。

A. 0.15mol/(L·min)　　　　　　B. 0.3mol/(L·min)
C. 0.45mol/(L·min)　　　　　　D. 0.6mol/(L·min)

4. 反应 $A+B \longrightarrow C$ 的速率方程式是 $\vartheta=k[A][B]^{1/2}$，如果 A、B 浓度都增加到原来的 4 倍，那么反应速率将增大到原来的（　　）。

A. 16 倍　　　　B. 8 倍　　　　C. 4 倍　　　　D. 2 倍

5. 不影响化学反应速率常数的因素是（　　）。

A. 反应活化能　　B. 反应温度　　C. 催化剂　　D. 反应物浓度

四、问答题

1. 化学反应速率如何表示？举例说明。
2. 化学反应方程式不同，化学反应速率是否相同？
3. 多种物质参加反应，用不同的物质浓度变化表示的化学反应速率是否相同？
4. 请列举影响化学反应速率的因素主要有哪些。
5. 什么是化学反应速率常数？

第二节　一级反应

上述的化学反应速率方程式是微分形式，通过积分等数学处理就可以得到反应物浓度与时间的函数关系。这种关系称为速率方程的积分式。利用速率方程的积分式，可以计算反应过程中任意时刻反应组分的浓度，或计算反应组分达到某一浓度所需时间。

反应总级数为简单正整数（如 1、2、3）或者零的反应称为简单级数的反应，下面以一级反应为例通过数学推导得出一级反应的速率方程积分式，并从中获取一级反应的特征。

一、一级反应速率方程的积分式

某反应的速率仅与反应物浓度的 1 次方成正比，该反应就称为一级反应。例如，一级反应

$$A \longrightarrow 产物$$

其速率方程为

$$\vartheta_A = -\frac{dc_A}{dt} = k_A c_A$$

$t=0$ 时，A 的浓度为 $c_{A,0}$；t 时刻 A 的浓度为 c_A，对上式分离变量并积分

$$-\int_{c_{A,0}}^{c_A} \frac{dc_A}{c_A} = k_A \int_0^t dt$$

得

$$\ln \frac{c_{A,0}}{c_A} = k_A t \tag{4-5}$$

或

$$k_A = \frac{1}{t} \ln \frac{c_{A,0}}{c_A}$$

如果用 x_A 表示 t 时刻 A 消耗的浓度，即 $x_A = c_{A,0} - c_A$，则一级反应速率方程的积分

式为

$$\ln \frac{c_{A,0}}{c_{A,0}-x_A}=k_A t \tag{4-6}$$

如果用 y_A 表示 t 时刻反应物 A 的转化率，即 $y_A=\dfrac{x_A}{c_{A,0}}$，则一级反应速率方程的积分式为

$$\ln \frac{1}{1-y_A}=k_A t \tag{4-7}$$

式(4-5)和式(4-6)以及式(4-7)为一级反应速率方程的积分式。

另外，在简单级数反应中经常用到半衰期。半衰期是反应物 A 消耗一半所需的时间，用 $t_{1/2}$ 表示。将 $c_A=c_{A,0}/2$ 代入到式(4-5)可得

$$t_{1/2}=\frac{\ln 2}{k_A}=\frac{0.693}{k_A} \tag{4-8}$$

二、一级反应的特点

从上述一级反应速率方程式的积分式可以看出一级反应主要有以下几个方面的特点。

① 速率常数 k_A 的单位为[时间]$^{-1}$，按国际单位为 s^{-1}。

② 半衰期 $t_{1/2}$ 与速率常数 k_A 成反比，与起始浓度无关；转化率也与起始浓度无关。

③ $\ln c_A$-t 作图为直线关系，斜率为 $-k_A$，截距为 $\ln c_{A,0}$。

将式(4-5)改写为 $\ln c_A = -k_A t + \ln c_{A,0}$，即可看出上述直线关系。

根据一级反应的特征可以判断一个反应是否为一级反应。单分子基元反应是一级反应；部分物质的热分解反应、分子重排反应以及放射性元素蜕变等属于一级反应。例如：

$$N_2O_5 \longrightarrow N_2O_4 + \frac{1}{2}O_2$$

$$Ra \longrightarrow Rn + He$$

属于一级反应的还有水溶液中进行的某些水解反应，例如：

$$\underset{\text{蔗糖}}{C_{12}H_{22}O_{11}} + H_2O \longrightarrow \underset{\text{葡萄糖}}{C_6H_{12}O_6} + \underset{\text{果糖}}{C_6H_{12}O_6}$$

该水解反应实际上为二级反应，由于溶液中水过量很多，在反应过程中水的量可认为是不变的。因此反应不受水的浓度的影响，表现为一级反应的规律。这样的反应称为"准一级反应"。

【例题 4-1】 在 40℃下，N_2O_5 在惰性溶剂 CCl_4 中进行分解，反应为一级反应。设初始速率 $\vartheta_0=1.00\times 10^{-5}$ mol/(L·s)，1h 后反应速率为 $\vartheta=3.26\times 10^{-6}$ mol/(L·s)。试求：(1)反应的速率常数 k；(2)半衰期 $t_{1/2}$；(3)N_2O_5 的初始浓度 $c_{A,0}$。

解 (1) 因为是一级反应，反应速率为 $\vartheta=kc_A$

$t=0$ 时 $\vartheta_0=kc_{A,0}=1.00\times 10^{-5}$ mol/(L·s)

$t=3600$s 时 $\vartheta=kc_A=3.26\times 10^{-6}$ mol/(L·s)

$$\frac{\vartheta_0}{\vartheta}=\frac{c_{A,0}}{c_A}=\frac{1.00\times 10^{-5}}{3.26\times 10^{-6}}$$

由式(4-5)有

$$k=\frac{1}{t}\ln\frac{c_{A,0}}{c_A}=\frac{1}{3600}\ln\frac{1.00\times 10^{-5}}{3.26\times 10^{-6}}=3.11\times 10^{-4} \ (s^{-1})$$

(2) $t_{1/2}=\dfrac{0.693}{k}=\dfrac{0.693}{3.11\times 10^{-4}}=2.23\times 10^3$ (s)

(3) $c_{A,0} = \dfrac{\vartheta_0}{k} = \dfrac{1.00 \times 10^{-5}}{3.11 \times 10^{-4}} = 3.22 \times 10^{-2}$ (mol/L)

【例题 4-2】 相对质量数为 14 的碳，常用作考古测定的同位素。其半衰期为 5730 年，今在某出土文物样品中测得 ^{14}C 的含量只有 72%，试推算该样品距今约多少年。

解 因为同位素蜕变为一级反应，按式(4-8)有

$$k = \dfrac{0.693}{t_{1/2}} = \dfrac{0.693}{5730} = 1.21 \times 10^{-4} \text{ （年}^{-1}\text{）}$$

因为样品中 ^{14}C 的含量为 72%，说明转化率为 28%，所以按式(4-7)可得

$$t = \dfrac{1}{k} \ln \dfrac{1}{1-y} = \dfrac{1}{1.21 \times 10^{-4}} \ln \dfrac{1}{1-0.28}$$
$$t = 2715 \text{（年）}$$

该文物样品距今约 2715 年。

【例题 4-3】 二甲醚的气相分解反应是一级反应

$$CH_3OCH_3(g) \longrightarrow CH_4(g) + H_2(g) + CO(g)$$

504℃时，把二甲醚充入真空反应器中，测得反应到 777s 时，容器内压力为 65.1kPa；反应经无限长时间，容器内压力为 124.1kPa，计算 504℃时该反应的速率常数。

解 假设反应气体为理想气体，则根据理想气体状态方程式 $p_A V = n_A RT$ 可知

$$c_A = \dfrac{n_A}{V} = \dfrac{p_A}{RT} \qquad c_{A,0} = \dfrac{n_{A,0}}{V} = \dfrac{p_{A,0}}{RT}$$

因此一级反应动力学方程的积分式为

$$k = \dfrac{1}{t} \ln \dfrac{c_{A,0}}{c_A} = \dfrac{1}{t} \ln \dfrac{p_{A,0}}{p_A}$$

解本题时注意，题中所给的压力不一定是反应物的压力，而是混合气体的总压力，必须根据具体情况分析得出反应物的分压力。

根据题意分析

	$CH_3OCH_3(g) \longrightarrow$	$CH_4(g)$ +	$H_2(g)$ +	$CO(g)$
$t=0$s 时	$p_{A,0}$	0	0	0
$t=777$s 时	p_A	$(p_{A,0}-p_A)$	$(p_{A,0}-p_A)$	$(p_{A,0}-p_A)$
$t=\infty$ 时	0	$p_{A,0}$	$p_{A,0}$	$p_{A,0}$

由上述分析可知

$$3p_{A,0} = 124.1 \text{ (kPa)}$$
$$p_{A,0} = 41.33 \text{ (kPa)}$$
$$3(p_{A,0} - p_A) + p_A = 65.1 \text{ (kPa)}$$
$$p_A = 29.45 \text{ (kPa)}$$

因此 $k = \dfrac{1}{t} \ln \dfrac{c_{A,0}}{c_A} = \dfrac{1}{t} \ln \dfrac{p_{A,0}}{p_A} = \dfrac{1}{777} \ln \dfrac{41.33}{29.45} = 4.36 \times 10^{-4}$ （s^{-1}）

504℃时该反应的速率常数为 $4.36 \times 10^{-4} s^{-1}$。

由上述例题可以看出，利用一级反应的特点和化学反应速率方程式的积分式能够解决很多实际问题，而且解决问题的方法简单。同样，对于其他具有简单级数的化学反应的速率方程进行积分也能达到同样的目的。

思考与练习

一、填空题

1. 某化学反应的速率常数为 2.0 mol/(L·s)，该反应的反应级数为 _____。

2. 某放射性同位素的蜕变反应为一级反应，已知半衰期为6天，经过16天后，该同位素的衰变率为_____。

3. 放射性元素^{201}Po 的半衰期为8h，1g 放射性^{201}Po 经24h 衰变后还剩_____。

4. 某化学反应中，反应物消耗7/8所需的时间是它消耗3/4所需时间的1.5倍，该反应级数为_____。

5. 一级反应的反应物转化率y_A与反应物的起始浓度_____。

二、判断题

1. 化学反应速率方程的积分式中转化率y_A就是化学反应达平衡时的平衡转化率。

2. 某一级反应 A ⟶ B，A 的半衰期为30min，那么该反应进行完全所需时间为60min。

3. 一级反应的半衰期与起始浓度无关。

4. 对于一级反应，以 $\lg c_A$ 对时间 t 作图，直线的斜率是速率常数$-k_A$。

5. 一级反应的转化率和半衰期都与初始浓度无关，与速率常数成反比关系。

三、单选题

1. 一级反应的 $\ln c$-t 图中，$\ln(c_A/[c])$ 对 t 作图得一直线，则该直线的斜率为（　　）。

　　A. 反应速率常数k　　B. $-k$　　C. $1/k$　　D. k^2

2. 某反应的反应物消耗掉3/4的时间是其半衰期的2倍，则该反应级数为（　　）。

　　A. 零级　　B. 一级　　C. 二级　　D. 三级

3. 下列反应不属于一级反应的是（　　）。

　　A. 热分解反应　　　　　　　　B. 分子内重排反应
　　C. 放射性元素蜕变　　　　　　D. 乙酸乙酯和氢氧化钠的皂化反应

4. 下列选项中，不属于一级反应特征的有（　　）。

　　A. 反应速率常数k的单位为[时间]$^{-1}$　　B. 半衰期与初始浓度无关
　　C. 半衰期与初始浓度有关　　　　　　　　　D. 半衰期与反应速率常数k成反比

5. 某化合物分解反应时，初始浓度为1.0mol/L，1h后浓度为0.5mol/L，2h后浓度为0.25mol/L，这是（　　）级反应。

　　A. 零级　　B. 一级　　C. 二级　　D. 三级

四、问答题

1. 一级反应有哪些主要特点？

2. 常见的一级反应有哪些？

3. 蔗糖水解反应是简单反应，其属于一级反应还是二级反应？

4. 从反应速率常数的量纲上就可以看出反应级数，一级反应速率常数的量纲如何？

5. 一级反应的半衰期有什么特点？

实验五　过氧化氢催化分解反应速率常数的测定

一、实验目的

1. 了解反应物浓度、催化剂等因素对反应速率的影响。

2. 熟悉一级反应的特点。

3. 测定在碘化钾催化作用下H_2O_2分解反应的速率常数。

二、实验原理

在催化剂 KI 作用下，H_2O_2 分解反应的历程如下：

(1) $\qquad\qquad\qquad H_2O_2 + I^- \longrightarrow IO^- + H_2O$

(2) $\qquad\qquad\qquad H_2O_2 + IO^- \longrightarrow H_2O + O_2 + I^-$

由于步骤(1)较步骤(2)慢得多，所以整个反应的速率由第一步决定，因而反应的速率方程为

$$-\frac{dc_{H_2O_2}}{dt} = kc_{H_2O_2}c_{I^-}$$

由于在反应过程中，I^- 不断再生，而且溶液体积不变，所以 c_{I^-} 为常数，上式可写为

$$-\frac{dc_{H_2O_2}}{dt} = kc_{H_2O_2}$$

因此 H_2O_2 分解反应属于一级反应。

过氧化氢分解总反应为

$$2H_2O_2 \longrightarrow 2H_2O + O_2 \uparrow$$

在恒定的外压和反应物初始溶液体积不变的情况下，H_2O_2 分解放出 O_2 的最终体积与 H_2O_2 的起始浓度成正比；t 时刻产生氧气的体积与该时刻 H_2O_2 的消耗浓度成正比。如果用 V_∞ 表示 H_2O_2 分解放出 O_2 的最终体积；用 V_t 表示 H_2O_2 在 t 时刻分解放出的氧气体积，则

$$c_{A,0} \propto V_\infty$$
$$x_A \propto V_t$$
$$c_A \propto (V_\infty - V_t)$$

将上面关系式代入一级反应速率方程的积分式 $\ln\frac{c_{A,0}}{c_A} = kt$ 得

$$\ln\frac{V_\infty}{V_\infty - V_t} = kt$$

或者 $\qquad\qquad\qquad \ln(V_\infty - V_t) = -kt + \ln V_\infty \qquad\qquad\qquad (4\text{-}9)$

如果在 $(t + \Delta t)$ 时刻有

$$\ln(V_\infty - V_{t+\Delta t}) = -k(t + \Delta t) + \ln V_\infty \qquad\qquad\qquad (4\text{-}10)$$

由式(4-9)得 $\qquad\qquad V_\infty - V_t = V_\infty \exp(-kt) \qquad\qquad\qquad (4\text{-}11)$

由式(4-10)得 $\qquad\qquad V_\infty - V_{t+\Delta t} = V_\infty \exp[-k(t + \Delta t)] \qquad\qquad\qquad (4\text{-}12)$

将式(4-11)、式(4-12) 两式相减得

$$V_{t+\Delta t} - V_t = V_\infty \exp(-kt) - V_\infty \exp(-kt - k\Delta t)$$
$$V_{t+\Delta t} - V_t = V_\infty \exp(-kt)[1 - \exp(-k\Delta t)]$$

写成对数形式：

$$\ln(V_{t+\Delta t} - V) = -kt + b \qquad\qquad\qquad (4\text{-}13)$$

式中 $\qquad\qquad\qquad b = \ln V_\infty + \ln[1 - \exp(-k\Delta t)]$

由式(4-13) 可知，只要在等时间间隔读取分解产生的气体体积（例如每分钟读一次），将所测定的数据对半等分为前段和后段两组，将后段各数据分别对应等时间间隔（即 Δt 为恒定值）的前段数据相减得出若干个 $(V_{t+\Delta t} - V_t)$ 之值。以 $\ln(V_{t+\Delta t} - V)$ 对时间 t 作图应为一条直线。直线的斜率为 $-k$，截距为 b。

三、仪器与药品

特制反应瓶 2 个；量气管(50mL) 1 只；磁力搅拌器 1 台；水准瓶 1 个；三通旋塞 1 个；移液管(1mL) 1 支；量筒(10mL) 1 只。

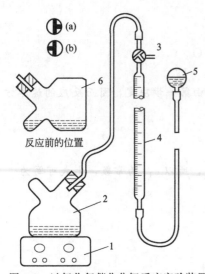

图 4-2 过氧化氢催化分解反应实验装置
1—磁力搅拌器；2—反应瓶；
3—三通旋塞；4—量气管；
5—水准瓶；6—反应前反应瓶的位置

30% H_2O_2；KI 溶液（0.1mol/L）。

四、实验步骤

1. 洗净反应瓶，放入磁力搅拌子，在室温下，将 20mL 蒸馏水和 10mL 0.1mol/L KI 溶液加入反应瓶中，按图 4-2 装置安装好仪器（注意反应瓶的位置要置于反应前的位置）。

2. 试漏 将三通打到关闭（b）的位置，将反应器的胶塞拿下来，举高水准瓶；然后将反应器的胶塞塞紧，将水准瓶放于实验台面。观察量气管内的液面，如果液面在 2min 内不下降，说明整套装置不漏气。如果漏气，需查找漏气原因，然后排除，重新试漏。

3. 测试 打开胶塞，将反应器置于如图 4-2 所示的反应前位置。在反应器的支口中用移液管小心放入 0.6mL 30% H_2O_2 和 10mL 蒸馏水的混合液。举起水准瓶，使两液面在零刻度对齐，将胶塞塞紧后可以放下水准瓶。将反应器直立起来，同时记录反应开始时刻，开启电磁搅拌器。

4. 数据记录 反应开始后，每隔 1min 读数一次。读数时需将水准瓶举起使之与量气管内液面对齐并稳定，读取量气管的刻度，并记录数据，直至读数超过 50mL。

5. 第一次测定结束后，将反应瓶洗净（或准备好另一个反应瓶）后，减小催化剂的浓度即 25mL 蒸馏水和 5mL 0.1mol/L KI 溶液。重复上述操作。

五、注意事项

1. 试漏非常关键，如果实验前没有认真试漏将导致整个实验失败。

2. 在加过氧化氢与水的混合溶液时，切记不能与事先放入的碘化钾的溶液接触，否则过氧化氢已经分解了一部分，实验数据变化很小，结果不准确。

3. 将反应瓶直立换位置时，一要使支管里的过氧化氢全部与下边溶液混合；二是动作要迅速，以免耽误记录时间。

六、数据记录与处理

1. 将所测定的数据按顺序分为两组，将后段数据分别与前段数据对应相减（例如，11 号数据减 1 号数据；12 号数据减 2 号数据；13 号数据减 3 号等）得出 $(V_{t+\Delta t} - V_t)$，填入下表。

室温：　　　　　　大气压：

序号（前段）	体积 V_t/mL	序号（后段）	体积 $V_{t+\Delta t}$/mL	$V_{t+\Delta t} - V_t$	$\ln(V_{t+\Delta t} - V_t)$
1		11			
2		12			
3		13			
4		14			
5		15			
6		16			
7		17			
8		18			
9		19			
10		20			

2. 分别计算 $\ln(V_{t+\Delta}-V_t)$ 之值，以 $\ln(V_{t+\Delta}-V_t)$ 对时间 t 作直线。
3. 计算直线的斜率，其负值，即为室温下过氧化氢分解反应的速率常数。

七、实验结论

1. 室温_____下，过氧化氢分解反应速率常数 $k=$ _____。
2. 催化剂浓度减小，速率常数 k _____。

1. 如何检验系统是否漏气，如果系统漏气对实验有什么影响？
2. 如果将数据处理改为 2 号数据减 1 号数据；3 号数据减 2 号数据，以此类推。这种数据处理方法是否可行？

实验六　蔗糖水解反应速率常数的测定

一、实验目的

1. 测定室温下蔗糖水解反应的速率常数和半衰期，并证明该反应是一级反应。
2. 了解旋光仪的简单构造，学会正确使用旋光仪。

二、实验原理

蔗糖在水中转化成葡萄糖和果糖的反应为

$$C_{12}H_{22}O_{11} + H_2O \longrightarrow C_6H_{12}O_6 + C_6H_{12}O_6$$
　　　　蔗糖　　　　　　　葡萄糖　　　果糖

该反应在纯水中反应很慢，通常需要在酸催化下进行。在催化剂浓度不变的前提条件下，该反应为简单二级反应，化学反应速率方程式可写为

$$-\frac{dc}{dt}=kc_{蔗糖}c_{水}$$

但由于水是大量存在的，我们认为反应过程中水的浓度变化极小，可忽略。于是蔗糖水解反应速率只与蔗糖浓度的一次方成正比，称为准一级反应。其速率方程为

$$-\frac{dc}{dt}=kc_{蔗糖}$$

积分后

$$\ln c = kt + \ln c_0$$

速率常数可以通过以 $\ln c$ 对时间 t 作直线，从直线的斜率求得。

由于蔗糖及其转化产物葡萄糖、果糖都含有手性碳原子，因此都具有旋光性。本实验通过测定溶液的旋光度的变化来确定蔗糖在不同时刻的浓度。

旋光度可用旋光仪来测得。旋光度的大小与溶液的浓度、盛液管的长度、温度、光波的波长以及溶剂的性质有关系。当其他条件都确定时，旋光度与溶液浓度 c 呈线性关系：

$$\alpha = kc \tag{4-14}$$

蔗糖属右旋性物质，其比旋光度为 $[\alpha]_D^{20}=+66.6°$；葡萄糖也是右旋性物质，其比旋光度为 $[\alpha]_D^{20}=+52.5°$；果糖为左旋性物质，其比旋光度为 $[\alpha]_D^{20}=-91.9°$。由于果糖的左旋性旋光度比葡萄糖的右旋性旋光度大，随着反应的不断进行，旋光度不断减小，最终的产物是左旋。

那么旋光度与蔗糖浓度之间关系如何？

反应最初的旋光度为

$$\alpha_0 = k_{反} c_0 \quad (t=0, 蔗糖尚未转化) \tag{4-15}$$

反应最终的旋光度为

$$\alpha_\infty = k_{产} c_0 \quad (t=\infty, 蔗糖转化完全) \tag{4-16}$$

t 时刻的旋光度为

$$\alpha_t = k_{反} c_A + k_{产}(c_0 - c_A) \quad (蔗糖部分转化) \tag{4-17}$$

由式(4-15)～式(4-17)联立得

$$c_0 = \frac{\alpha_0 - \alpha_\infty}{k_{反} - k_{产}} = k'(\alpha_0 - \alpha_\infty) \tag{4-18}$$

$$c_A = \frac{\alpha_t - \alpha_\infty}{k_{反} - k_{产}} = k'(\alpha_t - \alpha_\infty) \tag{4-19}$$

将式(4-18)、式(4-19)代入一级反应速率方程式得

$$\ln(\alpha_t - \alpha_\infty) = -kt + \ln(\alpha_0 - \alpha_\infty) \tag{4-20}$$

以 $\ln(\alpha_t - \alpha_\infty)$ 对时间 t 作直线，其斜率的负值为反应的速率常数 k。半衰期可由速率常数计算而得 $t_{1/2} = 0.693/k$。

三、仪器与药品

WXG-4 型旋光仪 1 台；停表 1 块；具塞锥形瓶 1 个；100mL 烧杯 1 个。

蔗糖（分析纯）；3mol/L 的 HCl 溶液。

四、实验步骤

1. 旋光仪零点的校正

因为蒸馏水是非旋光性物质，可以用来校正旋光仪的零点。

首先将旋光管内注满蒸馏水，使管内尽量不要有气泡，盖好玻璃片，加盖盖好。检查确认不漏水，用滤纸将管外擦干，用镜头纸擦净玻璃片，放入旋光仪。

转动调节钮，使视场内观察到的三分视野消失（向左旋转，向右旋转都有三分视野出现），此时读刻盘刻度，重复三次，如果为零则无零位误差；不为零，记录其刻度，取其平均值用来校正仪器的系统误差。

2. 溶液的配制

用台式天平称取 10g 蔗糖，溶于 50mL 蒸馏水中（如果溶液不清应过滤）。

3. 旋光度的测定

将上述蔗糖溶液倒入干燥的锥形瓶里，用量筒取 50mL 3mol/L 的 HCl 溶液倒入锥形瓶与蔗糖溶液混合均匀。HCl 倒入时开始记录时间，此时反应开始。用待测溶液荡洗旋光管两次，然后将旋光管装满，盖好，擦干，放入旋光仪内，测量各时间的旋光度。

每次测定时，将旋光仪调节到三分视野消失，然后读数。

从反应开始每隔 5min 读数一次；20min 后，每隔 10min 读数一次；50min 后，每隔 15min 读数一次。两次读数相差不大时停止读数。

4. α_∞ 的测定

在测定旋光度第一或第二个数据后，将上述装满旋光管剩下的溶液在锥形瓶上加塞，放置于 55～60℃ 的水浴中加热 60min，其间振荡两次使反应完全。然后取出放置冷却至室温，测定旋光度，即为 α_∞。

五、注意事项

1. 旋光仪的零点一定是在两个三分视野之间，要防止调到假零点。假零点只有一侧有三分视野而另一侧没有。

2. 盛有蔗糖盐酸混合溶液的锥形瓶在水浴加热时,温度不可超过 60℃,否则蔗糖炭化(溶液呈黄棕色),浓度发生变化使测定的 α_∞ 与 α_t 不是同一起始浓度的数据影响测定结果。

六、数据记录与处理

(1) 将反应过程中测定的 α_t 和时间 t 列于表中。

零点读数:_____ 室温:_____ α_∞:_____

t/min	α_t/(°)	$(\alpha_t-\alpha_\infty)$/(°)	$\ln(\alpha_t-\alpha_\infty)$
5			
10			
15			
20			
30			
40			
50			
65			
80			
95			

(2) 以 $\ln(\alpha_t-\alpha_\infty)$ 为纵坐标,时间 t 为横坐标,作直线。

(3) 计算直线的斜率。在直线上任取两点,其纵坐标的差与横坐标的差之比为直线的斜率;斜率的负值为速率常数。

(4) 用所得的速率常数计算半衰期。

思考与练习

1. 为什么蔗糖的浓度不必配制得很准确,用分析天平称量,用容量瓶定容?
2. 如果实验前用蒸馏水调旋光仪零点时不是正好在零点,这种情况对实验结果有何影响?
3. 本实验的 α_∞ 还有其他方法可以确定吗?
4. 这样一个实验在夏季和冬季两个季节里测得的结果会相同吗?测定所用的时间相同吗?哪个季节测定所用的时间长?

*第三节 二 级 反 应

对于简单二级反应,A+B ⟶ D。一般有两种情况:一是两反应物起始浓度相等,可以当作一种反应物处理;二是两种反应物浓度不相同,但消耗浓度相同,所以要从消耗浓度相同入手进行积分。下面分别讨论这两种情况。

一、两反应物初始浓度相等的二级反应

若简单二级反应只有一种反应物或有两种反应物但两种反应物浓度相同时,按质量作用定律,化学反应速率方程的微分式为

$$-\frac{dc_A}{dt}=kc_A^2 \tag{4-21}$$

1. 两反应物浓度相等的二级反应速率方程积分式

对式(4-21)积分。首先分离变量得

$$-\frac{1}{c_A^2}dc_A = k\,dt$$

积分得
$$\frac{1}{c_A} = kt + B \tag{4-22}$$

其中 B 为不定积分的积分常数。当时间 $t=0$ 时，$B=\dfrac{1}{c_{A,0}}$，其中 $c_{A,0}$ 为起始浓度。代入式(4-22)得

$$\frac{1}{c_A} = kt + \frac{1}{c_{A,0}} \tag{4-23}$$

式(4-23)为简单二级反应两反应物初始浓度相同时的化学反应速率方程积分式。

如果用 x 表示 t 时刻反应物消耗的浓度，则式(4-23)可写为

$$\frac{x}{c_{A,0}(c_{A,0}-x)} = kt \tag{4-24}$$

如果用 y 表示 t 时刻反应物的转化率，则 $y=\dfrac{x}{c_{A,0}}$，代入式(4-24)有

$$\frac{y}{c_{A,0}(1-y)} = kt \tag{4-25}$$

当反应物消耗一半时 $y=50\%$，代入式(4-25)有

$$t_{1/2} = \frac{1}{kc_{A,0}} \tag{4-26}$$

上述的式(4-23)~式(4-26)都是二级反应（两反应物浓度相等）的化学反应速率方程积分式。

2. 两反应物浓度相等的二级反应特征

① 直线关系。从式(4-23)可以看出若以时间 t 为横坐标，t 时刻 A 的浓度的倒数 $1/c_A$ 为纵坐标，应该得到直线。直线的斜率为速率常数 k，截距为起始浓度的倒数 $1/c_{A,0}$。

在实际应用时，经常会利用二级反应的直线关系来确定反应级数和反应的速率常数。

② 与一级反应不同，二级反应的转化率与起始浓度有关。

③ 二级反应半衰期与起始浓度成反比关系。反应物的起始浓度越大，半衰期越小。

【例题 4-4】 在乙醇水溶液中，乙酸乙酯与氢氧化钠反应

$$CH_3COOC_2H_5 + NaOH \longrightarrow CH_3COONa + C_2H_5OH$$

若乙酸乙酯和氢氧化钠的浓度均为 0.050mol/L。在 303K 时，测得不同时刻溶液中二者的浓度数据如下

t/min	0	15	24	37	53	83	143
c/(mol/m³)	50	33.7	27.93	22.83	18.53	13.56	8.95

试用作图法求该二级反应的速率常数。

解 这是两反应物起始浓度相等的二级反应，根据两反应物浓度相等的二级反应速率方程积分式中的直线关系可以求得速率常数 k。

首先进行数据处理

t/min	0	15	24	37	53	83	143
c/(mol/m³)	50	33.7	27.93	22.83	18.53	13.56	8.95
$1/c$/(m³/mol)	0.02	0.0297	0.0358	0.0438	0.054	0.0738	0.1117

以 $1/c$ 对 t 作图得一直线，如图 4-3 所示。
由直线的斜率计算上述反应的速率常数

$$k = \frac{0.12 - 0.04}{148 - 28} = 6.7 \times 10^{-4} \ [\text{m}^3/(\text{mol} \cdot \text{min})]$$

直线斜率的求法：在直线上取两个点，分别找到两点的坐标值，斜率等于纵坐标的差与横坐标差的比值。

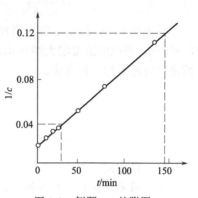

图 4-3　例题 4-4 的附图

二、两反应物初始浓度不相等的二级反应

两反应物起始浓度不相等时，化学反应速率方程为

$$-\frac{dc_A}{dt} = kc_A c_B = k_A(c_{A,0} - x)(c_{B,0} - x)$$

当 $c_{A,0}$ 和 $c_{B,0}$ 为常数时，将上式变换为

$$-\frac{dc_A}{dt} = -\frac{d(c_{A,0} - x)}{dt} = \frac{dx}{dt} = k_A(c_{A,0} - x)(c_{B,0} - x)$$

$$\frac{1}{c_{A,0} - c_{B,0}} \left(\frac{dx}{c_{B,0} - x} - \frac{dx}{c_{A,0} - x} \right) = k_A dt$$

对上式做不定积分

$$\frac{1}{c_{A,0} - c_{B,0}} \ln \frac{c_{A,0} - x}{c_{B,0} - x} = k_A t + C \tag{4-27}$$

当 $t=0$ 时 $x=0$，所以

$$C = \frac{1}{c_{A,0} - c_{B,0}} \ln \frac{c_{A,0}}{c_{B,0}}$$

代入式(4-27)有

$$\frac{1}{c_{A,0} - c_{B,0}} \ln \frac{c_{B,0}(c_{A,0} - x)}{c_{A,0}(c_{B,0} - x)} = k_A t \tag{4-28}$$

从式(4-28)可以看出直线关系：$\frac{1}{c_{A,0} - c_{B,0}} \ln \frac{c_{B,0}(c_{A,0} - x)}{c_{A,0}(c_{B,0} - x)}$ 对时间 t 作图呈直线关系，直线的斜率为速率常数 k_A。

对于两反应物起始浓度不相同的二级反应，对 A 和 B 半衰期是不同的。

【例题 4-5】 在 298K 时，乙酸乙酯皂化反应为简单二级反应，其速率常数 $k = 6.36\text{L}/(\text{mol} \cdot \text{min})$。

(1) 若乙酸乙酯和氢氧化钠的起始浓度相同，均为 0.02mol/L。试求反应的半衰期和反应进行到 10min 时的转化率。

(2) 若乙酸乙酯的起始浓度为 0.02mol/L，氢氧化钠的起始浓度为 0.03mol/L，求乙酸乙酯反应 50% 所需要的时间。

解 (1) 两种反应物起始浓度相同

$$t_{1/2} = \frac{1}{kc_{A,0}} = \frac{1}{6.36 \times 0.02} = 7.86 \ (\text{min})$$

反应进行到 10min 时，

$$\frac{y}{c_{A,0}(1-y)} = kt$$

即

$$\frac{y}{0.02 \times (1-y)} = 6.36 \times 10$$

$$y = 55.99\%$$

(2) 两反应物起始浓度不相等，则

$$t = \frac{1}{k(c_{A,0} - c_{B,0})} \ln \frac{c_{B,0}(c_{A,0} - x)}{c_{A,0}(c_{B,0} - x)}$$

$$=\frac{1}{6.36\times(0.02-0.03)}\ln\frac{0.03\times(0.02-0.01)}{0.02\times(0.03-0.01)}=4.52\text{（min）}$$

从上面计算可以看出，当酯和碱的起始浓度均为 0.02mol/L 时，酯转化 50% 需要 7.86min；若碱的浓度增大到 0.03mol/L 时，则酯转化 50% 需要 4.52min。这也是工业上提高酯化反应速率的一种方法。

思考与练习

一、填空题

对于简单级数的反应做总结，请填下表

级数	化学反应速率方程积分式	直线关系	半衰期	半衰期与起始浓度的关系
0				
1				
2				
3				
n				

二、判断题

1. 二级反应与一级反应不同，二级反应起始浓度越大，半衰期越长。
2. 两反应物浓度不同的简单二级反应没有半衰期。
3. 一级反应一定是单分子反应，二级反应一定是双分子反应。
4. 两反应物浓度相等的简单二级反应转化率与起始浓度成反比关系。
5. 二级反应速率常数的单位与一级反应相同。

三、单选题

1. 下列反应属于二级反应的是（　　）。
   A. 放射性元素的蜕变反应　　　　　　B. N_2O_5 的热分解反应
   C. 乙酸乙酯的皂化反应　　　　　　　D. 氧化亚氮在铝丝上的分解反应

2. 若反应 A⟶P 为反应物 A 的二级反应，下列描述中正确的是（　　）。
   A. 反应速率常数 k 的量纲为 [时间]$^{-1}$　　B. 反应的半衰期与 A 的初始浓度成反比
   C. 反应的半衰期与 A 的初始浓度成正比　　D. 反应的半衰期与 A 的初始浓度无关

3. 对反应 A⟶P，若反应速率常数的单位为 L/(mol·min)，则说明该反应为（　　）反应。
   A. 零级　　　　B. 一级　　　　C. 二级　　　　D. 无法确定

4. T、V 恒定下，气相反应为
$$2A(g)\longrightarrow B(g)$$
若 $A(g)$ 的转化率 $x=0.8$ 时所需的时间为 A 的半衰期的 4 倍，则此反应必为（　　）反应。
   A. 零级　　　　B. 一级　　　　C. 二级　　　　D. 无法确定

5. 某二级反应速率常数 $k=1\text{m}^3/(\text{mol}\cdot\text{s})$，若浓度单位用"mol/L"，时间单位用"min"表示时，k 值为（　　）L/(mol·min)。
   A. 6×10^4　　　B. 60　　　C. 6×10^{-4}　　　D. 16.7

四、问答题

1. 二级反应有哪些主要特点？

2. 常见的二级反应有哪些？
3. 二级反应如果其中一种反应物的浓度固定，则是否可以按照一级反应处理？
4. 从反应速率常数的量纲上就可以看出反应级数，二级反应速率常数的量纲如何？
5. 二级反应的半衰期与反应物的初始浓度是什么关系？

实验七　乙酸乙酯皂化反应速率常数的测定

一、实验目的

1. 学会用电导法测定乙酸乙酯皂化反应的速率常数和活化能。
2. 巩固掌握简单二级反应的特点。
3. 掌握电导率仪的使用方法。

二、实验原理

乙酸乙酯的皂化反应是一个典型的二级反应，反应方程式为

$$CH_3COOC_2H_5 + OH^- \longrightarrow CH_3COO^- + C_2H_5OH$$

在反应过程中，不同时间的生成物或反应物的浓度可以用化学分析法测定（例如：用酸标准溶液滴定 OH^- 的浓度），也可以用测定物理量的方法确定，例如测定电导。本实验选用测定电导的方法。为了处理问题方便，采用两反应物乙酸乙酯和氢氧化钠相同的初始浓度。根据二级反应速率方程有：

$$\frac{dx}{dt} = k(c_0 - x)^2 \tag{4-29}$$

式中　x——t 时刻反应物消耗的浓度，也是 t 时刻生成物的浓度。

对上式积分得

$$\frac{x}{c_0 - x} = kc_0 t \tag{4-30}$$

以 $\dfrac{x}{c_0-x}$ 对时间 t 作图应为一条直线，从直线的斜率可求得反应的速率常数。

本实验采用测定溶液电导（电阻的倒数）的方法确定离子浓度。电导测量是实验室和工业上常用的一种浓度自动检测的方法。通过测定电导的方法确定反应速率常数的理论依据是：

(1) 在稀溶液中，每种离子的电导 G 与其浓度成正比；

(2) 由离子独立移动定律可知，溶液的总电导等于溶液中各种离子的电导之和；

(3) 溶液中 OH^- 的电导比 CH_3COO^- 的电导大很多，因此随着反应的进行溶液的电导将显著下降。

对于乙酸乙酯皂化反应，当反应在稀溶液中进行时，符合上述规律。设反应在时间 $t=0$、$t=t$、$t=\infty$ 时的电导分别为 G_0、G_t 和 G_∞，则：

G_0 正比于 c_0，可写成

$$G_0 = k_1 c_0 \tag{4-31}$$

G_t 正比于 x，也正比于 $c_0 - x$ 可写成

$$G_t = k_1(c_0 - x) + k_2 x \tag{4-32}$$

G_∞ 正比于最终生成的乙酸根离子的浓度 c_0，可写为

$$G_\infty = k_2 c_0 \tag{4-33}$$

式中　k_1，k_2——与温度、溶剂电解质 NaOH，CH_3COONa 的性质有关的常数。

由式(4-31)～式(4-33) 可知

$$G_0 - G_t = k_1 c_0 - k_1(c_0 - x) - k_2 x = (k_1 - k_2)x$$

$$G_t - G_\infty = k_1(c_0 - x) + k_2 x - k_2 c_0 = (k_1 - k_2)(c_0 - x)$$

$$\frac{x}{c_0 - x} = \frac{G_0 - G_t}{G_t - G_\infty}$$

$$\frac{G_0 - G_t}{G_t - G_\infty} = kc_0 t$$

$$\frac{G_0 - G_t}{kc_0 t} = G_t - G_\infty$$

即
$$G_t = \frac{G_0 - G_t}{kc_0 t} + G_\infty$$

以 G_t 为纵坐标，以 $\dfrac{G_0 - G_t}{t}$ 横坐标作图可得直线，直线的斜率为 $1/(kc_0)$，由此可以计算反应的速率常数 k。

分别测定反应在不同温度下的速率常数，可以根据阿累尼乌斯方程式计算反应的活化能。

$$\ln \frac{k_2}{k_1} = -\frac{E}{R}\left(\frac{1}{T_2} - \frac{1}{T_1}\right) \tag{4-34}$$

三、仪器与药品

DDS-11 型电导仪 1 台；恒温槽 1 套；试管 2 支；秒表 1 块；25mL 移液管 2 支；10mL 移液管 2 支；1mL 吸量管 2 支；洗耳球 1 个；250mL 容量瓶 1 个；100mL 锥形瓶 2 个；烧杯 1 个。

NaOH 标准溶液，浓度 0.02mol/L 左右。

四、实验步骤

1. 乙酸乙酯溶液的配制

配制 250mL 乙酸乙酯溶液，其浓度与 NaOH 浓度相匹配。首先测量室温，然后根据下式计算乙酸乙酯的密度：

$$\rho = 924.54 - 1.168(T - 273.15) - 1.95 \times 10^{-3}(T - 273.15)^2$$

乙酸乙酯的体积
$$V = \frac{Mc}{\rho} \times 250$$

式中　M——乙酸乙酯的摩尔质量，88.052g/mol；

　　　c——NaOH 的浓度，0.02mol/L；

　　　ρ——乙酸乙酯的密度，g/L。

2. G_0 的测定

调节恒温槽至 35℃，用移液管取 25mL 0.02mol/L 的 NaOH 溶液于一干燥的 100mL 的锥形瓶中，再用另一支移液管移取 25mL 电导水加入锥形瓶中，使 NaOH 溶液稀释一倍，将电导电极用电导水淋洗后，再用少量稀释后的 NaOH 溶液淋洗，然后将电导电极插入锥形瓶里的 NaOH 溶液中，将锥形瓶放入恒温槽中恒温 10min。将电导仪打到校正挡，打开电导仪预热数分钟；将电导仪打到"高周"；电导池常数旋钮指向 1；量程指向"×10^3"挡的红点处。当仪表稳定后，旋动校正调节钮使指针指向满刻度，然后将开关拨到"测量"挡；读取表盘红色字读数；然后重新校正，再测量一次，记录测量的数据。

3. G_t 的测量

用移液管移取 10mL 约 0.02mol/L 的 NaOH 溶液于一干燥的 100mL 的锥形瓶中，将洁净、干燥的电导电极浸入 NaOH 溶液；用另一移液管取 10mL 乙酸乙酯溶液放入另一干燥的

100mL 锥形瓶中，塞好塞子置于恒温槽内。恒温 10min 后，将乙酸乙酯溶液倒入 NaOH 溶液中，使之迅速混合，并在倒入一半时记录时间。混合时将溶液在锥形瓶内来回倾倒 2~3 次，以使溶液混合均匀。按上述的测定方法测定溶液的 G_t。4min 后开始记录，每隔 2min 测一次，共测 5 次后，改为每隔 4min 测电导一次，测 6 次（共 12 个数据）。

以上测量完成后，将锥形瓶洗净，用电吹风吹干。再按上述步骤测定 40℃ 下乙酸乙酯皂化反应的 G_0 和 G_t 值。

实验完毕后，将电导电极用电导水淋洗干净，并插入有电导水的小烧杯中。

五、注意事项

1. 温度对反应速率及溶液电导值的影响颇为显著，应尽量使反应在恒温下进行。溶液在恒温槽中恒温时间要足够。
2. 所配制的乙酸乙酯溶液的浓度必须与氢氧化钠溶液浓度相等。
3. 用电导仪进行每一次测量时，必须先校正，然后再进行数据测量。
4. 由于空气中的二氧化碳会影响电导水的电导以及氢氧化钠溶液的浓度，所以实验中用煮过的电导水和新配制的氢氧化钠溶液更好。

六、数据记录与处理

1. 数据记录如下：

室温：　　　　　　　　　　大气压：
恒温槽温度：　　　　　　　起始浓度：

t/min	4	6	8	10	12	14	18	22	26	30	34	38
G_t/S												
$\dfrac{G_0-G_t}{t}$/(S/min)												

2. 以 G_t 为纵坐标，以 $\dfrac{G_0-G_t}{t}$ 为横坐标作直线，求斜率，求得 30℃ 的速率常数 k_1。
3. 用同样的记录表格和计算方法得 40℃ 的速率常数 k_2。
4. 根据式(4-34)计算乙酸乙酯皂化反应的活化能。

1. 在测定 G_0 时，为什么必须将所配制的 NaOH 溶液用电导水稀释一倍？
2. 影响实验测定数据 G_0 及 G_t 的外界因素有哪些？

第四节　温度对化学反应速率的影响

温度是影响反应速率的重要因素之一。通过实验研究，化学反应速率与温度的关系有如图 4-4 所示的五种情况。

大多数常见反应属于图 4-4 中的第Ⅰ种情况；第Ⅱ种情况为爆炸反应；第Ⅲ种情况为酶催化反应；第Ⅳ种情况为碳的氧化反应；第Ⅴ种情况为 $2NO+O_2 \longrightarrow 2NO_2$ 反应，k 随反应温度的升高而下降。

由化学反应速率方程式可知，反应速率取决于速率常数和反应物的浓度。温度主要是影响反应速率常数 k，那么速率常数 k 与反应温度存在何种关系呢？

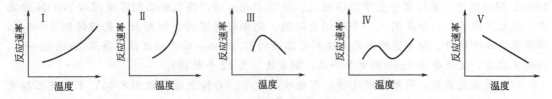

图 4-4 反应速率与温度的关系图

通过对大多数常见反应的 k 与 T 的关系实验结果的分析，范特霍夫得出如下经验规律

$$\frac{k(T+10\text{K})}{k}=2\sim 4 \tag{4-35}$$

即温度升高 10K，化学反应速率升高到原来的 2～4 倍。这是一个粗略的经验规则，却很有实际应用价值。

温度对化学反应速率的影响比浓度对化学反应速率的影响显著。阿伦尼乌斯通过实验研究并在范特霍夫工作的启发下，提出温度对反应速率常数的影响规律——阿伦尼乌斯方程。

一、阿伦尼乌斯方程

阿伦尼乌斯方程也是经验方程，但能较准确地表示出速率常数 k 与温度 T 的关系。其数学公式如下：

$$k=A\text{e}^{-\frac{E_\text{a}}{RT}} \tag{4-36}$$

式中 A——指前因子或频率因子；

E_a——表观活化能，简称活化能。

对一指定的反应体系，当温度变化范围不大时，A 和 E_a 可以看作是与温度无关的常数。阿伦尼乌斯方程还可以表示成以下几种形式：

$$\frac{\text{d}\ln k}{\text{d}T}=\frac{E_\text{a}}{RT^2} \tag{4-37}$$

$$\ln k=-\frac{E_\text{a}}{RT}+B \tag{4-38a}$$

$$\lg k=-\frac{E_\text{a}}{2.303RT}+B' \tag{4-38b}$$

$$\ln\frac{k_2}{k_1}=-\frac{E_\text{a}}{R}\left(\frac{1}{T_2}-\frac{1}{T_1}\right) \tag{4-39a}$$

$$\lg\frac{k_2}{k_1}=-\frac{E_\text{a}}{2.303R}\left(\frac{1}{T_2}-\frac{1}{T_1}\right) \tag{4-39b}$$

其中 $B=\ln A$，$B'=\lg A$ 为常数。

上述几个公式都是由阿伦尼乌斯方程取对数得到，都称为阿伦尼乌斯方程。在使用过程中，不同的形式有不同的用途。

对于同一反应，活化能为常数时阿伦尼乌斯方程体现的是随温度升高速率常数增大，化学反应速率增大。因为 $\frac{E_\text{a}}{RT^2}>0$，所以 $\frac{\text{d}\ln k}{\text{d}T}>0$。

可以通过不同温度下速率常数的测定来确定化学反应的活化能。

从式(4-38)可以看出以 $\ln k$-$1/T$ 作图为直线关系，直线的斜率为 $-E_\text{a}/R$。因此可以依据实验测得的一系列不同温度下的速率常数 k，通过作图，求斜率来确定活化能。

【例题 4-6】 实验测得 N_2O_5 分解反应在不同温度下的速率常数 k 值列于表 4-1。

表 4-1 N_2O_5 分解反应速率常数与温度的关系

反应温度 T/K	273	298	308	318	328	338
$k \times 10^5/s^{-1}$	0.0787	3.46	13.5	49.8	150	487
$(1/T) \times 10^3/K^{-1}$	3.662	3.335	3.242	3.140	3.046	2.959
$\lg k$	−6.104	−4.461	−3.870	−3.303	−2.824	−2.312

(1) 用作图法求该反应的活化能。
(2) 求 300K 时，N_2O_5 分解率达 90% 所需时间。

解 (1) 首先求出 $\lg k$ 和 $1/T$ 的数值填入表 4-1，以 $\lg k$ 为纵坐标，$1/T$ 为横坐标作图得一直线，如图 4-5 所示。在直线上取两点计算斜率

$$斜率\ m = \frac{-3.00-(-5.90)}{(3.11-3.62)\times 10^{-3}} = -5686$$

$$由于斜率\ m = -\frac{E}{2.303R}$$

所以活化能

$$E = 5686 \times 2.303 \times 8.314 = 1.08 \times 10^5\ (J/mol)$$

(2) $T = 300K$ 时，$1/T = 3.3 \times 10^{-3} K^{-1}$

从图中查得 $\lg k = -4.2$ $k = 6.33 \times 10^{-5}\ (s^{-1})$

$$t = \frac{1}{k}\ln\frac{1}{1-y} = \frac{1}{6.33\times 10^{-5}}\ln\frac{1}{1-90\%} = 3.6\times 10^4\ (s)$$

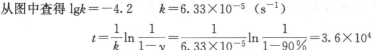

图 4-5 例题 4-6 的附图

【例题 4-7】 3-戊酮二酸在水溶液中的分解反应，已知 10℃ 和 60℃ 时反应的半衰期分别为 6418s 和 12.65s。

(1) 求反应的活化能；
(2) 若反应为一级反应，求 30℃ 时反应 1000s 后 3-戊酮二酸的转化率为多少？

解 (1) 因为反应的半衰期与速率常数成反比所以有

$$\frac{k(60)}{k(10)} = \frac{t_{\frac{1}{2}}(10)}{t_{\frac{1}{2}}(60)}$$

按照式(4-39)得

$$\ln\frac{t_{\frac{1}{2}}(10)}{t_{\frac{1}{2}}(60)} = \frac{E_a}{R} \times \frac{T_2-T_1}{T_1 T_2}$$

$$E_a = \frac{T_2 T_1}{T_2-T_1} R \ln\frac{t_{\frac{1}{2}}(10)}{t_{\frac{1}{2}}(60)}$$

$$= \frac{283.2 \times 333.2}{333.2-283.2} \times 8.314 \times \ln\frac{6418}{12.65}$$

$$= 97.7\ (kJ/mol)$$

(2) 按一级反应半衰期与 k 的关系有

$$k(10) = \frac{0.693}{t_{\frac{1}{2}}(10)} = \frac{0.693}{6418} = 1.08 \times 10^{-4}\ (s^{-1})$$

按式(4-39)有

$$\ln\frac{k(30)}{1.08\times 10^{-4}} = -\frac{97700}{8.314} \times \left(\frac{1}{303.2} - \frac{1}{283.2}\right)$$

$$k(30) = 1.67 \times 10^{-3}\ (s^{-1})$$

按一级反应化学反应速率方程积分式有

$$\ln\frac{1}{1-y} = k(30)t$$

$$\ln\frac{1}{1-y} = 1.67\times 10^{-3}\times 1000$$

$$y = 0.812$$

【例题 4-8】 已知蔗糖 $c(H^+)=0.1\text{mol/L}$ 的水解反应在 303K 时的速率常数为 1.83×10^{-5} s^{-1}。求：(1) 反应在 333K 时的速率常数；(2) 在 60℃下保温 2h 后，水解反应的转化率。已知反应的活化能为 106.46kJ/mol。

解 (1) 按式(4-39)有

$$\ln\frac{k(333K)}{1.83\times 10^{-5}} = -\frac{106460}{8.314}\times\left(\frac{1}{333}-\frac{1}{303}\right)$$

$$k(333K) = 8.26\times 10^{-4}\ (s^{-1})$$

(2) 由速率常数的单位可以断定该反应为一级反应。设蔗糖的转化率为 y，则有

$$\ln\frac{1}{1-y} = 8.26\times 10^{-4}\times 2\times 3600$$

$$y = 0.9974$$

计算结果表明在 60℃、保温 2h 条件下，蔗糖水解反应进行得很完全。

【例题 4-9】 在气相中，异丙烯基醚 (A) 异构化为丙烯基酮 (B) 的反应是一级反应，其速率常数与温度的关系为

$$\ln k = -\frac{14734}{T}+27.02$$

(1) 求反应的活化能 E_a；
(2) 要使反应物在 20min 内转化率达 60%，反应的温度应控制在多少？

解 (1) 将式(4-38)与题目所给关系式对比

$$\ln k = -\frac{E_a}{RT}+B$$

$$\ln k = -\frac{14734}{T}+27.02$$

得 $E_a = 14734R = 14734\times 8.314 = 122.5\ (kJ/mol)$

(2) 设在温度 T，$t = 20\times 60 = 1200(s)$ 时转化率 $y = 0.60$。对于一级反应有

$$k = \frac{1}{t}\ln\frac{1}{1-y} = \frac{1}{1200}\ln\frac{1}{1-0.6}$$

$$= 7.6\times 10^{-4}\ (s^{-1})$$

将速率常数数值代入题中经验式，得

$$T = \frac{14734}{27.02-\ln(7.6\times 10^{-4})} = 431\ (K)$$

反应温度应控制在 431K。

二、活化能

阿伦尼乌斯在解释他的经验方程式时，首先提出活化能概念。他认为在反应体系中，并非所有互相碰撞的反应物分子都能够即刻发生反应，而只有具有足够高能量的分子才能够发生反应。这部分一经碰撞就能发生反应的分子称为活化分子；活化分子所处的状态称为活化状态。

对于单分子反应，可用反应进程与能量关系图来表示活化能的概念。如图 4-6 所示，纵坐

标表示反应体系的能量，横坐标表示反应进程。$U_m(B)$ 表示反应物分子 B 的平均摩尔能，$U_m(G)$ 表示产物分子 G 的平均摩尔能；U_m^* 是活化分子的平均摩尔能。由图 4-6 可以清楚看到，反应物 B 生成产物的过程中必须经过一个活化状态 B^*，也就是说，反应物 A 必须吸收能量 E 才能达到平均摩尔能，成为活化分子，然后反应生成产物 G。同理，若逆反应在热力学上允许的话，反应沿原途径返回，则 G 物质必须吸收能量 E' 才能达到活化状态，然后反应生成产物 B。

由以上分析可知，活化状态相当于一个能峰，活化能大小代表能峰的高低。

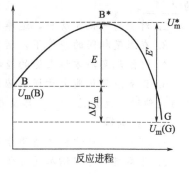

图 4-6 活化能示意图

若用数学公式表示应为

$$U_m^* = E + U_m(B) = E' + U_m(G)$$
$$E = U_m^* - U_m(B) \tag{4-40}$$
$$E' = U_m^* - U_m(G)$$

式(4-40)说明，基元反应的活化能是反应体系中活化分子的平均摩尔能与反应物分子平均摩尔能之差值。这是对阿伦尼乌斯活化能的解释。应该强调的是这种解释只适用于基元反应。对于非基元反应阿伦尼乌斯方程式仍然成立，但由阿伦尼乌斯方程计算出的活化能称为表观活化能。表观活化能没有具体的物理意义，但它的数值一样能反映化学反应速率的相对快慢和温度对反应速率的影响程度大小。一般化学反应的活化能约在 50～300kJ/mol 之间。

若有两个反应的频率因子近似相同，而活化能分别为 100kJ/mol 和 110kJ/mol。即 $E_2 - E_1 = 10$kJ/mol

则在 500K 时

$$\frac{k_1}{k_2} = e^{-\frac{E_1 - E_2}{RT}} = e^{\frac{10 \times 10^3}{8.314 \times 500}} = 11$$

即在相同条件下两个反应的速率相差约 11 倍。表 4-2 列出了反应活化能不同时，反应速率增高一倍需要提高温度的值。

表 4-2 反应温度敏感性（使速率增高一倍所需提高温度的值）

温度/℃	活化能/(kJ/mol)			温度/℃	活化能/(kJ/mol)		
	42	167	293		42	167	293
0	11℃	3℃	2℃	1000	273℃	62℃	37℃
400	70℃	17℃	9℃	2000	1037℃	197℃	107℃

由上述表格中数据比较及阿伦尼乌斯方程得出如下结论：
① 在相同温度下，活化能越小的反应，其速率常数越大，即反应速率越大，反应进行越快；
② 对同一反应，速率常数随温度的变化率在低温下较大，在高温下较小；
③ 对不同反应（在相同温度下比较时），活化能越大，其速率常数随温度的变化率越大。也就是说，几个反应同时进行时，高温对活化能较大的反应有利，低温对活化能较小的反应有利。工业生产上常利用这些特殊性来加速主反应，抑制副反应。

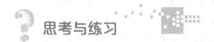

一、填空题

1. 温度变化主要是改变反应：活化能、反应机理、速率常数、物质浓度或分压中的_____。

2. 对于同一化学反应，速率常数在_____（低或高）温下，对温度比较敏感。

3. 在温度相同的条件下，活化能_____（大或小）的反应，速率常数对温度比较敏感。

4. 阿伦尼乌斯方程表达的速率常数与温度的关系是图4-4中_____的情况。

5. 正反应活化能大于逆反应活化能时，反应为_____热反应；逆反应活化能大于正反应活化能时，反应为_____热反应。

二、判断题

1. 阿伦尼乌斯方程式适用于所有的化学反应。
2. 升高温度可以增加反应体系中活化分子的含量，所以能加快反应速率。
3. 升高温度能够使正逆反应速率都增加，所以不改变化学平衡常数。
4. 阿伦尼乌斯方程式只适用于基元反应。
5. 基元反应正逆活化能之差为反应的热效应。

三、单选题

1. 速率常数 k 值与反应速率的关系为（　　）。

   A. k 值越大反应速率越快　　　　B. k 值越大反应速率越慢
   C. k 值大小对反应速率无影响　　D. 以上说法都不对

2. 范特霍夫曾根据实验事实总结出一条近似规律，温度每升高10K，反应速率大约增加（　　）倍。

   A. 2　　　　B. 5　　　　C. 7　　　　D. 10

3. 阿伦尼乌斯经验式中，随温度的升高，反应速率呈（　　）型加快。

   A. 对数　　　B. 直线　　　C. 抛物线　　　D. 指数

4. $k = A\exp\left(-\dfrac{E_a}{RT}\right)$ 上述公式中，E_a 表示（　　）。

   A. 速率常数　　B. 活化能　　C. 指前因子　　D. 热力学温度

5. 一定温度下，反应的活化能 E_a 越大，速率常数 k 越小，反应（　　）。

   A. 越慢　　　B. 越快　　　C. 先快后慢　　　D. 先慢后快

四、问答题

1. 化学反应速率常数与平衡常数在特点上有什么不同？
2. 请用碰撞理论解释为什么升高温度会加快化学反应速率。
3. 举例说明是不是所有的化学反应速率都随温度的升高而加快？
4. 从阿伦尼乌斯方程式可以看出，从理论上采取哪些措施能加快化学反应？
5. 加快化学反应速率的同时也能提高化学反应平衡产率，这种说法对吗？

第五节　催化剂对化学反应速率的影响

前面我们分别讨论了浓度和温度对化学反应速率的影响，现在研究影响化学反应速率的另一因素——催化剂。

催化剂在现代化学工业中起着越来越大的作用。在无机化工中，硫酸、硝酸和氨的生产都需要在催化剂存在下进行；有机化工中，石油的裂解，基本有机原料的生产，橡胶、塑料和纤维的合成，有机染料、医药、农药的生产都离不开催化剂。那么，什么是催化剂呢？

凡是能显著地加速化学反应速率，而本身在反应前后化学性质和数量保持不变的物质称为催化剂。能显著地加速反应速率的作用称为催化作用。催化剂种类繁多，有气体、液体和固体，有单质、化合物也有混合物。但它们在起催化作用时都具有以下基本特征。

一、催化剂的一般性质

① 催化剂能改变反应途径,降低反应活化能,从而加速反应进行。

活化能的降低对反应速率的改变是令人吃惊的。例如,HI 的分解在 503K,无催化剂时,反应的活化能为 184.1kJ/mol,当以 Au 为催化剂时反应的活化能降低为 104.6kJ/mol。假定频率因子 A 大体相同,两反应的速率常数之比为

$$\frac{k(催化)}{k(非催化)} = \frac{A\exp\left[-\dfrac{E(催化)}{RT}\right]}{A\exp\left[-\dfrac{E(非催化)}{RT}\right]}$$

$$= \frac{\exp[-104.6\times 10^3/(RT)]}{\exp[-184.1\times 10^3/(RT)]}$$

$$= \exp[79500/(8.314\times 503)] = 1.8\times 10^8$$

计算表明,使用 Au 作为催化剂后,HI 的分解反应速率提高了一亿八千万倍!

② 催化剂能缩短反应到达平衡的时间,但不能改变平衡状态。

催化剂参与化学反应,可以改变反应的途径。但是由于在反应前后催化剂的量和其他性质没有发生变化,所以对化学反应的平衡常数没有影响,不能改变平衡状态。也就是说,催化剂能同时加快正逆反应,不会影响平衡。因此我们不能希望通过加入或选择催化剂来使一个热力学上不能发生的反应发生,更不能希望通过加入催化剂而提高反应物的转化率。

③ 催化剂具有选择性。

在实际化学反应过程中,可能存在热力学上允许的几种反应或连串反应。但对某一特定的催化剂而言,只能在一定的反应条件下,特别有效地加速其中的一个反应。催化剂对此类多方向有选择性地催化反应的性能称为催化剂的选择性。例如,以一氧化碳和氢为原料,所发生的反应是多向的,可以生成甲醇、甲烷、合成汽油、固体石蜡等不同的产物,如果利用相应的催化剂就可以使反应有选择性地朝某一个所需要的反应方向进行,生产所需的产品。其反应如图 4-7 所示。

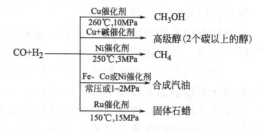

图 4-7 催化剂的选择性

通常对工业催化剂的要求是使其只生成所希望的目的产物,并尽量接近于达到该温度和压力下的平衡转化率,最好不生成或尽量少生成其他副产物。但只要存在并列反应,完全不生成其他副产物是不现实的;通常催化剂的选择性 S 用生成目的产物的百分率来表示。

$$S = \frac{原料生成目的产物物质的量(\text{mol})}{已转化的原料物质的量(\text{mol})} \times 100\%$$

二、催化剂的活性与稳定性

工业催化剂是指具有工业生产实际意义的催化剂。一种性能优良的工业催化剂必须能适用于工业生产规模的过程,可在工厂生产所控制的压力、温度、反应物浓度、流速及接触时间等条件下能够长期在工业规模的设备中正常运转,并能持续地、稳定地保持良好的耐热、耐毒稳定性。因此我们有必要对催化剂的催化效果及催化剂中毒情况有所了解。

1. 催化剂的活性

催化剂的活性是表示催化剂影响反应速率程度的一个数值。工业上用某种主要反应物在

给定反应条件下,转化为目的产物的百分率来表示催化剂的活性。若 A 为主要反应物,B 为目的产物,X 表示催化剂的活性,则

$$X_A = \frac{N_A}{N_A^0} \times 100\%$$

式中 X_A——反应物 A 的转化率;
　　　N_A^0——进料中 A 的物质的量;
　　　N_A——反应后已转化的 A 的物质的量。

用转化率表示催化剂的活性,虽然意义上不够确切,但因为计算方便,又比较直观,故在工业生产上经常使用。为了更直观方便,也常用给定条件下主要生成物出口浓度或反应物出口残余量来表示活性。

催化剂的活性在工业上也常用时空产率来表示。即用单位时间单位体积催化剂上所能得到目的产物的物质的量表示。

$$Y = \frac{N_B}{Vt} \tag{4-41}$$

式中 Y——催化剂的时空产率;
　　　N_B——目的产物的物质的量;
　　　t——时间;
　　　V——催化剂体积。

从上述两种催化剂活性的表示方法中可以看出,虽然表示方法不同,但对催化剂的活性的衡量是一致的,即 X 或 Y 的数值越大,催化剂的活性越好。

催化剂活性的表示方法不只是上述两种,有时还用在给定温度下欲达到某一指定转化率所需要的时间来表示等。

催化剂的活性与反应温度有关。通常温度过高会引起活性组分重结晶,甚至发生烧结和熔融等现象,使催化剂失活。因此,催化剂必须严格控制在规定温度范围内使用。

应该指出的是,催化剂的活性不但与催化剂以及参加反应物质的本性有关,同时与反应物和催化剂接触的表面积大小等许多因素有关。另外化学反应过程是一个同时伴随物质转变与能量转变的过程,如果单纯追求高转化率而能量得不到及时传递,将破坏反应条件。为此工业上所使用的催化剂应具有一个适宜的活性,而不是一味追求最高活性。

2. 催化剂的稳定性

催化剂的稳定性包括对高温热效应的耐热稳定性,对外力的机械稳定性,对毒物毒化作用的抗毒稳定性和对反应催化活性的化学结构稳定性。

大多数工业催化剂都有极限使用温度,超过一定温度范围,催化剂活性就会降低甚至完全丧失。耐热稳定性好的催化剂,应能在高温苛刻的反应条件下长期具有一定水平的活性。催化剂耐热的温度越高,时间越长,则表示该催化剂的耐热稳定性越好。

催化剂对有害物质的抵制能力称为催化剂的抗毒稳定性。各种催化剂对不同的杂质具有不同的抗毒性,即使是同一种催化剂对同一种杂质在不同的反应条件下其抗毒能力也有差异。然而工业催化剂的耐毒稳定性是相对的,耐毒稳定性再好的催化剂也无法抵抗高浓度、多种毒物长期的毒害。

一般催化剂中毒分为可逆性中毒和永久性中毒。可逆性中毒指经过处理,催化剂的活性可恢复的中毒。而永久性中毒则指催化剂活性无法再恢复的中毒。

催化剂的活性降低甚至失活后又能再一次得以部分乃至完全恢复的特性叫催化剂的再生性。有些催化剂不具备再生性,一次性应用后就弃之。例如,锌钙系脱氯剂等。

通常催化剂的使用寿命可以表示其稳定的程度。工业催化剂的使用寿命是指在给定操作

条件下，催化剂能满足工艺设计指标的活性持续时间。催化剂在使用中，用户往往根据本厂生产具体的技术经济条件来终止催化剂的使用寿命，因此不考虑工厂实际情况仅凭催化剂使用寿命长短来评论催化剂性能的好坏是不足取的。

由于实际工业催化反应条件的苛刻程度不一样，故工业催化剂的寿命长短不一。长者可达10年甚至十几年，如大型合成氨厂使用的熔铁氨合成催化剂和镍系甲烷化催化剂；催化剂的使用寿命短者往往只有十几秒，如催化裂化催化剂。但一般工业催化剂的寿命可达1～2年，或3～5年。

思考与练习

一、填空题

1. 某反应在一定条件下平衡转化率为25%，当有催化剂存在时，其转化率应当_____25%（大于、小于或等于）。
2. 催化剂的共同特征是_____、_____、_____。
3. 催化剂的中毒分为_____和_____；通过某种办法使_____中毒的催化剂恢复活性的措施叫催化剂的_____。
4. 工业上在高温下合成氨反应是个放热反应，从化学平衡的角度来说高温对合成氨不利，但工业上却在高温下合成氨，原因是_____。
5. 常用的表示催化剂活性的是_____和_____。

二、判断题

1. 催化剂加快化学反应的进行是由于它提高了正反应的速率，同时降低了逆反应的速率。
2. 在常温常压下将氢气和氧气混合，数日后尚未检测到有任何变化，所以断定在该条件下，氢气和氧气的混合物是稳定的。
3. 某反应在一定条件下的平衡转化率为48%，但在该条件下反应进行了较长时间，转化率只有8.5%，选择合适的催化剂可提高转化率，但不会超过48%。
4. 催化剂在反应前后物理性质和化学性质都不发生变化，也就是说，催化剂是不参与化学反应的。
5. 催化剂的使用寿命越长，催化剂的性能越好。

三、单选题

1. 有关催化剂的性质，下列说法不正确的是（　　）。
   A. 催化反应频率因子比非催化反应大得多　　B. 催化剂参与反应过程，改变反应途径
   C. 催化剂提高单位时间内原料转化率　　D. 催化剂对少量杂质敏感
2. 合成氨反应达到平衡时氨的含量为25%，此时加入铁作催化剂则氨的含量（　　）。
   A. 增加　　　　B. 减少　　　　C. 不变　　　　D. 不能确定
3. 下列不能影响反应速率常数的因素是（　　）。
   A. 催化剂　　　B. 浓度　　　　C. 温度　　　　D. 反应活化能
4. 下列条件不能降低催化剂活性的是（　　）。
   A. 催化剂在高温下烧结　　　　　　B. 污物沉积
   C. 一些杂物强烈吸附于催化剂表面　　D. 催化剂量减少
5. H_2O_2分解为H_2O和O_2，反应活化能为75.1kJ/mol，用酶做催化剂，则活化能降为25.1kJ/mol，因此在25℃时由于催化作用，反应速率大致改变了（　　）。

A. 6×10^6 倍   B. 6×10^8 倍   C. 5×10^4 倍   D. 5×10^6 倍

四、问答题

1. 请从碰撞理论角度简单解释催化剂对化学反应速率的影响。
2. 催化剂是否可改变化学反应平衡，为什么？
3. 催化剂中毒分几种情况？
4. 催化剂改变化学反应速率，其是否参与到化学反应当中？
5. 比较单相催化和多相催化反应的异同点。

第六节　常见的催化反应

在本章化学动力学中我们学习了有关催化剂的性质，本节将在关于催化剂的基础上介绍催化反应。常见的催化反应有均相催化和多相催化等，下面分别介绍。

一、均相催化反应

均相催化反应是指反应组分与催化剂同处于一相当中，反应速率随催化剂浓度增大而增大的反应。

在均相催化反应中往往把反应物称为"底物"，用 S 表示。对于比较简单的均相催化反应 S→B，一般将其机理模式化为

$$S + K \underset{k_{-1}}{\overset{k_1}{\rightleftharpoons}} X \xrightarrow{k_2} B + K$$

（反应物）　（催化剂）　　（中间产物）　　（产物）

其反应速率方程按复杂反应中对峙反应和连串反应处理。

均相催化反应一般分气相催化反应和液相催化反应。

1. 气相催化反应

发生在气相的均相催化反应称为气相催化反应。气相催化反应的典型例子不多，例如，乙醛热分解反应

$$CH_3CHO \longrightarrow CH_4 + CO$$

若用碘蒸气做催化剂，可使反应速率大增，其反应的机理如下：

$$I_2 \rightleftharpoons 2I\cdot$$
$$I\cdot + CH_3CHO \longrightarrow HI + CH_3\cdot + CO$$
$$CH_3\cdot + I_2 \longrightarrow CH_3I + I\cdot$$
$$CH_3\cdot + HI \longrightarrow CH_4 + I\cdot$$
$$CH_3I + HI \longrightarrow CH_4 + I_2$$

再例如用 NO 气体做催化剂，催化 $2SO_2 + O_2 \longrightarrow 2SO_3$。

2. 液相催化反应

发生在溶液中的均相催化反应称为液相催化反应。液相催化反应常见的是酸碱催化反应和配位催化反应。其中以酸碱催化反应为最多。

(1) 酸碱催化反应　酸碱催化反应是溶液中最重要和最常见的一种催化反应。其中有的反应受 H^+ 催化，有的反应受 OH^- 催化，有的既受 H^+ 催化也受 OH^- 催化。

应该指出的是，溶液中的酸碱催化反应包括广义的酸碱催化反应。例如，亚硝胺的分解反应

$$NH_2NO_2 \longrightarrow N_2O + H_2O$$

可以被 Ac^- 催化，其机理为

$$NH_2NO_2 + Ac^- \longrightarrow NHNO_2^- + HAc$$
$$NHNO_2^- + HAc \longrightarrow N_2O + H_2O + Ac^-$$

(2) **配位催化反应** 配位均相催化反应近几十年来有了较大的发展，催化剂是以过渡金属的化合物为主体的。在配位催化过程中，或者催化剂本身是配合物，或是反应历程中催化剂与反应物生成配合物。因此，在研究配位催化反应时，除了利用前面介绍过的催化作用基本规律外，还需应用配合物化学的理论和方法。

由于配位催化具有速率高、选择性好的优点，目前已在聚合、氧化、异构化、羰基化等反应中得到广泛应用。

二、酶催化反应

酶是一种蛋白质分子，是由氨基酸按一定顺序聚合起来的大分子，有些酶还结合了一些金属，例如：催化 CO_2 分解的酶中含有铬，固氮酶中含有铁、钼、钒等金属离子。

许多生物化学反应都是酶催化反应。由于酶分子的大小约为 3~100nm，因此就催化剂的大小而言，酶催化反应处于均相催化与多相催化反应之间。

酶催化反应具有以下四个特点。

① 具有高选择性。就选择性而言，酶超过了任何一种人造催化剂。例如脲酶仅能催化尿素转化为氨和二氧化碳的反应，而对其他任何反应都没有催化作用。

② 具有高效性。就催化效果而言，酶比一般的无机或有机催化剂高得多，有时高出成亿倍，甚至十万亿倍。例如，一个过氧化氢分解酶分子，能在 1s 内分解十万个过氧化氢分子；而石油裂解中使用的硅酸铝催化剂，在 773K 时约 4s 才分解一个烃分子。

③ 催化条件容易满足，一般在常温常压下即可。例如，工业合成氨反应必须在高温、高压下的特殊设备中进行，且生成氨的效率只有 7%~10%；而存在于植物茎部的固氮酶能在常温常压下固定空气中的氮，且将它还原成氨。

④ 催化机理复杂。其具体表现为酶催化反应的速率方程复杂，对酸度和离子强度敏感，与温度关系密切等。这就增加了研究酶催化反应的困难性。

目前，酶催化的研究是个十分活跃的领域，但至今酶催化理论还很不成熟，就连应该如何模拟自然界的生物酶催化剂，还是当前的一大课题。

三、多相催化反应简介

多相催化反应在化学工业中所占有的地位比均相催化重要得多。最常见的催化是催化剂为固体而反应物为气体或液体。特别是气体在固体催化剂上的反应，最重要的化学工业如合成氨、硫酸工业、硝酸工业、原油裂解工业及基本有机合成工业等，几乎都属于这种类型的多相催化。为此，迄今人们对气-固多相催化研究做了大量的工作，得到相当丰富的实践经验。但由于多相催化体系本身比较复杂，影响因素也比较多，因此至今还未建立一个比较完整的多相催化理论。

气-固相催化反应的具体机理可能是复杂的，而且不同的反应其机理并不相同，但一般来说，气-固相催化反应过程可作五步。

① 反应物分子扩散到催化剂表面。

② 反应物被催化剂表面吸附。这一步属于化学吸附，若两种反应物，可能是两种都被吸附，也可能只有一种被吸附。

③ 被吸附分子在催化剂表面上进行反应。这一步称作表面反应。这种表面反应可能发生在被吸附的相邻分子之间。催化剂表面是这一步骤进行的场所。

④ 产物分子从催化剂表面解吸。
⑤ 产物分子扩散离开催化剂表面。

以上五个步骤构成了气-固催化反应的全过程。这五步实际上是五个阶段，每一步都有它自己的机理。其中第①和第⑤步是扩散过程，属于物理过程；第②、③和④三步都是反应分子在催化剂表面上的化学变化，通称为表面化学过程，是多相催化动力学研究的重点内容。

思考与练习

一、填空题

1. 均相催化反应一般分为_____和_____催化。
2. 常见的多相催化反应是气-固催化反应，催化剂为固体的气-固催化反应步骤一般为_____、_____、_____、_____、_____。
3. 酶是一种蛋白质，酶催化反应的特点一般有_____、_____、_____、_____。
4. 均相催化反应的优点是_____；缺点是_____。
5. 气固相催化反应中反应物分子在催化剂表面上发生化学变化，通常称为_____过程。

二、判断题

1. 酸碱催化反应属于均相催化反应。
2. 无论是均相催化还是多相催化反应，都存在催化剂与反应物质难分离的问题。
3. 均相催化反应由于催化剂与反应物能充分接触，所以催化剂催化效果好。
4. 酶催化反应的催化剂对温度很敏感。
5. 气-固相催化反应的五个步骤中只有反应物分子在催化剂表面发生反应属于化学过程，其余四个过程都是物理过程。

三、单选题

1. 乙烯用氯化钯催化氧化生成乙醛属于（   ）。
   A. 酸碱催化反应   B. 酶催化反应   C. 光催化反应   D. 配位催化
2. 下列反应属于气相催化反应的是（   ）。
   A. 碘蒸气催化乙醛分解为甲烷和一氧化碳   B. 用酸催化酯水解
   C. 用氯化钯催化乙烯氧化   D. 用铂催化烯烃的加氢反应
3. 下列反应不属于酸催化反应的是（   ）。
   A. 乙烯用银做催化剂，氧化生成环氧乙烷
   B. 酯的水解
   C. 蔗糖的水解反应
   D. 苯与氯气用三氯化铁做催化剂，反应生成氯苯
4. 液相催化反应不包括（   ）。
   A. 酸碱催化   B. 络合催化   C. 光催化反应   D. 蔗糖的水解反应
5. 关于酸碱催化反应，下列说法不正确的是（   ）。
   A. 酸碱催化的本质是有酸或碱存在
   B. 酸催化时反应物从酸接受质子生成HX^+，HX^+再反应
   C. 碱催化时，质子从反应物转移到催化剂上

D. 有的反应既能被酸催化，又能被碱催化

四、问答题

1. 常见的催化反应有几种，各有什么优缺点？
2. 举例说明液相催化反应的简单催化原理。
3. 为什么固体催化剂都做成网状或者小柱状等？
4. 对于气固相催化反应，固体催化剂起催化作用的是哪一部分？
5. 催化剂的加入是否改变化学反应的途径？

 新视野　　　　　铂-钯-铑系汽车尾气净化剂

汽车尾气中有产生光化学烟雾的主要物质氮氧化物（100～3000 mg/m^3）和各种不完全燃烧的碳氢化合物（500～1000 mg/m^3）。除此之外，汽车尾气中还有不完全燃烧的 CO 气体，此外还有硫的氧化物、铅的化合物、黑色微粒烟雾和油雾等。其中硫的氧化物和铅的化合物可以通过降低燃料中的含硫量以及采用无铅汽油来进行有效控制。目前各国排放法规主要限制汽车尾气中的一氧化碳、碳氢化合物、氢氧化物三类化合物的含量。而汽车尾气中尚存在各国法规限制的有害成分，如甲醛、乙醛、丙烯醛、苯、乙酰甲醛、丁二烯等。

工程师们在设计汽车发动机时尽可能减少汽车尾气，但目前，汽车尾气中有毒有害气体的含量仍达不到排放标准。因此，如何在汽车尾气排放之前将这些有害物质去除，成为学者们研究的重要内容。经过很长时间的研究和实验，上述目的可以通过催化转化器来实现。

自从美国于 1975 年首先规定汽车必须安装催化转化器以来，近 30 年的使用实践表明，在汽车尾气排放口安装催化转化器是一种净化汽车尾气行之有效的方法。目前国外的铂-钯-铑系汽车催化净化催化剂可使未燃烧的烃类、一氧化碳和氮氧化物的排放量分别小于 0.1g/(kW·h)、1.0g/(kW·h) 和 0.08g/(kW·h)，几乎接近零排放的水平。

目前市场上通用的汽车尾气催化净化器主要由 Pt-Pd-Rh 活性组分，由氧化铝和助催化剂 GeO_2 等构成的涂层及蜂窝状载体所组成，如图 4-8 所示。其

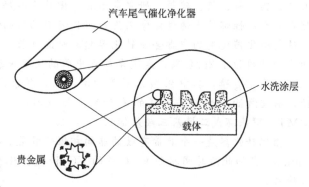

图 4-8　汽车尾气催化净化器的组成

中堇青石基质构成的陶瓷蜂窝状载体占 90%，金属基质构成的蜂窝状载体占 10%。金属基质的载体其起燃温度低、起燃速度快、机械强度高、比表面积大、传热快、热容小、机械强度好、抗震性强、寿命长，可适应汽车冷启动排放的要求并可进行电加热。其体积较小，故可被催化转化器装填体积有限的车辆使用，例如摩托车。

汽车尾气中所含的一氧化碳、碳氢化合物及氮氧化物等气体在 Pt-Pd-Rh 系催化剂作用下主要发生如下反应。

(1) 氧化反应　　$2CO(g) + O_2(g) \longrightarrow 2CO_2(g)$
　　　　　　　　$4HC(g) + 5O_2(g) \longrightarrow 4CO_2(g) + 2H_2O(g)$
(2) 还原反应　　$2CO(g) + 2NO(g) \longrightarrow 2CO_2(g) + N_2(g)$
　　　　　　　　$2HC(g) + 4NO(g) \longrightarrow 2CO_2(g) + 2N_2(g) + H_2(g)$
　　　　　　　　$2H_2(g) + 2NO(g) \longrightarrow 2H_2O(g) + N_2(g)$
(3) 烃类水蒸气转化反应　　$2HC(g) + 2H_2O(g) \longrightarrow 2CO(g) + 3H_2(g)$

(4) 水煤气变换反应 $CO(g)+H_2O(g) \longrightarrow CO_2(g)+H_2(g)$

催化转化效率可以用下式表示：

$$\eta_i = \frac{c(i)_1 - c(i)_2}{c(i)_1} \times 100\%$$

式中 $c(i)_1$——尾气中污染物 i 在催化器入口处的浓度；
$c(i)_2$——尾气中污染物 i 在催化器出口处的浓度。

助剂氧化铈有 4 价和 3 价两种价态。当汽车尾气净化催化剂交替在贫氧和富氧状态下使用时，靠 Ge^{4+} 和 Ge^{3+} 的交替产生吸储氧和释放氧的过程，从而使 CO 和 HC 更容易被氧化，氮氧化物更容易被还原，其反应如下。

氧化反应： $2Ge_2O_3(s) + O_2(g) \longrightarrow 4GeO_2(s)$
$2Ge_2O_3(s) + 2NO(g) \longrightarrow 4GeO_2(s) + N_2(g)$
$Ge_2O_3(s) + H_2O(g) \longrightarrow 2GeO_2(s) + H_2(g)$

还原反应： $2GeO_2(s) + CO(g) \longrightarrow Ge_2O_3(s) + CO_2(g)$
$2GeO_2(s) + H_2(g) \longrightarrow Ge_2O_3(s) + H_2O(g)$

汽车尾气净化催化剂经长期使用后，其催化特性会逐渐下降甚至失活，有时会提前结束其使用寿命，无法达到与汽车使用寿命同步的效果。目前汽车尾气净化催化剂最主要的失活方式是高温热老化失活，其次是磷、铅、硫等毒物的中毒失活。通常引发汽车尾气净化催化剂热老化的环境及原因有：由于汽车点火系统的不良运行，造成发动机持续失火使未燃混合气在催化净化器中发生剧烈氧化；汽车处于连续高速大负荷运行；处于突然刹车的尾气氧化气氛之中等。汽车尾气净化催化剂的中毒是其重要的化学失活方式，易使催化剂中毒的毒物有磷、铅、锌、钙、硫等，研究表示其毒化作用顺序为 P>Pb>Zn>Ca>S。毒物分子在催化剂表面活性部位上通过化学吸附形成强吸附物种而阻碍了汽车尾气催化剂的净化作用。汽车尾气净化催化剂的中毒会使转化器起燃时间延长，废气污染物的排放量增加。通常磷在机油中含量约为 1.2g/L 磷，是汽车尾气中磷的主要来源。据估算汽车运行 8 万公里在催化剂上可富集 13g 磷，其中 93% 来源于润滑机油，其余来源于燃油。我国为了提高汽油的辛烷值，有些汽油中加入了含锰的添加剂。如我国的无铅汽油有些含有 0.005~0.018g/L 的 MMT（甲基环戊二烯基三羟基锰）。

催化转化器是一个非常有效的非均相催化装置。汽车尾气和催化剂的接触时间为 100~400ms，在如此短时间接触中 96% 的 CO 和碳氢化合物被转化，大约 76% 的氮氧化合物被除去。

催化转化器使用的催化剂一般都非常昂贵，如铂和铑，这些金属的价格远远高于黄金。因此，当前有兴趣的课题是研制新催化剂，既能像铂和铑那样高效，又价格低廉。

习　题

4-1 甲醇的合成反应

$$CO + 2H_2 \longrightarrow CH_3OH$$

已知某条件下甲醇的生成速率 $\vartheta_{CH_3OH} = 2.44 \times 10^3$ mol/(m³·h)。分别求同样条件下 CO 和 H_2 的消耗速率为多少。

4-2 气相分解反应 $SO_2Cl_2(g) \longrightarrow SO_2(g) + Cl_2(g)$ 属于一级反应，在 320℃ 时，$k = 2.2 \times 10^{-5} s^{-1}$。计算在 320℃ 时恒温 100min 后，$SOCl_2$ 的分解率为多少。

4-3 某一级反应，35min 反应物消耗 30%。求速率常数 k 及 5h 后反应物消耗的百分数。

4-4 放射性同位素 $^{32}_{15}P$ 的蜕变反应 $^{32}_{15}P \rightarrow ^{32}_{16}S + \beta$，现有一批该同位素的样品，经测定其活性在 10 天后降低了 38.42%。求上述蜕变反应的速率常数、反应半衰期及经多长时间蜕变 99.0%。

4-5 某抗生素注入人体后，在血液中反应为一级反应。如果在人体中注射 0.50g 的该种抗生素，然后在不同时间 t 测定它在血液中的浓度 c_A（以 mg/100mL 表示），得到下面数据：

t/h	4	8	12	16
c_A/(mg/100mL)	0.480	0.326	0.222	0.151

(1) 请用作图法计算反应的速率常数；(2) 计算反应的半衰期；(3) 若要使血液中抗生素浓度不低于 0.37mg/100mL。问需几个小时后注射第二针？

4-6 某反应在 40℃ 进行时转化率达到 20% 需要 15min；初始浓度相同，反应在 60℃ 进行时，转化率达到 20% 需要 3min，计算该反应的活化能。

4-7 某一级反应 600K 时半衰期为 370min，活化能为 2.77×10^5 J/mol。求该反应在 650K 时的速率常数和反应物消耗 75% 所需要的时间。

4-8 某乳品在 28℃ 时 6h 就开始变酸，该乳制品腐败过程的活化能为 1.07×10^5 J/mol。若该腐败过程反应为一级反应，估算该乳制品在 4℃ 的冷藏箱中可保鲜多少天。

4-9 溴乙烷分解反应为一级反应，在 650K 时速率常数为 2.14×10^{-4} s^{-1}。若已知活化能为 229.3kJ/mol。计算要在 10min 使反应进行 60%，应在什么温度下进行？

4-10 某药物溶液分解 30% 即失效，实验测得该药物在 50℃、60℃ 和 70℃ 的反应速率常数分别为 7.08×10^{-4} h^{-1}、1.70×10^{-3} h^{-1} 和 3.55×10^{-3} h^{-1}。计算该药物分解反应的活化能以及在 25℃ 下保存该药物的有效期。

4-11 配制每毫升 400U 的某种药物溶液，11 个月后，经分析每毫升含有 300U，若此药物的分解为一级反应。请计算：(1) 配制 40 天后该药物的含量为多少；(2) 此药物分解一半，需多少天。

4-12 已知某陨石每克中含 ^{238}U 为 6.3×10^{-8} g，^{4}He 为 20.77×10^{-6} mL（标准状况），^{238}U 的蜕变反应为一级反应：

$$^{238}U \longrightarrow ^{206}Pb + 8\ ^4He$$

由实验测得 ^{238}U 的半衰期 $t_{1/2} = 4.51 \times 10^9$ 年，试求该陨石的年龄。

4-13 21℃ 时，将等体积的 0.04mol/L 乙酸乙酯溶液和 0.04mol/L 氢氧化钠溶液混合，经 25min 后，取出 0.1L 进行分析，测得中和该样品需要 0.1250mol/L 的 HCl 溶液 4.23mL。求 21℃ 时，该二级反应

$$CH_3COOC_2H_5 + NaOH \longrightarrow CH_3COONa + C_2H_5OH$$

的速率常数，并求 45min 后，乙酸乙酯的转化率。

4-14 反应 $CH_3CH_2NO_2 + OH^- \longrightarrow H_2O + CH_3CH=NO_2^-$ 为二级反应，在 0℃ 时，速率常数为 3.91L/(mol·min)。若有 0.004mol/L 的硝基乙烷和 0.005mol/L 的氢氧化钠水溶液，问多少时间后有 90% 的硝基乙烷发生反应。

4-15 有两个反应，其活化能相差 4.175kJ/mol，若忽略此两反应指前因子的差异，请计算两反应的速率常数之比值。(1) $T = 300$K；(2) $T = 600$K。

4-16 已知某反应的活化能为 80kJ/mol，计算反应温度从 T_1 到 T_2 时，反应速率常数增大到原来的多少倍？

(1) $T_1 = 293.0$K，$T_2 = 303.0$K；

(2) $T_1=373.0$K,$T_2=383.0$K;

(3) 计算结果说明什么？

4-17 已知反应 A ⟶ D+R 在一定温度范围内，其速率常数与温度的关系为

$$\lg k = -\frac{4000}{T} + 7.000$$

式中 k 的单位为 $\min^{-1}$。

(1) 求该反应的活化能；

(2) 若需要在 30s 时 A 反应 50%，问反应温度应控制在多少度？

4-18 某药物在一定温度下每小时分解率与物质的量浓度无关，速率常数与温度的关系为

$$\ln k = -\frac{8938}{T} + 20.400$$

式中 k 的单位为 h^{-1}。

计算：(1) 在 30℃时每小时分解率是多少？

(2) 若此药物分解 30% 即失效，问在 30℃保存，有效期是几个月？

(3) 欲使有效期延长到 2 年以上，保存温度不能超过多少度？

4-19 65℃时 N_2O_5 气相分解反应的速率常数为 $0.292\min^{-1}$，活化能为 103.3kJ/mol，求 80℃时的速率常数和半衰期。

4-20 环氧乙烷在蒸气状态的热分解反应是一级反应，已知在 378.5℃时反应的半衰期为 363min，该反应的活化能为 217568J/mol。求在 450℃时环氧乙烷分解 75% 所需的时间。

第五章 电解质溶液

> 学习目标
> 1. 理解弱电解质溶液的解离平衡及其特点。
> 2. 能够根据解离平衡常数进行解离度和离子浓度等计算。
> 3. 理解同离子效应、缓冲溶液等基本原理和应用。
> 4. 理解配位平衡和配合物的稳定常数关系。
> 5. 能够利用配位平衡常数进行有关离子浓度的计算。
> 6. 理解沉淀平衡和沉淀反应的溶度积常数关系。
> 7. 理解溶度积规则,能够利用溶度积规则进行沉淀生成或溶解的判断。
> 8. 能够利用溶度积常数进行沉淀的生成、转化等相关计算。

第一节 弱电解质的电离平衡

电解质在水溶液中能够电离成离子,根据它们电离程度的不同分为强电解质和弱电解质。强电解质在水溶液中全部电离,弱电解质在水溶液中部分电离。

一、电离度

弱电解质在水溶液中能够部分电离成离子。

如
$$HAc \rightleftharpoons H^+ + Ac^-$$
$$NH_3 \cdot H_2O \rightleftharpoons NH_4^+ + OH^-$$
$$H_2O \rightleftharpoons H^+ + OH^-$$

对于弱电解质,可用电离度来表示其电离的程度。

在电离平衡时,已电离的弱电解质浓度与弱电解质起始浓度之比叫做电离度,用 α 表示。

$$\alpha = \frac{\text{已电离的弱电解质浓度}}{\text{弱电解质的起始浓度}} \times 100\% \tag{5-1}$$

不同的弱电解质电离度不同。电离度的大小可以表示弱电解质的相对强弱。在温度、浓度相同的条件下,电离度大,表示该弱电解质相对较强。

电离度与弱电解质的浓度有关。因此用电离度比较弱电解质的相对强弱,必须在相同浓度下进行比较才有意义。对同一种弱电解质,浓度越稀,电离度越大。此外,电离度还与温度有关。

二、电离常数

弱电解质在水溶液中只有一小部分电离成离子,绝大部分仍是以未电离的分子状态存在。因此弱电解质溶液中,始终存在着未电离的弱电解质分子和已电离的弱电解质的离子之间的平衡。

1. 一元弱酸、弱碱的电离平衡

若以 HA 表示一元弱酸,其电离平衡式为

$$HA \rightleftharpoons H^+ + A^-$$

在电离平衡时

$$K_a^\ominus = \frac{\left(\dfrac{c_{H^+}}{c^\ominus}\right)\left(\dfrac{c_{A^-}}{c^\ominus}\right)}{\dfrac{c_{HA}}{c^\ominus}}$$

$$K_a^\ominus = \frac{c'_{H^+} c'_{A^-}}{c'_{HA}} \tag{5-2}$$

式中 c'——$c/c^\ominus$，其量纲为1；
  c——物质的量浓度，mol/L；
  $c^\ominus$——标准浓度，$c^\ominus = 1$ mol/L；
  $K_a^\ominus$——弱酸的电离常数。

若以 BOH 表示一元弱碱，则其电离平衡式为

$$BOH \rightleftharpoons B^+ + OH^-$$

$$K_b^\ominus = \frac{\left(\dfrac{c_{B^+}}{c^\ominus}\right)\left(\dfrac{c_{OH^-}}{c^\ominus}\right)}{\dfrac{c_{BOH}}{c^\ominus}}$$

$$K_b^\ominus = \frac{c'_{OH^-} c'_{B^+}}{c'_{BOH}} \tag{5-3}$$

$K_b^\ominus$ 称为弱碱的电离常数。

对于具体的弱酸或弱碱的电离常数，可在 $K^\ominus$ 的后面注明弱酸或弱碱的化学式，例如 $K^\ominus(HAc)$、$K^\ominus(NH_3)$ 分别表示醋酸、氨水的电离常数。

与其他平衡常数一样，电离常数与温度有关，与浓度无关。但温度对电离常数的影响不大，所以在室温下可不予考虑。

电离常数也可以表示弱电解质的电离程度。在相同温度下，电离常数越大，表示弱电解质的电离程度越大，该弱电解质相对较强。例如，25℃时，$K^\ominus(HCOOH) = 1.8 \times 10^{-4}$，$K^\ominus(CH_3COOH) = 1.75 \times 10^{-5}$，由此可见，甲酸的酸性比乙酸的酸性强。

纯水是一种极弱的电解质，有微弱的导电性。其电离平衡可表示为

$$H_2O \rightleftharpoons H^+ + OH^-$$

在一定温度下，电离平衡时

$$K^\ominus = \frac{c'_{H^+} c'_{OH^-}}{c'_{H_2O}}$$

则

$$K^\ominus c'_{H_2O} = c'_{H^+} c'_{OH^-}$$

水的浓度为 $c_{H_2O} = (1000 \text{g/L})/(18.0 \text{g/mol}) = 55.6$ mol/L

因为 H_2O 的电离度很小，电离掉的水分子数与总的水分子数相比微不足道，故水的浓度可视为定值，合并入平衡常数，用 $K_w^\ominus$ 表示。

$$K_w^\ominus = c'_{H^+} c'_{OH^-} \tag{5-4}$$

$K_w^\ominus$ 叫做水的离子积常数，简称水的离子积。它表明在一定温度下，水中的 H^+ 和 OH^- 浓度之间的关系。$K_w^\ominus$ 与温度有关，随温度升高而增大，在室温下作一般计算时，可不考虑温度的影响。

在 25℃时，由实验测得纯水中 H^+ 和 OH^- 浓度均为 10^{-7} mol/L，因此 $K_w^\ominus = 1.00 \times 10^{-14}$；也就是说，在 25℃时，在 1L 水中仅有 1.00×10^{-7} mol 的水发生了电离。

水的离子积不仅适用于纯水,对于电解质的稀溶液也同样适用。如在纯水中加入酸,$c(H^+)$ 增加,$c(OH^-)$ 减小;在纯水中加入碱,$c(OH^-)$ 增加,$c(H^+)$ 减小;在以上两种情况下,$c'(H^+)c'(OH^-)=K_w^\ominus$ 不变。因此水的离子积常数是计算水溶液中 $c'(H^+)$ 和 $c'(OH^-)$ 的重要依据。

2. 多元弱酸、弱碱的电离平衡

一元弱酸、弱碱的电离过程是一步完成的,而多元弱酸、弱碱的电离过程是分步进行的。前面讨论的一元弱酸、一元弱碱的电离平衡原理,完全适应于多元弱酸、多元弱碱的电离平衡。现以氢硫酸为例来讨论多元弱酸的电离平衡。

氢硫酸是二元弱酸,分两步电离

第一步电离 $\qquad H_2S \rightleftharpoons H^+ + HS^-$

$$K_{a1}^\ominus = \frac{c'_{H^+} c'_{HS^-}}{c'_{H_2S}} = 1.1 \times 10^{-7}$$

第二步电离 $\qquad HS^- \rightleftharpoons H^+ + S^{2-}$

$$K_{a2}^\ominus = \frac{c'_{H^+} c'_{S^{2-}}}{c'_{HS^-}} = 1.3 \times 10^{-15}$$

分析氢硫酸的分步电离可以看出,分步电离常数 $K_{a1}^\ominus \gg K_{a2}^\ominus$,说明第二步电离比第一步电离困难得多。因此溶液中的 H^+ 主要来自第一步电离反应,有关溶液中的 H^+ 浓度的计算,可以只考虑氢硫酸的第一步电离,按一元弱酸的电离平衡做近似的处理。

由此可以近似认为,在二元弱酸 H_2A 中,$c'_{A^{2-}} = K_{a2}^\ominus$。

三、电离度与电离常数的关系

以弱电解质 HA 的电离平衡为例:

$$HA \rightleftharpoons H^+ + A^-$$

起始浓度/(mol/L) $\qquad c \qquad\qquad 0 \qquad 0$

平衡浓度/(mol/L) $\qquad c(1-\alpha) \qquad c\alpha \qquad c\alpha$

将各物质的平衡浓度代入平衡常数表达式中

$$K_a^\ominus = \frac{c'_{H^+} c'_{A^-}}{c'_{HA}} = \frac{\left(\frac{c\alpha}{c^\ominus}\right)\left(\frac{c\alpha}{c^\ominus}\right)}{\frac{c(1-\alpha)}{c^\ominus}} = \frac{c'\alpha^2}{1-\alpha}$$

当 $(c/K_a^\ominus) > 400$ 时,$1-\alpha \approx 1$,可做近似计算

$$\alpha = \sqrt{\frac{K_a^\ominus}{c'}} \tag{5-5}$$

对于一元弱碱溶液,可以得到

$$K_b^\ominus = c'\alpha^2$$

$$\alpha = \sqrt{\frac{K_b^\ominus}{c'}} \tag{5-6}$$

需要指出的是:在弱酸或弱碱溶液中,还存在着水的电离平衡,通常情况下 $K_a^\ominus \gg K_w^\ominus$ 或 $K_b^\ominus \gg K_w^\ominus$ 就可以不考虑水的电离平衡。

【例题 5-1】 已知 25℃ 时,$K_{HAc}^\ominus = 1.75 \times 10^{-5}$。计算该温度下 0.15mol/L 的 HAc 溶液中 H^+、Ac^- 的浓度以及该浓度下 HAc 的电离度。

解 设达到平衡时有 x mol/L 的醋酸电离

$$\begin{array}{lccc} & \text{HAc} & \rightleftharpoons & \text{H}^+ + \text{Ac}^- \\ \text{起始浓度 } c_0/\text{(mol/L)} & 0.15 & 0 & 0 \\ \text{平衡浓度 } c/\text{(mol/L)} & 0.15-x & x & x \end{array}$$

$$K_{\text{HAc}}^{\ominus} = \frac{c'_{\text{H}^+} c'_{\text{Ac}^-}}{c'_{\text{HAc}}} = \frac{x^2}{0.15-x} = 1.75 \times 10^{-5}$$

因 $c/K_a^{\ominus} = 0.15/(1.75 \times 10^{-5}) > 400$，醋酸电离出来的 H^+ 很少，可以认为 $0.15 - x \approx 0.15$，则

$$x = \sqrt{1.75 \times 10^{-5} \times 0.15} = 1.62 \times 10^{-3}$$
$$c_{\text{H}^+} = c_{\text{Ac}^-} = 1.62 \times 10^{-3} \text{ mol/L}$$
$$\alpha = (1.62 \times 10^{-3}/0.15) \times 100\% = 1.08\%$$

【例题 5-2】 25℃时，0.2 mol/L $\text{NH}_3 \cdot \text{H}_2\text{O}$ 的电离度 $\alpha = 0.934\%$，求 OH^- 浓度和 25℃时 $\text{NH}_3 \cdot \text{H}_2\text{O}$ 的电离平衡常数。

解 设电离平衡时 OH^- 的浓度为 x

氨水的电离平衡式为

$$\begin{array}{lccc} & \text{NH}_3 \cdot \text{H}_2\text{O} & \rightleftharpoons & \text{NH}_4^+ + \text{OH}^- \\ \text{起始浓度 } c_0/\text{(mol/L)} & 0.2 & 0 & 0 \\ \text{平衡浓度 } c/\text{(mol/L)} & 0.2-x & x & x \end{array}$$

$$\alpha = \frac{x}{0.2} = 0.934\%$$

得
$$x = 1.868 \times 10^{-3}$$
$$c_{\text{OH}^-} = 1.868 \times 10^{-3} \text{ mol/L}$$
$$K_{\text{NH}_3 \cdot \text{H}_2\text{O}}^{\ominus} = \frac{c'_{\text{NH}_4^+} c'_{\text{OH}^-}}{c'_{\text{NH}_3 \cdot \text{H}_2\text{O}}} = \frac{(1.868 \times 10^{-3})^2}{0.2 - 1.868 \times 10^{-3}} = 1.76 \times 10^{-5}$$

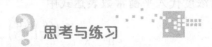

思考与练习

一、填空题
1. 对某一弱酸来说，其溶液浓度越稀，则电离度越_____，pH 值越_____。
2. 氢硫酸（H_2S）分_____步电离，溶液中的 H^+ 主要来源于_____。
3. 弱电解质的电离常数随_____改变，与_____无关。
4. 水的离子积常数 $K_w^{\ominus}$ 随温度升高而_____，常温下，纯水中 H^+ 与 OH^- 的浓度均为_____ mol/L；所以 $K_w^{\ominus}$ =_____。
5. 浓度相同的 HAc，HCl，NaOH 各溶液，pH 由小到大的排列顺序是_____。

二、判断题
1. 盐酸的物质的量浓度为醋酸的二倍，盐酸溶液中的 H^+ 浓度也是醋酸溶液的二倍。
2. 中性溶液 pH=7。
3. 酸性水溶液中不含 OH^-，碱性水溶液中不含 H^+。
4. 在 25℃下，任何水溶液中都存在着 $c'_{\text{H}^+} c'_{\text{OH}^-} = 10^{-14}$。
5. 室温下，0.1 mol/L 一元弱碱，离解度为 1.0%，则该溶液的 pH=11。

三、单选题

1. 在某弱酸中，（　　）不受浓度的影响。
   A. $c(H^+)$　　　　B. α　　　　C. $K_a^{\ominus}$

2. 已知 H_3PO_4 的三级电离常数分别是 $K_{a1}^{\ominus}=6.9\times10^{-3}$，$K_{a2}^{\ominus}=6.2\times10^{-8}$，$K_{a3}^{\ominus}=4.8\times10^{-13}$，则 Na_2HPO_4 溶液中 $[H^+]$ 为（　　）mol/L。
   A. 2.07×10^{-5}　　　B. 1.73×10^{-10}　　　C. 5.75×10^{-8}

3. 下列溶液中，不具备缓冲能力的是（　　）。
   A. NaH_2PO_4-Na_2HPO_4　　　　　　B. NH_4Cl-$NH_3\cdot H_2O$
   C. HCOOH-HAc

4. 向 1L 0.1mol/L HAc 溶液中加入一些 NaAc 晶体并使其溶解，则（　　）。
   A. HAc 的电离度增大　　　　　B. HAc 的电离度减小
   C. 溶液的 pH 值减小

5. 设 $NH_3\cdot H_2O$ 的浓度为 c，若将其稀释一倍，则溶液的 $[OH^-]$ 为（　　）。
   A. $\frac{1}{2}\sqrt{K_b^{\ominus}c}$　　　B. $\sqrt{K_b^{\ominus}\dfrac{c}{2}}$　　　C. $\sqrt{K_b^{\ominus}c}$

四、问答题

1. 根据质子理论，下列分子或离子哪些是酸？哪些是碱？哪些既是酸又是碱？
   $$HS^-,\ NH_3,\ H_2S,\ HAc,\ OH^-,\ H_2O$$

2. 什么是缓冲溶液的缓冲范围？缓冲范围与什么因素有关？

3. 试判断下列三种缓冲溶液的缓冲能力（缓冲容量）有什么不同？加入稍多的酸或碱时，哪种溶液具有较好的缓冲作用？
   (1) 1.0mol/L HAc + 1.0mol/L NaAc
   (2) 1.0mol/L HAc + 0.01mol/L NaAc
   (3) 0.01mol/L HAc + 1.0mol/L NaAc

4. 在氨水中加入下列物质时，氨水的电离度及溶液的 pH 有何变化？
   (1) HCl；(2) H_2O；(3) NaOH；(4) NH_4Cl

5. 下列说法是否正确？若有错误请纠正，并说明理由。
   (1) 将 NaOH 和 NH_3 的溶液各稀释一倍，两者的 OH^- 浓度均减少到原来的 1/2；
   (2) 设盐酸的浓度为醋酸的二倍，则前者的 H^+ 浓度也是后者的二倍。

实验八　醋酸电离常数的测定

一、实验目的
1. 学习用酸度计测定醋酸电离常数的基本原理和测定方法。
2. 进一步加深对电离平衡的理解。
3. 进一步练习酸碱滴定操作。

二、实验原理
醋酸（HAc）是弱电解质，在水溶液中部分电离，电离平衡常数为
$$K_{HAc}^{\ominus}=\frac{c'_{H^+}c'_{Ac^-}}{c'_{HAc}}=\frac{x^2}{1-x}$$

式中　x——H^+ 浓度。

在一定温度下，用酸度计测定一系列已知浓度的 HAc 溶液的 pH 值，可求得各浓度

HAc 溶液对应的 H⁺ 浓度，将 H⁺ 浓度的不同值代入上式，可求出一系列对应的 $K_a^\ominus$，取平均值，即得该温度下醋酸的电离常数 $K_a^\ominus(\text{HAc})$。

三、仪器与药品

酸度计 1 台；滴定管（酸式，碱式）1 只；烧杯（100mL）5 只。
HAc（0.1000mol/L，实验室已标定）；缓冲溶液（pH＝4.003）。

四、实验步骤

1. 配制不同浓度的醋酸溶液

取 5 只洗净烘干的 100mL 的小烧杯依次编成 1～5 号。
从酸式滴定管中分别向 1 号、2 号、3 号、4 号、5 号小烧杯中准确放入 3.00mL、6.00mL、12.00mL、24.00mL、48.00mL 已准确标定过的 0.1000mol/L HAc 溶液。
用碱式滴定管分别向上述烧杯中依次准确放入 45.00mL、42.00mL、36.00mL、24.00mL、0.00mL 的蒸馏水，并用玻璃棒将杯中溶液搅拌均匀。

2. 醋酸溶液 pH 的测定

用酸度计分别依次测量 1～5 号小烧杯中醋酸溶液的 pH，并如实正确记录测定数据。

五、注意事项

1. 盛装醋酸的小烧杯一定要洗净干燥，否则会影响醋酸的浓度，从而影响计算结果。
2. 电极一定要洗净后再擦干，否则影响浓度和测定结果。

六、数据记录和处理

室温_____

编号	V_{HAc}/mL	$V_{\text{H}_2\text{O}}$/mL	c_{HAc}/(mol/L)	pH	c_{H^+}/(mol/L)	$K_a^\ominus(\text{HAc})$
1	3.00	45.00				
2	6.00	42.00				
3	12.00	36.00				
4	24.00	24.00				
5	48.00	0.00				

 思考与练习

1. 配制 HAc 溶液时，烧杯是否必须干燥？
2. 如果搅拌结束后玻璃棒上带出了部分溶液对测定结果有无影响？
3. 使用酸度计的主要步骤有哪些？

附：PHS-3C 型数字显示 pH 计的使用
PHS-3C 型数字显示 pH 计的外观如图 5-1 所示。

1. 校正仪器

① 接通电源，预热 30min。把选择开关旋钮调到 pH 挡。将斜率补偿调节旋钮顺时针旋到底（100％位置）。调节温度补偿旋钮使旋钮白线对准溶液温度值。
② 取下电极保护套，用蒸馏水清洗电极，并用滤纸吸干。
③ 连接电极：首先拔去测量电极插座上的短路插头，将复合电极夹在电极夹上。

④ 定位:将复合电极插入 pH=6.86 的缓冲溶液中,待示值稳定后,调节定位旋钮使仪器显示读数为该标准缓冲溶液的标准 pH。

⑤ 校正:将电极从 pH=6.86 的缓冲溶液中取出,用蒸馏水清洗电极,并用滤纸吸干,再插入 pH=4.00(或 pH=9.18)的标准缓冲溶液中(本实验以实验室配制的 pH=4.003 的标准缓冲溶液校正),调节斜率旋钮使仪器显示读数与该标准缓冲液的 pH 一致。

图 5-1　PHS-3C 型数字显示 pH 计
1—温度补偿调节旋钮;
2—斜率补偿调节旋钮;
3—定位调节旋钮

⑥ 重复④、⑤的操作直至不用再调节定位或斜率两调节旋钮时,标定完成。标定后定位调节旋钮和斜率调节旋钮不应再变动。

如果测量对精度要求不高,可以选用下述方法。

⑦ 操作同①,斜率旋钮至 100% 位置。

⑧ 用与被测溶液 pH 相近的标准缓冲溶液直接定位。将电极浸入标准缓冲溶液中,待示值稳定后,调节定位旋钮,使仪器显示读数与该标准缓冲液的 pH 一致。仪器校正即可结束。

2. 未知样品测量

经标定后,仪器即可进行样品溶液的 pH 测定。在测量前,用蒸馏水清洗电极,并用滤纸吸干,用被测溶液清洗一次。将电极浸入被测溶液内,用玻璃棒搅拌溶液,使溶液均匀后读出该溶液的 pH(注意此时温度旋钮应置于样品溶液温度,其他旋钮不能再动)。

3. 电极维护

取下电极套后,应避免电极的敏感玻璃泡与硬物接触;测量后及时将电极保护套套上,电极套内应放少量内参比补充液以保持电极球泡的润湿。复合电极的内参比补充液为 3mol/L 氯化钾溶液,补充液可以从电极上端小孔加入,复合电极不使用时,拉上橡皮套,防止补充液干涸。

第二节　盐类的水解

一、盐溶液的酸碱性

常见的电解质溶液中酸溶液呈酸性,pH 小于 7;碱溶液呈碱性,pH 大于 7;那么盐溶液一定呈中性吗?让我们来确认一下:在三支试管中分别加入少量蒸馏水;再分别加入少量的 NaCl 固体、NaAc 固体和 NH_4Cl 固体;待溶解后用 pH 试纸分别测试三种溶液的 pH。

某些盐溶于水会呈现出不同的酸碱性,这是由于它们在水中电离出的阴离子或阳离子和水电离出的 H^+ 或 OH^- 结合生成了弱酸或弱碱,使水的电离平衡发生了移动,导致溶液中 H^+ 和 OH^- 浓度不相等,溶液表现出酸性或碱性。这种反应称为盐类的水解反应,简称盐的水解。它是中和反应的逆反应。

二、盐的水解及水解平衡常数

1. 强碱弱酸盐

强碱弱酸盐指的是强碱和弱酸中和所生成的盐,如 NaAc、KCN、NaClO 等。下面以 NaAc 为例说明这类盐的水解。

NaAc 是强电解质,在水溶液中完全电离成 Na^+ 和 Ac^-。水电离出极少量的 OH^- 和

H^+。Na^+ 不与 OH^- 结合,但 Ac^- 与 H^+ 结合成难电离的 HAc 分子。

$$NaAc \longrightarrow Na^+ + Ac^-$$
$$+$$
$$H_2O \rightleftharpoons OH^- + H^+$$
$$\Updownarrow$$
$$HAc$$

H^+ 浓度的减少,破坏了水的电离平衡,促使水继续电离,这样进行的结果,使溶液中 H^+ 浓度不断减少,OH^- 浓度不断增大,水解反应达到平衡时,溶液中 OH^- 的浓度大于 H^+ 的浓度,溶液呈碱性。

NaAc 的水解反应方程式为 $NaAc + H_2O \rightleftharpoons HAc + NaOH$

水解反应的离子方程式为 $Ac^- + H_2O \rightleftharpoons HAc + OH^-$

水解平衡时

$$K_h^\ominus = \frac{c'_{HAc} c'_{OH^-}}{c'_{Ac^-}}$$

$K_h^\ominus$ 是表示水解平衡的标准平衡常数,称为水解平衡常数或水解常数。

将上式右边的分子、分母各乘以 c'_{H^+} 得

$$K_h^\ominus = \frac{c'_{HAc} c'_{OH^-} \cdot c'_{H^+}}{c'_{Ac^-} \cdot c'_{H^+}} = \frac{K_w^\ominus}{K^\ominus(HAc)}$$

强碱弱酸盐的水解常数表达式可以写成通式

$$K_h^\ominus = \frac{K_w^\ominus}{K_a^\ominus} \tag{5-7}$$

由式(5-7) 可见,强碱弱酸盐的水解实质上是其阴离子发生了水解,组成强碱弱酸盐的酸越弱,它的水解程度就越大。同弱电解质的电离平衡一样,盐类的水解程度除了用 $K_h^\ominus$ 表示外,也可以用水解度 h 来表示:

$$h = \frac{已水解的盐的浓度}{盐的起始浓度} \times 100\% \tag{5-8}$$

水解度 h、水解常数 $K_h^\ominus$ 和盐浓度 c 之间有一定的关系。仍以 NaAc 为例。

设 NaAc 的水解度为 h

$$Ac^- + H_2O \rightleftharpoons HAc + OH^-$$

起始浓度 c 0   0
平衡浓度 $c(1-h)$ ch ch

$$K_h^\ominus = \frac{c'_{HAc} c'_{OH^-}}{c'_{Ac^-}} = \frac{(c'h)^2}{c'(1-h)}$$

当 $K_h^\ominus$ 较小时,$1-h \approx 1$,则有 $K_h^\ominus = c'h^2$

$$h = \sqrt{\frac{K_h^\ominus}{c'}} = \sqrt{\frac{K_w^\ominus}{K_a^\ominus c'}} \tag{5-9}$$

可见水解度除了与组成强碱弱酸盐的弱酸强弱有关外,还与盐的浓度有关。同一种盐,浓度越小,其水解程度越大。

2. 强酸弱碱盐

强酸弱碱盐指的是强酸和弱碱中和所生成的盐,如 NH_4Cl、$(NH_4)_2SO_4$ 等,溶液呈酸性。以 NH_4Cl 为例,它的水解实质上是其阳离子发生了水解。

$$NH_4Cl \longrightarrow NH_4^+ + Cl^-$$
$$+$$
$$H_2O \rightleftharpoons OH^- + H^+$$
$$\updownarrow$$
$$NH_3 \cdot H_2O$$

NH_4^+ 的水解反应离子方程式为 $NH_4^+ + H_2O \rightleftharpoons NH_3 \cdot H_2O + H^+$

与强碱弱酸盐同样处理，强酸弱碱盐的水解常数及水解度为

$$K_h^\ominus = \frac{K_w^\ominus}{K_b^\ominus} \tag{5-10}$$

当 $K_h^\ominus$ 较小时，$1-h \approx 1$，则水解度

$$h = \sqrt{\frac{K_h^\ominus}{c'}} = \sqrt{\frac{K_w^\ominus}{K_b^\ominus c'}} \tag{5-11}$$

3. 弱酸弱碱盐

弱酸弱碱盐是指弱酸和弱碱中和所生成的盐，如 NH_4Ac。这类盐在水解时，盐的阴、阳离子可以分别与水电离出来的 H^+ 和 OH^- 结合生成弱电解质，由于 H^+ 和 OH^- 都减少，水的电离平衡强烈向右移动。

如 NH_4Ac 水解：

$$NH_4Ac \longrightarrow NH_4^+ + Ac^-$$
$$+ \quad\quad +$$
$$H_2O \rightleftharpoons OH^- + H^+$$
$$\updownarrow \quad\quad \updownarrow$$
$$NH_3 \cdot H_2O \quad HAc$$

经推导，弱酸弱碱盐的水解平衡常数为

$$K_h^\ominus = \frac{K_w^\ominus}{K_a^\ominus K_b^\ominus} \tag{5-12}$$

NH_4Ac 的 $K_h^\ominus$ 值是 $NaAc$ 和 NH_4Cl 的 $K_h^\ominus$ 值的 10^5 倍左右，可见弱酸弱碱盐的水解能进行得更彻底。而溶液的酸碱性决定于弱酸和弱碱的相对强弱。

若　　　　　$K_a^\ominus = K_b^\ominus$ 溶液呈中性（如 NH_4Ac）
　　　　　　$K_a^\ominus > K_b^\ominus$ 溶液呈酸性（如 NH_4F）
　　　　　　$K_a^\ominus < K_b^\ominus$ 溶液呈碱性（如 NH_4CN）

4. 强酸强碱盐

强酸强碱盐如 $NaCl$、KNO_3 等在溶液中全部以离子形式存在，这些离子不能与水电离出的 H^+ 和 OH^- 结合成弱电解质，水的电离平衡不移动，故溶液呈中性，即强酸强碱盐在水溶液中不发生水解。

5. 多元弱酸盐或多元弱碱盐

多元弱酸盐是分步水解的。以 Na_2S 为例。

第一步　　　　　　　　$S^{2-} + H_2O \rightleftharpoons HS^- + OH^-$

$$K_{h1}^\ominus = \frac{K_w^\ominus}{K_{a2}^\ominus}$$

第二步　　　　　　　　$HS^- + H_2O \rightleftharpoons H_2S + OH^-$

$$K_{h_2}^{\ominus}=\frac{K_w^{\ominus}}{K_{a_1}^{\ominus}}$$

其中 $K_{a_1}^{\ominus}$、$K_{a_2}^{\ominus}$ 分别为 H_2S 的第一步、第二步电离的电离常数。$K_{a_1}^{\ominus}\gg K_{a_2}^{\ominus}$，因此 $K_{h_1}^{\ominus}\gg K_{h_2}^{\ominus}$，可知多元弱酸盐的水解主要是以第一步为主，在计算溶液酸碱性时，可按一元弱酸盐处理。多元弱碱盐的水解同样是分步水解的，过程比多元弱酸盐的水解复杂得多。

三、影响水解平衡的因素

1. 盐的性质

盐类水解后生成的酸或碱越弱，或水解后生成难溶于水的沉淀或气体，则其水解程度越大。

2. 浓度的影响

盐的浓度对 $K_h^{\ominus}$ 无影响，对水解度 h 有影响。对于同一种盐，稀释其浓度，会促进盐的水解。

3. 温度的影响

盐的水解一般是吸热反应，因此升高温度，可以促进水解。如将 $FeCl_3$ 溶于大量沸水中，可以生成 $Fe(OH)_3$ 溶胶。

4. 酸度的影响

盐类水解能改变溶液的酸碱度，那么根据平衡移动原理，可以通过调节溶液酸碱度，控制水解平衡。

例如，配制 $SnCl_2$ 时，会水解生成沉淀，$SnCl_2+H_2O \rightleftharpoons Sn(OH)Cl\downarrow +HCl$。因此配制时，先用较浓的 HCl 溶解固体 $SnCl_2$，然后再加水稀释到所需浓度，即加入 HCl 使平衡左移，减少 $SnCl_2$ 的水解使溶液不致有沉淀析出。

四、盐类水解平衡的应用

在化工生产和实验室中，水解是常见的现象，有时需要利用水解，有时需要避免水解。

配制某些溶液时，为抑制水解，必须将它们溶解在相应的碱或酸中。如配制 $SnCl_2$、$SbCl_3$ 溶液，应先加入适量 HCl。而在配制 Na_2S 溶液时，因 Na_2S 水解生成的 H_2S 逐渐挥发，会使溶液失效，为防止水解应先加入适量 NaOH 以避免生成 H_2S。

在很多时候我们也要利用水解。分析化学中常利用水解来进行分析和提纯。例如，利用 $Bi(NO_3)_3$ 易水解的特性制取高纯度的 Bi_2O_3。方法是将 $Bi(NO_3)_3$ 溶液稀释并加热煮沸，使其发生水解：

$$Bi(NO_3)_3+H_2O \rightleftharpoons BiONO_3\downarrow +2HNO_3$$

通过过滤得到硝酸氧铋，将其加热灼烧即可得到高纯度的 Bi_2O_3。

又如，通过水解可除去溶液中的 Fe^{2+} 和 Fe^{3+}。先在溶液中加入氧化剂将 Fe^{2+} 氧化成 Fe^{3+}，然后降低酸度，调节溶液的 pH 在 3~4 之间，促使 Fe^{3+} 水解，生成 $Fe(OH)_3\downarrow$，即可达到提纯的目的。

在生产中用 NaOH 和 Na_2CO_3 的混合液作化学除油液。从除油机理来看，主要是利用 NaOH 与油脂发生皂化反应生成可溶性的肥皂而将油污除去，由于皂化反应的进行，OH^- 因不断消耗而减少，但若有 Na_2CO_3 存在，由于 Na_2CO_3 的水解，会不断补充 OH^- 的不足，从而保证皂化反应的进行。

【例题 5-3】 计算 0.16mol/L NH_4Cl 溶液的 pH 和水解度。

解
$$K^{\ominus}(NH_3 \cdot H_2O)=1.8\times 10^{-5}$$

$$K_h^{\ominus} = \frac{K_w^{\ominus}}{K^{\ominus}(NH_3 \cdot H_2O)}$$

$$= \frac{1.0 \times 10^{-14}}{1.8 \times 10^{-5}} = 5.6 \times 10^{-10}$$

NH_4Cl 为强酸弱碱盐，水解方程式为

| | NH_4^+ | + | H_2O | $\rightleftharpoons$ | $NH_3 \cdot H_2O$ | + | H^+ |

起始浓度 c_0/(mol/L)　　　0.16　　　　　　　　　0　　　　　　0

平衡浓度 c/(mol/L)　　　0.16−x　　　　　　　　x　　　　　　x

$$K_h^{\ominus} = \frac{x^2}{0.16-x} = 5.6 \times 10^{-10}$$

$K_h^{\ominus}$很小，可作近似计算　　　　$0.16-x \approx 0.16$

$$x = 9.5 \times 10^{-6}$$

$$c'_{H^+} = 9.5 \times 10^{-6}$$

$$pH = -\lg c'_{H^+} = -\lg(9.5 \times 10^{-6}) = 5.02$$

$$h = \frac{\text{已水解的盐的浓度}}{\text{盐的起始浓度}} \times 100\%$$

$$= \frac{9.5 \times 10^{-6}}{0.16} \times 100\%$$

$$= 0.0059\%$$

或用近似公式计算 $h = \sqrt{\dfrac{K_h^{\ominus}}{c'}} = \sqrt{\dfrac{K_w^{\ominus}}{K_b^{\ominus} c'}}$ 计算。

思考与练习

一、填空题

1. NaAc 水溶液显_____性；由于_____离子发生了_____反应，溶液中 OH^- 浓度_____ H^+ 浓度。NaAc 水解反应的离子方程式为_____。
2. 强酸强碱盐在水中_____水解，溶液显_____性。
3. 等物质的量的 KOH 和 HAc 溶液反应，溶液显_____性。
4. 一定温度下，同一种盐的浓度越小其水解度越_____。
5. 弱酸弱碱盐_____水解，若 $K_a^{\ominus}$_____ $K_b^{\ominus}$，溶液显碱性；若 $K_a^{\ominus}$_____ $K_b^{\ominus}$，溶液显中性；若 $K_a^{\ominus}$_____ $K_b^{\ominus}$，溶液显酸性。

二、判断题

1. 盐溶液显酸性的原因是因为溶液中存在着 H^+，而不存在 OH^-。
2. 某盐的水溶液 pH=7，该盐一定没水解。
3. 盐类水解后生成的酸或碱越弱，则其水解程度越小。
4. 物质的量浓度相等的 Na_2CO_3，$NaHCO_3$，NH_4Cl，NaCl 溶液，pH 由大到小的顺序是 $pH(Na_2CO_3) > pH(NaHCO_3) > pH(NaCl) > pH(NH_4Cl)$。
5. 盐类水解反应是吸热反应。

三、单选题

1. 在 Na_2S 溶液中，钠离子与硫离子浓度的关系是（　　）。

A. 二者相等 B. 钠离子浓度是硫离子浓度的二倍
C. 硫离子浓度是钠离子浓度的二倍 D. 无法判定

2. 0.1mol/L 某溶液的 pH 值为 5.1，其溶液中的溶质可能是（　　）。
A. 氯化氢　　　B. 氯化钡　　　C. 氯化铵　　　D. 碳酸氢铵

3. 下列说法中错误的是（　　）。
A. 在 Na_2S 溶液中滴入酚酞指示剂，呈红色
B. 升高温度能使 $FeCl_3$ 溶液中的 H^+ 浓度增大
C. 一切钾盐、钠盐、硝酸盐都不能发生水解
D. 醋酸盐溶于水能发生水解

4. 将 0.1mol/L 的下列物质置于 1L 水中，充分搅拌后，溶液中阴离子数最多的是（　　）。
A. KBr　　　B. $Mg(OH)_2$　　　C. Na_2CO_3　　　D. $MgSO_4$

5. 同时对农作物施用含 N、P、K 的三种化肥，对给定的下列化肥①$K_2CO_3$②KCl③Ca$(H_2PO_4)_2$④$(NH_4)_2SO_4$⑤氨水，最适当的组合是（　　）。
A. ①③④　　　B. ①③⑤　　　C. ②③④　　　D. ②③⑤

四、问答题

1. 配制三氯化铁溶液时，是将固体三氯化铁溶解于稀盐酸溶液中而不是水中，为什么？
2. 明矾净水是靠形成的氢氧化铝胶体吸附水中的悬浮物等，可是明矾的化学成分是 $KAl(SO_4)_2 \cdot 24H_2O$，氢氧化铝从何而来？
3. 氯化铵溶液是酸性的，醋酸钠溶液则是碱性的，为什么？
4. 三氯化铝溶液蒸干灼烧得不到无水三氯化铝，为什么？
5. 向 $NaHSO_3$ 溶液中滴入含酚酞的 NaOH 溶液，发现红色逐渐褪去，请解释原因。

第三节　缓冲溶液

一、同离子效应

弱电解质在水溶液中存在着电离平衡，同化学平衡一样，当外界条件改变时，电离平衡就要发生移动，使电离度发生改变。但外界条件中，温度、压力等因素对电离平衡的移动影响不大，主要是离子的浓度对弱电解质的电离平衡移动有明显的影响。

例如，在醋酸溶液中加入醋酸盐（如 NaAc），溶液中的 Ac^- 浓度增加，醋酸的电离平衡向左移动，降低了醋酸的电离度。又例如，在氨的水溶液中加入某种铵盐（如 NH_4Cl），增加了 NH_4^+ 浓度，使氨水的电离平衡向左移动，结果降低了氨水的电离度。由此可知，在弱电解质溶液中，加入含有相同离子的易溶强电解质后，弱电解质电离度降低，这种现象叫做同离子效应。

二、缓冲溶液和缓冲原理

同离子效应不但可以改变弱酸或弱碱的电离度，同时还有保持溶液 pH 不变的作用。如在 HAc-NaAc 溶液中加入少量酸或碱，溶液的 pH 几乎不变。

像这种能够抵抗外加少量强酸、强碱和水的稀释，而使溶液 pH 基本保持不变的溶液称为缓冲溶液。缓冲溶液所起的作用称为缓冲作用。

缓冲溶液一般构成为弱酸-弱酸盐（如 HAc-NaAc）；弱碱-弱碱盐（如 NH_3-NH_4Cl）组成的；某些酸式盐和它的正盐（如 $NaHCO_3$-Na_2CO_3）；多元酸和它的酸式盐（如 H_2CO_3-

$NaHCO_3$）等。

下面以 HAc-NaAc 混合溶液为例说明缓冲溶液作用的原理。HAc-NaAc 混合溶液中存在以下电离过程：

$$HAc \rightleftharpoons H^+ + Ac^-$$
$$NaAc \longrightarrow Na^+ + Ac^-$$

在 HAc-NaAc 混合溶液中，HAc 是弱电解质部分电离，NaAc 是强电解质全部电离，由于同离子效应，抑制了 HAc 的电离。因此溶液中除了大量的 Ac^- 外，还存在着大量的 HAc。

当向溶液中加入少量强酸时，溶液中大量的 Ac^- 将和加入的少量的 H^+ 反应生成 HAc，使 HAc 的电离平衡向左移动，消耗了外加 H^+，从而使溶液的 pH 基本不变。所以 Ac^- 称为此缓冲溶液的抗酸成分。

当向溶液中加入少量强碱时，溶液中 H^+ 将和加入的少量碱反应，生成 H_2O，H^+ 的消耗使 HAc 的电离平衡向右移动，溶液中 HAc 不断地电离出 H^+ 和 Ac^-，使 H^+ 浓度相对稳定，溶液的 pH 值基本不变。HAc 称为此溶液的抗碱成分。

当把溶液稍加稀释，使 H^+ 浓度降低，Ac^- 浓度同时也降低，电离平衡向右移动，HAc 的电离度增大，所产生的 H^+ 抵消了稀释造成的 H^+ 浓度的降低，溶液的 pH 基本不变。

在水溶液中进行的许多反应都要求在一定的 pH 范围内进行，例如，Al^{3+} 和 Mg^{2+} 的分离，采用氢氧化铝沉淀的方法。如果溶液中 OH^- 浓度太小，Al^{3+} 沉淀不完全，如果溶液中 OH^- 浓度太大，由于 $Al(OH)_3$ 的两性，Al^{3+} 也沉淀不完全，而且 OH^- 浓度太大时，Mg^{2+} 也会沉淀一些。因此采用 NH_3-NH_4Cl 混合溶液，可以在一定范围内保持 pH 的稳定。控制一定的 pH，才能使 Al^{3+} 和 Mg^{2+} 分离。

缓冲作用在自然界和生产、生活中是很普遍的现象。土壤由于硅酸、磷酸、腐殖酸等及其共轭碱的缓冲作用，得以使 pH 保持在 5~8 之间，适宜农作物生长；人体血液中由于含有 H_2CO_3-$NaHCO_3$、NaH_2PO_4-Na_2HPO_4 等缓冲溶液，使人体血液的 pH 始终保持在 7.35~7.45 之间，保证了细胞代谢的正常进行和生命的正常活动；金属器件进行电镀时常用缓冲溶液来控制一定的 pH。

三、缓冲溶液的 pH 计算

缓冲溶液 pH 的计算方法和同离子效应 pH 的计算方法完全一致。下面举例说明。

【例题 5-4】 计算由 0.10mol/L 的 HAc 和 0.10mol/L 的 NaAc 组成的缓冲溶液的 pH。[已知 $K^{\ominus}(HAc)=1.75\times10^{-5}$]

解 设由 HAc 电离出来的 H^+ 浓度为 x mol/L，由 NaAc 电离的 Ac^- 浓度为 0.10mol/L

$$HAc \rightleftharpoons H^+ + Ac^-$$

起始浓度 c_0/(mol/L)　　　0.10　　　　　　　0.10
平衡时 c/(mol/L)　　　0.10-x　　　x　　0.10+x

$$K^{\ominus}_{HAc} = \frac{c'_{H^+} \cdot c'_{Ac^-}}{c'_{HAc}}$$

$$\frac{(0.10+x)x}{0.10-x} = 1.75\times10^{-5}$$

因为 $K^{\ominus}_a$ 较小，又存在着同离子效应，所以 x 很小，
因此　　　　　　　　　$0.10+x\approx0.10$　　$0.10-x\approx0.10$

所以
$$x = K_a^{\ominus} = 1.75 \times 10^{-5}$$
则
$$c_{H^+} = 1.75 \times 10^{-5} \text{mol/L}$$
$$pH = -\lg c'(H^+) = -\lg(1.75 \times 10^{-5})$$
$$= 4.76$$

由此可得出一元弱酸及其盐组成的缓冲溶液中 H^+ 浓度和 pH 计算的通式

$$c'_{H^+} = K_a^{\ominus} \times \frac{c'_{酸}}{c'_{盐}}$$

两边取负对数

$$-\lg c'_{H^+} = -\lg K_a^{\ominus} - \lg \frac{c'_{酸}}{c'_{盐}}$$

$$pH = pK_a^{\ominus} - \lg \frac{c'_{酸}}{c'_{盐}} \tag{5-13}$$

同样，也可以推导出一元弱碱及其盐组成的缓冲溶液 $c(OH^-)$ 和 pH 计算的通式

$$c'_{OH^-} = K_b^{\ominus} \times \frac{c'_{碱}}{c'_{盐}}$$

$$pOH = pK_b^{\ominus} - \lg \frac{c'_{碱}}{c'_{盐}} \tag{5-14}$$

$$pH = 14 - pOH$$

【例题 5-5】 在例题 5-4 的缓冲溶液中，
(1) 加入 0.005mol/L HCl（忽略体积变化），溶液的 pH 为多少？
(2) 加入 0.005mol/L NaOH（忽略体积变化），溶液的 pH 为多少？
(3) 若原溶液稀释 10 倍，溶液的 pH 又为多少？

解 (1) 加入 0.005mol/L HCl 溶液时，HCl 与 Ac^- 反应生成 HAc，使 Ac^- 的浓度降低，HAc 的浓度增加，假设

$$c_{HAc} = 0.10 + 0.005 = 0.105 \text{ (mol/L)}$$
$$c_{Ac^-} = 0.10 - 0.005 = 0.095 \text{ (mol/L)}$$

则
$$pH = pK_a^{\ominus} - \lg \frac{c'_{酸}}{c'_{盐}}$$
$$= 4.76 - \lg \frac{0.105}{0.095} = 4.72$$

计算结果表明，溶液的 pH 比原溶液降低了 0.04 个 pH 单位。实际上由于 HAc 电离平衡的存在，加入 HCl 后 HAc 浓度要低于 0.105mol/L，而 Ac^- 浓度要高于 0.095mol/L，因此，溶液的 pH 变化要小于 0.04 个 pH 单位。

(2) 加入 0.005mol NaOH 后，NaOH 与 HAc 反应，使 Ac^- 的浓度增加，HAc 的浓度降低，假设

$$c_{Ac^-} = 0.10 + 0.005 = 0.105 \text{ (mol/L)}$$
$$c_{HAc} = 0.10 - 0.005 = 0.095 \text{ (mol/L)}$$

则
$$pH = pK_a^{\ominus} - \lg \frac{c'_{酸}}{c'_{盐}}$$
$$= 4.76 - \lg \frac{0.095}{0.105} = 4.80$$

计算结果表明，溶液的 pH 比原溶液增加了 0.04 个 pH 单位，实际上溶液的 pH 增加值小于 0.04 个 pH 单位。

(3) 溶液稀释 10 倍时,因酸与盐浓度的比值不变,因而 pH 也不变,仍为 4.76。

但是,当外加的酸或碱的量过大时,缓冲溶液的抗酸成分或抗碱成分被耗尽,缓冲溶液就会失去缓冲作用,因此,缓冲溶液的缓冲作用是有一定限度的。

在实际工作中,会遇到缓冲溶液的选择和配制问题,简单介绍如下。

缓冲溶液所具有的缓冲能力与起缓冲作用的两种物质的浓度有很大关系。任何一种物质的浓度过小都会使溶液丧失缓冲能力。因此两种浓度的比值 $c_{酸}/c_{盐}$ 或 $c_{碱}/c_{盐}$ 最好接近于 1。

若 $c_{酸}/c_{盐} \approx 1$,则

$$pH \approx pK_a^{\ominus}$$

配制某种酸度的缓冲溶液时,最好选用 $pK_a^{\ominus}$ 值接近 pH 的缓冲对。

例如,要配制 pH 为 5 左右(即 $c'_{H^+} \approx 10^{-5}$)的缓冲溶液时,可选择由 HAc-NaAc 组成的缓冲溶液,因 HAc 的 $pK_a^{\ominus}=4.76$,与所需的 pH 接近。选好缓冲对以后,则可按所要求的 pH,利用式 (5-13) 算出配制缓冲溶液所需弱酸及其盐的浓度比。一般 $c_{酸}/c_{盐}$ 的比值应在 0.1~10 范围内,其相应的 pH 和 pOH 变化范围为

$$pH = pK_a^{\ominus} \pm 1, \quad pOH = pK_b^{\ominus} \pm 1$$

思考与练习

一、填空题

1. 同离子效应使弱电解质的电离度_____。
2. 在氨水溶液中加入 NH_4NO_3,由于_____使氨水的平衡向____移动,OH^- 浓度_____,氨水的电离度_____。
3. 在 HAC-NaAc 缓冲溶液中,抗酸成分是_____,抗碱成分是_____。
4. 配制缓冲溶液时,一般 $c_{酸}/c_{盐}$ 的比值应在_____范围内,其相应的 pH 变化范围为_____,pOH 变化范围为_____。将缓冲溶液适当稀释时,其溶液的 pH _____。
5. 配制某种酸度的缓冲溶液时,应使_____值接近_____值。

二、判断题

1. 将缓冲溶液适当稀释时,其溶液的 pH 不变。
2. 在氨水中加入 2 滴酚酞,溶液显红色,当加入 NH_4Ac 后,溶液颜色变浅。
3. 无论加入多大量的酸和碱溶液,缓冲溶液的 pH 都能保持不变,这是缓冲溶液的特点。
4. 欲配制 pH=4.76 的缓冲溶液,若用 HAc-NaAc 溶液,二者的浓度比为 1。
5. NH_3-NH_4Cl 混合液具有缓冲作用,是因为有 NH_4^+ 对 NH_3 的电离起着抑制作用。

三、单选题

1. 缓冲溶液的缓冲容量的大小与下列(　　)因素有关。
   A. 缓冲溶液的总浓度
   B. 缓冲溶液的 pH
   C. 缓冲组分的浓度比
   D. 缓冲溶液的总浓度和缓冲组分的浓度比
2. 下列各组混合液中,不具有缓冲作用的是(　　)。
   A. 100mL 0.10mol/L KH_2PO_4 溶液和 50mL 0.10mol/L NaOH 溶液
   B. 100mL 0.10mol/L HAc 溶液和 50mL 0.10mol/L NaOH 溶液
   C. 100mL 0.10mol/L NaH_2PO_4 溶液和 50mL 0.20mol/L NaOH 溶液
   D. 100mL 0.10mol/L KH_2PO_4 溶液和 50mL 0.10mol/L HCl 溶液

3. 下列关于缓冲溶液的叙述中，错误的是（　　）。
A. 温度一定时，影响缓冲溶液 pH 的主要因素为 pK_a 和缓冲比
B. 缓冲溶液的有效缓冲范围为 $pK_a \pm 1$
C. 缓冲溶液缓冲比一定时，总浓度越大，则其缓冲容量越大
D. 缓冲溶液加水稀释后，pH 基本不变，缓冲容量也不变

4. 下列各缓冲溶液的总体积相同，其中缓冲能力最强的是（　　）。
A. 0.10mol/L $NH_3 \cdot H_2O$ 溶液和 0.10mol/L NH_4Cl 溶液等体积混合后的溶液
B. 0.20mol/L $NH_3 \cdot H_2O$ 溶液和 0.20mol/L NH_4Cl 溶液等体积混合后的溶液
C. 0.20mol/L $NH_3 \cdot H_2O$ 溶液和 0.20mol/L NH_4Cl 溶液以体积比 2∶1 混合溶液
D. 0.20mol/L $NH_3 \cdot H_2O$ 溶液和 0.10mol/L NH_4Cl 溶液等体积混合后的溶液

5. 欲配制 pH=9.3 的缓冲溶液，下列缓冲对中最合适的是（　　）。
A. $NaHCO_3$-Na_2CO_3（H_2CO_3 的 pK_{a2}=10.33）
B. HAc-NaAc（HAc 的 pK_a=4.75）
C. NH_3-NH_4Cl（NH_3 的 pK_a=4.75）
D. NaH_2PO_4-Na_2HPO_4（H_3PO_4 的 pK_a=7.21）

四、问答题
1. 请举例说明缓冲溶液的缓冲原理。
2. 如何判断缓冲溶液的缓冲容量？
3. 人体血液的 pH 是用哪种重要的离子对控制的？
4. 如果需要将溶液 pH 控制在 9.0 左右，选择缓冲对的原则是什么？
5. 缓冲溶液加入后能够始终保持溶液的 pH 不变吗？举例说明。

第四节　配位平衡

配位化合物是一类由中心原子（离子）和配位体组成的化合物，配位化合物简称配合物，也称络合物。配位化合物的中心原子（或离子）位于配合物的中心，称为配合物的形成体，如 $[Ag(NH_3)_2]Cl$ 中的 Ag^+、$K_4[Fe(CN)_6]$ 中的 Fe^{2+} 等。形成体通常是金属离子或原子，也有少数是非金属离子。在配合物中，与中心离子以配位键结合的阴离子、原子或分子称为配位体。与中心离子或中心原子直接结合的配位原子的总数称为该中心离子的配位数。中心离子和配位体构成了配合物的内界，这是配合物的特征部分；在化学式中通常用方括号括起来，如 $[Ag(NH_3)_2]$ 和 $[Fe(CN)_6]$，距中心离子较远的其他离子通常写在方括号的外面，称为外界。

一、配合物的稳定性

配合物的内界和外界之间是以离子键结合的，在水溶液中几乎完全离解为配离子和外界离子。如：

$$[Cu(NH_3)_4]SO_4 \rightleftharpoons [Cu(NH_3)_4]^{2+} + SO_4^{2-}$$

而配离子在水溶液中与弱电解质相似，存在着离解平衡，$[Cu(NH_3)_4]^{2+}$ 可部分离解为 Cu^{2+} 和 NH_3；同时 Cu^{2+} 和 NH_3 又会配合生成 $[Cu(NH_3)_4]^{2+}$，配合与离解反应最后达到平衡

$$[Cu(NH_3)_4]^{2+} \rightleftharpoons Cu^{2+} + 4NH_3$$

其离解平衡常数可表示为

$$K_{\text{不稳}}^{\ominus} = \frac{\left(\frac{c_{\text{Cu}^{2+}}}{c^{\ominus}}\right)\left(\frac{c_{\text{NH}_3}}{c^{\ominus}}\right)^4}{\frac{c_{[\text{Cu}(\text{NH}_3)_4]^{2+}}}{c^{\ominus}}} \tag{5-15}$$

$K_{\text{不稳}}^{\ominus}$ 称为配离子的不稳定常数，其值越大，表示该配离子越不稳定，在溶液中越容易离解。通常也可用配离子的生成反应来表示配合物的稳定性：

$$\text{Cu}^{2+} + 4\text{NH}_3 \rightleftharpoons [\text{Cu}(\text{NH}_3)_4]^{2+}$$

这种平衡称为配位平衡，其平衡常数可表示为

$$K_{\text{稳}}^{\ominus} = \frac{\frac{c_{[\text{Cu}(\text{NH}_3)_4]^{2+}}}{c^{\ominus}}}{\left(\frac{c_{\text{Cu}^{2+}}}{c^{\ominus}}\right)\left(\frac{c_{\text{NH}_3}}{c^{\ominus}}\right)^4} \tag{5-16}$$

$K_{\text{稳}}^{\ominus}$ 称为配合物的稳定常数，其值越大，说明生成配离子的倾向越大，表示该配离子越稳定。很明显，$K_{\text{稳}}^{\ominus} = 1/K_{\text{不稳}}^{\ominus}$。

配离子在溶液中的离解是逐级进行的，因此在溶液中存在一系列的配位平衡，各级均有其对应的稳定常数。以$[\text{Ag}(\text{NH}_3)_2]^+$的形成为例，其逐级配位反应如下：

$$\text{Ag}^+ + \text{NH}_3 \rightleftharpoons [\text{Ag}(\text{NH}_3)]^+$$

$$K_1^{\ominus} = \frac{\frac{c_{[\text{Ag}(\text{NH}_3)]^+}}{c^{\ominus}}}{\left(\frac{c_{\text{Ag}^+}}{c^{\ominus}}\right)\left(\frac{c_{\text{NH}_3}}{c^{\ominus}}\right)}$$

$$[\text{Ag}(\text{NH}_3)]^+ + \text{NH}_3 \rightleftharpoons [\text{Ag}(\text{NH}_3)_2]^+$$

$$K_2^{\ominus} = \frac{\frac{c_{[\text{Ag}(\text{NH}_3)_2]^+}}{c^{\ominus}}}{\left(\frac{c_{[\text{Ag}(\text{NH}_3)]^+}}{c^{\ominus}}\right)\left(\frac{c_{\text{NH}_3}}{c^{\ominus}}\right)}$$

其中 $K_1^{\ominus}$、$K_2^{\ominus}$ 为配离子的逐级稳定常数，配离子总的稳定常数等于逐级稳定常数之积，即

$$K_{\text{稳}} = K_1^{\ominus} K_2^{\ominus}$$

当向溶液中加入某种试剂（如酸、碱、沉淀剂、氧化还原剂或其他配位剂）时，它能与溶液中的金属离子或配位体发生反应，使配位平衡发生移动。

二、EDTA 及其配合物

配位滴定法是以配位反应为基础的滴定分析方法，在配位滴定法中，应用最广、最重要的一种配位剂是乙二胺四乙酸，简称 EDTA，它是一种四元酸，通常用 H_4Y 表示。其结构式如下：

$$\begin{array}{c} \text{HOOCH}_2\text{C} \\ \phantom{\text{HOOCH}_2\text{C}} \end{array} \overset{+}{\underset{H}{N}}-\text{CH}_2-\text{CH}_2-\overset{+}{\underset{H}{N}} \begin{array}{c} \text{CH}_2\text{COOH} \\ \text{CH}_2\text{COOH} \end{array}$$

EDTA 在水中的溶解度很小 [0.02g/(100mL 水)]，在配位滴定时，常用它的二钠盐 $Na_2H_2Y \cdot 2H_2O$，一般也简称 EDTA。

在酸性溶液中，EDTA 存在六级离解平衡，有 H_6Y^{2+}、H_5Y^+、H_4Y、H_3Y^-、H_2Y^{2-}、HY^{3-} 和 Y^{4-} 七种形式。当溶液的 pH 不同时，各种存在形式的浓度也不同，而 pH 一定时，某种存在形式占优势。溶液的 pH 越高，EDTA 的配位能力越强。

EDTA 属于广谱型配位剂，几乎能与所有金属离子形成配合物。而且绝大多数配合物都相当稳定。无色金属离子与 EDTA 生成的配合物仍是无色的，有色金属离子与 EDTA 形成的配合物颜色将加深。

思考与练习

一、填空题

1. 配位化合物是由_____和_____组成的化合物。
2. [Ag(NH$_3$)$_2$]Cl 中的 Ag$^+$、K$_4$[Fe(CN)$_6$]中的 Fe^{2+}称为_____。
3. 当向存在配合物的溶液中加入_____、_____、_____、_____或_____等试剂时，会使配位平衡发生移动。
4. 在配位滴定法中，最常用的配位剂是_____，简称_____。
5. EDTA 与_____形成无色配合物，与_____形成颜色更深的配合物。

二、判断题

1. 配合物的内界和外界之间是以配位键结合的。
2. 通常在配合物化学式中用方括号括起来的部分称为配合物的外界。
3. 配合物的稳定常数值越大，表示该配离子越稳定。
4. 配离子在水溶液中完全电离。
5. EDTA 几乎能与所有金属离子形成配合物。

三、单选题

1. 下列配合物中，属于弱电解质的是（　　）。
   A. [Ag(NH$_3$)$_2$]Cl　　B. K$_3$[FeF$_6$]　　C. [Co(en)$_3$]Cl$_3$　　D. [PtCl$_2$(NH$_3$)$_2$]
2. 下列配离子在水溶液中稳定性大小关系中正确的是（　　）。
   A. [Zn(OH)$_4$]$^{2-}$ (lg$K_{不稳}$=17.66)＞[Al(OH)$_4$]$^-$ (lg$K_{不稳}$=33.03)
   B. [HgI$_4$]$^{2-}$ (lg$K_{不稳}$=29.83)＞[PbI$_4$]$^{2-}$ (lg$K_{不稳}$=4.47)
   C. [Cu(en)$_2$]$^+$ (lg$K_{不稳}$=10.8)＞[Cu(en)$_2$]$^{2+}$ (lg$K_{不稳}$=20.0)
   D. [Co(NH$_3$)$_6$]$^{2+}$ (lg$K_{不稳}$=5.14)＞[CoY]$^{2-}$ (lg$K_{不稳}$=16.31)
3. 在 0.10mol/L 的 [Ag(NH$_3$)$_2$]Cl 溶液中，各组分浓度大小的关系是（　　）。
   A. c(NH$_3$)＞c(Cl$^-$)＞c([Ag(NH$_3$)$_2$]$^+$)＞c(Ag$^+$)
   B. c(Cl$^-$)＞c([Ag(NH$_3$)$_2$]$^+$)＞c(Ag$^+$)＞c(NH$_3$)
   C. c(Cl$^-$)＞c([Ag(NH$_3$)$_2$]$^+$)＞c(NH$_3$)＞c(Ag$^+$)
   D. c(NH$_3$)＞c(Cl$^-$)＞c(Ag$^+$)＞c([Ag(NH$_3$)$_2$]$^+$)
4. 将 2.0mol/L 氨水与 0.10mol/L [Ag(NH$_3$)$_2$]Cl 溶液等体积混合后，混合液中各组分浓度大小的关系是（　　）。
   A. c(NH$_3$)＞c(Cl$^-$)=c([Ag(NH$_3$)$_2$]$^+$)＞c(Ag$^+$)
   B. c(NH$_3$)＞c(Cl$^-$)＞c([Ag(NH$_3$)$_2$]$^+$)＞c(Ag$^+$)
   C. c(Cl$^-$)＞c(NH$_3$)＞c([Ag(NH$_3$)$_2$]$^+$)＞c(Ag$^+$)
   D. c(Cl$^-$)＞c([Ag(NH$_3$)$_2$]$^+$)＞c(NH$_3$)＞c(Ag$^+$)
5. 下列反应，其标准平衡常数可作为 [Zn(NH$_3$)$_4$]$^{2+}$ 的不稳定常数的是（　　）。
   A. Zn^{2+}+4NH$_3$ $\rightleftharpoons$ [Zn(NH$_3$)$_4$]$^{2+}$
   B. [Zn(NH$_3$)$_4$]$^{2+}$+H$_2$O $\rightleftharpoons$ [Zn(NH$_3$)$_3$(H$_2$O)]$^{2+}$+NH$_3$
   C. [Zn(OH)$_4$]$^{2-}$+4NH$_3$ $\rightleftharpoons$ [Zn(NH$_3$)$_4$]$^{2+}$+4OH$^-$

D. $[Zn(NH_3)_4]^{2+} + 4OH^- \rightleftharpoons [Zn(OH)_4]^{2-} + 4NH_3$

四、问答题

1. 配合物的稳定常数和不稳定常数如何表示？二者什么关系？
2. 请查阅相关书籍了解 EDTA 的结构和作为配合剂的有关应用。
3. 配合物常常会有颜色，请查阅资料了解其中原因。
4. 举例说明配合物的结构。
5. 螯合物是怎样的配合物，举例说明螯合物有哪些特点。

第五节 沉淀平衡

根据溶解度的大小，可将电解质分为易溶电解质、微溶电解质和难溶电解质。一般把溶解度小于 0.01g/100g H_2O 的电解质叫作难溶电解质。下面主要讨论难溶电解质包括微溶电解质在水溶液中的特性和规律。

一、溶度积规则

1. 溶度积

在一定温度下，将难溶电解质晶体放入水中时，就发生溶解和沉淀两个过程。以 $BaSO_4$ 为例，将它的固体放入水中，固体中的 Ba^{2+} 和 SO_4^{2-} 在水分子作用下，不断由固体表面进入水中，成为自由移动的水合离子，此过程为溶解。与此同时，已经溶解在水中的 Ba^{2+} 和 SO_4^{2-}，在不断运动中相互碰撞或与未溶解的 $BaSO_4(s)$ 表面碰撞，重新回到固体表面，此过程叫沉淀（或结晶）。当溶解和沉淀速率相等时，便建立了一种动态的多相离子平衡，即为沉淀-溶解平衡。此时的溶液为饱和溶液。

$$BaSO_4(s) \underset{沉淀}{\overset{溶解}{\rightleftharpoons}} Ba^{2+} + SO_4^{2-}$$

该动态平衡的标准平衡常数表达式为

$$K_{sp}^{\ominus}(BaSO_4) = \left(\frac{c_{Ba^{2+}}}{c^{\ominus}}\right)\left(\frac{c_{SO_4^{2-}}}{c^{\ominus}}\right) = c'_{Ba^{2+}} \cdot c'_{SO_4^{2-}}$$

式中的 $K_{sp}^{\ominus}$ 称为溶度积常数，简称溶度积。它反映了物质的溶解能力。

例如：$Mg(OH)_2$ 的溶解平衡式为

$$Mg(OH)_2(s) \rightleftharpoons Mg^{2+} + 2OH^-$$

其溶度积常数表达式为

$$K_{sp}^{\ominus}[Mg(OH)_2] = c'_{Mg^{2+}} \cdot c'^2_{OH^-}$$

溶度积常数仅适用于难溶电解质的饱和溶液。同其他平衡常数一样，$K_{sp}^{\ominus}$ 只与难溶电解质的本性和温度有关，在实际工作中，常用 25℃时的溶度积常数。

2. 溶度积与溶解度的相互换算

溶度积与溶解度都可以表示物质的溶解能力，相互可以换算，换算时要注意溶度积中采用的浓度单位是 mol/L，而从一些手册上查到的溶解度常以 g/100g H_2O 表示，所以需要进行换算。换算时，难溶电解质饱和溶液的密度近似等于纯水的密度（1g/cm³）。

【例题 5-6】 298K 时，$BaSO_4$ 溶解度为 2.4×10^{-4} g/100g H_2O，求其溶度积。

解 首先将溶解度单位由 g/100g H_2O 换算成 mol/L。

设 $BaSO_4$ 的溶解度为 S mol/L。

$$S_{BaSO_4} = \frac{\frac{2.4 \times 10^{-4}}{233}}{100 \times 10^{-3}} = 1.03 \times 10^{-5} \text{ (mol/L)}$$

$BaSO_4$ 饱和溶液的沉淀-溶解平衡式如下

$$BaSO_4(s) \rightleftharpoons SO_4^{2-} + Ba^{2+}$$

平衡浓度 $c/(\text{mol/L})$ S S

$$K_{sp}^{\ominus}(BaSO_4) = c'_{Ba^{2+}} c'_{SO_4^{2-}} = S^2 = (1.03 \times 10^{-5})^2 = 1.06 \times 10^{-10}$$

则 $BaSO_4$ 的溶度积为 1.06×10^{-10}。

同类型的难溶电解质，可由其 $K_{sp}^{\ominus}$ 比较其溶解能力。$K_{sp}^{\ominus}$ 越大，溶解度就越大。不同类型的难溶电解质，不能直接用 $K_{sp}^{\ominus}$ 来比较溶解度的大小。如 $K_{sp}^{\ominus}(AgCl) > K_{sp}^{\ominus}(Ag_2CrO_4)$，但 $S(AgCl) < S(Ag_2CrO_4)$，所以对不同类型的难溶电解质，不能用 $K_{sp}^{\ominus}$ 比较溶解能力的大小，必须把 $K_{sp}^{\ominus}$ 换算成溶解度进行比较。

3. 溶度积规则

对于给定的难溶电解质来说，在一定的条件下，沉淀能否生成或溶解，可利用溶度积来判断。将难溶电解质溶液中的离子浓度与标准浓度 $c^{\ominus}$ 相比后，代入 $K_{sp}^{\ominus}$ 的表示式，得到的乘积称为离子积，用 Q 来表示。Q 和 $K_{sp}^{\ominus}$ 表达方式相同，但是，两者的概念是有区别的。$K_{sp}^{\ominus}$ 表示难溶电解质沉淀溶解达到平衡时，饱和溶液中的离子浓度的乘积。对某一难溶电解质来说，在一定温度下，$K_{sp}^{\ominus}$ 为一常数。Q 表示任何情况下离子浓度的乘积，其数值不定。$K_{sp}^{\ominus}$ 仅是 Q 的一个特例。

① 当 $Q < K_{sp}^{\ominus}$ 时，溶液呈未饱和状态，无沉淀析出。若原来有沉淀，沉淀溶解，直至 $Q = K_{sp}^{\ominus}$。

② 当 $Q = K_{sp}^{\ominus}$ 时，溶液达到饱和，建立了溶解与沉淀平衡，无沉淀析出。

③ 当 $Q > K_{sp}^{\ominus}$ 时，溶液呈过饱和状态，有沉淀析出，直至建立新的平衡。

以上规则称为溶度积规则，它是难溶电解质多相离子平衡移动的总结，是判断沉淀的生成和溶解的重要依据。

二、沉淀生成与溶解的相互转化

1. 沉淀的生成

根据溶度积规则，当溶液中 $Q > K_{sp}^{\ominus}$ 时，有沉淀生成。

【例题 5-7】 将 0.01L 0.020mol/L 的 $CaCl_2$ 溶液与等体积等浓度的 $Na_2C_2O_4$ 溶液相混合，判断在下列条件下是否有沉淀生成（忽略体积的变化）。已知 $K_{sp}^{\ominus}(CaC_2O_4) = 2.32 \times 10^{-9}$。

解 两种物质混合后，各自的浓度都成为原来的一半。

$$CaC_2O_4 \rightleftharpoons Ca^{2+} + C_2O_4^{2-}$$

$c/(\text{mol/L})$ 0.010   0.010

$$Q = c'_{Ca^{2+}} c'_{C_2O_4^{2-}} = 0.010^2 = 1.0 \times 10^{-4}$$

$Q > K_{sp}^{\ominus}(CaC_2O_4)$，有 CaC_2O_4 沉淀析出。

在一定温度下，$K_{sp}^{\ominus}$ 为一常数，在难溶电解质溶液中沉淀-溶解平衡总是存在，故溶液中没有一种离子的浓度等于零，即没有一种沉淀反应是绝对完全的。通常，一种离子与沉淀剂生成沉淀物后在溶液中残留的浓度 $< 10^{-5}$ mol/L，可以认为沉淀完全。

如果在难溶电解质的饱和溶液中，加入含有相同离子的易溶的强电解质，难溶电解质的多相离子平衡将发生移动。如同弱电解质的同离子效应那样，在难溶电解质溶液中的同离子效应将使其溶解度降低。例如，从溶液中析出的沉淀因吸附有杂质而需要洗涤，为了减少洗涤时沉淀的溶解损失，根据同离子效应，常采用含有相同离子的溶液代替纯水。常用 H_2SO_4 水溶液洗涤 $BaSO_4$ 沉淀；又如氧化铝的生产通常是使 Al^{3+} 与 OH^- 反应生成 $Al(OH)_3$，再经焙烧制得 Al_2O_3。在制取 $Al(OH)_3$ 的过程中加入适当过量的 $Ca(OH)_2$ 可使溶液中的 Al^{3+} 沉淀更完全。

【例题 5-8】 (1) 计算在室温时足量的 AgCl 固体放在 1L 的纯水中，其溶解度是多少？(2) 若放在 1L 浓度为 1mol/L 的盐酸中，溶解度又是多少？

解 已知 $K_{sp}^{\ominus}(AgCl)=1.77\times10^{-10}$，

设 AgCl 的溶解度为 x mol/L，则

(1) 在纯水中　　　　　　　$AgCl(s) \rightleftharpoons Ag^+ + Cl^-$

平衡浓度 c/(mol/L)　　　　　　　　　　　　x　　　x

$$K_{sp}^{\ominus}(AgCl)=c'_{Ag^+}\cdot c'_{Cl^-}=x^2=1.77\times10^{-10}$$

$$x=\sqrt{1.77\times10^{-10}}=1.33\times10^{-5}\ (\text{mol/L})$$

则 AgCl 在纯水中的溶解度为 1.33×10^{-5} mol/L。

(2) 在 1mol/L 的盐酸中　　　$AgCl(s) \rightleftharpoons Ag^+ + Cl^-$

平衡浓度 c/(mol/L)　　　　　　　　　　　　x　　$1+x$

达到饱和时

$$K_{sp}^{\ominus}(AgCl)=c'_{Ag^+}\cdot c'_{Cl^-}=x(1+x)=1.77\times10^{-10}$$

由（1）结果可知，AgCl 溶解度很小，则 $1+x\approx1$。

故　　　　　　　　　　　　　$x=K_{sp}^{\ominus}=1.77\times10^{-10}$

则 AgCl 在 1mol/L 的盐酸中的溶解度为 1.77×10^{-10} mol/L。

由此可以看出，难溶电解质在溶液中由于同离子效应而使其溶解度降低。

2. 沉淀的溶解

(1) 沉淀的溶解　难溶电解质可通过不同的方法使之溶解。在大多数情况下，可通过化学反应，以降低溶液中一种或几种离子浓度，从而使 $Q<K_{sp}^{\ominus}$，达到使难溶电解质溶解的目的，一般有以下几种途径。

① 生成弱电解质。

例如，要溶解 $BaCO_3$ 沉淀，可加入 HCl

$$BaCO_3(s) \rightleftharpoons Ba^{2+} + CO_3^{2-}$$
$$+$$
$$2HCl \longrightarrow 2Cl^- + 2H^+$$
$$\Updownarrow$$
$$H_2CO_3 \longrightarrow CO_2\uparrow + H_2O$$

生成的 H_2CO_3 极不稳定，易分解成 CO_2 和 H_2O。降低了溶液中 CO_3^{2-} 的浓度，从而使 $Q(BaCO_3)<K_{sp}^{\ominus}(BaCO_3)$，达到溶解的目的。

② 发生氧化还原反应。

CuS 在浓 HCl 中不溶，在 HNO_3 中发生氧化还原反应而溶解，HNO_3 能将 S^{2-} 氧化成单质 S，从而降低了 S^{2-} 的浓度，使 $Q(CuS)<K_{sp}^{\ominus}(CuS)$。溶解反应为

$$3CuS(s)+8HNO_3 \longrightarrow 3Cu(NO_3)_2+3S\downarrow+2NO\uparrow+4H_2O$$

③ 生成稳定的配离子。

例如 AgCl 能溶于氨水溶液中。就是由于发生了配位反应，生成了微弱解离的 $[Ag(NH_3)_2]^+$ 配离子，从而降低了 Ag^+ 的浓度，使 AgCl 沉淀溶解。

(2) **盐效应** 实验证明，将易溶的强电解质加入难溶电解质的溶液中，在有些情况下，难溶电解质的溶解度比在纯水中的溶解度大。例如，AgCl 在 KNO_3 溶液中的溶解度比在纯水中的溶解度大，并且 KNO_3 的浓度越大，AgCl 的溶解度越大。

这是由于加入易溶强电解质后，溶液中各种离子总浓度增大了，增强了离子间的静电作用，在 Ag^+ 的周围有更多阴离子（主要是 NO_3^-），形成了所谓的"离子氛"；在 Cl^- 的周围有更多的阳离子（主要是 K^+），也形成"离子氛"，使 Ag^+、Cl^- 受到较强的牵制作用，降低了它们的有效浓度，因而在单位时间内与沉淀表面碰撞次数减少，沉淀过程变慢，难溶电解质的溶解过程暂时超过了沉淀过程，平衡就向溶解的方向移动，难溶电解质的溶解度就增大了。这种效应叫盐效应。

3. 分步沉淀

以上讨论的沉淀反应都是溶液中只有一种沉淀的体系，实际上，溶液中常含有几种离子，当加入某种沉淀剂时，各种沉淀会相继生成。由于不同沉淀的溶解度不同，沉淀反应将按照一定顺序进行。这种由于难溶电解质的溶解度不同而出现先后沉淀的现象称为分步沉淀。

【例题 5-9】 (1) 试解释在含有 0.001mol/L I^- 和 0.001mol/L Cl^- 的溶液中，逐滴加入 $AgNO_3$ 溶液，为什么 AgI 比 AgCl 先沉淀（加入 $AgNO_3$ 溶液所引起的体积变化忽略不计）？(2) 当 AgCl 开始析出时，溶液中 I^- 是否已经沉淀完全？

解 (1) 根据溶度积规则，可以分别计算上述溶液中生成 AgI 和 AgCl 沉淀所需要的 Ag^+ 的最低浓度。

AgI 开始沉淀时所需 Ag^+ 浓度

$$AgI(s) \rightleftharpoons Ag^+ + I^- \qquad K_{sp}^{\ominus}(AgI) = 8.52 \times 10^{-17}$$

$$c'_{Ag^+} \cdot c'_{I^-} = K_{sp}^{\ominus}(AgI)$$

$$c'_{Ag^+} = \frac{K_{sp}^{\ominus}(AgI)}{c'_{I^-}} = \frac{8.52 \times 10^{-17}}{1.0 \times 10^{-3}} = 8.52 \times 10^{-14} \text{ (mol/L)}$$

$$c'_{Ag^+} = 8.52 \times 10^{-14} \text{ mol/L}$$

$$AgCl(s) \rightleftharpoons Ag^+ + Cl^- \qquad K_{sp}^{\ominus}(AgCl) = 1.77 \times 10^{-10}$$

$$c'_{Ag^+} \cdot c'_{Cl^-} = 1.77 \times 10^{-10}$$

$$c'_{Ag^+} = \frac{K_{sp}^{\ominus}(AgCl)}{c'_{Cl^-}} = \frac{1.77 \times 10^{-10}}{1.0 \times 10^{-3}} = 1.77 \times 10^{-7} \text{ (mol/L)}$$

$$c'_{Ag^+} = 1.77 \times 10^{-7} \text{ mol/L}$$

由计算结果可知，在滴加 Ag^+ 过程中，AgI 首先达到溶度积，故 AgI 首先沉淀。

(2) 由前面的计算结果可知，AgCl 沉淀开始析出时，$c(Ag^+) = 1.77 \times 10^{-7}$ mol/L

此时，溶液中 I^- 浓度为 $c'(I^-) = \dfrac{K_{sp}^{\ominus}(AgI)}{c'_{Ag^+}} = \dfrac{8.52 \times 10^{-17}}{1.77 \times 10^{-7}} = 4.81 \times 10^{-10}$ (mol/L)

$$c_{I^-} = 4.81 \times 10^{-10} \text{ mol/L}$$

AgCl 沉淀开始析出时，I^- 已被沉淀完全了，因为 $c_{I^-} \leqslant 10^{-5}$ mol/L。

利用分步沉淀原理，可使两种离子分离，而且两种沉淀的溶度积相差越大，分离得越完全。

4. 沉淀的转化

在含有某种沉淀的溶液中，当加入一种试剂时，原有的沉淀会溶解，与此同时又生成了另外一种沉淀，这一现象称为沉淀的转化。例如，锅炉或蒸汽管内锅垢的存在，不仅阻碍传热、浪费燃料，而且还有可能引起爆裂。用 Na_2CO_3 溶液处理锅炉中的锅垢，使不溶于酸

的 $CaSO_4$ $[K_{sp}^{\ominus}(CaSO_4)=4.93\times10^{-5}]$ 转化为可溶于酸的 $CaCO_3$ $[K_{sp}^{\ominus}(CaCO_3)=3.36\times10^{-9}]$，这样水垢的清除就易于实现了。

$$CaSO_4 \rightleftharpoons SO_4^{2-} + Ca^{2+}$$
$$+$$
$$Na_2CO_3 \longrightarrow 2Na^+ + CO_3^{2-}$$
$$\Updownarrow$$
$$CaCO_3$$

由于 $K_{sp}^{\ominus}(CaCO_3)$ 小于 $K_{sp}^{\ominus}(CaSO_4)$，因此在饱和的 $CaSO_4$ 溶液中加入 Na_2CO_3 时，Ca^{2+} 与加入的 CO_3^{2-} 浓度的乘积 $Q > K_{sp}^{\ominus}(CaCO_3)$，故产生 $CaCO_3$ 沉淀。而 $CaCO_3$ 沉淀的不断生成，使溶液中 Ca^{2+} 浓度不断降低，破坏了 $CaSO_4$ 的溶解平衡，使 $Q < K_{sp}^{\ominus}(CaSO_4)$，造成 $CaSO_4$ 不断溶解，并转化为 $CaCO_3$ 沉淀。

【例题 5-10】 在水中加入一些固体 Ag_2CrO_4 后，再加入一些 KI 溶液，有何现象产生？

解 已知 $K_{sp}^{\ominus}(Ag_2CrO_4)=1.12\times10^{-12}$，$K_{sp}^{\ominus}(AgI)=8.52\times10^{-17}$

设 Ag_2CrO_4 溶解度为 $x\,mol/L$，则

$$Ag_2CrO_4(s) \rightleftharpoons 2Ag^+ + CrO_4^{2-}$$

平衡浓度 $c/(mol/L)$ $2x$ x

$$K_{sp}^{\ominus} = c'^2_{Ag^+} \cdot c'_{CrO_4^{2-}} = 4x^3 = 1.12\times10^{-12}$$

$$x = \sqrt[3]{\frac{K_{sp}^{\ominus}}{4}} = \sqrt[3]{\frac{1.12\times10^{-12}}{4}}$$

$$= 6.5\times10^{-5}\,(mol/L)$$

则 Ag_2CrO_4 的溶解度为 $6.5\times10^{-5}\,mol/L$。

所以 $c_{Ag^+} = 2\times6.5\times10^{-5}\,mol/L = 1.3\times10^{-4}\,mol/L$。如果加入 I^-，生成 AgI 沉淀的条件为

$$c'_{I^-} = \frac{K_{sp}^{\ominus}(AgI)}{c'_{Ag^+}} = \frac{8.52\times10^{-17}}{1.3\times10^{-4}}$$

$$= 6.6\times10^{-13}$$

即 $c_{I^-} = 6.6\times10^{-13}\,mol/L$。这是一个很小的数值，在含有 Ag_2CrO_4 沉淀的溶液中加入 KI 溶液时，I^- 浓度就会大于这一数值，就会有淡黄色的 AgI 沉淀生成。溶液中 Ag^+ 浓度随之减少，Ag_2CrO_4 就会继续溶解。

$$Ag_2CrO_4(s) \rightleftharpoons 2Ag^+ + CrO_4^{2-}$$
$$+$$
$$2I^-$$
$$\Updownarrow$$
$$2AgI(s)$$

只要加入足量的 I^-，砖红色的 Ag_2CrO_4 沉淀会全部转化为淡黄色的 AgI 沉淀。

总之，沉淀转化的条件是相同类型的沉淀，由 $K_{sp}^{\ominus}$ 较大的转化为 $K_{sp}^{\ominus}$ 较小的沉淀；不同类型的沉淀，由溶解度较大的转化为溶解度较小的沉淀。两种沉淀的 $K_{sp}^{\ominus}$（或溶解度）的差别越大，沉淀的转化越趋完全。

思考与练习

一、填空题

1. 一定温度下，难溶电解质饱和溶液中，存在着_____与_____平衡。
2. 欲使沉淀溶解，需降低_____浓度，使 Q _____ $K_{sp}^{\ominus}$。
3. 写出下列难溶电解质的溶度积常数表达式

$CaCO_3$　　$K_{sp}^{\ominus}=$ _____；

$Mg(OH)_2$　　$K_{sp}^{\ominus}=$ _____；

Ag_2CrO_4　　$K_{sp}^{\ominus}=$ _____。

4. 对于难溶电解质沉淀的转化，是由_____转化为_____的沉淀。
5. 利用_____原理，可使两种离子分离，先达到_____者先沉淀，而且两种沉淀的_____相差越大，分离得越完全。

二、判断题

1. 溶度积小的难溶电解质，溶解度也一定小。
2. 当 $Q>K_{sp}^{\ominus}$ 时，溶液呈过饱和状态，有沉淀析出。一定温度下，难溶电解质溶液中的离子积等于其溶度积常数时，该溶液是饱和溶液。
3. 一定温度下，$CaCO_3$ 水溶液中，Ca^{2+} 与 CO_3^{2-} 浓度的乘积是一个常数。
4. 所谓沉淀完全，就是指溶液中这种离子的浓度为零。
5. CuS 不溶于浓 HCl 溶液，但可溶于浓 HNO_3 溶液。

三、单选题

1. 下列对沉淀溶解平衡的描述正确的是（　　）。

A. 沉淀溶解达到平衡时，沉淀的速率和溶解的速率相等

B. 沉淀溶解达到平衡时，溶液中溶质的离子浓度相等，且保持不变

C. 沉淀溶解达到平衡时，如果再加入难溶性的该沉淀物，将促进溶解

2. 下列说法中正确的是（　　）。

A. 物质的溶解性为难溶，则该物质不溶于水

B. 绝对不溶的物质是不存在的

C. 某离子被沉淀完全是指该离子在溶液中的浓度为 0

3. $CaCO_3$ 在下列（　　）溶液中，溶解度最大。

A. H_2O　　　　B. Na_2CO_3　　　　C. $CaCl_2$

4. 下列难溶盐的饱和溶液中，Ag^+ 浓度最大的是（　　）。

A. AgCl（$K_{sp}=1.56\times10^{-10}$）　　　　B. Ag_2CO_3（$K_{sp}=8.1\times10^{-12}$）

C. Ag_2CrO_4（$K_{sp}=9.0\times10^{-12}$）

5. 根据溶度积规则，沉淀溶解的条件是（　　）。

A. $Q>K_{sp}^{\ominus}$　　　　B. $Q=K_{sp}^{\ominus}$　　　　C. $Q<K_{sp}^{\ominus}$

四、问答题

1. 在实验室中，洗涤 $BaSO_4$ 沉淀时，为何往往使用稀 H_2SO_4，而不用蒸馏水？
2. $CaCO_3$ 在下列哪种试剂中的溶解度最大？

(1) 纯水；(2) 0.1mol/L Na_2CO_3 溶液；(3) 0.1mol/L KNO_3 溶液。

3. 已知 AgCl 的 $K_{sp}^{\ominus}$ 为 1.8×10^{-10}，Ag_2CrO_4 的 $K_{sp}^{\ominus}$ 为 1.1×10^{-12}，然而 AgCl 的溶解度小于 Ag_2CrO_4，为什么？

4. 举例说明沉淀转换的道理。

5. 什么情况就算是沉淀完全?

新视野　　　　　　　pH 与人类健康

通常情况下,人体体液的酸碱度是用 pH 来表示的。医学研究表明,我们的内环境的酸碱度应该是在 pH7.35～7.45 之间,也就是说,我们的体液应该呈现弱碱性才能保持正常的生理功能和物质代谢。这样有利于机体对蛋白质等营养物质的吸收和利用,并使体内的血液循环和免疫系统保持良好状态,使人能保持旺盛的精力。体液保持弱碱性能使人身体健康、肌肤健美,还有利于抗癌。可是据一项都市人群健康调查发现,在生活水平较高的大城市里,80% 以上的人体液 pH 经常处于 7.35 左右或略低于 7.35,使身体呈现不健康的酸性体质。人体的体液偏酸性的话,细胞的作用就会变弱,它的新陈代谢作用就会减慢,这时候对一些脏器功能就会造成一定的影响,时间长了,会导致一些疾病的发生。

近年来英国科学家研究发现,标记人类智力水平的智商(IQ 值)与大脑皮层的酸碱度(pH)存在着较大程度的联系:大脑皮层的 pH 越高,人的智力水平也越高。这是人们首次用生物化学数值对人类的智力水平进行探索。科学家以四十多名年龄在 6～13 岁的男孩为研究对象,测试结果表明,如果大脑皮层的 pH 在 6.99～7.09 之间,IQ 值就在 63～138 之间。即大脑皮层中的体液 pH 大于 7.0 的孩子比小于 7.0 的孩子的智商高出近一倍。

这是科学家第一次把人的智商与大脑 pH 联系起来的重大发现。科学家把这一发现称为智力水平的"化学标记"。如果这一研究结果能够得到进一步的证实,人类就有可能大幅度提高整体的智力水平。

人类日常饮食中的食物构成对体液的 pH 影响很大,食物的酸碱性,是指食物进入消化系统后,经过氧化分解的代谢过程,有的产生碱性物质,有的则产生酸性食物。通常酸性食物是指富含糖类、蛋白质和脂肪的糖、酒、米、面、肉、蛋、鱼等,碱性食物是指水果、蔬菜以及豆制品、乳制品、菌类和海藻类等。人类有望通过改善膳食结构,多吃碱性食品来调节体液的 pH,进而提高智商。

5-1　计算下列溶液的 pH 或 H^+ 浓度

(1) 0.01mol/L HNO_3;

(2) 250mL 溶液中含 NaOH 0.15g;

(3) pH=10.98 的溶液;

(4) pH=4.5 的溶液。

5-2　分别计算 25℃时下列溶液的 pH

(1) 500mL 溶液中含 NH_3 17g;

(2) 0.10mol/L HCOOH 溶液。

5-3　已知在一定条件下 0.10mol/L HCN 溶液的电离度为 0.007%,求在该条件下 HCN 溶液的 H^+ 浓度和电离平衡常数。

5-4　25℃时,0.50mol/L 氨水溶液 pH=11.48,求氨水的电离度和电离常数。

5-5　已知氨水在 20℃时电离常数 $K_{sp}^{\ominus}=1.71\times10^{-5}$,试求

(1) 0.1mol/L 氨水中的 OH^- 浓度;

(2) 0.1mol/L 氨水在 20℃时的电离度。

5-6 求 25℃时 0.05mol/L H_2S 溶液中的 H^+ 和 S^{2-}。

5-7 完成下列水解反应方程式，并写出水解离子方程式。

(1) $NaF + H_2O \longrightarrow$

(2) $NH_4NO_3 + H_2O \longrightarrow$

(3) $NaHCO_3 + H_2O \longrightarrow$

(4) $NH_4CN + H_2O \longrightarrow$

5-8 计算 0.050mol/L NaAc 溶液中的 OH^- 浓度，水解常数，水解度和 pH。

5-9 0.10mol/L HAc 溶液 50mL 和 0.10mol/L NaOH 溶液 25mL 混合后，溶液的 pH 有何变化？

5-10 欲配制 pH=5.00 的缓冲溶液，需称取多少克 NaAc 固体溶解在 300mL 0.2mol/L 的 HAc 中（假设溶液体积不发生变化）？

5-11 在烧杯中盛放 20.00mL 0.10mol/L 氨水溶液，逐步加入 0.10mol/L HCl 溶液，试计算：

(1) 当加入 10.00mL HCl 后，混合液的 pH；

(2) 当加入 20.00mL HCl 后，混合液的 pH；

(3) 当加入 30.00mL HCl 后，混合液的 pH。

5-12 设缓冲溶液的组成是 1.0mol/L NH_3 和 1.0mol/L NH_4Cl，试计算：

(1) 缓冲溶液的 pH；

(2) 将 1.0mL 1.0mol/L NaOH 加入 50.0mL 缓冲溶液中引起的 pH 变化；

(3) 将 1.0mL 1.0moL/L NaOH 加入 50.0mL 纯水中引起的 pH 变化。

5-13 298K 时，Ag_2CrO_4 的溶度积为 1.1×10^{-12}，试求其溶解度。

5-14 已知 25℃时，AgCl 的 $K_{sp}^{\ominus} = 1.8 \times 10^{-10}$，求 AgCl 的溶解度。

5-15 20℃时 PbI_2 在水中的溶解度为 0.68g/L，试计算 PbI_2 在 20℃时溶度积 $K_{sp}^{\ominus}$。

5-16 AgAc 的 $K_{sp}^{\ominus} = 4.4 \times 10^{-3}$。将 1.2mol/L 的 $AgNO_3$ 溶液 20.0mL，

(1) 与 1.4mol/L 的 NaAc 溶液 30.0mL 混合后有无沉淀生成？

(2) 与 1.4mol/L 的 HAc 溶液 30.0mL 混合后有无沉淀生成？

5-17 0.05mol/L $MgCl_2$ 溶液与 1.0mol/L 氨水等体积混合，是否有 $Mg(OH)_2$ 沉淀生成。

5-18 如果溶液中 Fe^{3+} 的浓度为 0.05mol/L，计算 $Fe(OH)_3$ 开始沉淀的 pH 和完全沉淀的 pH。（已知 $K_{sp}^{\ominus}[Fe(OH)_3] = 4 \times 10^{-38}$）

5-19 混合溶液中含有 0.010mol/L Pb^{2+} 和 0.10mol/L Ba^{2+}，在滴加 K_2CrO_4 溶液时，（忽略体积变化）

(1) 哪种离子先沉淀？

(2) 第二种离子沉淀析出时，第一种离子沉淀是否完全？

(3) 能否将 Pb^{2+} 和 Ba^{2+} 有效分开？

已知 $K_{sp}^{\ominus}(PbCrO_4) = 2.8 \times 10^{-13}$，$K_{sp}^{\ominus}(BaCrO_4) = 1.2 \times 10^{-10}$。

5-20 向 1.0×10^{-3} mol/L 的 K_2CrO_4 溶液中滴加 $AgNO_3$ 溶液，求开始有 Ag_2CrO_4 沉淀生成时的 Ag^+ 浓度。CrO_4^{2-} 沉淀完全时，Ag^+ 浓度是多少？已知 $K_{sp}^{\ominus}(Ag_2CrO_4) = 1.1 \times 10^{-12}$。

第六章 电化学基础

> **学习目标**
> 1. 理解电解质溶液的导电机理，理解电导、电导率等基本概念。
> 2. 了解电解质溶液电导的测定方法。
> 3. 理解原电池的基本原理。
> 4. 能够熟练用符号记载原电池，能够熟练写出原电池的电极反应和电池反应。
> 5. 理解电极电势的产生以及电极电势的相对标准。
> 6. 能够熟练利用能斯特方程式计算原电池的电池电动势和电极电势。
> 7. 能够利用原电池的电池电动势计算反应平衡常数、判断反应方向等。
> 8. 能够熟练利用法拉第定律进行有关计算。
> 9. 了解电解过程中电极上发生的反应和极化作用。
> 10. 了解金属的腐蚀和防护原理。

电化学是研究化学变化和电现象间相互关系的学科。它研究的主要内容是电解质溶液的特性、化学能与电能相互转化过程中所遵循的规律。

目前电化学工业已成为国民经济中的重要组成部分。化学能变成电能的装置——各种电池或化学电源已广泛应用于日常生活、科学技术、国防工业、生化医学、交通运输等各个行业，并在一些尖端科技如航天、半导体、大规模集成电路等领域发挥着日益重要的作用。

电解是电能转化为化学能的过程。许多有色金属以及稀有金属的冶炼和精炼经常采用电解的方法，如铝、镁、钾、钠、锂、铪、铜、锌、铅等。利用电解法还可以生产很多基本的化工产品如烧碱、过氧化氢、氯气以及一些重要的有机化合物等。在工业上也广泛采用电化学方法进行金属的电镀和防腐蚀、电化学加工和电抛光等。

此外，电化学分析、电导滴定、电位滴定及极谱分析等都是依据电化学的基本原理进行的。

第一节 电解质溶液的导电能力

不同电解质溶液的导电能力不同，讨论电解质溶液的导电能力可以更好地了解电解质的基本性质和导电规律。

一、电导率和摩尔电导率

1. 电导和电导率

在物理学中我们学过，当一个导体外加电压 U 时，其中通过的电流 I 通常与电压成正比，即符合欧姆定律

$$U = IR \tag{6-1}$$

式中 R——导体的电阻，表示导体阻碍电流通过的能力。

对于电解质溶液，我们通常用电导表示其导电能力。

电导是电阻的倒数。

即
$$G = \frac{1}{R} = \frac{I}{U} \tag{6-2}$$

电导 G 的单位是 Ω^{-1} 或西门子 S。

若某导体的电阻为 R，导体长度为 l，导体横截面积为 A，我们知道

$$R = \rho \times \frac{l}{A} \tag{6-3}$$

式中 ρ——比例常数，称为电阻率。

根据电导与电阻的关系，可以得到

$$\frac{1}{R} = \frac{1}{\rho} \times \frac{A}{l}$$

即
$$G = \frac{1}{\rho} \times \frac{A}{l} \tag{6-4}$$

式中 $\frac{1}{\rho}$——比例常数，称为电导率（或比电导），可用"κ"表示，S/m。

"κ"读作卡帕，其物理意义是单位长度、单位横截面积的导体具有的电导。对电解质而言，即在两个平行电极相距 1m，电极正对面积 $1m^2$ 的电导池中，内装 $1m^3$ 电解质溶液的电导。如图 6-1 所示。

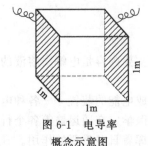

图 6-1 电导率概念示意图

则
$$\kappa = \frac{1}{R} \times \frac{l}{A} = G \times \frac{l}{A} \tag{6-5}$$

用电导率来比较电解质的导电能力，可以不必考虑截面积 A 和导体长度 l 对电导的影响，因此更加直观。

电导率的大小与电解质的种类、溶液的浓度及温度等因素有关。

在利用式(6-5)计算电解质溶液的电导率时，还需要知道电极面积和两极间的距离，但精确测出它们的数值非常困难。通常采用其他办法。对于某个固定的电解池来说，l 和 A 的数值是固定的，因而 l/A 是一个常数，称为电导池常数。用"k"表示，其单位为 m^{-1}。

$$k = \frac{l}{A} \tag{6-6}$$

则
$$\kappa = \frac{1}{R} \times k \tag{6-7}$$

欲测定某一待测溶液在一定温度下的电导率 κ，应先测定所用电导池在相同温度下的电导池常数 k。可将一定浓度的已知其电导率的 KCl 溶液注入电导池中，测出其电阻，然后根据式(6-7)计算电导池常数 k。不同浓度的 KCl 水溶液的电导率数据列于表 6-1 中。

表 6-1 25℃ 时 KCl 水溶液的电导率

浓度 c/(mol/m^3)	10^3	10^2	10	1.0	0.1
电导率 κ/(S/m)	11.19	1.289	0.1413	0.01469	0.001489

【例题 6-1】 25℃时在一电导池中盛以 0.02mol/L 的 KCl 溶液，测得其电阻为 82.4Ω；盛以 0.0025mol/L 的 K_2SO_4 溶液，测得其电阻为 326.0Ω。已知 25℃时 0.02mol/L 的 KCl 溶液的电导率为 0.2768 S/m，求：

(1) 25℃时的电导池常数；
(2) 0.0025mol/L K_2SO_4 溶液的电导率。

解 (1) 电导池常数 $k = \kappa(KCl) \times R(KCl)$
$$= 0.2768 \times 82.4 = 22.81 \text{ (m}^{-1}\text{)}$$

(2) 0.0025mol/l K_2SO_4 溶液的电导率

$$\kappa = \frac{1}{R(K_2SO_4)} \times k = \frac{22.81}{326.0} = 0.06997 \text{ (S/m)}$$

2. 摩尔电导率和极限摩尔电导率

(1) 摩尔电导率 电解质溶液的导电能力与离子所带电荷、离子的数目和离子运动的速度有关。即便对于同种电解质,浓度不同导致离子的数目和运动速率都不同。因此用电导率 κ 比较电解质溶液的导电能力也有弊端,必须规定相同数目的电解质,因而更常用的是摩尔电导率。

在相距为 1m 的两个平行电极间放置含 1mol 电解质的溶液,此溶液的电导称为摩尔电导率,简称摩尔电导,用符号 Λ_m 表示。如图 6-2 表示。

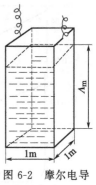

图 6-2 摩尔电导概念示意图

$$\Lambda_m = \frac{\kappa}{c} \tag{6-8}$$

式中 Λ_m——摩尔电导率,$S \cdot m^2/mol$;
κ——电导率,S/m;
c——物质的量浓度,mol/m^3。

使用摩尔电导率时,必须正确规定所采用的基本单元。如在 298K 时,若采用 $MgCl_2$ 作基本单元,

$$\Lambda_m(MgCl_2) = 0.02588 \quad S \cdot m^2/mol$$

若采用 $\frac{1}{2}MgCl_2$ 作基本单元,

$$\Lambda_m\left(\frac{1}{2}MgCl_2\right) = 0.01294 \quad S \cdot m^2/mol$$

可见
$$\Lambda_m(MgCl_2) = 2\Lambda_m\left(\frac{1}{2}MgCl_2\right)$$

(2) 极限摩尔电导率 298K 时一些电解质溶液的摩尔电导率值随浓度变化的数据列于表 6-2 中。

表 6-2 一些电解质在 25℃ 时的摩尔电导率 $\Lambda_m \times 10^4$ 单位:$S \cdot m^2/mol$

$c/(mol/L)$	NaCl	KCl	NaAc	HCl	HAc	NH_4OH	$\frac{1}{2}CuSO_4$	$\frac{1}{2}H_2SO_4$
0.0000	126.45	149.86	91.0	426.16	390.7	271.4	133.0	429.6
0.0001	—	—	—	—	134.7	93	—	—
0.0005	124.50	147.81	89.2	422.74	67.7	47	120.0	413.1
0.001	123.74	146.95	88.5	421.36	49.2	34	115.0	399.5
0.005	120.65	143.55	85.72	415.80	22.9	16	95.5	364.9
0.01	118.51	141.27	83.76	412.00	16.3	11.3	83.5	336.4
0.02	115.76	138.34	81.24	407.24	11.6	8.0	72.3	308.0
0.05	111.06	133.37	76.92	399.09	7.4	5.1	59.0	272.6
0.10	106.74	128.96	72.80	391.32	—	3.6	51.0	250.8
0.20	101.6	123.9	67.7	379.6	—	—	43.6	234.3
0.50	93.3	117.2	58.6	359.2	—	—	35.3	222.5
1.00	—	111.9	49.1	332.8	—	—	29.0	—

从表中可以看出,无论强电解质或弱电解质,其摩尔电导率均随溶液浓度的减小而增大。

但是,强电解质与弱电解质的摩尔电导率随浓度变化的规律并不相同,这一点可由

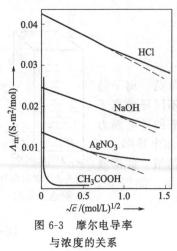

图 6-3 摩尔电导率与浓度的关系

由图 6-3 看出。

由图 6-3 可知，对于强电解质，由于已限定电解质为 1mol，随着其物质的量浓度的降低，离子间相互的作用力减弱，离子运动速率加快，因而其摩尔电导率增大。

柯尔劳许（Kohlrausch，1840—1910，德国化学家、物理学家）总结得出：在较低的浓度范围内，强电解质的摩尔电导率 Λ_m 与其浓度的平方根 $\sqrt{c}$ 呈直线性关系。

$$\Lambda_m = \Lambda_m^\infty - A\sqrt{c}$$

式中 A——常数，在一定温度时，其数值与浓度、电解质和溶剂的本性有关；

Λ_m^∞——溶液在无限稀释时即 $c \to 0$ 时的摩尔电导率，称为极限摩尔电导率。

极限摩尔电导率的大小反映了离子之间没有引力时电解质溶液的导电能力。强电解质溶液的 Λ_m^∞ 值可在图 6-3 中由作图外推法得出。

然而，对于弱电解质，当溶液浓度较大时，其电离度较小，离子数目少，摩尔电导率较低；当溶液冲稀至一定浓度时，其电离度迅速增大，溶液中的离子数目增多，离子间相互作用力减弱，摩尔电导率急剧增大，曲线的变化表现得很陡。在浓度较稀的范围内，弱电解质的 Λ_m^∞ 与 $\sqrt{c}$ 不呈线性关系，很难用外推法求其 Λ_m^∞，可以采用离子独立移动定律求得。

3. 离子独立移动定律

柯尔劳许总结了大量实验数据，发现具有共同离子的一对电解质其 Λ_m^∞ 之差基本上为一常数（见表 6-3）。

表 6-3 25℃时一些强电解质溶液 $\Lambda_m^\infty \times 10^4$ 的对比 单位：S·m²/mol

组别	电解质	Λ_m^∞	$\Delta\Lambda_m^\infty$	组别	电解质	Λ_m^∞	$\Delta\Lambda_m^\infty$
1	KCl	149.86	34.83	3	LiCl	115.03	4.93
	LiCl	115.03			LiNO$_2$	110.10	
2	KClO$_4$	140.05	34.07	4	KCl	149.86	4.90
	LiClO$_4$	105.98			KNO$_3$	144.96	

柯尔劳许总结出一条规律，即在无限稀释的溶液中，每一种离子都是独立移动的，不受其他离子的影响，正负离子对溶液的 Λ_m^∞ 各自独立地贡献出一定数值而与其他离子的存在无关。用公式表示如下：

$$\Lambda_m^\infty = \nu_+ \Lambda_{m,+}^\infty + \nu_- \Lambda_{m,-}^\infty \tag{6-9}$$

式中 Λ_m^∞——电解质溶液的极限摩尔电导率；

$\Lambda_{m,+}^\infty$——正离子的极限摩尔电导率；

$\Lambda_{m,-}^\infty$——负离子的极限摩尔电导率；

ν_+，ν_-——正、负离子的化学计量系数。

离子独立运动定律对无限稀释的强、弱电解质溶液都适用。表 6-4 给出了一些离子的极限摩尔电导率。

表 6-4 298K 时无限稀释水溶液中某些离子的极限摩尔电导率 Λ_m^∞

阳离子	$\Lambda_{m+}^\infty \times 10^4$/(S·m²/mol)	阴离子	$\Lambda_{m-}^\infty \times 10^4$/(S·m²/mol)
H$^+$	349.82	OH$^-$	198.0
Li$^+$	38.69	Cl$^-$	76.34

续表

阳离子	$\Lambda_{m+}^{\infty} \times 10^4/(S \cdot m^2/mol)$	阴离子	$\Lambda_{m-}^{\infty} \times 10^4/(S \cdot m^2/mol)$
Na^+	50.11	Br^-	78.4
K^+	73.52	I^-	76.8
NH_4^+	73.4	NO_3^-	71.44
Ag^+	61.92	Ac^-	40.9
$\frac{1}{2}Ca^{2+}$	59.50	ClO_4^-	68.0
$\frac{1}{2}Ba^{2+}$	63.64	$\frac{1}{2}SO_4^{2-}$	79.8
$\frac{1}{2}Mg^{2+}$	53.06		

【例题 6-2】 已知 298K 时，NH_4Cl、$NaOH$ 和 $NaCl$ 的极限摩尔电导率分别为 $1.499 \times 10^{-2} S \cdot m^2/mol$、$2.487 \times 10^{-2} S \cdot m^2/mol$ 和 $1.265 \times 10^{-2} S \cdot m^2/mol$，求 NH_4OH 的极限摩尔电导率。

解
$$\Lambda_m^{\infty}(NH_3 \cdot H_2O) = \Lambda_m^{\infty}(NH_4^+) + \Lambda_m^{\infty}(OH^-)$$
$$= [\Lambda_m^{\infty}(NH_4^+) + \Lambda_m^{\infty}(Cl^-)] + [\Lambda_m^{\infty}(Na^+) + \Lambda_m^{\infty}(OH^-)] - [\Lambda_m^{\infty}(Na^+) + \Lambda_m^{\infty}(Cl^-)]$$
$$= \Lambda_m^{\infty}(NH_4Cl) + \Lambda_m^{\infty}(NaOH) - \Lambda_m^{\infty}(NaCl)$$
$$= (1.499 + 2.487 - 1.265) \times 10^{-2} = 2.721 \times 10^{-2} \ (S \cdot m^2/mol)$$

如果直接查表 6-4，则求 $\Lambda_m^{\infty}(NH_3 \cdot H_2O)$ 就更方便了。
$$\Lambda_m^{\infty}(NH_3 \cdot H_2O) = \Lambda_m^{\infty}(NH_4^+) + \Lambda_m^{\infty}(OH^-)$$
$$= (73.4 + 198.0) \times 10^{-4}$$
$$= 2.714 \times 10^{-2} \ (S \cdot m^2/mol)$$

二、电导测定的应用

电导测定不仅有助于对电解质溶液本性的研究，在滴定分析、计算电离度及电离常数，求难溶盐的溶解度方面也有重要的应用，下面介绍其中的两种应用。

1. 水纯度的测定

在 298.15K 时，纯水的电导率为 $5.5 \times 10^{-6} S/m$，它微弱地电离出 H^+ 和 OH^-。若水中含杂质，其电导率迅速增大。电导率越大，说明水的纯度越低。重蒸馏水即所谓的"电导水"，是将蒸馏水用 $KMnO_4$ 和 KOH 溶液处理以除去 CO_2 及有机杂质，在石英器皿中重新蒸馏而得，它的电导率可小于 $10^{-4} S/m$。一般蒸馏水的电导率约为 $10^{-3} S/m$。自来水的电导率约为 $5.0 \times 10^{-2} S/m$，说明自来水中的杂质离子很多。所以，只要测定出水的电导率 κ，就可判断出它的纯度是否符合要求。

2. 弱电解质电离平衡常数的测定

在无限稀释情况下，可认为弱电解质是完全电离的，离子间的相互作用可忽略不计，此时溶液的导电能力可由极限摩尔电导率表示；而一定浓度下的 Λ_m，则反映了弱电解质部分电离，以及所产生的离子间存在一定作用力时的导电能力。对于弱电解质，Λ_m^{∞} 可看作是电离度等于 1（完全电离）时的摩尔电导率，而 Λ_m 则是电离度为 α（部分电离）时的摩尔电导率，Λ_m^{∞}、Λ_m 和电离度 α 三者可以认为具有下列关系

$$\frac{\Lambda_m}{\Lambda_m^{\infty}} = \alpha \tag{6-10}$$

由实验测得 Λ_m 值，即可求得弱电解质在该浓度下的电离度 α，并进一步计算电离平衡常数 $K^{\ominus}$。

【例题 6-3】 在 298K 时，浓度为 0.01mol/L 的 HAc 溶液，测得其摩尔电导率为 1.65×10^{-3} S·m²/mol，已知 25℃时 HAc 的极限摩尔电导率为 3.907×10^{-2} S·m²/mol，求该条件下 HAc 的电离度和电离平衡常数。

解
$$\alpha = \frac{\Lambda_m(HAc)}{\Lambda_m^\infty(HAc)} = \frac{1.65 \times 10^{-3}}{3.907 \times 10^{-2}} = 0.0422$$

设起始时 HAc 的物质的量浓度为 c mol/L

| | HAc | ⇌ | H⁺ | + | Ac⁻ |

初始浓度/mol/L c 0   0
平衡浓度/mol/L $c-c\alpha$ $c\alpha$ $c\alpha$

HAc 的电离平衡常数

$$K_a = \frac{c'_{H^+} c'_{Ac^-}}{c'_{HAc}} = \frac{(c\alpha)^2}{c - c\alpha} = \frac{c\alpha^2}{1-\alpha} = \frac{0.01 \times 0.0422^2}{1 - 0.0422} = 1.86 \times 10^{-5}$$

思考与练习

一、填空题

1. 测定溶液的电导可以用于_____和_____等。
2. 在 25℃无限稀释的溶液中，$\Lambda_m^\infty(KCl) = 149.86 \times 10^{-4}$ S·m²/mol，$\Lambda_m^\infty(NaCl) = 126.45 \times 10^{-4}$ S·m²/mol，则 $\Lambda_m^\infty(K^+) - \Lambda_m^\infty(Na^+) =$ _____。
3. 强电解质的 Λ_m^∞ 可以通过实验，做出 Λ_m-$\sqrt{c}$ 图，用_____法求得，而弱电解质的 Λ_m^∞ 需要通过_____求得。
4. 利用电导率检验水的纯度时，电导率越____，说明水的纯度越_____。
5. 对电解质溶液，常用_____来表示其导电能力。_____是电阻的倒数，在实验中测定____实际上需要测定_____。

二、判断题

1. 离子独立移动定律只适用于弱电解质，不适用于强电解质。
2. 在一定温度下稀释电解质溶液，对强电解质溶液和弱电解质溶液引起的摩尔电导率 Λ_m^∞ 的变化结果不同。
3. 在一定温度下，电解质溶液浓度越稀，摩尔电导率越大，但电导率的变化则不一定。
4. 纯水的电导率约为 1×10^{-3} S/m。
5. 柯尔劳许定律适用于无限稀释的电解质溶液。

三、单选题

1. 水的电导率 κ 低于（　　）时，可以称为"电导水"。
   A. 1.00×10^{-3} S/m   B. 2.00×10^{-3} S/m   C. 1.00×10^{-4} S/m   D. 2.00×10^{-4} S/m
2. 下列不同浓度的 NaCl 溶液中，（　　）溶液的电导率最大。
   A. 0.001mol/L   B. 0.01mol/L   C. 0.1mol/L   D. 1.0mol/L
3. 表示离子独立运动定律的公式是（　　）。
   A. $\alpha = \dfrac{\Lambda_m}{\Lambda_m^\infty}$
   B. $\Lambda_{m,+}^\infty = \nu_+^\infty \Lambda_m^\infty$
   C. $\Lambda_{m,+}^\infty = \Lambda_m^\infty - \Lambda_{m,-}^\infty$
   D. $\Lambda_m = \dfrac{\kappa}{c}$
4. 在 10mL 浓度为 1mol/L 的 NaOH 溶液中加入 10mL 水，其电导率将（　　）。

A. 增加　　　　　B. 减小　　　　　C. 不变　　　　　D. 无法确定

5. 298K 时浓度为 0.0025mol/L 的 K_2SO_4 溶液，电阻为 326.0Ω，则该温度下其电导为（　　）。

A. 130400S　　　B. 130.4S　　　C. $3.07×10^{-3}$S　　　D. 307S

四、问答题

1. 电解质溶液导电的基本原理是什么？
2. 电导和电阻的关系如何？电导率和电阻率的关系又如何？
3. 不含任何杂质的纯净水是否导电？为什么？
4. 离子独立移动定律的含义如何？
5. $\Lambda_{m,+}^{\infty}=\Lambda_{m}^{\infty}-\Lambda_{m,-}^{\infty}$ 式中的几个量的名称和含义如何？

第二节　原　电　池

能导电的物质称为导体。导体通常可分为两类：第一类导体是靠其内部自由电子的迁移而导电，如金属、合金、石墨等；第二类导体是靠离子的迁移而导电，并且当电流通过时，导体本身会发生化学变化，如电解质溶液和熔融状态的电解质。为了使电流通过电解质溶液，需将两个第一类导体作为电极浸入溶液。当有电流流过电解质溶液时，在电极与溶液的界面上，通过得、失电子的电极反应来完成整个导电过程。

一、原电池的组成和原理

利用氧化还原反应而使化学能转化为电能的装置就是原电池。

1. 丹尼尔电池

丹尼尔电池是最简单的原电池。如图 6-4 所示的 Zn-Cu 原电池。

一个烧杯内盛 $CuSO_4$ 溶液，插入 Cu 片作为电极；另一个烧杯内盛 $ZnSO_4$ 溶液，插入 Zn 片作为电极。两个烧杯用"盐桥"连接起来（"盐桥"是一个盛有饱和 KCl 溶液或饱和 NH_4NO_3 溶液的胶冻的 U 形管，用于构成电子流通并减小液接电位），当电池的两个电极间接上导线，并与外电路相连，电路中有电流通过，电流由 Cu 极流向 Zn 极（即电子由 Zn 极流向 Cu 极），这样的电池称为 Zn-Cu 原电池或丹尼尔电池。

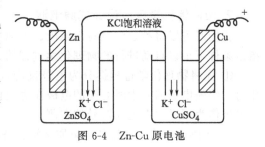

图 6-4　Zn-Cu 原电池

2. 原电池的组成

原电池是由两个电极组成的。在电化学装置中，根据电位的高低来命名正负极。电位高者为正极，电位低者为负极。也可以根据氧化还原反应来命名阴阳极。无论原电池还是电解池，发生失去电子的氧化反应的电极称为阳极，发生得到电子的还原反应的电极称为阴极。

在丹尼尔电池中，锌电极上的锌溶解而成 Zn^{2+}，Cu^{2+} 在铜电极上沉积出来而生成 Cu，即发生了以下反应

$$Zn \longrightarrow Zn^{2+} + 2e$$
$$Cu^{2+} + 2e \longrightarrow Cu$$

Zn-$ZnSO_4$ 溶液构成的电极提供电子发生了氧化反应，为该原电池的负极；Cu-$CuSO_4$ 溶液构成的电极接受电子发生了还原反应，为该原电池的正极。在两极上发生的反应分别为负极反应和正极反应。将以上两个电极反应相加可得电池反应

$$Zn + Cu^{2+} \longrightarrow Zn^{2+} + Cu$$

3. 原电池的放电原理

如果使上述反应在一个烧杯中进行，锌片和铜盐溶液直接接触，在溶液内部电子直接从锌片传给铜离子，使铜离子在锌片上还原为金属铜析出。化学能转变为热能而使溶液温度升高。

由此可见，若想使原电池能正常工作，将化学能转化为电能，关键要将氧化反应和还原反应分隔为两部分进行，得失的电子通过外电路传递，否则化学反应会直接发生，而不可能使化学能转化为电能。

二、原电池的记载方法

丹尼尔电池可表示如下

$$Zn(s) | Zn^{2+}(c_1) \| Cu^{2+}(c_1) | Cu(s)$$

上述表示原电池组成的符号称为电池记载或电池符号。

1. 电池记载

通常，电池记载遵循如下规定。

① 电池的电极写在左右两边，正极写在右边，负极写在左边，电解质溶液写在中间。

② 凡是两相接界面均需用符号表明，如单根竖线"｜"或有时用"，"表示，这个界面包括电极与溶液的界面，一种溶液与另一种溶液的界面，或同种溶液但不同浓度之间的界面等。连接两个不同电解质溶液的盐桥用"‖"表示。书写电极表示式时，各化学式及符号的排列顺序要真实反映电池中各种物质的接触顺序。

③ 写明电池物质及状态。如温度、聚集状态（s、l、g），对气体要标明其压力，对溶液要标明其组成，如不注明温度、压力，一般指 298K 和标准压力 $p^{\ominus}$。

④ 气体不能直接作电极，必须附在不活泼金属上（如 Pt、Au 等）。电极附近的液体均为电极上的气体所饱和。

2. 如何将化学反应设计成原电池

我们既可以将给定电池写出电极、电池反应，也可以将给定的反应设计成电池。许多在指定条件下可以自动进行的物理化学过程均可设计成原电池。具体方法如下。

① 先将物理化学过程拆分为电极反应，给定反应中有关元素的氧化数在反应前后有变化时，将失电子的元素所对应的电极作为负极写在电池符号的左侧；将得电子的元素所对应的电极作为正极写在电池符号的右侧。

② 选择适当的电极板和电解质溶液，并按电池符号的书写要求填写。

③ 若给定反应中有关元素的氧化数在反应前后无变化时［如 $Ag^+ + I^- \longrightarrow AgI(s)$］，应根据生成物或反应物的种类确定一个电极，然后用总反应与该电极反应之差确定另一电极。

④ 若涉及两种不同浓度或不同性质的电解质溶液，两电极用盐桥连接。

⑤ 电池设计完后，按电池符号写出反应并与给定反应核对，如果反应一致，设计正确，否则需重新设计。

【例题 6-4】 将反应 $Cd + Cu^{2+} \longrightarrow Cd^{2+} + Cu$ 设计成电池。

解 由电池反应可知，Cd 的化合价升高，失电子发生氧化反应作负极，Cu^{2+} 的化合价降低，得电子发生还原反应作正极。按原电池记载的规定写出电池符号

$$Cd | Cd^{2+} \| Cu^{2+} | Cu$$

验证：

负极反应 $\qquad\qquad\qquad Cd \longrightarrow Cd^{2+} + 2e$

正极反应 $\qquad\qquad\qquad Cu^{2+} + 2e \longrightarrow Cu$

电池反应为 $\qquad$ Cd+Cu^{2+} ⟶ Cd^{2+}+Cu

与所给电池反应一致，说明设计的原电池是正确的。

【例题 6-5】 将沉淀反应 Ag$^+$+I$^-$ ⟶ AgI(s) 设计成电池。

解 由反应的生成物 AgI(s) 和反应物之一 I$^-$ 可以组成一难溶盐电极

$$Ag|AgI(s)|I^-,电极反应为$$
$$Ag+I^- \longrightarrow AgI(s)+e$$

用给定反应减去上述电极反应，得另一电极反应为

$$Ag^++e \longrightarrow Ag$$

对应电极为 Ag$^+$ | Ag

则电池为 Ag|AgI(s)|I$^-$ ‖ Ag$^+$|Ag

经复核，该电池反应恰为所给沉淀反应，设计正确。

三、可逆电池

通过原电池可以将化学能转化为电能。那么，我们马上想到原电池能否将化学能全部转化为电能？回答是否定的。只有可逆电池才能把化学能全部转化为电能。

可逆电池必须满足以下两个条件。

① 电极上的化学反应可向正、反两个方向进行。若将电池与一外加电动势 $E_{外}$ 并联，当电池的 E 稍大于 $E_{外}$ 时，电池中将发生化学反应而放电；当外加电动势稍大于电池的电动势时，此时电池成为电解池，电池将获得电能而被充电。这时电池中的化学反应可以完全逆向进行。

② 可逆电池在工作时所通过的电流必须十分微小，也就是说，电池要在十分接近平衡状态下工作，这时电池能做出最大有用功，若作为电解池它消耗的电能最小。

实用的电池都为不可逆电池，但研究可逆电池的意义在于它能揭示一个原电池将化学能转化为电能的极限，这就为我们了解、改善电池性能提供了一个理论依据。

思考与练习

一、填空题

1. 利用_____反应而使_____能转变为_____的装置就是原电池。
2. 电化学是研究_____和_____间相互关系的学科。
3. 原电池装置中，要使_____反应和_____反应分隔在两处进行。
4. 丹尼尔电池中电流的方向是由_____极流向_____极。
5. 第一类导体是_____导体，靠_____导电；第二类导体是_____导体，靠_____导电。

二、判断题

1. 在书写电池中的负极反应和正极反应时，得、失电子数可以不同。
2. 只要发生化学反应我们就可以将其设计成原电池。
3. 氧化还原反应在电池中进行和在普通反应器中进行是一样的。
4. 实际电池都是可逆电池。
5. 金属和电解质溶液的导电机理是相同的。

三、单选题

1. 已知电极反应 Cu^{2+}+2e == Cu 的标准电极电势为 0.337V，则电极反应 2Cu^{2+}+

$4e \Longrightarrow 2Cu$ 电极电势应为（　　）。

A. 0.674V　　　　　B. $-0.674V$　　　　C. 0.337V

2. 关于原电池的下列叙述中，错误的是（　　）。

A. 盐桥中的电解质可以保持两半电池中的电荷平衡

B. 盐桥用于维持电池反应的进行

C. 电子通过盐桥流动

3. 原电池中的相界面包括（　　）。

A. 电极板与电解质溶液的界面　　　　B. 电极板与气体的界面

C. 两种固体之间的界面　　　　　　　D. 不同电解质溶液之间的界面

4. OH^-，$H_2O \mid H_2 (p) \mid Pt$ 该电极反应是（　　）。

A. $2H^+ + 2e \longrightarrow H_2 (g)$　　　　　B. $2H_2O + 2e \longrightarrow H_2 (g) + 2OH^-$

C. $O_2 (g) + 2H_2O + 4e \longrightarrow 4OH^-$　　D. $O_2 (g) + 4H^+ + 4e \longrightarrow 2H_2O$

5. 丹尼尔电池（铜-锌电池）在放电和充电时锌电极分别称为（　　）。

A. 负极和阴极　　B. 正极和阳极　　C. 阳极和负极　　D. 阴极和正极

四、问答题

1. 请举例说明原电池的放电原理。
2. 原电池的两个电极的电解质溶液之间用什么连接形成闭合回路？
3. 原电池的两个电极分别发生什么反应？举例说明。
4. 用符号记载原电池时盐桥用何种符号表示？
5. 写出铜锌原电池的电池记载符号。

第三节　电极电位

一、电极电位

电池总是由电解质溶液和两个电极构成，在电极和溶液界面处产生的电位差称为电极电位，电极电位是如何产生的呢？

1. 电极电位的产生

以金属电极为例，将金属 M 浸入到水中或含有该金属离子 M^{z+} 的水溶液中，便构成了一个简单的金属电极。如将 Zn 片插入水中，由于极性很大的水分子与构成晶格的 Zn^{2+} 相互吸引而发生水合作用，使部分 Zn^{2+} 离开金属进入水中（溶解过程），而将电子留在金属上，金属带负电荷，溶液则带正电荷。由于正负电荷的相互吸引，使溶液中的 Zn^{2+} 密集于 Zn 片附近而形成了双电层。双电层的电位差阻止了金属离子进一步进入溶液，但使一些 Zn^{2+} 返回到 Zn 片表面（沉积过程），由于离子的热运动，Zn^{2+} 并不完全集中在金属表面的液层中，而逐渐扩散远离金属表面，溶液中与金属靠得较紧密的一层称为紧密层，扩散到溶液中的称为扩散层。当溶解与沉积的速度相等时，达到一种动态平衡，此时，双电层建立了一定的电位差。如图 6-5 所示。

设电极的电位为 E_M，溶液本体的电位为 E_1，则电极-溶液表面的电位差 $E = |E_M - E_1|$。

将金属浸入含有该金属离子的水溶液中也会发生相同的作用。只是由于溶液中已经存在该金属的离子 M^{z+}，因而建立双电层平衡结构时，金属离子与溶液界面的电位差与在纯水中可能

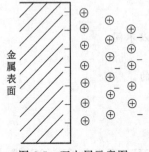

图 6-5　双电层示意图

不同。金属与溶液间电位差的大小和符号，取决于金属的种类和原来存在于溶液中的金属离子的浓度以及温度等。

2. 电极电位的计算

每个电池都由两个电极构成，要求电池的电动势，需要求出每个电极的电极电位。对于任一指定电极，其电极反应皆需写成下列通式：

$$\text{氧化态} + Z\text{e} \longrightarrow \text{还原态}$$

则该电极的电极电位的通式为

$$E_{\text{氧化态/还原态}} = E^{\ominus}_{\text{氧化态/还原态}} - \frac{RT}{ZF} \ln \frac{c_{\text{还原态}}}{c_{\text{氧化态}}} \tag{6-11}$$

当温度为298K时，公式变为

$$E_{\text{氧化态/还原态}} = E^{\ominus}_{\text{氧化态/还原态}} - \frac{0.0592}{Z} \lg \frac{c_{\text{还原态}}}{c_{\text{氧化态}}} \tag{6-12}$$

式中　$E_{\text{氧化态/还原态}}$——电极的电极电位；

　　　$E^{\ominus}_{\text{氧化态/还原态}}$——电极的标准电极电位；

　　　Z——电极反应式中交换的电子数；

　　　$c_{\text{还原态}}$——还原态物质的浓度；

　　　$c_{\text{氧化态}}$——氧化态物质的浓度，若为气体则用 $p/p^{\ominus}$ 表示；

　　　F——法拉第常数，指1mol质子的电荷，$F = 6.022 \times 10^{23} \times 1.6022 \times 10^{-19} = 96484.6 (\text{C/mol}) \approx 96500 (\text{C/mol})$。

式(6-11)和式(6-12)称为电极电位的能斯特方程，"E"后的（）内注明了参加电极反应物质的氧化态和还原态。先写氧化态，再写还原态，并简称为"电对"。

例如，铜电极上的电极反应为

$$\text{Cu}^{2+} + 2\text{e} \longrightarrow \text{Cu}$$

则根据电极电位的能斯特方程

$$E_{\text{Cu}^{2+}/\text{Cu}} = E^{\ominus}_{\text{Cu}^{2+}/\text{Cu}} - \frac{RT}{2F} \ln \frac{c_{\text{Cu}}}{c_{\text{Cu}^{2+}}}$$

式中　$E^{\ominus}_{\text{Cu}^{2+}/\text{Cu}}$——电极的标准电极电位。

二、标准电极电位

1. 标准电极电位

标准电极电位是指参与电极反应的各物质都处于标准状态时的电极电位。

到目前为止，我们还无法得到单个电极的电极电位数值，只能测量由两个电极构成的电池的电动势。在实际应用中，只要确定各个电极在一定温度下相对于同一基准的相对电动势的数值，就可以计算出任意两个电极在指定条件下所组成电池的电动势。国际上采用标准氢电极作为电极电位相对值的标准。使待测电极与标准氢电极组成原电池

$$\text{标准氢电极} \parallel \text{待测电极}$$

规定该原电池的电动势即为待测电极的电极电位。

当该电池工作时，若待测电极实际上发生的是氧化反应，则 E（待测）为负值。当参加反应的各物质都处于标准态时（即除了纯液体和纯固体之外，气体物质的压力为100kPa，溶液中离子的浓度为1mol/L），待测电极的电极电位为标准电极电位。

附录五中列出了25℃时水溶液中一些电极的标准电极电位。

由于氢电极在制备和使用过程中要求很严格，例如，氢气需经多次纯化以除去微量氧，

溶液中不能有氧化性物质存在等原因，所以实际测量电极电位时，经常使用一种易于制备、使用方便、电极电位稳定的电极作为"参比电极"。常用的参比电极有甘汞电极、Ag-AgCl 电极等。

2. 氧化还原性强弱的比较

附录标准电极电位表中的电极电位是按一定的顺序排列的，电极电位的高低表明得失电子的难易，即表明了氧化还原能力的强弱：电极电位越大，该电极氧化态物质得电子的能力越强；电极电位越小，表明该电极还原态物质失电子的能力越强。因此，电极电位表可以说是一种氧化还原能力次序表。

但是，需要强调的是，根据从标准电极电位表中查出的数值排氧化还原能力的次序时，只能表明参与反应的各物质在标准态时的氧化能力或还原能力。因为表中所列的是 $E^{\ominus}$，而 E 值还与氧化态及还原态物质的浓度有关。

三、标准氢电极

1953 年国际纯粹与应用化学联合会（IUPAC）建议要用标准氢电极作为标准电极，规定在任意温度下标准氢电极的电极电位 $E^{\ominus}_{H^+/H_2}$ 等于 0，其他电极的电位均是相对于标准氢电极而得到的数值。

标准氢电极的构成如下：把镀了铂黑的铂片插入氢离子浓度为 1mol/L 的溶液中（铂片镀铂黑是为了增加电极的表面积以提高氢的吸附量并借以促使电极反应加速达到平衡），并以标准压力（$p^{\ominus}$）的干燥氢气不断冲击到铂电极上，这样的电极称为标准氢电极。氢电极的构造如图 6-6 所示。

在任意温度下，$E^{\ominus}_{H^+/H_2}=0$。

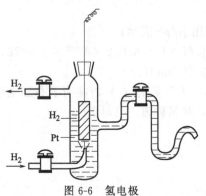

图 6-6 氢电极

【例题 6-6】 试根据标准电极电位表中的数据，讨论能否以 H_2（100kPa）为还原剂，从 $CdCl_2$ 水溶液中生产 Cd（设 Cd^{2+} 浓度为 1mol/L），是否可用金属镁作还原剂？

解 查表得 $E^{\ominus}_{Cd^{2+}/Cd}=-0.4028V$，$E^{\ominus}_{Mg^{2+}/Mg}=-2.375V$

$$E^{\ominus}_{H^+/H_2} > E^{\ominus}_{Cd^{2+}/Cd} > E^{\ominus}_{Mg^{2+}/Mg}$$

则还原能力 $H_2 < Cd < Mg$

所以在此条件下 H_2 不能作还原剂，而用金属镁可以生产 Cd。

思考与练习

一、填空题

1. 在标准氢电极中，氢离子的浓度为_____，氢气的压力为_____，其电极电位的值为_____。

2. 电极电位的高低能表明_____的难易，电极电位越大，氧化态物质_____的能力越_____；电极电位越小，还原态物质_____的能力越_____。

3. 法拉第常数是指_____所带的电量，其数值为_____C/mol。

4. 当参加电极反应的物质均处于标准状态时，得到的电极电位为_____，标准状态的含义是_____。

5. 在电极电位表中，在氢电极以上的电极，标准电极电位为_____，表明这些电极在标准状态时比氢电极更_____发生氧化反应。在氢电极以下的各电极，标准电极电位为_____，表明这些电极在标准状态时比氢电极更容易发生_____的电极反应。

二、判断题

1. 标准电极电位值就是该电极双电层的电位差。
2. 氢电极的电极电位值为 0。
3. 将金属浸入含有该金属离子的溶液中形成的电位差与将金属浸入水中形成的电位差不同。
4. 对于给定电极，电极电位值与温度无关。
5. 实际应用中，经常选用甘汞电极和 Ag-AgCl 电极作参比电极。

三、单选题

1. 标准氢电极是（　　）。
A. $H^+(0.1mol/L)$，$|H_2(100kPa)|Pt$　　B. $H^+(1.0mol/L)$，$|H_2(100kPa)|Pt$
C. $H^+(0.1mol/L)$，$|H_2(101.3kPa)|Pt$　D. $H^+(1.0mol/L)$，$|H_2(101.3kPa)|Pt$

2. 测定电极电势的标准电极是（　　）。
A. 离子选择电极　　B. 氢离子选择电极　　C. 甘汞电极　　D. 标准氢电极

3. 在双电层中，设表面上的电势是 φ_0，则在表面外的溶液中，随着空间距离的增加电势的变化是（　　）。
A. φ_0 不变
B. 从 φ_0 变到 0，但不是线性变化的
C. 下降，不是线性的，但不为 0
D. 下降到 0，但不是线性变化的

4. 将氢电极 $p(H_2)=100kPa$ 插入纯水中，则电极电势为（　　）。
A. 0.414V　　　B. −0.414V　　　C. 0.207V　　　D. −0.207V

5. 下列说法正确的是（　　）。
A. 经测定可知，标准氢电极的 $E^{\ominus}_{H^+/H_2}=0.00V$
B. 标准状态下，MnO_4^- 的氧化性比 Cl_2 强，因为在电极反应中 MnO_4^- 得到的电子多
C. 已知电极反应 $Cl_2+2e \longrightarrow 2Cl^-$ 的 $E^{\ominus}_{Cl_2/Cl^-}=1.36V$，则电极反应 $\frac{1}{2}Cl_2+e \longrightarrow Cl^-$ 的 $E^{\ominus}_{Cl_2/Cl^-}=0.68V$
D. CrO_4^{2-} 和 $Cr_2O_7^{2-}$ 两离子中 Cr 的氧化值相等。

四、问答题

1. 标准氢电极的电极符号如何记载？
2. 用标准氢电极作为电极电势的"零点"有什么优点？
3. 为什么要用参比电极？经常用什么电极做参比电极？
4. 电极电势测定的基本原理是什么？
5. 仔细看电极电势表，从其中能看出什么规律？

第四节　电极的种类

一、第一类电极

这类电极由金属与含有该金属离子的溶液接触而构成，其通式可写为 $M|M^{z+}$，它们

的电极反应为

$$M^{z+} + Ze \longrightarrow M$$

按能斯特方程，这类电极的电极电位为

$$E_{M^{z+}/M} = E^{\ominus}_{M^{z+}/M} + \frac{RT}{ZF}\ln c_{M^{z+}}$$

例如，前面讲过的 $Zn|Zn^{2+}$，$Cu|Cu^{2+}$ 等电极都属于此类电极，其电极反应为

$$Zn^{2+} + 2e \longrightarrow Zn$$
$$Cu^{2+} + 2e \longrightarrow Cu$$

它们的电极电位表示如下

$$E_{Zn^{2+}/Zn} = E^{\ominus}_{Zn^{2+}/Zn} + \frac{RT}{2F}\ln c_{Zn^{2+}}$$

$$E_{Cu^{2+}/Cu} = E^{\ominus}_{Cu^{2+}/Cu} + \frac{RT}{2F}\ln c_{Cu^{2+}}$$

对于有些与水强烈作用的金属，如 Na、K 等，必须将其制成汞齐才能在水中成为稳定的电极。例如 $Na(Hg)(c_1)|Na^+(c_2)$。

这类电极还包括气体（或其他非金属）与其相应离子构成的电极。如氢电极、氧电极、卤素电极等。因这些非金属不能导电，因此要插入惰性金属（如 Pt 或 Au 等）作导体。例如氢电极：

在酸性溶液中　$Pt, H_2 | H^+$　电极反应为 $2H^+ + 2e \longrightarrow H_2$
在碱性介质中　$Pt, H_2 | H_2O, OH^-$　电极反应为 $2H_2O + 2e \longrightarrow H_2 + 2OH^-$

又如氧电极：

在酸性溶液中　$Pt, O_2 | H_2O, H^+$　电极反应为 $O_2 + 4H^+ + 4e \longrightarrow 2H_2O$
在碱性溶液中　$Pt, O_2 | H_2O, OH^-$　电极反应为 $O_2 + 2H_2O + 4e \longrightarrow 4OH^-$

氯电极：$Pt, Cl_2 | Cl^-$　电极反应为 $Cl_2 + 2e \longrightarrow 2Cl^-$

二、第二类电极

这类电极通常由金属表面覆盖一层该金属的难溶盐后，再将其插入含有该难溶盐的阴离子的溶液中构成。例如甘汞电极和 Ag-AgCl 电极就属于此类电极。甘汞电极如图 6-7 所示。

电极符号为 $Hg(l)|Hg_2Cl_2(s)|KCl(c)$

甘汞电极的电极反应为

$$Hg_2Cl_2(s) \longrightarrow Hg_2^{2+} + 2Cl^-$$
$$Hg_2^{2+} + 2e \longrightarrow 2Hg(l)$$

总的电极反应为

$$Hg_2Cl_2(s) + 2e \longrightarrow 2Hg(l) + 2Cl^-$$

按照能斯特方程，甘汞电极的电极电位为

$$E_{甘汞} = E^{\ominus}_{甘汞} + \frac{RT}{2F}\ln\frac{1}{c_{Cl^-}^2}$$

$$= E^{\ominus}_{甘汞} - \frac{RT}{F}\ln c_{Cl^-}$$

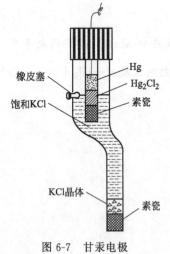

图 6-7　甘汞电极

即甘汞电极的电极电位只与温度和溶液中 Cl^- 的浓度有关，298K 时三种不同 Cl^- 浓度的甘汞电极的电极电位见表 6-5。

在恒温条件下，像甘汞这类电极的电极电位非常稳定，并且便于操作，容易制备，所以

在应用上有较大的价值。

表 6-5　不同 Cl^- 浓度甘汞电极的电极电位

KCl 溶液浓度	$E(T)/V$	$E(298K)/V$
0.1mol/L	$0.3337-7\times10^{-5}(T-298)$	0.3337
1mol/L	$0.2801-2.4\times10^{-4}(T-298)$	0.2801
饱和 KCl	$0.2412-7.6\times10^{-4}(T-298)$	0.2412

第二类电极还包括一种金属及其难溶氧化物，浸入含有 OH^- 的溶液中所构成的电极。如 $Pb|PbO(s)|OH^-$，电极反应为

$$PbO(s)+H_2O+2e \longrightarrow Pb+2OH^-$$

【例题 6-7】写出 Ag-AgCl 电极的电极符号，电极反应以及电极电位表示式。

解　电极符号为　　　$Ag|AgCl(s)|Cl^-(c)$

电极反应为　　　　　　$AgCl(s) \longrightarrow Ag^+ +Cl^-$

$$Ag^+ +e \longrightarrow Ag$$

总的电极反应为　　　　$AgCl(s)+e \longrightarrow Ag+Cl^-$

电极电位表示式为

$$E_{AgCl/Ag}=E^{\ominus}_{AgCl/Ag}-\frac{RT}{F}\ln c_{Cl^-}$$

三、第三类电极

第三类电极又叫做氧化还原电极。这类电极是把惰性电极插入含某种离子的不同氧化态的溶液中，在电极上进行两种不同氧化态离子间的氧化还原反应。如 $Pt|Fe^{3+},Fe^{2+}$ 和 $Pt|Sn^{4+},Sn^{2+}$，电极反应分别为

$$Fe^{3+}+e \longrightarrow Fe^{2+}$$
$$Sn^{4+}+2e \longrightarrow Sn^{2+}$$

电极电位的表示式分别为

$$E_{Fe^{3+}/Fe^{2+}}=E^{\ominus}_{Fe^{3+}/Fe^{2+}}-\frac{RT}{F}\ln\frac{c_{Fe^{2+}}}{c_{Fe^{3+}}}$$

$$E_{Sn^{4+}/Sn^{2+}}=E^{\ominus}_{Sn^{4+}/Sn^{2+}}-\frac{RT}{2F}\ln\frac{c_{Sn^{2+}}}{c_{Sn^{4+}}}$$

这类电极中有一种比较重要的电极叫做醌-氢醌电极。醌-氢醌电极常用于测定溶液的 pH。

一、填空题

1. 电极的种类包括_____、_____、_____三种。
2. 金属及其难溶盐电极因其电位稳定，使用方便，常代替标准氢电极作参比电极，最常用的两种是_____电极和_____电极。
3. $Pt,Fe^{3+}|Fe^{2+}$ 电极的电极反应为_____，电极电位计算式为_____。
4. 甘汞电极的电极符号为_____，电极反应为_____，电极电位计算式为_____。

5. 电池 Pt，H_2 | HCl | Cl_2，Pt 的负极反应为 _____，正极反应为 _____，电池反应为 _____。

二、判断题
1. 无论是在酸性介质还是在碱性介质中，氢电极的电极反应是一样的。
2. Ag-AgCl 电极的电对是 Ag | Ag^+。
3. 甘汞电极的电极电位总是等于 0.2401V。
4. 在氧化还原电极和气体电极中插入铂片只起导电作用，铂片并不参加电极反应。
5. 反应 $AgCl(s)+I^- \longrightarrow AgI(s)+Cl^-$ 可设计成电池 Ag|AgI(s)|I^- ‖ Cl^-|AgCl(s)|Ag。

三、单选题
1. 下列属于甘汞电极的电极反应的是（　　）。
   A. $Hg_2^{2+} +2e \longrightarrow 2Hg$
   B. $2Cl^- \longrightarrow Cl_2+2e$
   C. $Hg_2Cl_2+2e \longrightarrow 2Hg+2Cl^-$
   D. $2Hg+2Cl^- \longrightarrow Hg_2Cl_2+2e$
2. 甘汞电极属于（　　）。
   A. 金属-金属离子电极
   B. 气体电极
   C. 氧化-还原电极
   D. 金属-金属难溶化合物电极
3. 下列属于第二类导体的物质是（　　）。
   A. 石墨
   B. Hg
   C. Cl_2
   D. $MgSO_4$ 溶液
4. 下列属于第一类导体的物质是（　　）。
   A. 石墨
   B. HBr 溶液
   C. Cl_2
   D. $MgSO_4$ 溶液
5. 下列可以作为参比电极使用的电极是（　　）。
   A. 标准氢电极
   B. 甘汞电极
   C. 银-氯化银电极
   D. 醌-氢醌电极

四、问答题
1. 电极大体分几种？请举例。
2. 第一类电极的电极反应通式怎样写？
3. 玻璃电极属于哪种电极？其电极反应如何？
4. 醌-氢醌电极属于哪种电极？其电极反应如何？
5. 银-氯化银电极属于哪种电极？其电极反应如何？

第五节　原电池电动势的计算

可逆电池的电动势可由以下两种方法计算。

一、由 $E = E_+ - E_-$ 计算

$E = E_+ - E_-$，即电池的电动势等于正极与负极的电极电位之差，同样，$E^{\ominus} = E_+^{\ominus} - E_-^{\ominus}$，即电池的标准电动势等于正极的标准电极电位与负极的标准电极电位之差。

【例题 6-8】 写出下列电池在 25℃时的电池反应，并计算电动势。

$$Sn | Sn^{2+}(c_1=0.6 mol/kg) ‖ Pb^{2+}(c_2=0.3 mol/kg) | Pb$$

解 （1）负极发生的电极反应为

$$Sn \longrightarrow Sn^{2+} +2e$$

正极发生的电极反应为

$$Pb^{2+} +2e \longrightarrow Pb$$

电池反应为

$$Sn+Pb^{2+} \longrightarrow Pb+Sn^{2+}$$

(2) 计算电池的电动势

查表可知 $E^{\ominus}_{Pb^{2+}/Pb} = -0.13V$

$E^{\ominus}_{Sn^{2+}/Sn} = -0.15V$

故
$$E_{Sn^{2+}/Sn} = E^{\ominus}_{Sn^{2+}/Sn} - \frac{RT}{2F}\ln\frac{1}{c_{Sn^{2+}}}$$
$$= -0.15 - \frac{0.0592}{2}\lg\frac{1}{0.6}$$
$$= -0.157 \text{ (V)}$$
$$E_{Pb^{2+}/Pb} = E^{\ominus}_{Pb^{2+}/Pb} - \frac{RT}{2F}\ln\frac{1}{c_{Pb^{2+}}}$$
$$= -0.13 - \frac{0.0592}{2}\lg\frac{1}{0.3}$$
$$= -0.145 \text{ (V)}$$

电池电动势为
$$E = E_{Pb^{2+}/Pb} - E_{Sn^{2+}/Sn}$$
$$= -0.145 - (-0.157)$$
$$= 0.012 \text{ (V)}$$

二、用能斯特方程计算

对恒温、恒压下的可逆电池反应，有

$$E = E^{\ominus} - \frac{RT}{ZF}\ln\prod_i c_i^{v_i} \tag{6-13}$$

式中 v_i——电池反应中物质 i 的化学计量系数；

c_i——电池反应中物质 i 的浓度，若为气体则用 $p_i/p^{\ominus}$ 表示。

式(6-13)即为能斯特方程，它反映了电动势与参加电池反应的各物质浓度之间的关系。从中可知，电池的电动势与电池反应计量式的写法无关。

当温度为298K时，能斯特方程变为

$$E = E^{\ominus} - \frac{0.0592}{Z}\lg\prod_i c_i^{v_i} \tag{6-14}$$

【例题 6-9】 用能斯特方程计算例题 6-8 中的电动势。

解 电池反应为
$$Sn + Pb^{2+} \longrightarrow Pb + Sn^{2+}$$

根据能斯特方程，得

在 298K 时，$E = E^{\ominus} - \frac{0.0592}{Z}\lg\frac{c_{Sn^{2+}}}{c_{Pb^{2+}}}$
$$= [-0.13-(-0.15)] - \frac{0.0592}{2}\lg\frac{0.6}{0.3}$$
$$= 0.011 \text{ (V)}$$

【例题 6-10】 计算 298K 时，下列电池的电动势。

$$Pt, H_2(90kPa) \mid H^+(0.01mol/L) \parallel Cu^{2+}(0.10mol/L) \mid Cu$$

解 查表得 $E^{\ominus}_{Cu^{2+}/Cu} = 0.337V$

方法一 正极反应为 $Cu^{2+} + 2e \longrightarrow Cu$

负极反应为 $H_2 \longrightarrow 2H^+ + 2e$

$$E_{Cu^{2+}/Cu} = E^{\ominus}_{Cu^{2+}/Cu} - \frac{RT}{2F}\ln\frac{1}{c_{Cu^{2+}}}$$

$$= 0.337 - \frac{0.0592}{2}\lg\frac{1}{0.10} = 0.3074 \text{ (V)}$$

$$E_{H^+/H_2} = E^{\ominus}_{H^+/H_2} - \frac{RT}{2F}\ln\frac{p_{H_2}/p^{\ominus}}{c^2_{H^+}}$$

$$= -\frac{0.0592}{2}\lg\frac{90/100}{0.01^2} = -0.1170 \text{ (V)}$$

$$E = E_+ - E_- = 0.3074 - (-0.1170) = 0.4244 \text{ (V)}$$

方法二

电池反应为 $H_2 + Cu^{2+} \longrightarrow Cu + 2H^+$

根据能斯特方程，有

$$E = E^{\ominus} - \frac{RT}{2F}\ln\frac{c^2_{H^+}}{c_{Cu^{2+}} p_{H_2}/p^{\ominus}}$$

$$= E^{\ominus} - \frac{0.0592}{2}\lg\frac{c^2_{H^+}}{c_{Cu^{2+}} p_{H_2}/p^{\ominus}}$$

$$= 0.337 - \frac{0.0592}{2}\lg\frac{0.01^2}{0.1 \times 90/100}$$

$$= 0.424 \text{ (V)}$$

? 思考与练习

一、填空题

1. 原电池的电动势可采用_____和_____的方法计算。

2. 已知 298K 时 $E^{\ominus}_{Fe^{3+}/Fe^{2+}} = 0.771V$，$E^{\ominus}_{Ag^+/Ag} = 0.7991V$，若利用 $Ag^+ + Fe^{2+} \longrightarrow Fe^{3+} + Ag$ 组成电池，其标准电动势 $E^{\ominus} =$ _____ V。

3. 电池 $Ag \mid AgNO_3(c_1) \parallel AgNO_3(c_2) \mid Ag$ 的负极反应为_____正极反应为_____，电池反应为_____，电动势表示式为_____。

4. 某温度下，若电池反应为 $Cu + Cl_2(g) \longrightarrow Cu^{2+} + 2Cl^-$ 的电池的标准电动势为 $E^{\ominus}_1$，反应 $Cu + Cl_2(g) \longrightarrow Cu^{2+} + 2Cl^-$ 的电池的标准电动势为 $E^{\ominus}_2$，则 $E^{\ominus}_1$ 与 $E^{\ominus}_2$ 的关系式为_____。

5. 电池 $Cd \mid Cd^{2+}(c_1) \parallel HCl(c_2) \mid H_2(p), Pt$ 的电池反应为_____，电动势表示式为_____。

二、判断题

1. 原电池的电动势决定于电池内的氧化还原反应，因此，某一电池反应必有相应的确定的电动势值。

2. 电池的电动势与电池反应的计量系数有关。

3. 在等温、等压的电池反应中，当反应达到平衡时，电池的电动势等于0。

4. 求电池的电动势，可以通过实验分别测量正、负的电极电位，并将它们相减得到。

5. 电池 $Ag \mid AgCl(s) \mid KCl(c) \mid Cl_2(p), Pt$ 的电动势与 Cl^- 的浓度无关。

三、单选题

1. 已知 $E^{\ominus}_{Ag^+/Ag} = 0.7994V$，298K 时，$Ag^+(0.5mol/L) \mid Ag$ 电极的电极电势是

（　　）。

  A. 0.8172V   B. 0.7816V   C. -0.7816V   D. -0.8172V

2. 在298K时，若要使电池 $Pt|H_2(p_1)|HCl(c)|H_2(p_2)|Pt$ 的电动势 E 为正值，则 p_1 与 p_2 值的大小关系为（　　）。

  A. $p_1=p_2$ B. $p_1>p_2$
  C. $p_1<p_2$ D. p_1 和 p_2 都可任意取值

3. 已知25℃时，$E^{\ominus}_{Fe^{3+}/Fe^{2+}}=0.77V$，$E^{\ominus}_{Co^{2+}/Co}=-0.28V$，今有一电池，其电池反应为 $2Fe^{3+}+Co\longrightarrow Co^{2+}+2Fe^{2+}$，则该电池的标准电池电动势 $E^{\ominus}$（25℃）为（　　）。

  A. 1.05V   B. 0.49V   C. -0.105 D. 1.333V

4. 25℃时，电池 $Pt|H_2(p_1=10kPa)|HCl(c)|H_2(p_2=100kPa)|Pt$ 的电动势 E 为（　　）。

  A. 2×0.0592V   B. -0.0592V   C. 0.0296V   D. -0.0296V

5. 下列电池中，电动势 E 与 Cl^- 的浓度无关的是（　　）。

A. $Ag|AgCl(s)\parallel KCl(c)|Cl_2(100kPa)|Pt$
B. $Ag|Ag^+(c_1)\parallel Cl^-(c_2)|Cl_2(100kPa)|Pt$
C. $Ag|Ag^+(c_1)\parallel Cl^-(c_2)|AgCl(s)|Ag$
D. $Ag|AgCl(s)|KCl(c_1)\parallel Cu^+(c_2)|Cu$

四、问答题

1. 原电池中电解质浓度的改变，是否引起电极电势的改变？是否引起电动势的改变？
2. 任意温度下，氢电极的标准电极电势等于零吗？为什么？
3. 根据标准电极电势：$E^{\ominus}_{I_2/I^-}=0.535V$，$E^{\ominus}_{Fe^{3+}/Fe^{2+}}=0.770V$，判断反应 $I_2+2Fe^{2+}=\!=\!=2I^-+2Fe^{3+}$ 在标准状态下能自动进行吗？为什么？
4. 由能斯特方程式可知，在一定温度下减小电对中还原态物质的浓度，电对的电极电势值会增大还是减小？
5. 对于电池 $Ag|AgNO_3(c_1)\parallel AgNO_3(c_2)|Ag$，如何确定正负极？

第六节　原电池电动势的有关应用

一、原电池电动势的应用

原电池电动势的应用是十分广泛的，这里只介绍其中的几种。

1. 判断氧化还原反应的自发方向

我们知道，在原电池的两极上分别发生了氧化和还原反应，我们也可以把氧化还原反应设计成电池。对于一个电池反应，在一定温度和压力下，$\Delta G_{T,p}=-ZFE$，当 $\Delta G_{T,p}<0$ 时该电池反应能够自发进行。也就是说，当一个可逆电池的电动势为正值时，相应的电池反应能够正向自发进行；若计算出来的电动势为负值，则电池反应将逆向自发进行。因此，我们可以将氧化还原反应看成电池反应，通过计算求出电池的电动势，进而判断反应能否自发进行。

【例题 6-11】　判断下列反应在298.15K时能否自发进行。

$$Pb+Cu^{2+}(0.2mol/L)\longrightarrow Pb^{2+}(0.1mol/L)+Cu$$

解　将所给反应设计成电池

$$Pb\ |\ Pb^{2+}(0.1mol/L)\parallel Cu^{2+}(0.2mol/L)\ |\ Cu$$

查表得 $E^\ominus_{Cu^{2+}/Cu}=0.337V$，$E^\ominus_{Pb^{2+}/Pb}=-0.126V$

$$E=E^\ominus-\frac{RT}{ZF}\ln\frac{c_{Pb^{2+}}}{c_{Cu^{2+}}}=E^\ominus_{Cu^{2+}/Cu}-E^\ominus_{Pb^{2+}/Pb}-\frac{RT}{ZF}\ln\frac{c_2}{c_1}$$

$$=0.337-(-0.126)-\frac{0.0592}{2}\lg\frac{0.1}{0.2}$$

$$=0.472(V)>0$$

因此反应能正向自发进行。

2. 计算氧化还原反应的热力学平衡常数

对一电池反应，有

$$\Delta_r G^\ominus_m=-ZFE^\ominus \tag{6-15}$$

而 $\Delta G^\ominus_{T,p}=-RT\ln K^\ominus$

将氧化还原反应设计成电池，

则 $\Delta_r G^\ominus_m=-RT\ln K^\ominus \tag{6-16}$

电池的标准电动势与电池反应（即氧化还原反应）的热力学平衡常数之间的关系为

$$E^\ominus=\frac{RT}{ZF}\ln K^\ominus \tag{6-17}$$

当温度为 25℃时，公式变为

$$E^\ominus=\frac{0.0592}{Z}\lg K^\ominus \tag{6-18}$$

【**例题 6-12**】 在例题 6-11 中，计算在 298.15K 时反应的平衡常数。

解 $E^\ominus=E^\ominus_{Cu^{2+}/Cu}-E^\ominus_{Pb^{2+}/Pb}=0.337-(-0.126)=0.463$（V）

$$E^\ominus=\frac{0.0592}{2}\lg K^\ominus$$

故 $0.463=\frac{0.0592}{2}\lg K^\ominus$

解得 $K^\ominus=4.38\times10^{15}$

3. 溶液 pH 的测定

酸度是影响化学反应的一个重要因素。酸度通常用 pH 表示。

$$pH=-\lg c'_{H^+}$$

因此，溶液酸度的测定本质上是 H^+ 浓度的测定问题。

电极电位随溶液中氢离子浓度而变化的电极称为氢离子浓度的指示电极，氢电极、醌氢醌电极以及玻璃电极都可用作氢离子浓度的指示电极。

用电动势法测溶液的 pH，组成电池时必须有一个电极是氢离子浓度的指示电极，另一个是已知电极电位的参比电极，用待测溶液作为电解质溶液。

参比电极的电位必须是稳定精确的。从理论上讲，标准氢电极作为参比电极十分理想。但它无论在制备和使用上都很不方便，需要随时准备好一个纯净的氢气源，并正确控制通入的压力为 100kPa，既不能用在含有氧化剂的溶液中，又不能用在含有汞或砷的溶液中（否则会使铂黑铂电极中毒失效）。因此，在实际工作中常常用其他易于制备、性能稳定而又使用方便的电极作为参比电极。常用的是甘汞电极，此外还有银-氯化银电极等。

（1）以氢电极为指示电极测溶液 pH 通常将待测溶液组成如下电池

$$Pt|H_2(p^\ominus)|待测溶液(c_{H^+})\|甘汞电极$$

负极反应为 $H_2\longrightarrow 2H^++2e$

正极反应为 $Hg_2Cl_2(s)+2e\longrightarrow 2Hg+2Cl^-$

电池反应为　　$H_2 + Hg_2Cl_2(s) \longrightarrow 2H^+ + 2Hg + 2Cl^-$

此电池在 25℃ 时的电动势为

$$E = E_{甘汞} - E_{H^+/H_2}$$

$$E = E_{甘汞} - \frac{RT}{F}\ln c_{H^+} = E_{甘汞} - 0.0592\lg c'_{H^+} = E_{甘汞} + 0.0592\mathrm{pH}$$

$$\mathrm{pH} = \frac{E - E_{甘汞}}{0.0592} \tag{6-19}$$

此方法的优点是可适用于 pH 在 0～14 范围内溶液的测定，测定范围宽，结果准确，但使用时有许多不便之处，氢电极本身不够稳定。

(2) 以醌氢醌电极为指示电极测溶液的 pH　　醌氢醌电极是等摩尔的醌（Q）和氢醌（H_2Q）所形成的化合物，其分子式为 $C_6H_4O_2 \cdot C_6H_4(OH)_2$，可简写为 $Q \cdot H_2Q$。它在水中的溶解度很小，在水中按下式分解

$$C_6H_4O_2 \cdot C_6H_4(OH)_2 \rightleftharpoons \underset{醌}{C_6H_4O_2} + \underset{氢醌}{C_6H_4(OH)_2}$$

将少量醌氢醌加入含有 H^+ 的待测溶液中，并插入一根铂电极，即构成醌氢醌电极。

电极符号为　　$Pt, Q, H_2Q \mid H^+ (c_{H^+})$

电极反应　　$C_6H_4O_2 + 2H^+ + 2e \longrightarrow C_6H_4(OH)_2$

电极电位为

$$E_{Q/H_2Q} = E^{\ominus}_{Q/H_2Q} - \frac{RT}{2F}\ln\frac{c_{H_2Q}}{c_Q c^2_{H^+}}$$

由于　　$c_Q = c_{H_2Q}$

所以

$$E_{Q/H_2Q} = E^{\ominus}_{Q/H_2Q} + \frac{RT}{F}\ln c_{H^+} \tag{6-20}$$

在 25℃ 时，$E^{\ominus}_{Q/H_2Q} = 0.6995\mathrm{V}$

$$E_{Q/H_2Q} = 0.6995 - 0.0592\mathrm{pH} \tag{6-21}$$

当待测溶液的 pH＜7.1 时，以醌氢醌电极与摩尔甘汞电极组成原电池，醌氢醌电极作正极，电池符号为

摩尔甘汞电极　　$\parallel H^+(\mathrm{pH}=?) \mid Q, H_2Q, Pt$

电动势为　　$E = 0.6995 - 0.0592\mathrm{pH} - 0.2801$

$$\mathrm{pH} = \frac{0.4194 - E}{0.0592} \tag{6-22}$$

当 pH＞7.1 时，摩尔甘汞电极作为正极，醌氢醌电极作为负极。电动势变为 $E = 0.2801 - 0.6995 + 0.0592\mathrm{pH}$

$$\mathrm{pH} = \frac{0.4194 + E}{0.0592} \tag{6-23}$$

醌氢醌电极制备简单，使用方便，电极电位稳定，重现性好，不容易中毒，但不宜在 pH＞8 的溶液中使用。

【例题 6-13】　测得下列电极在 298K 时的电动势为 0.3022V，溶液的 pH 为多少？

$$Hg \mid Hg_2Cl_2(s) \mid Cl^-(1\mathrm{mol/L}) \parallel H^+(\mathrm{pH}=?) \mid Q, H_2Q, Pt$$

解　依题意，醌氢醌电极为正极，由式(6-22) 可得

$$\mathrm{pH} = \frac{0.4194 - E}{0.0592} = \frac{0.4194 - 0.3022}{0.0592} = 1.980$$

(3) 以玻璃电极为指示电极测溶液的 pH　　玻璃电极是测定 pH 最常用的一种指示电极。

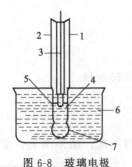

图 6-8 玻璃电极
构造简图
1,2—玻璃管;3—银丝;
4—Ag-AgCl 电极;
5—0.1mol/L 盐酸溶液;
6—待测溶液;7—玻璃膜

玻璃电极的主要部分是头部的球泡,由对 H^+ 特殊敏感的玻璃薄膜组成,球泡内装有 0.1mol/kg 的 HCl 溶液或一定 pH 的缓冲溶液,其中插入一根 Ag-AgCl 电极（称为内参比电极）,将此玻璃泡放入待测溶液中,即构成了玻璃电极。如图 6-8 所示。

玻璃电极的电极电位为

$$E_{玻璃}=E_{玻璃}^{\ominus}-\frac{RT}{F}\ln\frac{1}{c_{H^+}} \qquad (6-24)$$

$$E_{玻璃}=E_{玻璃}^{\ominus}-\frac{RT}{F}\times 2.303\text{pH}$$

在 25℃时 $E_{玻璃}=E_{玻璃}^{\ominus}-0.0592\text{pH}$ (6-25)

当玻璃电极和甘汞电极组成电池时,就能从测得的电动势 E 求出溶液的 pH。电池符号为

Ag,AgCl(s)｜HCl(0.1mol/kg)｜玻璃膜｜待测溶液(pH=?)‖摩尔甘汞电极

25℃时,$E=E_{甘汞}-E_{玻璃}=0.2801-(E_{玻璃}^{\ominus}-0.0592\text{pH})$

$$\text{pH}=\frac{E-0.2801+E_{玻璃}^{\ominus}}{0.0592} \qquad (6-26)$$

要求待测溶液的 pH,必须知道 $E_{玻璃}^{\ominus}$。$E_{玻璃}^{\ominus}$ 为一常数,其值与玻璃膜的组成和玻璃泡内 H^+ 的浓度有关。即便是同一支玻璃电极,经多次使用后,$E_{玻璃}^{\ominus}$ 值也会改变。原则上可用已知 pH 的缓冲溶液,测得电池电动势 E,进而求出 $E_{玻璃}^{\ominus}$。但实际上每次使用时,是先用已知 pH 的溶液,在 pH 计上进行调整使 E 和 pH 的关系满足上式,然后再测定未知液的 pH,而不必算出 $E_{玻璃}^{\ominus}$ 的具体数值。

玻璃电极不受溶液中存在的氧化剂、还原剂的干扰,不易中毒,操作简便,因此,在工业及实验中得到广泛应用。通常用于 pH 在 1～9 的范围,如改变玻璃膜的组成,其使用范围可达 pH 为 1～14。

因为玻璃电极的电阻很大,一般在 $10^6 \sim 10^8\Omega$,因此,测量电动势时,不能用电位差计,而要用晶体管毫伏计。用玻璃电极测定 pH 的装置称作 pH 计,是测定 H^+ 浓度常用的仪器。

【例题 6-14】 在 298.15K 时,测定下列电池的电动势。

玻璃电极｜缓冲溶液｜摩尔甘汞电极

当所用缓冲溶液的 pH=4.00 时,测得电池的电动势为 0.1120V;若换用另一缓冲溶液重测电动势,测得电动势值为 0.3865V,试求该缓冲溶液的 pH。当电池中换用 pH=2.50 的缓冲溶液时,电池的电动势又是多少?

解 (1) 298.15K 时,电池的电动势

$$E=0.2801-(E_{玻璃}^{\ominus}-0.0592\text{pH})$$

$$E_{玻璃}^{\ominus}=0.2801+0.0592\text{pH}-E$$

$$=0.2801+0.0592\times 4-0.1120=0.4049 \text{（V）}$$

未知缓冲溶液 $\text{pH}=\frac{E-0.2801+E_{玻璃}^{\ominus}}{0.0592}=\frac{0.3865-0.2801+0.4049}{0.0592}=8.64$

(2) 换用 pH=2.50 的缓冲溶液

$$E=0.2801-(E_{玻璃}^{\ominus}-0.0592\text{pH})$$

$$=0.2801-(0.4049-0.0592\times 2.50)=0.0232 \text{（V）}$$

二、电位滴定

滴定分析时，在滴定过程中，被滴定溶液中离子浓度随着试剂的加入而变化，如果在溶液中放入一个对待分析离子可逆的电极和一个参比电极（如甘汞电极）组成电池，随着滴定溶液的不断加入，被测离子的浓度在不断变化，电池的电位也随之不断发生变化，记录与所加滴定液体积相对应的电动势的值。接近滴定终点时，滴入少量滴定液即可使待分析离子浓度改变许多倍，此时电池的电动势将会突变。因此，可根据电动势的突变指示滴定的终点，即根据电动势突变时所对应的加入滴定液的体积来确定被测离子的浓度。这种方法叫做电位滴定。

电位滴定可以用于酸碱滴定、沉淀滴定、配位滴定和氧化还原滴定等。电位滴定的特点是速度快，不需用指示剂，对于有色或浑浊的溶液也同样适用。

思考与练习

一、填空题

1. 根据电动势突变时加入滴定液的体积确定被分析离子浓度的方法称为_____，该方法适用于_____滴定、_____、_____和_____滴定等。
2. 原电池电动势的应用包括_____、_____、_____、_____等。
3. 测定溶液的 pH 时，将醌氢醌电极与甘汞电极组成电池，当溶液的 pH＜7.1 时，醌氢醌电极作为_____极；当溶液的 pH＞7.1 时，醌氢醌电极作为_____极。
4. 常见的氢离子浓度的指示电极有_____、_____和_____。
5. 利用电动势判断反应的自发方向，若 E _____ 0，反应正向自发进行。

二、判断题

1. 醌氢醌电极属于氧化还原电极，在使用时操作方便，精确度高。
2. 玻璃电极不受溶液中氧化剂或还原剂的影响。
3. 氢电极因其容易制备，使用方便，不易中毒，是最广泛地用于测定溶液 pH 的电极。
4. 电位滴定需要通过指示剂的变化来准确把握滴定终点。
5. pH 计是利用醌氢醌电极测定 pH 的装置。

三、单选题

1. 已知反应 $H_2+Cu^{2+}\longrightarrow 2H^++Cu$ 在标准状态下能自发进行，则可以判断（   ）。
   A. $E^{\ominus}(H^+/H_2)>E^{\ominus}(Cu^{2+}/Cu)$ B. $E^{\ominus}(H^+/H_2)<E^{\ominus}(Cu^{2+}/Cu)$
   C. $E(H^+/H_2)>E(Cu^{2+}/Cu)$

2. 已知 $E^{\ominus}(Fe^{3+}/Fe^{2+})=0.77V$，$E^{\ominus}(Cu^{2+}/Cu)=0.34$，$E^{\ominus}(Fe^{3+}/Fe)=-0.44V$，下列电对中不能共存的是（   ）。
   A. Cu^{2+}，Fe^{2+} B. Cu，Fe^{3+} C. Cu^{2+}，Fe^{3+}

3. 已知 $E^{\ominus}(Fe^{3+}/Fe^{2+})=0.77V$，$E^{\ominus}(Br_2/Br^-)=1.08V$，$E^{\ominus}(I_2/I^-)=0.535V$，则在三个电对中氧化能力最强的是（   ）。
   A. I_2 B. Br_2 C. Fe^{3+}

4. 已知下列电极电势的大小顺序 $E^{\ominus}(F_2/F^-)>E^{\ominus}(Fe^{3+}/Fe^{2+})>E^{\ominus}(Mg^{2+}/Mg)>E^{\ominus}(Na^+/Na)$，则下列物质中（   ）为最强的还原剂。
   A. F^- B. Fe^{2+} C. Mg^{2+}

5. 已知 $E^{\ominus}(Cr_2O_7^{2-}/Cr^{3+})>E^{\ominus}(Fe^{3+}/Fe^{2+})>E^{\ominus}(Cu^{2+}/Cu)>E^{\ominus}(Fe^{2+}/Fe)$，则上述各电对的物质中最强的氧化剂和最强的还原剂为（　　）。

A. $Cr_2O_7^{2-}$，Fe　　　B. $Cr_2O_7^{2-}$，Fe^{2+}　　　C. Fe^{3+}，Cu

四、问答题

1. 利用原电池电动势如何计算化学反应的平衡常数？
2. 利用原电池电动势如何判断化学反应方向？
3. 利用原电池电动势如何测定溶液氢离子浓度？
4. 利用电极电势如何判断氧化剂的氧化性强弱？
5. 请思考电极电势、电池电动势与化学反应本质的关系。

第七节　电　解

电解是电能转化为化学能的过程。将电能转化为化学能的装置称为电解池。

一、法拉第定律

为了使电解质溶液能够导电，在溶液中插入两片金属导体（或石墨棒）作为电极，通电时把它们和电源的两极联起来，电流通过溶液，使两极表面发生化学反应，即发生了电解过程，如图 6-9 所示。

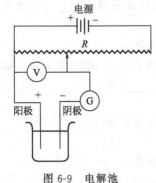

图 6-9　电解池

和电源负极相连的电极称为阴极，与电源正极相连的电极称为阳极。阳极发生氧化反应，给出电子；阴极发生还原反应，接受电子。例如，用惰性电极加一定的外电压电解 $CuCl_2$ 溶液，在外电压作用下，溶液中的 Cu^{2+} 向阴极移动，而 Cl^- 向阳极移动。在两极上分别发生如下反应：

阴极反应　　　　　$Cu^{2+}+2e \longrightarrow Cu$

阳极反应　　　　　$2Cl^- \longrightarrow Cl_2+2e$

在电解池中发生的总反应为　$Cu^{2+}+2Cl^- \longrightarrow Cu+Cl_2$

1. 法拉第定律

法拉第（Faraday）归纳了多次实验的结果，于 1833 年总结出了著名的电解定律，称为法拉第定律。其基本内容是：电解过程中在两个电极上发生化学变化的物质的物质的量与通入的电量成正比。

法拉第定律的数学表达式为

$$n_i = \frac{Q}{ZF} \tag{6-27a}$$

式中　i——参加电极反应的物质；
　　　Q——通过电解池的电量；
　　　F——法拉第常数；
　　　Z——电极反应中得失电子数；
　　　n_i——发生电极反应物质的物质的量。

式（6-27a）又可表示为

$$Q = n_i ZF \tag{6-27b}$$

$$Q = It = \frac{m_i}{M_i} ZF \tag{6-27c}$$

式中　m_i——发生电极反应物质的质量，g；

M_i——发生电极反应物质的摩尔质量，g/mol；
I——通过电解池的电流强度，A；
t——通电时间，s。

在使用法拉第定律时要注意基本单元的选取。确定了所取粒子的基本单元，就可使式中的 M_i 和 Z 的取值对应起来。

例如，电解 $Au(NO_3)_3$ 溶液，通入一定的电量，在阴极上析出 $Au(s)$ 的质量，随基本单元的选取不同计算如下。

(1) $Au^{3+} + 3e \longrightarrow Au(s)$

所选取粒子的基本单元为 $Au(s)$，其摩尔质量为 $M_{Au}=197.0$ g/mol，$Z=3$

(2) $\frac{1}{3}Au^{3+} + e \longrightarrow \frac{1}{3}Au(s)$

所取粒子的基本单元为 $\frac{1}{3}Au(s)$，其摩尔质量为 $\frac{1}{3}\times 197.0$ g/mol，$Z=1$

用两种不同的方法代入法拉第定律中计算，析出 $Au(s)$ 的质量是相同的。

【例题 6-15】 用铂电极电解 $CuCl_2$ 水溶液，以强度为 20A 的电流通电 20min，试计算：
(1) 在阴极上析出多少克 Cu。已知 $M_{Cu}=63.546$ g/mol。
(2) 温度为 298K，压力为 100kPa 时，在阳极上析出 Cl_2 的体积。

解 (1) 阴极反应为 $Cu^{2+}+2e \longrightarrow Cu$

根据法拉第定律 $It = \frac{m_i}{M_i}ZF$

得 $$m_{Cu} = \frac{ItM_{Cu}}{ZF} = \frac{63.546 \times 20 \times 20 \times 60}{2 \times 96500} = 7.902 \text{（g）}$$

(2) 阳极反应为 $2Cl^- \longrightarrow Cl_2 + 2e$

析出 Cl_2 的物质的量为 $n_{Cl_2} = \frac{It}{2F} = \frac{20 \times 20 \times 60}{2 \times 96500} = 0.1244$ （mol）

$$V_{Cl_2} = \frac{nRT}{p} = \frac{0.1244 \times 8.314 \times 298}{100 \times 10^3}$$
$$= 3.082 \times 10^{-3} \text{（m}^3\text{）}$$

2. 电流效率

法拉第定律是自然科学中最准确的定律之一，它不因物质的种类、性质、反应条件而变，而且实验越精确，所得数据与法拉第定律越吻合。法拉第定律不仅适用于电解池，也适用于原电池中的电极反应。它对电化学的发展起到了奠基的作用。

但是，在实际电解时，由于电极上常发生副反应等因素影响，而使实际发生电化学反应的物质的量都小于按法拉第定律计算的理论值；而实际消耗的电量，往往又比理论上计算的电量多。因此，引入电流效率这一概念：

$$\eta = \frac{m_{实际}}{m_{理论}} \times 100\%$$

或

$$\eta = \frac{Q_{理论}}{Q_{实际}} \times 100\%$$

二、电解时电极上的反应

在电解池中，当外加电压调到足够高时，电路中有电流通过，电解过程开始进行。当外电压由小变大时，电解池的阳极电位升高，阴极电位降低。对电解池来说，只要外加电压加大到分解电压的数值，电解即开始进行。对各种电极来说，只要电极电位达到了相应离子的析出电位，则电解的电极反应即开始进行。各种离子的析出电位计算在拓展知识部分的"分解电压与极化作用"一节中讲到。下面分别讨论电解时的阴极反应和阳极反应。

1. 阴极反应

在阴极上发生的是还原反应，凡能在阴极上获得电子的还原反应都能进行。如金属离子还原成金属或 H^+ 还原成 H_2。

电解时，若在阴极上有多种反应可以发生时，析出电位越高的越易进行。如果电解液中含有多种金属离子，则析出电位越高的离子，越易获得电子而优先还原成金属。依据这一点，控制阴极电位就可以将几种金属依次分离。但是，若要分离得完全，相邻两种离子的析出电位通常必须相差 0.2V 以上，否则分离不完全。

从另一方面看，若要使两种金属在阴极上同时析出，只要控制两种金属的析出电位达到相同即可，电解法制造合金就是利用这一原理进行的。例如 Sn^{2+} 和 Pb^{2+} 浓度相同时它们的析出电位相近。只要对浓度稍加调整很容易在阴极上析出铅锡合金。又如 Cu^{2+} 与 Zn^{2+} 的析出电位大约相差 1V，在溶液中加入 CN^- 使其成为配离子，这两种配离子的析出电位比较接近，若进一步控制温度、电流密度和 CN^- 的浓度，即可得到组成不同的黄铜合金。

因为溶液的 pH 直接影响了氢的析出电位，因此为使金属离子能在氢之前析出，必须控制溶液的 pH。

2. 阳极反应

在阳极上发生的是氧化反应。若在阳极上有多种反应可能发生时，析出电位越低的反应越优先进行。

若阳极是惰性电极（如 Pt），电解时的阳极反应只能是负离子放电，即 OH^-、Cl^-、Br^-、I^- 等氧化为 O_2、Cl_2、Br_2 和 I_2。如果阳极材料是 Zn 等较为活泼的金属，则电解时的电极反应既可能是电极金属的溶解，也可能是 OH^- 等负离子的放电。此时，析出（或溶解）的先后顺序按析出电位的高低判断。一般的含氧酸根离子，如 SO_4^{2-}、NO_3^-、PO_4^{3-} 等，因析出电位很高，在水溶液中不可能在阳极放电。

三、金属电镀

1. 金属电镀的含义

电镀是把镀件放入电解槽中作为阴极浸入镀液中进行电解，使被镀金属离子在镀件表面上还原而在镀件表面上镀上很薄的一层金属镀层，这样可以起到装饰、防腐和增强抗磨能力等作用。如一些机械零件以及家用物品上镀铬，食品包装上镀锡，电子元件需提高其表面的导电性能镀银，计算机存储磁盘上镀钴合金磁性镀层等。电镀类型可分为单金属电镀、合金电镀、复合电镀和熔盐电镀等。

2. 金属电镀的原理

电镀的实质就是以非惰性电极为阳极的一种特殊的电解。电镀时，一般都是把待镀金属制成品浸入电镀液中与直流电源的负极相连，作为阴极，而用镀层金属为阳极，用含镀层金属离子的电解质溶液为电镀液。电镀过程中阳极的镀层金属发生氧化反应而成为离子溶入电解液，移向阴极，并在阴极的待镀件上被还原成金属析出，而电解质溶液浓度一般不变。

镀层除应具有一定的机械、物理和化学性能外，还必须很好地附着在镀件表面，要致密均匀、光滑、牢固、孔隙率少。影响镀层质量的工艺因素很复杂，主要因素如下：

(1) 电镀液的性能 电镀液应稳定且导电性好，金属沉积速度快、致密，有良好的附着力。通常在电镀 Ag、Au、Zn 和 Cd 等金属时，多采用它们的配离子溶液，这是因为溶液中配合物电离出的金属离子浓度很低,有利于产生细小晶粒的光滑沉积。

(2) 电镀工艺因素 电流密度和电解液温度适中,电解液要充分搅拌。采用较低的电流密度进行电镀时,金属离子缓慢地放电而沉积。生成新核的速度小于晶核成长的速度。得到的金属镀层是不光滑的粗大结晶。增大电流密度,会增加成核速度,可以得到细化晶粒的致密镀层。但过高的电流密度,镀件会被"烧黑"或"烧焦"。升高温度,既能加快扩散产生致密镀层,也会加快晶粒的生长速度而使镀层晶粒大而粗糙。所以,必须选择合适的温度。

3. 电镀应用举例

(1) 镀铜 硫酸铜镀液主要有硫酸铜、硫酸和水,也有其他添加剂。硫酸铜在水中电离出铜离子,铜离子会在阴极上得到电子而还原,从而在工件上沉积成金属铜。这个沉积过程会受铜离子浓度、溶液酸碱度(pH)、温度、搅拌情况、电流、添加剂等因素的影响。

电镀过程中铜离子浓度因消耗而下降,影响沉积过程。面对这个问题,可以用两个方法解决:一是添加硫酸铜;二是用铜作阳极。添加硫酸铜方法比较麻烦,又要分析又要计算。用铜作阳极比较简单。一方面,它可以作为导体,将电路回路接通;另一方面,铜可以失去电子氧化成铜离子,补充镀液中铜离子的消耗。

由于镀液中主要有水,也会发生水在阴极电解产生氢气和在阳极产生氧气的副反应。以上只是一个简单的机理,实际的情况比较复杂。如实际电镀中常用配合物溶液作电镀液。用 $CuSO_4$ 作电镀液镀铜,虽操作简单,但镀层粗糙、厚薄不匀、镀层与基体金属附着力差。若采用焦磷酸钾 ($K_4P_2O_7$) 为配位剂组成含 $[Cu(P_2O_7)_2]^{6-}$ 的电镀液,由于下述解离平衡的存在

$$[Cu(P_2O_7)_2]^{6-} \rightleftharpoons Cu^{2+} + 2P_2O_7^{4-}$$

即可保证溶液中 Cu^{2+} 浓度不会太大,使金属晶体在镀件上的析出速率减小,从而可以得到比较光滑、均匀、附着力较好的镀层。

(2) 塑料电镀 为了节约金属,减轻产品重量,降低成本,从建筑材料、汽车配件,家用电器的零部件,到生活日用品,人们越来越多地采用塑料来代替金属。但是,塑料不能导电,耐磨性差,没有金属光泽,易老化,为了改进其性能,可以在 ABS(由丙烯腈单体、丁二烯单体和苯乙烯单体共聚得到)、尼龙、聚四氟乙烯等各种塑料上进行电镀,其步骤大致是先使塑料表面去油、粗化及各种表面活性处理,然后用化学沉积法使其表面形成很薄的导电层,再把塑料镀件置于电镀槽的阴极,镀上所需的各种金属。塑料电镀制品具有质量轻、易成形、外观漂亮等特点,能导电、导磁,而且其机械性能、焊接性能、热稳定性能力等都有很大的提高。

? 思考与练习

一、填空题

1. 在电解池中,_____ 能转化为 _____ 能,和原电池一样,它们都由电极和 _____ 组成。

2. 影响镀层质量的主要因素有_____和_____。

3. 电解时在____极上发生还原反应,即金属离子____成金属或 H^+ 还原成____。析出电位越____的离子,越易优先析出。当两种金属的析出电位____时,它们会在阴极上同时析出。

4. $Pt|Cu^{2+}, Cu^+$ 电极上的反应为 $Cu^{2+} + e \longrightarrow Cu^+$,当有 96500C 的电量通过电池时,发生反应的 Cu^{2+} 的物质的量为_____。

5. 在电解池中，与外电源_____极相连的电极称为阳极，在阳极上总是_____电子，发生_____反应，它可能是_____，也可能是_____，阳极析出电位越_____，物质越易在阳极析出。

二、判断题

1. 电镀是使 Pt 片作阴极，镀件为阳极进行的电解过程。
2. 描述电极上通过的电量与已发生电极反应的物质的量之间的关系是能斯特方程。
3. 将 $AgNO_3$ 和 $CuCl_2$ 溶液用适当装置串联，通过一定电量后，各阴极上析出金属的质量相同。
4. 法拉第定律适用于所有液态和固态导电物质。
5. 用铜电极电解 $CuCl_2$ 的水溶液，在阴极上发生的反应是析出金属铜。

三、单选题

1. 在一个电解槽进行电解反应时，通过的电流为 15A，电流效率 91%，通电 5min 后，进行主产物电解反应所消耗电量是（　　）。
   A. 4500C　　　　　B. 4095C　　　　　C. 4945C　　　　　D. 无法计算
2. 用 0.1A 的电流，从 200mL 浓度为 0.1 mol/L 的 $AgNO_3$ 溶液中分离 Ag，从溶液中分离一半 Ag 所需时间为（　　）。
   A. 10min　　　　　B. 16min　　　　　C. 100min　　　　　D. 160min
3. 对电解过程，下面的说法中不正确的是（　　）。
   A. 正极极化，电势更正
   B. 负极极化，电势更负
   C. 阳极电势比阴极电势低
   D. 电流由阳极电解槽流入阴极
4. 用铜作电极电解硫酸铜稀溶液，其阴极区、阳极区中溶液变色的情况分别为（　　）。
   A. 变浅，加深
   B. 加深，变浅
   C. 变浅，不变
   D. 不变，不变
5. 用铂电极（惰性）电解下列溶液时，阴极和阳极上的主要产物分别是 H_2 和 O_2 的是（　　）。
   A. 稀 NaOH 溶液
   B. HCl 溶液
   C. 酸性 $MgSO_4$ 溶液
   D. 酸性 $AgNO_3$ 溶液

四、问答题

1. 电解时如何判断物质在阳极和阴极的析出物质？
2. 在电解过程中实际消耗的电量比理论计算量要大，为什么？
3. 从 0.5 mol/L 的 $CuSO_4$ 溶液电解得到 1mol 的 Cu 与从 1mol/L 的 $AgNO_3$ 溶液电解得到 1mol 的 Ag 所用电量是否相同？
4. 当电流通过电解质溶液时，在电极上发生化学反应的物质其物质的量与通过溶液的电量呈什么关系？
5. 电解过程中阳极电势比阴极电势低，是否正确？

第八节　分解电压与极化作用

一、分解电压

在电解时，直流电源将电压施加于电解池的两极，到底需要多大的电压才能使电解顺利进行呢？下面以铂作电极电解 HCl 溶液为例来说明。

将两个 Pt 片作为电极放入 1mol/kg 的 HCl 溶液中,并分别与外接直流电源的正极和负极相连。经可变电阻调节外电压,使电压从零开始逐渐加大,从电流计可以读出不同电压时通过电解池的电流值。绘制电流-电压曲线,如图 6-10 所示。

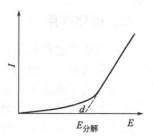

图 6-10 电流-电压曲线

开始时,外加电压很小,电解池中几乎没有电流通过,不发生明显的电解反应。随着电压的加大,电流略有增加,当电压增大到某一数值时,两个电极上开始出现气泡,即电解得到了氢气和氯气。此后增加电压则电流直线上升,同时两极上有大量的气泡逸出,图中 d 点所对应的电压就是使电解质不断分解成电解产物所需的最小外加电压,称为分解电压。

产生分解电压的原因可以从电极上的氧化和还原产物来进行分析。在外加电压作用下,Cl^- 向阳极方向迁移,H^+ 向阴极方向迁移,在两极上分别发生如下反应

阳极 $2Cl^- \longrightarrow Cl_2(g) + 2e$

阴极 $2H^+ + 2e \longrightarrow H_2(g)$

电解总反应为

$$2H^+ + 2Cl^- \longrightarrow H_2(g) + Cl_2(g)$$

上述电解产物有部分被吸附在电极表面,与溶液中相应的离子形成了一个原电池

$$Pt|H_2(g)|HCl(1mol/kg)|Cl_2(g)|Pt$$

电池反应为

$$H_2 + Cl_2 \longrightarrow 2H^+ + 2Cl^-$$

此原电池中氢电极为负极,氯电极为正极,产生了一个与外加电压相反的"反电动势",因而需要外加一定的电压以克服该反电动势才能使电解顺利进行。这就是产生分解电压的原因。

25℃时上述原电池的可逆电动势为 1.37V,即该电解反应理论的分解电压为 1.37V。

那么在外加电压小于分解电压时为何还有少量电流通过电解池呢?这是因为电压较低时能得到较少的电解产物 H_2 和 Cl_2,产生的反电动势正好与外加电压抵消,外加电压越高,H_2 和 Cl_2 的压力越大,反电动势也越大。但由于在两电极产生的电解产物从两极向溶液扩散,需要有少量电流通过使电解产物得以补充。当外加电压增大到分解电压时,产生的 $H_2(g)$、$Cl_2(g)$ 的压力增大到等于外压时,$H_2(g)$ 和 $Cl_2(g)$ 即可逸出液面,此时产物所形成电池的反电动势达到最大。此后再增大外加电压,由于外加电压大于反电动势,故有大量气体产物从两极产生,电流也随外加电压直线上升,这时 $I=(U-E)/R$,U 为外加电压,E 为电池的反电动势,R 为电解池的内阻。

从上面讨论可知,理论上分解电压应为电解产物形成原电池的反电动势,但实际测得的使电解顺利进行的分解电压(称为实际分解电压)往往大于理论上的分解电压,二者的差值称为超电压。

一些电解质溶液的分解电压列于表 6-6 中。

表 6-6 一些电解质溶液的分解电压 (25℃,光滑铂电极)

电解质	浓度 c/(mol/L)	电解产物	E(实际)/V	E(理论)/V
HNO_3	1	H_2 和 O_2	1.69	1.23
H_2SO_4	0.5	H_2 和 O_2	1.67	1.23
NaOH	1	H_2 和 O_2	1.69	1.23
KOH	1	H_2 和 O_2	1.67	1.23
$CdSO_4$	0.5	H_2 和 O_2	2.03	1.26
$NiCl_2$	0.5	H_2 和 O_2	1.85	1.64

二、极化作用

实际的电解过程都是在不可逆的情况下进行的,电极电位会偏离平衡电极电位。我们将电流通过电极时,电极电位偏离平衡电极电位的现象称为电极的极化。此时的电极电位称为析出电位。为了表示不可逆程度的大小,通常把在某一电流密度下的电极电位与其平衡电极电位之差的绝对值,称为该电极的超电位或过电位,用 η 表示。

电极的极化可简单地分为两类。

1. 浓差极化

以锌电极上的电极反应 $Zn^{2+} + 2e \longrightarrow Zn(s)$ 为例说明。

在外加电压的作用下,Zn^{2+} 在电解池的阴极上得到电子而沉积出来。若 Zn^{2+} 从本体溶液(离电极较远、浓度均匀部分的溶液)向阴极表面扩散的速率小于电极反应消耗的速度,随着电解的进行,阴极表面液层中 Zn^{2+} 的浓度将迅速地降低,阴极电位变得更负。在阳极是负离子被氧化,当负离子浓度减小时,其电极电位值将增大。总的结果是使分解电压的数值增大。这种由于浓度的差异而产生的极化称为浓差极化。由浓差极化所产生的超电位,称为浓差超电位。通过加强搅拌和升高温度可减少浓差极化的影响,但不可能将其完全消除。

2. 电化学极化

电极反应过程通常是按若干个具体步骤来完成的,其中最慢的一步将对整个反应过程起到控制作用。如果 Zn^{2+} 被还原的速率较慢,不能及时地消耗掉外电源输送来的电子,结果使阴极上积累了多于平衡态时的电子,相当于使阴极电位变得更负。在阳极,由于负离子失电子被还原的速率较慢,使阳极表面处于缺电子的状态而带正电,使阳极电位更正。这种由于电化学反应本身进行迟缓造成电极上电子过剩或缺少而引起的极化,称为电化学极化。由此产生的超电位称为电化学超电位或活化超电位。

三、超电压与超电位

综上所述,阴极极化的结果使电解池的阴极电极电位变得更负,阳极极化的结果使阳极电位变得更正。电极电位的大小与电流密度有关,若 η_+ 和 η_- 分别为电解池阳极和阴极在一定电流密度下的超电位,则

$$E(阳,析出) = E(阳,可逆) + \eta_+$$
$$E(阴,析出) = E(阴,可逆) - \eta_-$$
$$E(理论) = E(阳,可逆) - E(阴,可逆)$$
$$E(实际) = E(阳,析出) - E(阴,析出)$$
$$\eta = E(实际) - E(理论)$$

式中 $E(阳,可逆)$,$E(阴,可逆)$——电解池阳极和阴极的平衡电极电位;

$E(阳,析出)$,$E(阴,析出)$——阳极和阴极的析出电位;

$E(理论)$——电解池的理论分解电压,即电解时所形成原电池的反电动势;

$E(实际)$——实际分解电压;

η——超电压,且 $\eta = \eta_+ - \eta_-$。

影响超电位的因素很多,主要有以下三个方面。

(1) 电解产物的本质 金属的超电位一般很小,析出气体的超电位较大。尤其是析出氢气和氧气的超电位很大。

1905 年,塔费尔根据实验总结出氢气的超电位 η 与电流密度的关系式

$$\eta = a + b \lg J \tag{6-28}$$

式中　　a，b——经验常数；
　　　　J——电流密度。

(2) 电极的材料和表面状态　同一电解产物在不同的电极上的超电位数值不同，如氢在铂电极上析出时，超电位很小，而在铅电极上析出时的超电位较大；电极表面状态不同时超电位数值也不同。

(3) 电流密度　电流密度增大，超电位增大。

除以上几点外，温度、电解质溶液的性质和浓度，以及溶液中的杂质等，都对超电位产生影响，故超电位测定的重现性不好。

对电解质溶液进行电解时，由于水溶液中总是存在着 H^+ 和 OH^-，所以，即便是单一的电解质水溶液，除了该电解质溶液的离子以外，还要考虑 H^+ 和 OH^- 是否可以发生电极反应。况且，有时溶液中往往同时存在几种离子，就要考虑这些离子在电极上发生氧化和还原反应的顺序问题。

因为有超电位的存在，判断物质在阳极和阴极的析出顺序，要用析出电位。在阴极上，首先进行还原反应的是析出电位较大的反应；在阳极上，首先进行的是析出电位较小的反应。若溶液中同时存在几种金属离子，且它们的析出电位近似相等，这几种金属可以同时沉积在阴极上，得到均匀的固溶体，这就是合金电镀的基本原理。

【例题 6-16】 在 298.15K 时，在某一电流密度下用锌电极作为阴极电解 1.0mol/L 的 $ZnSO_4$ 水溶液，已知氢气在锌电极上的超电位为 0.7V，问在常压下电解时，阴极上析出何种物质？

解
$$E_{Zn^{2+}/Zn} = E^{\ominus}_{Zn^{2+}/Zn} - \frac{0.0592}{2}\lg\frac{1}{c(Zn^{2+})} - \eta_{Zn}$$

锌在阴极上的超电位可以忽略，$c(Zn^{2+}) = 1.0 mol/L$
则
$$E_{Zn^{2+}/Zn} = E^{\ominus}_{Zn^{2+}/Zn} = -0.763 \text{ (V)}$$

电解在常压下进行，$p_{H_2} = 101.3 kPa$，$c_{H^+} = 1.0 \times 10^{-7} mol/L$，$\eta_{H_2} = 0.7V$

$$E_{H^+/H_2} = E^{\ominus}_{H^+/H_2} - \frac{0.0592}{2}\lg\frac{p_{H_2}/p^{\ominus}}{c^2_{H^+}} - \eta_{H_2}$$
$$= 0 - \frac{0.0592}{2}\lg\frac{101.3/100}{(10^{-7})^2} - 0.7 = -1.115 \text{ (V)}$$

分析可知，由于氢超电位的存在，析出电位 $E_{Zn^{2+}/Zn} > E_{H^+/H_2}$，故在阴极上金属锌先析出。

【例题 6-17】 在 25℃、101.3kPa 时以 Pt 为阴极，石墨为阳极电解含有 0.01mol/kg 的 $FeCl_2$ 和 0.02mol/kg 的 $CuCl_2$ 的水溶液。若电解过程中不断搅拌溶液，并设超电位均可忽略不计，试问：
(1) 何种金属先析出？
(2) 第二种金属析出时，至少需加多少电压？
(3) 当第二种金属析出时，第一种金属离子在溶液中的浓度为多少？

解（1）
$$E_{Cu^{2+}/Cu} = E^{\ominus}_{Cu^{2+}/Cu} - \frac{0.0592}{2}\lg\frac{1}{c_{Cu^{2+}}}$$
$$= 0.34 - \frac{0.0592}{2}\lg\frac{1}{0.02} = 0.29 \text{ (V)}$$

$$E_{Fe^{2+}/Fe} = E^{\ominus}_{Fe^{2+}/Fe} - \frac{0.0592}{2}\lg\frac{1}{c_{Fe^{2+}}}$$
$$= -0.44 - \frac{0.0592}{2}\lg\frac{1}{0.01} = -0.50 \text{ (V)}$$

$E_{Cu^{2+}/Cu} > E_{Fe^{2+}/Fe}$ 所以 Cu 先析出。

(2) 若使 Fe 析出，至少需加电压为

$$E = E_{Cl_2/Cl^-} - E_{Fe^{2+}/Fe} = 1.358 - \frac{0.0592}{2}\lg\frac{c_{Cl^-}^{\ominus}}{p_{Cl_2}/p^{\ominus}} - E_{Fe^{2+}/Fe}$$

$$= 1.358 - \frac{0.0592}{2}\lg\frac{0.06^2}{101.3/100} + 0.50$$

$$= 1.93 \text{ (V)}$$

(3) Fe 析出时 $E_{Cu^{2+}/Cu} = E_{Fe^{2+}/Fe} = -0.50$ (V)

$$E_{Cu^{2+}/Cu} = E_{Cu^{2+}/Cu}^{\ominus} - \frac{0.0592}{2}\lg\frac{1}{c_{Cu^{2+}}} = -0.50$$

$$0.34 - \frac{0.0592}{2}\lg\frac{1}{c_{Cu^{2+}}} = -0.50$$

$$c_{Cu^{2+}} = 4.18 \times 10^{-29} \text{ (mol/L)}$$

四、电解工业

用电解的方法来制备物质，在电解工业中具有广泛的应用。如电解法提取铝、铜、锰等金属以及制造一些合金如黄铜；电解水以制备纯净的氢气和氧气；电解法制双氧水；在一些材料上进行镍、铬等金属的电镀；电合成法生产氯酸钠等。铝及其合金的电化学氧化和表面着色，在电子工业、机械制造、轻工业等方面都有广泛的应用；电解锰酸钾溶液制得高锰酸钾，可用作精细有机化学品工业的氧化剂，这些都是电解原理在工业上的具体应用。

电解食盐水溶液生产氯气、氢气和 NaOH，是最重要的电解工业，又称氯碱工业。氯碱工业是仅次于硫酸和化肥的重要无机化学工业。目前同时存在三种电解生产方法，采用的电解槽式样分别为隔膜槽、汞槽和离子膜槽。它们各有特点，离子膜槽是最新的一种，有取代其余两种的趋势。

有机电合成是电解应用过程中发展很快的一个领域。它与一般的有机合成相比，具有显著的特点：通过比较容易调节的电流密度、电位或改变电极材料就可以提高有机反应的速率和选择性，并且是在常温、常压下进行，适合于产量不大而产值高的精细化工产品或现有一般有机合成难于生产的产品，是一种对环境友好的洁净合成法，代表了今后化工生产发展的一个方向。如我国最早开发的有机电合成法生产 L-半胱氨酸，是从毛发等畜产品中提取出胱氨酸，通过电解还原可以制得用途广泛的 L-半胱氨酸，20 多年来，这一方法已成为生产 L-半胱氨酸的主要方法。

思考与练习

一、填空题

1. 电极的极化分为_____和_____。

2. 当电流通过电化学装置时，电极电位偏离平衡电极电位的现象称为_____，可用_____来描述其程度。

3. 析出_____的超电位一般很小，析出_____的超电位较大。尤其是析出_____和_____的超电位很大。

4. 电化学反应本身进行迟缓造成电极上电子过剩或缺少而引起的极化，称为_____。由此产生的超电位称为_____。

5. 阴极极化的结果使电解池的____变得更负，阳极极化的结果是使____变得更正。

二、判断题
1. 超电位与电极材料无关。
2. 为使电解持续进行所需的外加电压，称为理论分解电压。
3. 考虑到极化的因素，在电解池的阴极上先析出的是析出电位大的物质。
4. 电流密度只影响超电位，不影响实际分解电压的大小。
5. 极化的结果使电解池的阴、阳极电极电位变得更接近可逆电极电位。

三、单选题
1. 不论是电解池或是原电池，极化的结果都是使（　　）。
   A. 阳极电势和阴极电势都变得更正　　B. 阳极电势变得更负，阴极电势变得更正
   C. 阳极电势和阴极电势都变得更负　　D. 阳极电势变得更正，阴极电势变得更负
2. 持续进行电解的条件是外加电压必须（　　）。
   A. 大于实际分解电压　　B. 等于理论分解电压
   C. 小于理论分解电压　　D. 大于反电动势
3. 电解分析法中，实际分解电压不包括（　　）。
   A. 理论分解电压　　B. 有电极极化产生的超电势
   C. 电解池的电压降　　D. 电解池中的液接电势
4. 电极的极化与通过电极的电流密度关系是（　　）。
   A. 电流密度越大极化作用越强　　B. 电流密度越大极化作用越弱
   C. 无关系　　D. 无法判断
5. 考虑到极化的因素，在电解池的阴极上先析出的是（　　）。
   A. 电极电势大者　　B. 电极电势小者　　C. 无法判断

四、问答题
1. 简单叙述什么是超电势，超电势是如何产生的？
2. 超电势的大小是电极极化程度的量度吗？
3. 对电解池，正极极化曲线与阴极极化曲线相同吗？
4. 电极极化时，随着电流密度由小到大增加，正极电势越来越大，负极的电势越来越小。这种说法对吗？
5. 由于电化学反应相对于电流速率的迟缓性而引起的极化称为什么极化？

第九节　化 学 电 源

能源是人类社会发展的重要物质基础，随着人类社会的进步和生活水平的提高，各种能量的消耗急剧增加，提供能量的方式也更加多样化。化学电源作为通过化学反应获得电能的一种装置，不仅种类繁多，而且很多是可以再生性能源，发展潜力巨大，有着其他能源形式所不可替代的重要作用。

一、化学电源的概念

化学电源是实用的原电池，可以使化学能直接转变为电能。化学电源对外电路供给能量的过程称为放电过程，反之则称为充电过程。

化学电源具有能量转换效率高，污染相对较少，使用方便等特点。无论在日常生活中使用的钟表、手机、照相机中以及在音响设备、办公设备、通信设备上，还是在航空、航天、潜艇等军事领域和尖端科技中，化学电源无处不在。化学电源按其使用特点可分为三类：

①一次电池；②二次电池；③燃料电池。

1. 化学电源的组成

化学电源由电极、电解质、隔膜和外壳四部分组成。

电极是化学电源的核心部分，通常由相应的活性物质和各种添加剂组成。电极活性物质是指在电池充放电过程中参与电极反应，影响电极容量和性能的物质。正极活性物质的电极电位越正，负极活性物质的电极电位越负，电池的电动势就越大。活性物质的电化学活性越高，电极反应的速度就越快，电池的性能就越好。电极活性物质在电解质溶液中的化学稳定性越高，电池的寿命和储存性能越好。电池的负极一般采用较活泼的金属，而正极一般选用金属氧化物。电极的添加剂一般有：能提高电极导电性能的导电剂（如金属粉和炭粉）、增强活性物质黏结力的黏结剂（如聚乙烯醇和聚四氟乙烯等）以及能延缓金属电极腐蚀的缓蚀剂等。

化学电源所用的电解质溶液也是决定电池性能的重要因素。主要有水溶液电解质、有机溶液电解质、熔融电解质、固体电解质、聚合物电解质等。要求电解质溶液的电导率高，化学稳定性好，对电极骨架和电池壳体的腐蚀性小。

隔膜对两个电极起隔离作用，防止正极与负极活性材料直接接触，避免电池内部短路。隔膜应有一定的机械强度，良好的化学稳定性，较高的离子通过能力，较强的电子导电性等。常见的隔膜有有机材料隔膜、纸隔膜、玻璃毡隔膜和陶瓷隔膜等。

电池壳体是电池的容器，它不仅要有良好的机械强度和耐冲击性能，而且还能耐高低温度的变化和电解质溶液的腐蚀。

2. 化学电源的性能指标

衡量化学电源的性能主要有化学电源的容量、比能量、寿命三个指标。

(1) 容量　指 1A 电流持续通过 1h 所给出的电量，单位为库仑（C）。显然，电池的容量不是定值，它与电池的大小（即活性物质用量）、放电速度（即放电电流大小）和放电的截止电压等有关。

化学电源理论容量可根据活性物质的质量通过法拉第定律计算。实际容量是在一定条件下，电池实际放出的电量。

实际容量只是理论容量的一部分，额定容量是指在设计和生产时，规定和保证电池在给定的放电条件下应放出的最低限度的电量。

实际容量和理论容量的比值称为活性物质利用率

$$\eta = \frac{化学电源实际容量}{化学电源理论容量} \times 100\% \tag{6-29}$$

(2) 比能量　电池的比能量是指单位质量或单位体积的电池所产生的电能，用 W·h/kg 或 W·h/L 表示。各种电池的实际比能量一般远低于理论值，如：铅酸电池的理论比能量约为 170 W·h/kg，而实际使用时其比能量只有 30~35 W·h/kg。

(3) 寿命　化学电源的寿命包括使用寿命、循环寿命和储存寿命。其中循环寿命是指二次电池经历充放电循环的次数。

二、几种常见的化学电源及其工作原理

1. 锌锰干电池

这是人们在日常生活和实验室中最广泛使用的一次电池，它携带方便，价格不贵。这种电池用锌筒外壳作负极，正极是位于中心部位的炭棒裹敷着的糊状物，如图 6-11 所示。

这种电池的电动势约为 1.5V，质量比能量约在 31~53W·h/kg 的范围内。其电极反应为

负极：$Zn + 2NH_4Cl \longrightarrow Zn(NH_3)_2Cl_2 + 2H^+ + 2e$

正极：$2MnO_2+2H^++2e \longrightarrow 2MnOOH$

电池反应：$Zn+2NH_4Cl+2MnO_2 \longrightarrow Zn(NH_3)_2Cl_2+2MnOOH$

由反应式可见，Zn 和 MnO_2 都随放电过程而消耗，这就是化学能转化为电能的过程，消耗到一定程度电池不能再供电，但废电池中的锌壳、炭棒等并未完全耗尽。因此，从环保方面和资源利用等方面考虑，废电池应集中回收，统一处理。

近年还研究成功了碱性锌锰电池，可以制成小型的纽扣电池。

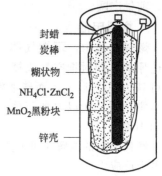

图 6-11　锌锰干电池的结构

2. 铅酸蓄电池

铅酸蓄电池是二次电池中使用最广泛、技术最成熟的电池。它具有电动势高、可以大电流放电、使用温度范围宽、性能稳定、工作可靠、价格低廉、原材料丰富等优点，但也存在比较笨重、防震性差、自放电较强，有 H_2 放出，如不注意易引起爆炸等缺点。铅酸蓄电池主要用于汽车启动电源、拖拉机、小型运输车和实验室中。

铅酸蓄电池的负极是海绵状铅，正极是涂有二氧化铅的铅板，电解质是密度约为 $1.28g/cm^3$ 的硫酸。

铅酸蓄电池的电池符号为

$$Pb|PbSO_4(s)|H_2SO_4|PbSO_4(s)|PbO_2(s)|Pb$$

负极反应　$Pb+SO_4^{2-} \longrightarrow PbSO_4(s)+2e$

正极反应　$PbO_2(s)+4H^++SO_4^{2-}+2e \longrightarrow PbSO_4(s)+2H_2O$

电池反应为　$Pb+PbO_2(s)+4H^++2SO_4^{2-} \longrightarrow 2PbSO_4(s)+2H_2O$

由电池反应可知，铅酸蓄电池的电动势只与硫酸的浓度有关。目前的铅酸蓄电池都已实现了免维护密封式结构，这是铅酸蓄电池在原理和工艺技术上最大的改进。

3. 锂电池

锂电池是负极用金属锂或锂合金或含锂化合物的一类电池的总称。按照电池的可充电性可分为一次电池和二次电池。锂有最低的电负性，电极电位负值最高，因此锂电池的电压高达 4V 以上，输出能量超过 $200W \cdot h/kg$。锂电池工作温度范围大（-70～40℃），使储存寿命长，约 5～10 年，放电平稳，具有潜在的应用前景，不仅用作手机电池，而且作为通信设备、监视装置、电子器件的支持电源，在医疗上可作为心脏起搏器电源。

但是锂电池也有很大的缺点，如安全性欠佳，价格较贵，生产工序复杂等。

锂电池在工作时，锂作为负极氧化形成 Li^+。

$$Li \longrightarrow Li^++e$$

电子通过外电路转移到正极，与正极活性物质反应，活性物质被还原。而 Li^+ 可在液态或固态电解质中运动，通过电解质转移到正极与其活性物质形成一种锂的化合物。由于金属锂的电化学活泼性强，因此，锂电池一般采用有机溶剂作为电解质，如乙腈（AN）、二甲基亚砜（DMSO）、碳酸丙烯酯等；还有用无机溶剂的，如亚硫酰氯（$SOCl_2$）、硫酰氯（SO_2Cl_2）等。

20 世纪 90 年代以来，锂电池的研究又发现了新的热点——锂离子二次电池。这种电池中采用特殊的炭材料代替金属锂为负极，配以嵌锂正极料。这种电池既保持了锂电池的高电动势，又避免了金属锂循环性不良和安全性差等缺点。有关锂离子二次电池的研究发展迅速，前景广阔。

4. 燃料电池

燃料电池中，可燃气体（如 H_2，CH_4，CH_3OH，NH_2NH_2 等）被送到负极室，用作还原剂，同时把空气或氧气输入正极室作为氧化剂。这类电池的最大特点是能量转化率可高达 60% 以上，而柴油发电机的能量利用率不到 40%。燃料气体在预处理时，已除去有害杂质，所以电池工作时不会对环境造成污染，同时，也避免了因杂质引起电极催化剂中毒。

燃料电池的电解质可分为酸性和碱性两种。以氢氧燃料电池为例，当电解质为碱性时，其电极反应为

负极反应 $2H_2 + 4OH^- \longrightarrow 4H_2O + 4e$

正极反应 $O_2 + 2H_2O + 4e \longrightarrow 4OH^-$

电池反应为 $2H_2 + O_2 \longrightarrow 2H_2O$

当电解质为碱性时，其电极反应和电池反应为

负极反应 $2H_2 \longrightarrow 4H^+ + 4e$

正极反应 $O_2 + 4H^+ + 4e \longrightarrow 2H_2O$

电池反应为 $2H_2 + O_2 \longrightarrow 2H_2O$

几种常用燃料电池的热效率列于表 6-7 中。

表 6-7 几种常用燃料电池的热效率

反应	$\Delta_r G_m^{\ominus}$ /(kJ/mol)	$\Delta_r H_m^{\ominus}$ /(kJ/mol)	E/V	热效率$\left(\dfrac{\Delta_r G_m^{\ominus}}{\Delta_r H_m^{\ominus}} \times 100\%\right)$/%
$H_2 + \dfrac{1}{2}O_2 \longrightarrow H_2O$	−237.2	−285.9	1.229	83
$CH_4 + 2O_2 \longrightarrow CO_2 + 2H_2O$	−580.8	−604.5	1.060	96
$2CH_3OH + 3O_2 \longrightarrow 2CO_2 + 4H_2O$	−706.9	−764.0	1.222	93
$C + O_2 \longrightarrow CO_2$	−394.4	−393.5	0.712	100

据报道，航天飞机上使用的氢氧燃料电池，负极催化剂为涂在镀银镍网上的铂黑，正极催化剂为涂在镀金镍网上的 90% 金 + 10% 铂，电池的造价非常昂贵。

燃料电池与一般电池本质的区别在于其能量供给的连续性，燃料和氧化剂是从外部不断供给的，燃料电池只要不断地供给燃料，就像往炉膛里不断加煤一样，就能连续地输出电能。燃料电池的安全可靠性高，操作简单，灵活性大。而且，燃料电池的比能量高，随着工作时间的延长，这一优点更加突出。另外，燃料电池自身不需要冷却水，减少了火力发电热排水的热污染。对氢氧电池而言，电池工作时产物只是水，所以在载人宇宙飞船等航天器中兼做宇航员的饮用水。

? 思考与练习

一、填空题

1. 衡量化学电源的性能指标主要有_____，_____和_____。

2. 常见的化学电源通常分为_____，_____和_____三种。锌锰电池属于_____电池，铅酸蓄电池属于_____电池。

3. 化学电源的寿命包括_____，_____和_____。

4. 化学电源的比能量是指_____或_____的电池所产生的电能，用_____和_____表示。

5. 铅酸蓄电池的负极是_____，正极是_____，电解质是_____。

二、判断题

1. 铅酸蓄电池的特点是结构简单，价格低廉，能反复充放电且不易自放电。

2. 燃料电池只要不断地供给燃料，就能不断地向外输出电能。

3. 电池的实际容量可以由法拉第定律计算。

4. 镍镉（Ni-Cd）可充电电池在现代生活中有广泛应用，它的充放电反应按下式进行：

$$Cd(OH)_2 + 2Ni(OH)_2 \underset{放电}{\overset{充电}{\rightleftharpoons}} Cd + 2NiO(OH) + 2H_2O$$

由此可知，该电池放电时的负极材料是 Cd。

5. 铅酸蓄电池是安全环保、使用方便的一次电池。

三、单选题

1. 氢氧燃料电池的电动势将（　　）。
   A. 随电解质溶液的 pH 增大而增大　　B. 随电解质溶液的 pH 增大而减小
   C. 不随电解质溶液的 pH 变化而变化　　D. 与溶液 pH 值有关，关系复杂

2. 银-锌蓄电池广泛用作各种电子仪器的电源，它的充电和放电过程可以表示为：$2Ag + Zn(OH)_2 \underset{放电}{\overset{充电}{\rightleftharpoons}} Ag_2O + Zn + H_2O$。此电池放电时，负极上发生反应的物质是（　　）。
   A. Ag　　　　　B. $Zn(OH)_2$　　　　C. Ag_2O　　　　D. Zn

3. 镍镉可充电电池的充放电反应按下式进行：$Cd(OH)_2 + 2Ni(OH)_2 \underset{放电}{\overset{充电}{\rightleftharpoons}} Cd + 2NiO(OH) + 2H_2O$，该电池的负极材料是（　　）。
   A. Cd　　　　　B. NiO(OH)　　　　C. $Ni(OH)_2$　　　　D. $Cd(OH)_2$

4. 锂电池是一代新型高能电池，它以质量小、能量高而受到了普遍重视，目前已研制成功多种锂电池，某种锂电池的总反应为 $Li + MnO_2 = LiMnO_2$，下列说法正确的是（　　）。
   A. Li 是正极，电极反应为 $Li \longrightarrow Li^+ + e$
   B. Li 是负极，电极反应为 $Li \longrightarrow Li^+ + e$
   C. Li 是负极，电极反应为 $MnO_2 + e \longrightarrow MnO_2^-$
   D. Li 是负极，电极反应为 $Li \longrightarrow Li^{2+} + 2e$

5. 氢镍电池是近年开发出来的可充电电池，它可以取代会产生污染的铜镍电池。氢镍电池的总反应式是 $\frac{1}{2}H_2 + NiO(OH) \longrightarrow Ni(OH)_2$。根据此反应式判断，下列叙述中正确的是（　　）。
   A. 电池放电时，电池负极周围溶液的 OH^- 不断增大
   B. 电池放电时，镍被氧化
   C. 电池放电时，氢被还原
   D. 电池放电时，H_2 是负极

四、问答题

1. 高铁电池是一种新型可充电电池，与普通高能电池相比，该电池能长时间保持稳定的放电电压。高铁电池的总反应为：$3Zn + 2K_2FeO_4 + 8H_2O \longrightarrow 3Zn(OH)_2 + 2Fe(OH)_3 +$

4KOH，请写出充电和放电时电极反应。

2. 镍镉可充电电池有广泛的应用，它的充放电反应按下式进行：$Cd+2NiO(OH)+2H_2O \rightleftharpoons Cd(OH)_2+2Ni(OH)_2$，由此可知，该电池放电时的负极材料是什么？

3. 化学电源的容量是指什么？

4. 简单叙述氢氧燃料电池是如何将热能转变为电能的。

5. 太阳能电池的主要电极材料是什么？工作原理是什么？

第十节 金属的腐蚀与保护

当金属和周围介质接触时，由于发生化学作用或电化学作用而引起材料性能的退化与破坏，叫做金属的腐蚀。如钢铁制件在潮湿的空气中很容易生锈，地下的金属管道会受腐蚀而穿孔，铝制品在潮湿的空气中使用后表面会产生一层白色的粉末等。全世界每年因金属的腐蚀而损耗的金属约一亿吨，占年总产量的20%～40%。美国在20世纪80年代初期的统计年损失达1000多亿美元，估计我国的年损失达300亿元以上。有人估计，世界上每年冶金产品的1/3将由于腐蚀而报废，其中有2/3可再生，其余的因不可再生而散落在地球表面，这是直接的损失。因腐蚀而引起的设备损坏、质量下降、环境污染、有用物质的渗漏以及爆炸、火灾等间接损失更是无法估量的。因此，了解腐蚀发生的原因以及金属保护的知识是十分必要的。如能充分利用防腐知识对金属加以保护，有约1/4的损失是完全可以避免的。

一、金属的腐蚀

根据金属腐蚀过程的特点，可将腐蚀分为化学腐蚀和电化学腐蚀两大类。

1. 金属的化学腐蚀

单纯由化学作用引起的腐蚀叫化学腐蚀。金属在干燥的气体或无导电性溶液中的腐蚀，都是化学腐蚀。例如，金属和干燥气体（O_2、Cl_2、SO_2、H_2S等）接触时，在金属表面上会生成相应的化合物（如氧化物、氯化物、硫化物等）。温度对化学腐蚀的影响很大。如轧钢过程中形成的高温水蒸气对钢铁的腐蚀特别严重，其反应为

$$Fe+H_2O(g) \longrightarrow FeO+H_2$$
$$2Fe+3H_2O(g) \longrightarrow Fe_2O_3+3H_2$$
$$3Fe+4H_2O(g) \longrightarrow Fe_3O_4+4H_2$$

在生成由FeO、Fe_2O_3和Fe_3O_4组成的氧化皮的同时，还会发生脱碳现象。这主要是由于钢铁中的渗碳体（Fe_3C）与气体介质作用而脱碳：

$$Fe_3C+O_2 \rightleftharpoons 3Fe+CO_2$$
$$Fe_3C+CO_2 \rightleftharpoons 3Fe+2CO$$
$$Fe_3C+H_2O \rightleftharpoons 3Fe+CO+H_2$$

这样，钢铁表面由于上述反应而使得硬度减小，性能变坏。

在化学腐蚀中没有电流产生。

2. 金属的电化学腐蚀

当金属与潮湿空气或电解质溶液接触时，因形成微电池而发生电化学作用而引起的腐蚀，叫电化学腐蚀。电化学腐蚀情况最为严重的，如金属的生锈，锅炉壁和管道受锅炉水的腐蚀，船壳和码头台架在海水中的腐蚀等。

当两种金属或两种不同的金属制成的物体相接触，同时又与其他介质（如潮湿空气、其他潮湿气体、水或电解质溶液等）相接触时，就形成了一个原电池，进行原电池的电化学作用。例如在一个铜板上有一个铁的铆钉。长期暴露在潮湿的空气中，表面上会形成一层薄薄

的水膜，它能溶解 CO_2、SO_2、NaCl 等，而在这一薄层水膜中形成电解质溶液，从而形成了原电池。如图 6-12 所示。其中铁是负极，发生氧化反应

$$Fe(s) \longrightarrow Fe^{2+} + 2e$$

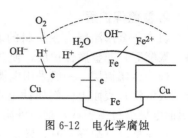

图 6-12 电化学腐蚀

Fe^{2+} 进入水膜中，而释放的电子进入铜板，铜是正极，可能发生两种不同的反应。

① 氢离子还原成 $H_2(g)$ 而析出（亦称为析氢腐蚀）。

$$2H^+ + 2e \longrightarrow H_2(g)$$

$$E_1 = -\frac{RT}{2F} \ln \frac{\frac{p_{H_2}}{p^\ominus}}{c_{H^+}^2}$$

② 大气中的 O_2 也会溶解在水中，在阴极上得到电子，而发生还原反应（亦称吸氧腐蚀）。

$$O_2(g) + 4H^+ + 4e \longrightarrow 2H_2O$$

$$E_2 = E^\ominus_{O_2/OH^-} - \frac{RT}{4F} \ln \frac{1}{\left(\frac{p_{O_2}}{p^\ominus}\right) c_{H^+}^4}$$

$E^\ominus_{O_2/OH^-} = 1.229V$，在空气中 $p_{O_2} \approx 21kPa$，显然 E_2 比 E_1 大得多，即反应②比反应①易发生，也就是说当有 O_2 存在时 Fe 的腐蚀就更严重。

两种金属紧密接触，形成了微电池，由于电池反应不断进行，Fe 变成 Fe^{2+} 而进入溶液中，多余的电子移向铜极上被 O_2 及 H^+ 消耗掉，生成 H_2O。Fe^{2+} 与溶液中的 OH^- 结合生成 $Fe(OH)_2$，然后又与潮湿空气中的水分和氧发生作用，最后生成铁锈（铁锈是铁的各种氧化物和氢氧化物的混合物）。

$$Fe^{2+} + 2OH^- \longrightarrow Fe(OH)_2$$
$$4Fe(OH)_2 + 2H_2O + O_2 \longrightarrow 4Fe(OH)_3$$

实际上，工业上使用的金属往往含有一些杂质。若与潮湿介质相接触，杂质与金属之间会形成若干个细小的原电池，称为微电池（或腐蚀电池），而引起金属的腐蚀。腐蚀电池的电动势大小影响腐蚀的倾向和速度。当两种金属一旦构成微电池之后，有电流通过电极，电极就要发生极化作用，而极化作用的结果是要改变腐蚀电池的电动势，从而改变腐蚀的速度。

在金属表面上形成浓差电池也能产生电化学腐蚀。在金属表面各处，由于氧气分布不均匀，形成了浓差电池致使金属被腐蚀。如钢管埋在地下时，土地有砂土部分和黏土部分，砂土部分易渗入氧气而黏土部分不易渗入。这样，埋在砂土部分的钢管接触到的氧气浓度（或分压）就比黏土部分的那段钢管接触到的氧气浓度（或分压）要大。这样，砂土部分的钢管作正极，黏土部分的钢管作负极而被腐蚀。

二、金属的防腐

根据金属腐蚀的电化学机理，可采用以下一些防腐方法。

1. 正确选材

纯金属的耐腐蚀性一般比含有杂质或少量其他元素的金属好。选材时还应该考虑介质的种类、所处条件（如空气的湿度、溶液的浓度、温度等）。例如对接触还原性或非氧化性的酸和水溶液的材料，通常使用镍、铜及其合金。对于氧化性极强的环境，用钛和钴的合金。

此外，设计金属构件时，应注意避免两种电位差较大的金属直接接触。当必须把这些金属装配在一起时，应使用隔离层。

2. 覆盖保护层

(1) **非金属涂层** 在材料的表面涂覆耐腐蚀的油漆、搪瓷、玻璃、高分子材料（如涂料、聚酯等）非金属保护层，使金属与腐蚀介质隔开。

(2) **金属镀层** 一般采用电镀方法，将耐腐蚀性较好的一种金属或合金镀在被保护的金属（或钢铁）表面上。例如铁上镀锌（锌的电极电位低于铁）是一种阳极镀层；铁上镀锡（锡的电极电位高于铁）是一种阴极镀层。两种镀层的作用都是将铁与腐蚀介质隔开。但若镀层不完整（有缺损）时，镀层与铁就构成自发的腐蚀电池。镀锌时锌是负极，它因氧化而被腐蚀，而铁只传递电子给介质的 H^+，铁并不腐蚀。镀锡时铁是负极，若镀层有破损，则铁的腐蚀比不镀锡时还要加速。

在金属需要贵金属保护时，采用激光电镀是一种新方法。其效率比无激光照射的电镀高 1000 倍。

3. 电化学保护法

(1) **牺牲阳极保护法** 将较活泼的金属连接在被保护的金属上，形成原电池时，较活泼的金属将作为负极（阳极）而溶解，而被保护的金属成了正极（它只传递电子给介质），就可以避免腐蚀。例如海上航行的船舶，船底四周镶嵌锌块。此时，船体是正极受保护，锌块是负极而受腐蚀。

这种方法称为牺牲阳极保护法，一般牺牲阳极的材料有铝合金、镁合金和锌合金等。

(2) **外加电流保护法** 将被保护的金属与外加直流电源的负极相连，正极接到石墨（或废铁）上，让腐蚀介质作为电解液，这样就构成了一个电解池，被保护的金属成了阴极，石墨（或废铁）成了阳极。例如埋在地下的管道，直流电源的负极接在管道上，正极接在不溶性的石墨上，让潮湿的土壤层作电解液。当直流电持续不断地通过时

阴极 $2H^+ + 2e \longrightarrow H_2(g)$

阳极 $2OH^- \longrightarrow H_2O + \frac{1}{2}O_2(g) + 2e$

这种使管道免受腐蚀的方法叫做阴极保护。如果阳极是废铁，则阳极反应是

$$Fe \longrightarrow Fe^{2+} + 2e$$

废铁作为阳极作出了牺牲。

(3) **阳极保护法** 把被保护的金属接到外加电源的正极上，使其表面生成耐腐蚀的钝化膜以达到保护金属的目的。此法只适用于易钝化金属的保护。在强腐蚀的酸性介质中应用较多。

4. 加缓蚀剂

在腐蚀性介质中加入能减小腐蚀速率的物质可以防止金属被腐蚀。这种能减小腐蚀速率的物质称为缓蚀剂。缓蚀剂可以是无机盐类（如硅酸盐、正磷酸盐、亚硝酸盐等），也可以是有机物。缓蚀剂的用量一般很小，但防腐成效显著，在工业上得到广泛采用。

金属防腐的方法很多，可以根据具体情况来选用不同的方法。

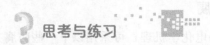
思考与练习

一、填空题

1. 金属在_____情况下发生化学腐蚀，在_____情况下发生电化学腐蚀。

2. 镀锡铁（马口铁）的镀层破裂后，受腐蚀的金属是_____；镀锌铁（白铁）的镀层破裂后，受腐蚀的金属是_____。

3. 在一块铜板上，有一个锌制铆钉，放置在潮湿的空气中，则_____被腐蚀，而

_____不被腐蚀。
  4. 根据金属腐蚀过程的特点，可将腐蚀分为_____和_____两大类。
  5. 缓蚀剂可以分为_____和_____。缓蚀剂的用量一般_____，防腐效果_____。

二、判断题
  1. 轧钢过程中形成的高温水蒸气对钢铁的腐蚀特别严重，是由于在其中形成了微小的原电池。
  2. 在金属表面上会由于形成浓差电池而产生电化学腐蚀。
  3. 海上航行的船舶，船底四周镶嵌锌块。此时，锌块是负极而受腐蚀。
  4. 含有其他元素的金属通常比纯金属的耐腐蚀性好。
  5. 对电化学腐蚀影响最大的是外加电流的大小。

三、单选题
  1. 为保护铁不受腐蚀，有时在其表面镀一层锌或镀一层锡，常称镀锌铁和镀锡铁。下面有关它们的说法中正确的是（   ）。
     A. 镀锌铁上的锌为阴极   B. 镀锡铁上的锡为阴极
     C. 镀锌铁上的锌损坏后可加速铁的腐蚀   D. 镀锡铁上的锡损坏后金属仍不受腐蚀
  2. 下列不属于电化学保护的是（   ）。
     A. 牺牲阳极保护   B. 外加电流阴极保护
     C. 外加电流阳极保护   D. 钝化
  3. 为了防止金属的腐蚀，在溶液中加入阳极缓蚀剂，其作用是（   ）。
     A. 降低阳极极化程度   B. 增加阳极极化程度
     C. 降低阴极极化程度   D. 增加阴极极化程度
  4. 一贮水铁箱上被腐蚀了一个洞，今用一金属片焊接在洞外面以堵漏，为了延长铁箱的寿命，应选用的金属片为（   ）。
     A. 铜片   B. 铁片   C. 镀锡铁片   D. 锌片
  5. 金属锌中的杂质铁能加速锌的腐蚀，是因为（   ）。
     A. 杂质铁与金属锌易构成微电池   B. 杂质铁与空气中的氧气构成微电池
     C. 金属锌与空气中的氧构成微电池   D. 金属锌与空气中的水汽构成微电池

四、问答题
  1. 金属的电势越负，越易被腐蚀。这种说法对吗？
  2. 简单叙述牺牲阳极保护法的基本原理。
  3. 举例说明外加电流保护法的原理。
  4. 什么是电镀？其基本原理是什么？
  5. 为了使电镀的镀件表面均匀，采取的措施是什么？

新视野　　电化学生物传感器

　　电化学是与生命科学密切相关的基础学科，生命现象最基本的过程是电荷运动，人和动物的各种生理现象，如肌肉运动、大脑的信息传递以及细胞膜的结构与功能机制等，都有电流和电位的变化产生，都涉及电化学过程的作用。细胞的代谢作用可以借用电化学中的燃料电池的氧化和还原过程来模拟；人造器官植入人体导致血栓与血液和植入器官之间的界面电位差这一基本电化学问题密切相关；心电图、脑电图等则是利用电化学方法模拟生物体内器官的生理规律及其变化过程的实际应用。由以上几个基本例子可见，交叉学科生物电化学的创立具有极其重要的基础理论意义和极强的应用背景。

传感器是信息采集和处理链中的一个逻辑元件，与通信系统和计算机共同构成现代信息处理系统。传感器相当于人的感觉器官，通常由敏感（识别）元件、转换元件、电子线路及相应结构附件组成。生物传感器是指用固定化的生物体成分（如酶、抗原、抗体、微生物等）或生物体本身（细胞、组织等）作为敏感元件的传感器，电化学生物传感器则是指由生物材料作为敏感元件，电极（固体电极、离子选择性电极、气敏电极等）作为转换元件，以电位或电流为特征检测信号的传感器。由于使用生物材料作为传感器的敏感元件，所以电化学生物传感器具有灵敏度高、选择性好、响应快、操作简便、可微型化等特点，已在生物技术、食品工业、临床检测、医药工业、生物医学、环境分析等领域获得实际应用。

根据作为敏感元件所用生物材料的不同，电化学生物传感器可以分为酶电极传感器、微生物电极传感器、电化学免疫传感器、组织电极与细胞器电极传感器、电化学DNA传感器等。在上述各种传感器中，应用最多的是酶电极传感器。

在生物体内进行的各种反应，如蛋白质、脂肪和碳水化合物的合成和分解等基本上都是酶催化反应。利用酶催化反应的特点，如催化效率高和选择性强的特点，可以进行底物、酶等的测定。利用这些特点制作的传感器就是酶电极传感器。酶电极传感器的测定原理：①先将酶固定化，即将其固定于电极表面，制成酶电极；②将酶膜或酶电极浸入待测物的溶液中，催化待测物的氧化或还原反应；③通过检测电流或电位的方法确定反应中某反应物或产物的量，从而求出待测物的浓度。

以葡萄糖氧化酶（GOD）电极为例简述其工作原理。在 GOD 的催化下，葡萄糖（$C_6H_{12}O_6$）被氧化生成葡萄糖酸（$C_6H_{12}O_7$）和过氧化氢：

$$C_6H_{12}O_6 + O_2 + H_2O \longrightarrow C_6H_{12}O_7 + H_2O_2$$

同时溶液中剩余的氧气或产生的 H_2O_2 可以在传感电极（如 Pt、Ag）上发生氧化或还原反应。由于氧气量的减少或过氧化氢量的增加，可以通过电化学方法测出反应物或产物浓度的变化，间接测出葡萄糖的浓度。只要将 GOD 固定在上述电极表面即可构成酶电极传感器，这是第一代酶电极传感器。这种传感器由于是间接测定，故干扰因素较多。第二代酶电极传感器是将人工合成的媒介体掺入酶层中，采用氧化还原电子媒介体在酶的氧化还原活性中心与电极之间传递电子。第二代酶电极传感器可不受测定体系的限制，测量浓度线性范围较宽，干扰少。现在，研究人员又在努力发展第三代酶电极传感器，即酶的氧化还原活性中心直接和电极表面交换电子的酶电极传感器。

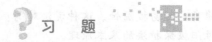

习　题

6-1 已知 291K 时 $NaIO_3$、CH_3COONa、CH_3COOAg 的无限稀释摩尔电导率分别为 $7.694 \times 10^{-3} S \cdot m^2/mol$、$7.816 \times 10^{-3} S \cdot m^2/mol$、$8.88 \times 10^{-3} S \cdot m^2/mol$。求 $AgIO_3$ 在 291K 时的无限稀释摩尔电导率。

6-2 25℃时，已知 $Ba(OH)_2$、$BaCl_2$、NH_4Cl 溶液的极限摩尔电导率分别为 $512.88 \times 10^{-4} S \cdot m^2/mol$、$277.99 \times 10^{-4} S \cdot m^2/mol$、$149.75 \times 10^{-4} S \cdot m^2/mol$，求 25℃时 $NH_3 \cdot H_2O$ 的极限摩尔电导率。

6-3 在 25℃时，测得高度纯化的蒸馏水的电导率为 $5.80 \times 10^{-6} S/m$。已知 HAc、NaOH 及 NaAc 的 Λ_m^∞ 分别为 $0.03907 S \cdot m^2/mol$、$0.02481 S \cdot m^2/mol$ 以及 $0.00910 S \cdot m^2/mol$，试求水的离子积。

6-4 浓度为 0.032mol/L 的醋酸溶液，在 25℃时，其摩尔电导率 $\Lambda_m = 9.25 \times 10^{-4} S \cdot$

m^2/mol。已知 $\Lambda_m^\infty = 389 \times 10^{-4} S \cdot m^2/mol$，求 0.032mol/L 的醋酸溶液的电离度以及 25℃时醋酸的电离常数。

6-5 25℃时在一电导池中盛以 0.01mol/L 的 KCl 溶液，测得其电阻为 150.00Ω；当盛以 0.01mol/L 的 HCl 溶液时，测得其电阻为 51.40Ω，求该盐酸溶液的电导率和摩尔电导率。

6-6 将锌片分别浸入含有 0.01mol/L 和 3.0mol/L 浓度的 Zn^{2+} 溶液中，分别计算 25℃时锌电极的电极电位。

6-7 根据标准电极电位表的数据，(1) 按照由弱到强的顺序排列以下氧化剂：Fe^{3+}、I_2、Sn^{4+}、Ce^{4+}；(2) 按照由弱到强的顺序排列以下还原剂：Sn^{2+}、Fe^{2+}、Br^-、Hg。

6-8 将下列化学反应设计成电池

(1) $Zn + H_2SO_4 \longrightarrow ZnSO_4 + H_2$

(2) $Pb + 2AgCl \longrightarrow PbCl_2 + 2Ag$

(3) $H_2 + I_2 \longrightarrow 2HI$

(4) $Fe^{2+} + Ag^+ \longrightarrow Ag + Fe^{3+}$

(5) $H^+ + OH^- \longrightarrow H_2O$

(6) $AgCl(s) + I^- \longrightarrow AgI(s) + Cl^-$

6-9 写出电极反应并计算各电极在 25℃时的电极电位

(1) $Cd \mid Cd^{2+}(0.125mol/L)$

(2) $H^+(0.1mol/L) \mid H_2(100kPa), Pt$

(3) $Cl^-(0.2mol/L) \mid Hg_2Cl_2(s), Hg(l)$

(4) $Fe^{2+}(0.01mol/L) \mid Fe^{3+}(0.1mol/L), Pt$

6-10 将下列反应设计成电池，并计算 25℃时电池的电动势。已知 $E^\ominus(Cr^{3+}/Cr^{2+}) = -0.407V$。

(1) $2Cr^{3+}(0.2mol/L) + I_2 \longrightarrow 2Cr^{2+}(0.1mol/L) + 2I^-(0.1mol/L)$

(2) $Ag^+(0.1mol/L) + Br^-(0.2mol/L) \longrightarrow AgBr(s)$

6-11 计算下列电池在 298K 时的电动势。

$Ag \mid AgBr(s) \mid Br^-(0.34mol/L) \parallel Fe^{3+}(0.1mol/L) \mid Fe^{2+}(0.02mol/L), Pt$

6-12 计算 298K，pH=8 时，下列电极的电极电位

$$Pt, O_2(100kPa) \mid H_2O, OH^-$$

6-13 在酸性介质中用高锰酸钾作氧化剂，其电极反应为

$$MnO_4^-(1mol/kg) + 8H^+ + 5e \longrightarrow Mn^{2+}(1mol/kg) + 4H_2O$$

25℃时，当 pH=5 时，求该电极的电极电位。

6-14 计算下列电池在 25℃时的电动势

$$Al \mid Al^{3+}(0.05mol/kg) \parallel Cl^-(0.1mol/kg) \mid Cl_2(100kPa), Pt$$

6-15 由镍电极和标准氢电极组成原电池，若 Ni^{2+} 浓度为 0.001mol/L 时，原电池的电动势为 0.319V，其中镍电极为负极，求镍电极的标准电极电位。

6-16 求 25℃时以下电池的电动势

$$Zn \mid ZnSO_4(0.01mol/kg) \parallel ZnSO_4(0.2mol/kg) \mid Zn$$

6-17 298.2K 时，电池

$$Pt \mid 缓冲溶液(pH=x), 饱和醌氢醌(Q \cdot H_2Q) \mid 甘汞电极$$

的电动势为 0.0042V，已知 $E(甘汞) = 0.2801V$，$E^\ominus(Q \cdot H_2Q) = 0.6994V$，求此缓冲溶液的 pH。

6-18 求反应 $2Hg + 2Fe^{3+} \longrightarrow Hg_2^{2+} + 2Fe^{2+}$ 在 25℃时的热力学平衡常数。若所有物质

处于标准状态，判断反应的自发方向。

6-19 25℃时，电池 Pt | H_2(g) ‖ HCl(aq) | Cl_2(g) | Pt 计算该电池反应的 $\Delta_r G_m^\ominus$ 以及 $K^\ominus$。

6-20 已知25℃时，$E^\ominus_{Fe^{3+}/Fe^{2+}} = 0.770V$，$E^\ominus_{Sn^{4+}/Sn^{2+}} = 0.15V$，若利用反应 $2Fe^{3+} + Sn^{2+} \longrightarrow 2Fe^{2+} + Sn^{4+}$ 组成电池，求电池的 $E^\ominus$、$K^\ominus$、$\Delta_r G_m^\ominus$。

6-21 当参与化学反应的各物种都处于标准态时，试由下列四个"电对"的物种中找出最强的氧化剂和最强的还原剂，并列出各还原态（物种）还原能力的大小顺序。

$MnO_4^-, H^+ | MnO_2$；　　　$Cu^{2+} | Cu$；　　　$Fe^{3+} | Fe^{2+}$；　　　$Cl_2 | Cl^-$

6-22 电池 $A | A^{2+} ‖ B^{2+} | B$，当 $c_{A^{2+}} = c_{B^{2+}}$ 时，测得其电动势为0.360V，若 $c_{A^{2+}} = 1.00 \times 10^{-4}$ mol/L，$c_{B^{2+}} = 1.00$ mol/L，求电池的电动势。

6-23 在298K时测得电池 $Cu | Cu^{2+}$(0.02mol/kg) ‖ Ag^+(x mol/kg) | Ag 的电动势为0.436V，求 Ag^+ 浓度。

6-24 应用 $E^\ominus$ 数据推测，在酸性溶液中 Fe^{2+} 或 Co^{2+} 能否被 O_2 氧化为 Fe^{3+} 或 Co^{3+}？假设各物质都处于标准状态。

6-25 利用下列电池可以测定溶液中 Cl^- 的浓度，当用这种方法测定某地下水的 Cl^- 含量时，测得电池的电动势为0.310V，求 Cl^- 含量。

$Hg | Hg_2Cl_2$(s) | KCl(饱和) ‖ Cl^- | AgCl(s) | Ag

6-26 用铜作电极电解硫酸铜水溶液，通过的电流为500A，若电流效率为93%，每天实际电解出多少铜？

6-27 将 $AgNO_3$ 溶液与 $PbCl_2$ 溶液串联起来进行电解，通入19300C的电量，在两个阴极上沉积出的金属各为多少克？已知 $M_{Ag} = 107.9$ g/mol，$M_{Pb} = 207.2$ g/mol。

6-28 使用 $Ni(NO_3)_2$ 作电镀液，通入2.0A的直流电，要在 (20×20) cm^2 的铜片两面各镀上0.005cm的均匀镀层，须通电多长时间？已知镍的密度为8.9g/cm^3，$M_{Ni} = 58.7$ g/mol。

6-29 电解水来制取5.00m^3 的干燥氢气，理论上需要多少电量？

6-30 用强度为0.025A的电流通过 $Au(NO_3)_3$ 溶液，当阴极上有1.8gAu(s) 析出时，(1) 需通电多长时间？(2) 在标准状况下，阳极上放出多少氧气？已知 $M_{Au} = 197.0$ g/mol。

第七章 热力学第一定律

> **学习目标**
> 1. 理解体系、功、热、内能、焓和状态函数等热力学基本概念。
> 2. 能够利用热力学第一定律计算热、功和内能。
> 3. 理解并会应用内能变化与恒容热、焓变与恒压热的关系进行有关计算。
> 4. 了解可逆过程以及功与可逆过程的关系。
> 5. 能够应用热容数据熟练进行显热的计算。
> 6. 能够利用物质的相变热数据熟练进行潜热计算。
> 7. 能够借助标准摩尔生成焓和标准摩尔燃烧焓数据计算化学反应在常温下的热效应。
> 8. 了解化学反应热效应与温度的关系。
> 9. 了解能源与化学的关系,增强环保意识。

热力学是研究热、功及其相互转化关系的一门自然科学。热力学的产生和发展经历了一个漫长的过程。古代就有钻木取火,它是人们在不自觉地实践着功热的转化。经历了对蒸汽机的使用和对热功转化的不断探索和研究,到了 1850 年,人们终于公认了能量的转化守恒是自然界的普遍基本规律,并将它以定律的形式表达出来,即热力学第一定律。随着热机在工业上的应用,人们开始对热机的效率进行研究,从而建立了热力学第二定律。从此,人们对热功转化和能量守恒有了科学的认识。

热力学应用于化学及其相关物理变化过程中就构成了化学热力学。用化学热力学原理研究化学反应热效应的科学称为热化学。本章主要介绍热力学第一定律并将其应用于理想气体状态变化、相变化过程和化学变化过程中,讨论热功转化以及化学反应热效应计算问题。

第一节 热力学第一定律

在前面几章的学习过程中,我们经常用到"体系""过程""状态函数"等名词,那么究竟什么是体系?在学习热力学第一定律之前,我们必须把几个基本概念搞清楚。

一、基本概念

1. 体系与环境

在热力学中,把准备研究的一部分物质、空间对象称为体系,而把与体系密切相关的外界称为环境。

热力学体系研究由大量分子、原子、离子等微粒组成的宏观体系。例如,气、液、固态的纯物质,混合气体,溶液,合金,化学反应体系等。

根据体系和环境之间的相互关系,可将体系分为三类。

(1) 敞开体系 体系与环境之间既有能量交换,又有物质交换。

例如,以装在敞口杯中的热水和杯为体系,该体系为敞开体系。因为热水要放热给环境(空气及周围的物体),即有能量交换;同时,水分子要进入到环境(空气)中,空气中的氧气、氮气以及二氧化碳等气体也要进入到水中,即有物质交换。

(2) 封闭体系　体系与环境之间只有能量交换,但没有物质交换。封闭体系的质量恒定。

上例中将水杯加盖即构成了封闭体系。因为只存在能量交换,即热交换,但没有物质交换了。

(3) 隔离体系　体系与环境之间既没有能量交换也没有物质交换。

如果上述水杯是一只保温效果非常好的水杯,则就构成了隔离体系。

隔离体系内的质量和能量都是恒定的。环境不会对隔离体系有任何影响。

自然界中没有绝对不受环境影响的隔离体系。热力学研究中可以把体系和环境作为一个整体来研究,整体以外不再有物质和能量交换,这个整体就可以认为是隔离体系。

物理化学中主要讨论封闭体系,其次是隔离体系,在化工热力学中主要讨论敞开体系。本书如不特别指明,均指封闭体系。

2. 过程

体系状态所发生变化的具体细节称为过程。过程注重的是变化发生的条件。

按照变化的性质,可将过程分为两大类:化学反应过程、物理变化过程。

物理变化过程又包括相变过程和单纯 pVT 变化过程。所谓单纯 pVT 变化过程是指过程中没有化学反应和相变,只涉及体系的 p、V 和 T 变化。

根据过程进行的经历,可将过程分为以下几种。

(1) 恒温过程　体系与环境的温度相等且恒定不变的过程,即 $T=T_{su}=$ 常数,下标 su 表示环境。

(2) 恒外压过程　环境的压力保持不变的过程,即 $p_{su}=$ 常数。体系的压力可以变化。

(3) 恒压过程　体系与环境的压力相等且恒定不变的过程,即 $p=p_{su}=$ 常数。

(4) 恒容过程　体系的体积始终不变的过程,即 $V=$ 常数。

(5) 绝热过程　体系和环境之间没有热交换的过程。

绝对的绝热过程不存在。如果过程(如燃烧反应、中和反应)进行得极为迅速,使得体系来不及与环境进行热交换,则可近似视为绝热过程。

(6) 循环过程　体系由某一状态出发,经过一系列变化又回到原来状态的过程。

体系变化所经历的具体过程步骤,称为途径。

体系由同一始态变化到同一终态,可经过不同的途径。

对于复杂一些的过程为了方便分析过程的具体途径,经常用简单的过程示意图来表示。例如,下面的过程示意图表示体系从始态到终态经过两种途径。

途径1:先恒压变化到 T_2,再恒温变化到终态;

途径2:先恒容变化到 T_2,再恒温变化到终态。

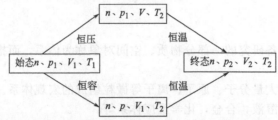

用这样简单的过程示意图可以对变化过程及其经历的具体途径分析得更清楚,所以在后续内容中,我们经常采用这种示意图来解决问题。

3. 状态函数

热力学体系有许多宏观性质,如温度、压力、体积、密度、组成、热容、质量、能量等。有些性质可以通过实验直接测定,如温度、压力、体积、密度等;有些性质不能由实验直接测定。当这些宏观性质的数值都确定时，体系的状态也就确定了；反之，当体系处于某一状态下，体系的各种宏观性质也都有确定的数值。我们就把这些宏观性质称为状态函数。当状态变化时，体系中至少有一种状态函数要发生变化，当然，也可能有几种，甚至全部性质都发生变化。

体系的热力学性质按其与物质的量的关系可分为两大类。

(1) 广延性质　广延性质的数值与物质的数量有关。当体系分割成若干部分时，它们具有加和性。有时广延性质也称为容量性质。

(2) 强度性质　强度性质的数值与物质的数量无关。它们没有加和性。

两个广延性质的商值成为体系的强度性质。例如密度，它等于质量除以体积。

各种广延性质的物质的量均是强度性质。例如摩尔体积，$V_m = V/n$。

体系的各种状态函数之间是相互联系的。例如 $pV = nRT$ 描述了理想气体 p、V、T、n 四个宏观性质之间的关系。

状态函数具有两个重要特性。

① 状态函数是体系状态的单值函数。当体系的状态确定后，所有状态函数只有唯一的数值。

② 状态变化时，状态函数的变化值仅决定于体系的始、终态，而与变化所经历的具体途径无关。

例如，当体系的状态函数体积 V 从 $10m^3$ 变化到 $50m^3$，则体积的变化量为 $\Delta V = 50 - 10 = 40$（m^3），ΔV 与变化的具体途径无关。如果体系从 $10m^3$ 首先被压缩到 $5m^3$ 然后再膨胀到 $50m^3$，结果是 $\Delta V = 50 - 10 = 40$（m^3）；如果体积从 $10m^3$ 首先膨胀到 $100m^3$ 然后再压缩到 $50m^3$，结果还是 $\Delta V = 50 - 10 = 40$（m^3）。

4. 热力学平衡态

体系中所有状态函数均不随时间而变化，我们就说体系处于热力学平衡态。真正的热力学平衡应包括下列四个平衡。

(1) 热平衡　如果体系内部没有绝热壁分隔时，则体系内部各部分温度相等。若体系不是绝热的，则体系与环境的温度也应相等。

(2) 力平衡　如果体系内部没有刚性壁分隔时，则体系内部各部分压力相等。

(3) 相平衡　体系中各相的组成及数量不随时间而改变。

(4) 化学平衡　体系中各组分间的化学反应达到平衡，体系组成不再随时间而改变。

仅当体系处于热力学平衡态时，各状态函数才具有唯一的值。在以后的讨论中，如不特别提出，体系均处于热力学平衡态。

二、热力学第一定律

1. 内能

体系内部所有微观粒子的能量总和称为内能，用符号 U 表示，单位为 J（焦耳）或 kJ（千焦耳）。体系的内能包括：体系内部分子的平动能、转动能、振动能、分子间相互作用的势能、电子运动能、原子核能等。

内能是体系内部储存的能量，与物质的数量成正比，具有加和性。因此，内能是体系的状态函数，是广延性质。也就是说，当体系处于一定状态时，体系的内能有唯一确定的值。体系状态改变时，体系的内能变化量仅取决于始、终态而与变化途径无关，即 $\Delta U = U_2 - U_1$。

当 $\Delta U > 0$ 时，表示体系的内能增加，当 $\Delta U < 0$，表示体系的内能减少。内能的绝对值尚无法确定，但体系进行某一过程时的内能变化量 ΔU 是可以通过实验测量的。

纯物质单相封闭体系的内能是温度和体积的函数，即 $U=f(T, V)$。

2. 理想气体的内能

理想气体分子之间没有相互作用力，因而没有分子间相互作用的势能，所以理想气体的内能仅由两部分组成：分子的动能和分子内部的能量。因为分子的动能仅是温度的函数，而分子内部的能量在不发生化学反应的情况下为定值，所以理想气体的内能只是温度的函数，与压力、体积无关，即 $U=f(T)$。

3. 热

体系与环境之间由于存在温度差而交换的能量称为热，以符号 Q 表示，其单位为 J 或 kJ。体系从环境吸热，$Q>0$；体系向环境放热，$Q<0$。例如，在一过程中体系放热 10J，则该过程 $Q=-10$J。

因为热是体系在其状态发生变化的过程中与环境交换的能量，因而热总是与体系所进行的具体过程相联系的，没有过程就没有热，是过程量，不是体系本身的属性，不是体系的状态函数。不能说"体系在某一状态有多少热"，也不能说"某物体处在高温时具有的热量比它在低温时的热量多"。无限小变化过程的热以 δQ 表示。

在热力学中，主要讨论三种热：体系发生化学反应时吸收或放出的热，称为化学反应热；体系发生相变化时吸收或放出的热，称为相变热；体系不发生化学反应和相变，仅仅因温度、压力、体积变化吸收或放出的热。

4. 功

体系与环境之间除热以外的其他各种形式交换的能量统称为功，以符号 W 表示，其单位为 J 或 kJ。体系从环境得功（即环境对体系做功），$W>0$；体系对环境做功，$W<0$。功与热一样，也是与过程相关的量，是过程量，不是状态函数。无限小功以 δW 表示。热力学将功分为体积功和非体积功。

(1) 体积功　由于体系体积变化而与环境交换的功，称为体积功。定义式为

$$\delta W = -p_{su}dV \tag{7-1}$$

式中　p_{su}——环境的压力。若体系体积从 V_1 变化到 V_2，则所做的功为

$$W = -\int_{V_1}^{V_2} p_{su}dV \tag{7-2}$$

上式是计算体积功的通式，它可用于任何过程体积功的计算。

对于恒外压过程，由于 $p_{su}=$ 常数，所以

$$W = -\int_{V_1}^{V_2} p_{su}dV = -p_{su}(V_2-V_1) = -p_{su}\Delta V \tag{7-3}$$

对于恒压过程，由于 $p=p_{su}=$ 常数，则上式可写成

$$W = -p(V_2-V_1) = -p\Delta V \tag{7-4}$$

对于恒容过程，由于 $dV=0$，有

$$W = -\int_{V_1}^{V_2} p_{su}dV = 0$$

这说明恒容过程不做体积功。

对于自由膨胀过程（即体系向真空膨胀的过程），由于 $p_{su}=0$，所以

$$W = -\int_{V_1}^{V_2} p_{su}dV = 0$$

(2) 非体积功　除体积功外，其他各种形式的功统称为非体积功，用符号 W' 表示。例如电功、磁功及表面功等都是非体积功。

如果体系发生变化时，既做体积功又做非体积功，则这两部分功之和就是体系所做的

总功。

在化学热力学中，如不特别指明，提到的功均指体积功。

【例题 7-1】 现有 2mol、25℃、1MPa 理想气体反抗恒外压 0.2MPa 膨胀到 25℃、0.2MPa。求此过程的功。

解

$$始态(298.15K, 1MPa) \xrightarrow{p_{su}=0.2MPa} 终态(298.15K, 0.2MPa)$$

因为 $p_1 \neq p_2 = p_{su}$，说明是恒外压膨胀过程。根据式(7-3)

$$W = -p_{su}(V_2 - V_1) = -p_2 \left(\frac{nRT}{p_2} - \frac{nRT}{p_1} \right) = -nRT \left(1 - \frac{p_2}{p_1} \right)$$

$$= -2 \times 8.314 \times 298.15 \times \left(1 - \frac{0.2}{1} \right) = -3966 \text{ (J)}$$

功为负值表明理想气体膨胀功是体系对环境做功。

【例题 7-2】 在 100kPa 下，4mol 理想气体由 298K 升温到 600K。求此过程的功。

解

$$始态(298K, 100kPa) \xrightarrow{p_{su}=100kPa} 终态(600K, 100kPa)$$

理想气体在此过程中，压强没发生变化，说明是恒压升温过程。根据式(7-4)

$$W = -p(V_2 - V_1) = -p \left(\frac{nRT_2}{p} - \frac{nRT_1}{p} \right) = -nR(T_2 - T_1)$$

$$= -4 \times 8.314 \times (600 - 298) = -10043 \text{ (J)}$$

【例题 7-3】 在 100℃、100kPa 下，5mol 水变成水蒸气。求此过程的功。设水蒸气可视为理想气体，水的体积与水蒸气的体积比较可以忽略。

解

$$H_2O(l, 373.15K, 100kPa) \xrightarrow{p_{su}=100kPa} H_2O(g, 373.15K, 100kPa)$$

这是恒温恒压相变过程。根据式(7-4)

$$W = -p(V_g - V_l) \approx -pV_g \approx -nRT = -5 \times 8.314 \times 373.15 = -15512 \text{ (J)}$$

5. 热力学第一定律

(1) **热力学第一定律的表述** 能量守恒与转化定律可表述为：自然界的一切物质都具有能量。能量有各种不同形式，在一定条件下能够从一种形式转化为另一种形式。在转化过程中，能量的总数量不变。

能量守恒与转化定律是人们长期经验的总结，是经验规律，尚无法从理论上证明，由它推导出来的结论都与实验事实相符，这就最有力地证明了这个定律的正确性，可称为公理。

能量守恒与转化定律应用于宏观热力学体系，就形成了热力学第一定律。热力学第一定律有多种表述方式，但都是说明一个问题——能量守恒。还可以表述成：隔离体系中能量的形式可以互相转化，但是能量的总数值不变；或第一类永动机不可能制造成功的。

所谓第一类永动机，就是一种无需消耗任何燃料或能量而能不断对外输出功的机器。

(2) **热力学第一定律的数学表达式** 对于封闭体系，与环境间只有能量的交换，能量的交换只有两种形式——功和热，根据能量守恒与转化定律，在任何过程中，封闭体系内能的增加值 ΔU 一定等于体系从环境吸收的热 Q 与从环境得到的功 W 的和，即

$$\Delta U = Q + W \tag{7-5}$$

式中 W——总功，即是体积功与非体积功的和。

若体系发生无限小变化时，则上式变为

$$dU = \delta Q - p_{su}dV + \delta W'$$

如不做非体积功，得到

$$dU = \delta Q - p_{su}dV \tag{7-6}$$

以上二式都是热力学第一定律的数学表达式。它们适用于封闭体系的任何过程。

三、恒容热与恒压热

1. 恒容热与内能

体系进行不做非体积功的恒容过程时与环境交换的热，称为恒容热。用符号 Q_V 表示，下标 V 表示过程恒容。

因为恒容过程，封闭体系变化不做体积功，则恒容热与内能的关系为

$$\delta Q_V = dU \tag{7-7}$$

或

$$Q_V = \Delta U \tag{7-8}$$

上式表明，恒容热等于体系内能的变化量。也就是说，在没有非体积功的恒容过程中，体系所吸收的热量全部用于增加内能；体系所减少的内能全部以热的形式传给环境。由于内能是状态函数，它的变化量只决定于体系的始、终态，而与所经历的途径无关。所以恒容热也只取决于体系的始、终态，而与具体途径无关。这是恒容热的特点。

2. 恒压热与焓

体系进行没有做非体积功的恒压过程时与环境交换的热，称为恒压热。用符号 Q_p 表示，下标 p 表示过程恒压。

从恒容热与内能的变化量的关系我们自然会想到：恒压热与哪个状态函数的变化值相等？恒压热等于焓变。

焓的定义

$$H = U + pV \tag{7-9}$$

焓具有如下一些基本性质。

① 因为 U、p、V 都是状态函数，所以焓是状态函数。也就是说，当体系状态一定时，体系的焓具有唯一确定的值。当状态变化时，体系的焓变仅取决于始、终态而与变化途径无关，即

$$\Delta H = H_2 - H_1 = (U_2 + p_2V_2) - (U_1 + p_1V_1)$$
$$= (U_2 - U_1) + (p_2V_2 - p_1V_1) = \Delta U + \Delta(pV) \tag{7-10}$$

对于恒压过程，因为 $p_1 = p_2 = p$，故上式变为

$$\Delta H = \Delta U + p\Delta V \tag{7-11}$$

② 焓的绝对值不可知，因为 U 的绝对值不可知。

③ 因为 U 和 V 都是体系的容量性质，所以焓也是体系的容量性质。

④ 焓没有明确的物理意义，它不像内能那样，有具体的意义，它代表体系状态的一个量。我们主要用到它的变化值。

⑤ 焓具有能量单位（J 或 kJ），它本身不代表能量。

对于一定量理想气体，内能只是温度的函数，即 $U = f(T)$。则理想气体的焓

$$H = U + pV = f(T) + nRT = f(T)$$

这说明，一定量理想气体的焓也只是温度的函数，与体积或压力无关，即温度不变，焓不变。

恒压热与焓变的关系为

$$\delta Q_p = dU + pdV = dU + d(pV) = d(U + pV)$$

因为 $H = U + pV$，代入上式得
$$\delta Q_p = dH \tag{7-12}$$
或
$$Q_p = \Delta H \tag{7-13}$$

上式表明，恒压热等于体系的焓变。也就是说，在没有非体积功的恒压过程中，体系所吸收的热量全部用于增加焓；体系所减少的焓全部以热的形式传给环境。由于焓是状态函数，它的变化量只决定于体系的始、终态，而与所经历的途径无关。所以恒压热也只决定于体系的始、终态，而与具体途径无关。这是恒压热的特点。

思考与练习

一、填空题

1. 如图 7-1 所示，将 $CuSO_4$ 水溶液置于绝热箱中，插入两个铜电极，以蓄电池为电源进行电解，绝热箱中所有物质包括两个铜电极、蓄电池、$CuSO_4$ 水溶液，可以看作封闭体系的是_____。

2. 在一蒸馏烧瓶中装有待蒸馏的混合液，当用酒精灯加热至有馏分流出时，如果以混合液和馏分以及酒精灯为体系时，则体系应为_____体系。

3. 质量 m、温度 T、密度 ρ、浓度 c 中属于容量性质的量是_____。

图 7-1　填空题 1 的附图

4. 暖水瓶中装有热水，以其中的水作为体系。请填写下表：

条　件	暖水瓶,无塞	保温差,有塞	完全隔热,有塞
体系分类			

请判断下列体系的性质是强度性质还是广延性质：

性质名称	体积	质量	温度	压力	密度	摩尔体积
性质特点						

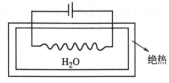

图 7-2　填空题 5 的附图

5. 如图 7-2 所示，在绝热盛水容器中浸有电阻丝，通电一段时间，如以电阻丝为体系，则过程的 Q、W 和体系的 ΔU 值为 W _____ 0，Q _____ 0，ΔU _____ 0

二、判断题

1. 恒容下，一定量的理想气体在温度升高时，其内能将增加。

2. 理想气体从 $10p^{\ominus}$ 反抗恒定外压膨胀到 $p^{\ominus}$ 过程中 $\Delta H = Q_p$。

3. 体系的下列各组物理量 m，V_m，C_p，ΔV 都是状态函数。

4. 对于封闭体系来说，当过程的始态与终态确定后，$Q+W$ 或 W（当 $Q=0$ 时）就有确定值。

5. 热力学第一定律适用于不同途径的任何过程。

三、单选题

1. 封闭体系发生状态变化时，其热力学能的改变量等于变化过程中环境与体系传递的（　　）的总和。

A. 所有热　　　　B. 所有功　　　　C. 所有内能　　　　D. 热和功。

2. 一可逆热机燃烧 10L 柴油放出 5000kJ 的能量，其中由于各种损失，只有 70% 的能量转化为了动能，而每千焦动能可让机器工作 0.5h，则该机器可工作（　　）。

A. 7000h　　　　B. 3000h　　　　C. 1750h　　　　D. 750h

3. 用一酒精灯加热一瓶水使其沸腾，若酒精灯可产生的热能为 100J/mL，且没有任何损失，而一般一瓶 500mL 的酒精可以使 5 瓶水沸腾，则烧开一瓶水需要（　　）。

A. 100J　　　　B. 1000J　　　　C. 10kJ　　　　D. 100kJ

4. 封闭系统中，使某一系统从某一指定始态出发变到另一指定的终态，请问下列确定的量是（　　），不确定的量是（　　）。

A. Q　　　　B. W　　　　C. $Q+W$　　　　D. ΔU

5. 298K 下，3mol O_2（可视为理想气体）由 2L 膨胀到 10L，吸热 2kJ，则功为（　　）。

A. 2kJ　　　　B. -2kJ　　　　C. 10kJ　　　　D. -10kJ

四、问答题

1. 根据热力学第一定律，能量不会无中生有，系统若要对外做功，是否必须从外界吸收热量？

2. 一隔板将一刚性容器分为左、右两室，左室气体的压力大于右室气体的压力。现将隔板抽去，左、右室气体的压力达到平衡。若以全部气体作为系统，则 U、Q、W 为正？为负？或为零？

3. $H=U+pV$，则 $\Delta H=\Delta U+\Delta(pV)$，式中 $\Delta(pV)$ 是否表示系统所做的体积功？

4. 如果一个系统从环境吸热 40J，而系统的热力学能却增加了 200J，问系统从环境得到了多少功？

5. 在 291K 和 100kPa 下，1mol Zn(s) 溶于足量的稀盐酸中，置换出 1mol H_2(g)，并放热 152kJ。若以 Zn 和稀盐酸为系统，求该反应所做的功及系统的热力学能改变量。

第二节　功与过程的关系

一、最大功

前面已经多次提及热力学可逆过程，是热力学体系的一种理想化的过程，对于一些过程的设计有一定的帮助，另外可用于计算一些物理量，在理论上是一个重要的过程。那么到底什么是可逆过程？对可逆过程的理解需从功与过程的关系入手。

1. 功与过程

设有一个汽缸，其上有一无质量且与缸壁无摩擦的理想活塞。汽缸内装有一定量的理想气体，作为体系。将此汽缸放在恒温箱中以维持气体温度恒定。开始时外压（用 4 个砝码表示，每个砝码表示 1kPa 的外压）与气体压力相等，活塞静止不动。然后降低外压（即取走一定量砝码），让气体按下列三种方式从始态 A 恒温膨胀到终态 B。体系的始、终态如图 7-3 所示。

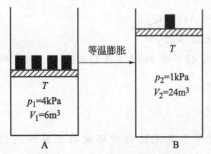

图 7-3　功与过程关系示意图

（1）一次膨胀　从活塞上同时取走 3 个砝码，将外压骤降至 1kPa。由于 $p>p_{su}$，气体迅速膨胀至终态 B。在一次膨胀过程中，p_{su} 恒定为 1kPa，所以体

系对环境做的功为
$$W_1 = -p_{su}\Delta V = -1\times 10^3 \times (24-6) = -18000 \text{ (J)}$$

（2）二次膨胀　膨胀过程分两步完成，如下框图所示。首先同时取走两个砝码，气体反抗 2kPa 的恒外压膨胀到中间平衡态（2kPa，12m³），然后再取走一个砝码，气体反抗 1kPa 的恒外压膨胀到终态 B。所以二次膨胀过程中体系对环境所做的功为
$$W = -2\times 10^3 \times (12-6) - 1\times 10^3 \times (24-12) = -24000 \text{ (J)}$$

$$\boxed{\begin{array}{c}T\\4\text{kPa}\\6\text{m}^3\end{array}} \xrightarrow[\text{I}]{p_{su}=2\text{kPa}} \boxed{\begin{array}{c}T\\2\text{kPa}\\12\text{m}^3\end{array}} \xrightarrow[\text{II}]{p_{su}=1\text{kPa}} \boxed{\begin{array}{c}T\\1\text{kPa}\\24\text{m}^3\end{array}}$$

显然，二次膨胀比一次膨胀做的功多一些（指绝对值）。依此类推，膨胀次数越多，做的功就越多。膨胀次数若增加到无限多时，体系必然对环境做最大功。

（3）无限次膨胀　膨胀过程分无限多步完成。设想将活塞上 4 个砝码换成一堆等重的细砂。每取下一粒细砂，外压就减少无限小量 dp，即降为 $(p-dp)$，这时气体体积就膨胀无限小量 dV。将细砂一粒一粒取下，气体的体积就逐渐膨胀，直到终态 B 为止。在整个膨胀过程中，外压始终保持比体系压力小一个无限小量 dp，即 $p_{su}=p-dp$，所以体系对环境所做的功为
$$W_3 = -\int_{V_1}^{V_2} p_{su}dV = -\int_{V_1}^{V_2}(p-dp)dV = -\int_{V_1}^{V_2} p\,dV$$

上式中忽略了二级无穷小 $dp\,dV$ 的积分。将 $p=nRT/V$ 代入上式积分得
$$W_3 = -\int_{V_1}^{V_2}\frac{nRT}{V}dV = -nRT\ln\frac{V_2}{V_1} = -p_1V_1\ln\frac{V_2}{V_1}$$
$$= -4\times 10^3 \times 6 \times \ln\frac{24}{6} = -33271 \text{ (J)}$$

计算结果表明，这三个恒温膨胀过程虽然具有相同的始、终态，但功的数值不同。这说明功与变化途径有关，不是状态函数。在无限次膨胀过程中，体系反抗了最大外压（$p_{su}=p-dp$），因此对环境做的功最大。

无限次膨胀过程的净推动力无限小，所以过程进行的速度无限缓慢，完成这个过程所需要的时间无限长。在可逆膨胀过程进行的每一瞬间，体系都无限接近于平衡状态。

现在用下列三种方式将气体从终态 B 恒温压缩到始态 A。

（1）一次压缩　将三个砝码同时放在活塞上，使外压骤然增至 4kPa。4kPa 的恒外压迅速将气体压缩到状态 A。此过程中环境对体系所做的功为
$$W'_1 = -4\times 10^3 \times (6-24) = 72000 \text{ (J)}$$
$W'_1 > -W_1$，说明一次压缩时环境消耗的功大于一次膨胀时体系给环境的功。

（2）二次压缩　压缩过程分两步完成。先用 2kPa 的恒外压将气体压缩到中间平衡态（2kPa，12m³），然后用 4kPa 的恒外压将气体压缩到始态 A。此过程中环境对体系所做的功为
$$W'_2 = -2\times 10^3 \times (12-24) - 4\times 10^3 \times (6-12) = 48000 \text{ (J)}$$
$W'_2 > -W_2$ 说明二次压缩时环境消耗的功大于二次膨胀时体系给环境的功。

（3）无限次压缩　将取下的细砂一粒一粒地放回到活塞上，则气体被缓慢地压缩到始态 A。在此压缩过程中，外压始终保持比体系压力大一个无限小量 dp，即 $p_{su}=p+dp$，所以环境对体系所做的功为
$$W'_3 = -\int_{V_2}^{V_1} p_{su}dV = -\int_{V_2}^{V_1}(p+dp)dV = -\int_{V_2}^{V_1} p\,dV$$
$$= -\int_{V_2}^{V_1}\frac{nRT}{V}dV = nRT\ln\frac{V_2}{V_1} = p_1V_1\ln\frac{V_2}{V_1}$$

$$=4\times10^3\times6\times\ln\frac{24}{6}=33271\text{ (J)}$$

比较这三个恒温压缩过程可知,在无限次压缩过程中,环境对体系做功最少。$W_3'=-W_3$ 说明无限次压缩时环境消耗的功等于无限次膨胀时体系给环境的功。这就是说,体系经过无限次膨胀之后,再经无限次压缩回到原来状态 A 时,环境也同时恢复原状,在环境中没有功的得失。

2. 最大功

上述的无限次膨胀和无限次压缩过程中体系的压力与环境的压力相差无限小,即 $p_{su}=p\pm dp$。从计算结果可知:无限次可逆膨胀过程体系对环境做最大功,无限次压缩过程环境消耗最小功。从上述的无限次膨胀和无限次压缩过程功的计算可得

$$\delta W_r=-pdV \tag{7-14a}$$

$$W_r=-\int_{V_1}^{V_2}pdV \tag{7-14b}$$

将 $p=nRT/V$ 代入上式积分得

$$W_r=-nRT\ln\frac{V_2}{V_1}=-nRT\ln\frac{p_1}{p_2} \tag{7-15}$$

式(7-15)是理想气体恒温过程最大功的计算公式。

二、可逆过程

设体系经过程 Ⅰ 由始态 A 变到终态 B,同时环境由始态 α 变到终态 β。如果还可以通过另一过程 Ⅱ 使体系由终态 B 回到始态 A 且环境亦由终态 β 回到始态 α,即体系与环境同时恢复原态而没有留下任何变化,则原过程称为热力学可逆过程,简称可逆过程。上面介绍的恒温无限次膨胀和无限次压缩过程就是可逆过程,而一次膨胀、二次膨胀及一次压缩、二次压缩都是不可逆过程。

热力学可逆过程具有如下特征。

① 可逆过程进行时,过程的推动力和阻力相差无限小(如 $T_{环境}=T\pm dT$,$p_{环境}=p\pm dp$ 等),因而过程进行的速度无限缓慢,完成任一有限量变化所需时间无限长。

② 可逆过程进行时,体系始终无限接近于平衡态。或者说,可逆过程是由一系列连续的、渐变的平衡态所构成。因此,可逆即意味着平衡。

③ 若变化循原来过程的逆方向进行,体系和环境可同时恢复到原态。同时复原后,体系与环境之间没有热和功的交换。

④ 在可逆过程中,当体系对外做功时,做最大功;当环境对体系做功时,做最小功。从消耗或获得能量的观点(当然不能从时间的观点)看,它们是效率最高的过程。

热力学可逆过程是一种理想过程,是一种科学的抽象,客观世界中没有真正的可逆过程。实际过程只能无限接近于可逆过程。我们可将某些实际过程近似看作是可逆过程。例如,无摩擦的、非常缓慢的膨胀或压缩过程;非常缓慢的传热过程;在相平衡温度、相平衡压力下进行的相变过程,如沸点下的蒸发或冷凝,熔点下的熔化或凝固等。

可逆过程是热力学中一个重要的概念。首先,可逆过程是最经济的、效率最高的过程,将实际过程与理想的可逆过程进行比较,就可以确定提高实际过程效率的可能性和途径。其次,一些重要的热力学函数(如熵 S)的变化量,只有通过可逆过程才能计算。

可逆过程中的物理量用下标 r 或 R 表示。

【例题 7-4】 2mol 理想气体从始态 (202.65kPa,V_1) 恒温可逆膨胀到 $10V_1$,对外做功 41.85kJ。求温度和始态体积 V_1。

解 根据式(7-15)

$$T = -\frac{W_r}{nR\ln\frac{V_2}{V_1}} = \frac{41850}{2\times 8.314\times \ln 10} = 1093 \text{ (K)}$$

$$V_1 = \frac{nRT}{p_1} = \frac{2\times 8.314\times 1093}{202650} = 0.0897 \text{ (m}^3\text{)}$$

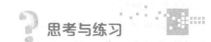

一、填空题

1. 若一个过程中每一步都_____，则此过程一定是可逆过程。自然界发生的过程一定是_____过程。
2. 在任意一可逆循环过程中 ΔS _____ 0，不可逆循环过程中 ΔS _____ 0。
3. 等温等压下的可逆相变过程中，体系的熵变 $\Delta S =$ _____。
4. 1mol 气体从同一始态出发，分别进行恒温可逆膨胀或恒温不可逆膨胀达到相同的末态，由于恒温可逆膨胀时所做的功 W_r 大于恒温不可逆膨胀时的体积功 W_{ir}，则 Q_r _____ Q_{ir}。
5. 可逆过程时体系对环境做最大功，而动力机械不能设计成可逆过程的原因是_____。

二、判断题

1. 热力学的不可逆过程就是不能向相反方向进行的过程。
2. 理想气体在恒温可逆压缩过程中环境对体系做最大功。
3. 若一个过程是可逆过程，则该过程中的每一步都是可逆的。
4. 在同一始、末态间，可逆过程的热温商大于不可逆过程的热温商，即"可逆过程的熵变化值大于不可逆过程的熵变化值"。
5. 一个体系经历了一个无限小的过程，则此过程是可逆过程。

三、单选题

1. 一封闭体系从 A→B，经过可逆和不可逆两个途径，则错误的是（   ）。
   A. $Q_{可逆} = Q_{不可逆}$
   B. $W_{可逆} > W_{不可逆}$（绝对值）
   C. $\Delta U_{可逆} = \Delta U_{不可逆}$
   D. $\Delta H_{可逆} = \Delta H_{不可逆}$
2. 理想气体恒温可逆变化过程中，下列各式错误的是（   ）。
   A. $dU = 0$ B. $dH = 0$ C. $\Delta T = 0$ D. $W = 0$
3. 下列过程中，系统内能变化不为零的是（   ）。
   A. 不可逆循环过程
   B. 可逆循环过程
   C. 两种理想气体的混合过程
   D. 纯液体的真空蒸发过程
4. 下列过程中，系统内能变化不为零的是（   ）。
   A. 不可逆循环过程
   B. 可逆循环过程
   C. 两种理想气体的混合过程
   D. 纯液体的真空蒸发过程
5. 关于热和功，下列说法不正确的是（   ）。
   A. 功和热只出现于体系状态变化过程中，只存在于体系和环境间的界面上
   B. 只有封闭体系发生的过程中，功和热才有明确的意义
   C. 功和热不是能量，只是能量传递的两种形式，可称之为交换的能量

D. 在封闭体系发生的过程中，如果内能不变，则功和热相互抵消

四、问答题

1. 任一气体从同一始态分别经绝热可逆过程和绝热不可逆过程达到体积相同的终态，终态压力相同吗？
2. 一封闭体系，当始终态确定后，经历一个绝热过程则功也是定值，这种说法是否正确？
3. 一定量的理想气体从同一始态分别经历等温可逆和绝热可逆过程达到体积相同的终点，则两个过程的终态体积大小如何？
4. 封闭体系有一个状态函数保持恒定的变化过程一定不是可逆过程吗？
5. 理想气体绝热自由膨胀过程，热、功、内能和焓变中哪些是零，哪些不是？

第三节 热量计算

一、热容

1. 定义和分类

在没有相变化、没有化学变化和没有非体积功的条件下，一定量物质的温度每升高 1K 吸收的热量 Q 称为该物质的热容，用符号 C 表示。

1kg 物质所具有的热容，称为比热容（或称质量热容），用符号 c 表示。它等于热容除以质量，即

$$c = \frac{C}{m} \tag{7-16}$$

比热容主要用在工程上，其单位为 $J/(K \cdot kg)$。

1mol 物质所具有的热容，称为摩尔热容，用符号 C_m 表示。它等于热容除以物质的量，即

$$C_m = \frac{C}{n} = \frac{1}{n} \times \frac{\delta Q}{dT} = \frac{\delta Q_m}{dT} \tag{7-17}$$

式中 Q_m——1mol 物质所吸收的热。摩尔热容主要用在化学热力学上，其单位为 $J/(K \cdot mol)$。

常用的摩尔热容有两种：恒容摩尔热容和恒压摩尔热容。

① 在没有相变化、没有化学变化和没有非体积功的恒容条件下，1mol 物质的温度升高 1K 所吸收的热，称为恒容摩尔热容。

恒容摩尔热容用符号 $C_{V,m}$ 表示，其定义式为

$$C_{V,m} = \frac{\delta Q_{V,m}}{dT} = \left(\frac{\partial U_m}{\partial T}\right)_V \tag{7-18}$$

② 在没有相变化、没有化学变化和没有非体积功的恒压条件下，1mol 物质的温度升高 1K 所需的热，称为恒压摩尔热容。

恒压摩尔热容用符号 $C_{p,m}$ 表示，其定义式为

$$C_{p,m} = \frac{\delta Q_{p,m}}{dT} = \left(\frac{\partial H_m}{\partial T}\right)_p \tag{7-19}$$

2. 理想气体的热容

统计热力学可以证明，在通常温度下，若温度变化不很大，理想气体的 $C_{p,m}$ 和 $C_{V,m}$ 可视为常数。

对于单原子分子理想气体（如 He，Ar）：

$$C_{V,m}=\frac{3}{2}R \qquad C_{p,m}=\frac{5}{2}R$$

对于双原子分子理想气体（如 H_2，O_2 等）：

$$C_{V,m}=\frac{5}{2}R \qquad C_{p,m}=\frac{7}{2}R$$

并且对于理想气体有 $C_{p,m}-C_{V,m}=R$。

理想气体混合物的恒压热容 C_p 等于形成该混合物各气体的摩尔恒压摩尔热容 $C_{p,m}(i)$ 与其在混合物中物质的量 n_i 的乘积之和，即

$$C_p=\sum_i n_i C_{p,m}(i) \tag{7-20}$$

上式可近似用于低压下的实际气体混合物。

3. 热容与温度的关系

真实气体、液体和固体的热容与压力的关系不大，但都与温度有关，且随温度升高而增大。我们可从物理化学手册和教材附录中查到各种物质的 $C_{p,m}$ 与温度的经验关系式。最常用的 $C_{p,m}$ 与温度的经验关系式有下列两种形式：

$$C_{p,m}=a+bT+cT^2 \tag{7-21}$$

或

$$C_{p,m}=a+bT+c'/T^2 \tag{7-22}$$

式中 a，b，c，c'——经验常数，与物种、物态及适用温度范围有关。

二、热量计算

1. 恒容过程

由 $C_{V,m}$ 的定义式可得，在没有相变化、没有化学变化和没有非体积功的恒容条件下，含物质的量为 n 的体系的温度发生微小变化时，

$$\delta Q_V = dU = nC_{V,m}dT$$

当体系的温度由 T_1 变至 T_2 时，积分上式得

$$Q_V=\Delta U=\int_{T_1}^{T_2} nC_{V,m}dT \tag{7-23}$$

上式可用于没有相变、没有化学反应和没有非体积功的封闭体系恒容变温过程热 Q_V 和 ΔU 的计算。若 $C_{V,m}$ 可视为常数，则上式可简化为

$$Q_V=\Delta U=nC_{V,m}(T_2-T_1) \tag{7-24}$$

2. 恒压过程

由 $C_{p,m}$ 的定义式可得，在没有相变化、没有化学变化和没有非体积功的恒压条件下，含物质的量为 n 的体系的温度发生微小变化时，

$$\delta Q_p=dH=nC_{p,m}dT$$

当体系的温度由 T_1 变至 T_2 时，积分上式得

$$Q_p=\Delta H=\int_{T_1}^{T_2} nC_{p,m}dT \tag{7-25}$$

上式可用于没有相变、没有化学反应和没有非体积功的封闭体系恒压变温过程热 Q_p 和 ΔH 的计算。若 $C_{p,m}$ 可视为常数，则上式可简化为

$$Q_p=\Delta H=nC_{p,m}(T_2-T_1) \tag{7-26}$$

【例题 7-5】 试计算在常压下，2 mol CO_2 从 300 K 升温到 573 K 所吸收的热量。已知 CO_2 的恒压摩尔热容为

$$C_{p,m}=26.8+42.7\times 10^{-3}T-14.6\times 10^{-6}T^2$$

解 这是没有非体积功的恒压升温过程，故 Q_p 可用式(7-25)计算。

$$Q_p = \Delta H = \int_{T_1}^{T_2} nC_{p,m}dT = 2 \times \int_{300K}^{573K} (26.8 + 42.7 \times 10^{-3}T - 14.6 \times 10^{-6}T^2)dT$$

$$= 2 \times [26.8 \times (573-300) + \frac{1}{2} \times 42.7 \times 10^{-3} \times (573^2 - 300^2) - \frac{1}{3} \times 14.6 \times 10^{-6} \times (573^3 - 300^3)] = 23241(J)$$

三、理想气体简单变化过程的 ΔU 和 ΔH

1. 理想气体简单变化过程

因为理想气体的内能和焓仅是温度的函数，与压力和体积无关，所以理想气体封闭体系不做非体积功的任何单纯 p、V、T 变化过程（如恒容、恒压、恒温及绝热等）有

$$dU = nC_{V,m}dT \quad 和 \quad dH = nC_{p,m}dT$$

在通常温度下，若温度变化不大，理想气体的 $C_{V,m}$ 和 $C_{p,m}$ 可视为常量，积分上式得

$$\Delta U = nC_{V,m}(T_2 - T_1) \tag{7-27}$$

$$\Delta H = nC_{p,m}(T_2 - T_1) \tag{7-28}$$

而变化过程的 W 和 Q 则与变化的途径有关。

(1) 恒容过程（V = 常数）

$$Q_V = \Delta U = nC_{V,m}(T_2 - T_1)$$
$$W = 0$$

(2) 恒压过程（$p_1 = p_2 = p = p_{su}$ = 常数）

$$Q_p = \Delta H = nC_{p,m}(T_2 - T_1)$$
$$W = -p(V_2 - V_1)$$

将 $V_2 = nRT_2/p$ 和 $V_1 = nRT_1/p$ 代入上式得

$$W = -nR(T_2 - T_1) = -nR\Delta T \tag{7-29}$$

(3) 绝热过程 对于封闭体系绝热过程，因 $Q=0$，则由热力学第一定律数学表达式可得

$$\Delta U = W \tag{7-30}$$

无论绝热过程是否可逆，上式均可成立。对于理想气体封闭体系的绝热过程，则由上式得

$$W = \Delta U = nC_{V,m}(T_2 - T_1) \tag{7-31}$$

2. 理想气体恒温过程

恒温过程（$T_1 = T_2 = T = T_{su}$ = 常数）

$$\Delta U = \Delta H = 0$$

则由热力学第一定律数学表达式(7-6)得

$$Q = -W \tag{7-32}$$

对于理想气体恒温恒外压过程（p_{su} = 常数）

$$W = -p_{su}(V_2 - V_1)$$

【例题 7-6】 4mol 理想气体从 27℃ 等压加热到 327℃，求此过程的 Q、W、ΔU、ΔH。已知气体的 $C_{p,m} = 30J/(mol \cdot K)$。

解 这是没有非体积功的恒压升温过程。

$$Q_p = \Delta H = nC_{p,m}(T_2 - T_1) = 4 \times 30 \times (600.15 - 300.15) = 36000 \text{ (J)}$$

根据式(7-29)

$$W = -nR(T_2 - T_1) = -4 \times 8.314 \times (600.15 - 300.15) = -9977 \text{ (J)}$$

$$\Delta U = Q_p + W = 36000 - 9977 = 26023 \text{ (J)}$$

或

$$\Delta U = nC_{V,m}(T_2 - T_1) = n(C_{p,m} - R)(T_2 - T_1)$$

$= 4 \times (30 - 8.314) \times (600.15 - 300.15) = 26023 (J)$

3. 凝聚态的 pVT 变化过程

凝聚态（固态或液态）物质的体积受压力、温度的影响很小，且其内能和焓受压力的影响很小，所以对于纯凝聚态物质封闭体系的 pVT 变化过程，若压力变化不大，则有

$$W \approx 0$$

$$Q \approx \Delta U \approx \Delta H \approx \int_{T_1}^{T_2} n C_{p,m} dT \tag{7-33}$$

一、填空题

1. 下列各公式的适用条件分别如下：$U = f(T)$ 和 $H = f(T)$，适用于_____；$\Delta U = \int_{T_2}^{T_1} n C_{V,m} dT$ 适用于_____；$\Delta H = \int_{T_1}^{T_2} n C_{p,m} dT$ 适用于_____。

2. 氦气、氢气、二氧化碳、三氧化硫四种气体的物质的量相等，若都从温度为 T_1 恒容加热到 T_2，则吸热最少的气体是_____。

3. 相同温度下，同种理想气体的恒压摩尔热容 $C_{p,m}$ 与恒容摩尔热容 $C_{V,m}$ 之间的关系为 $C_{p,m}$_____$C_{V,m}$。

4. 在内能、焓、温度、压力、热、功中是状态函数的有，不是状态函数的有_____。

5. 一定量的理想气体，经如图 7-4 所示的循环过程，A→B 为等温过程，B→C 等压过程，C→A 为绝热过程，那么曲边梯形 ACca 的面积表示的功等于_____的内能变化。

二、判断题

1. $C_{V,m} = (3/2) R$ 适用于单原子理想气体混合物。

2. $C_{p,m}$ 与 $C_{V,m}$ 不相等，因等压过程比等容过程体系多做体积功。

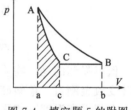

图 7-4 填空题 5 的附图

3. $C_{p,m} - C_{V,m} = R$ 既适用于理想气体体系，也适用于实际气体体系。

4. 一定量的单原子理想气体，从 A 态变化到 B 态，变化过程不知道，但若 A 态与 B 态两点的压强、体积和温度都已确定，那就可以求出热容的大小。

5. 一定量的单原子理想气体，从 A 态变化到 B 态，变化过程不知道，但若 A 态与 B 态两点的压强、体积和温度都已确定，那就可以求出气体膨胀所做的功。

三、单选题

1. 在恒压反应中，体系的热效应 Q_p 全部用来改变体系的（   ）。
   A. 热焓   B. 内能   C. 熵   D. 吉布斯函数

2. 氮气和氧气在绝热钢瓶中生成 NO，则其 ΔU（   ）。
   A. 增大   B. 减少   C. 不变   D. 不确定

3. 在恒容且 $W' = 0$ 的过程中，封闭体系从环境吸收的热量（   ）体系热力学能量的增加。
   A. 大于   B. 小于
   C. 等于   D. 可能大于，可能小于

4. 反应 $C(s) + O_2(g) \longrightarrow CO_2(g)$ 的 $\Delta_r H_m (298K) < 0$。若此反应在恒容绝热容器中进

行，则该体系（   ）。

   A. $\Delta U>0$ B. $\Delta U=0$ C. $\Delta H>0$ D. $\Delta H<0$

5. 理想气体 $C_{p,m}$ 与 $C_{V,m}$ 的关系为（   ）。

   A. $C_{p,m}=C_{V,m}$ B. $C_{p,m}=C_{V,m}+R$

   C. $C_{p,m}=C_{V,m}-R$ D. $C_{p,m}/C_{V,m}=R$

四、问答题

1. 焓的定义是什么？它的变化量在什么情况下有明确的物理意义？
2. 物质的热容与哪些因素有关？
3. 恒压摩尔热容和恒容摩尔热容的区别是什么？什么情况下相等？
4. 在温度恒定条件下，理想气体的热力学能变化值如何？
5. 在温度恒定条件下，理想气体的焓变值如何？

第四节　相变热的计算及相变化过程

一、相变热的计算

在相平衡一章中我们曾经用到过摩尔相变焓、相变过程等名词，那么究竟什么是相变过程，什么是摩尔相变焓？

1. 相变过程

物质聚集状态发生变化的过程称为相变化，简称相变。纯物质的相变有以下四种类型：

$$固相 \underset{凝固\,(sol)}{\overset{熔化\,(fus)}{\rightleftharpoons}} 液相 \qquad 液相 \underset{冷凝\,(con)}{\overset{蒸发\,(vap)}{\rightleftharpoons}} 气相$$

$$固相 \underset{凝华\,(sgt)}{\overset{升华\,(sub)}{\rightleftharpoons}} 气相 \qquad 固相（Ⅰ）\underset{晶型转变\,(trs)}{\overset{晶型转变\,(trs)}{\rightleftharpoons}} 固相（Ⅱ）$$

值得强调的是，物质由一种晶型转变为另一种晶型的变化过程也是相变过程。例如，石墨转变成金刚石、单斜硫转变成斜方硫等都属于相变化。

在相平衡温度、相平衡压力下进行的相变为可逆相变，否则为不可逆相变。例如，在 100℃、101.325kPa 下水和水蒸气之间的相变，在 0℃、101.325kPa 下水和冰之间的相变，均为可逆相变；而在 100℃下水向真空中蒸发，在 101.325kPa 下 −10℃的过冷水结冰均为不可逆相变。

因为相变过程中，物质的聚集状态发生了变化，分子间作用力发生了很大改变，所以总是伴随吸热或放热现象，把相变化过程体系吸收或放出的热称为相变热。相变热数值比较大，比一般单纯 pVT 变化过程的热要大。工业上常利用相变化过程起到加热或冷却作用。

2. 摩尔相变焓

1mol 物质由 α 相变为 β 相时的焓变，称为摩尔相变焓，用符号 $\Delta_\alpha^\beta H_m$ 表示，下标 α 表示相变的始态，上标 β 表示相变的终态，其单位为 J/mol 或 kJ/mol。例如，我们在前面相平衡一章中经常说：水汽化的摩尔相变焓 $\Delta_l^g H_m=40.67$ kJ/mol。意思就是 1mol 水从液态全部汽化为气体，体系的焓变为 40.67 kJ。如果不特别指明，摩尔相变焓均指可逆相变过程的。

因为焓是状态函数，所以在相同的温度和压力下，同一物质有

$$\Delta_l^g H_m=-\Delta_g^l H_m \quad \Delta_s^l H_m=-\Delta_l^s H_m \quad \Delta_s^g H_m=-\Delta_g^s H_m$$

物质发生相变时吸收或放出的热，称为相变热。由于相变通常是在恒温恒压且没有非体积功的条件下进行，此时相变热等于相变过程的焓变，即

$$Q_p=\Delta_\alpha^\beta H=n\Delta_\alpha^\beta H_m \tag{7-34}$$

现在我们终于知道摩尔相变焓 $\Delta_\alpha^\beta H_m$ 的含义了，实际上它是 1mol 物质从 α 相变为 β 相时的相变热。所以有些书上也经常称为摩尔汽化热、摩尔熔化热等。

物质在某些条件下的摩尔相变焓的数据可以从化学、化工手册中查到。在使用这些数据时要注意条件（温度、压力）及单位。

二、相变化过程的内能变化和功

1. 相变化过程的内能变化

可逆相变（α→β）是恒温恒压且没有非体积功的可逆过程，所以

$$\Delta U = Q_p + W$$

或

$$\Delta U = \Delta H - p\Delta V = \Delta H - p(V_\beta - V_\alpha)$$

若 β 为气相，又 $V_\beta \gg V_\alpha$，则

$$\Delta U = \Delta H - pV_\beta$$

若蒸气视为理想气体，则有

$$\Delta U = \Delta H - nRT \tag{7-35}$$

对于凝聚相之间的相变，由于相变过程的体积变化很小，则 $W \approx 0$，有

$$\Delta U \approx \Delta H \tag{7-36}$$

不可逆相变的内能变和焓变的计算，通常需要设计可逆途径。在所设计的途径中应含有已知的可逆相变和单纯的 pVT 变化，而不再含有不可逆相变。W、ΔU 和 ΔH 求出之后，就可利用热力学第一定律或恒压热与焓变的关系求得相变热。

2. 相变化过程的功交换

若体系在恒温、恒压下由 α 相变到 β 相，则过程的体积功

$$W = -p(V_\beta - V_\alpha) \tag{7-37}$$

若 β 为气相，α 为凝聚相（液相或固相），即气液或气固之间的相变，因为 $V_\beta \gg V_\alpha$，所以

$$W \approx -pV_\beta \tag{7-38}$$

若气相可视为理想气体，则是

$$W \approx -pV_\beta = -nRT \tag{7-39}$$

在实际工作或化工生产过程中遇到的不可逆相变，大多在恒温恒压或恒温恒外压下进行。可直接用式(7-3) 或式(7-4) 计算功。

【例题 7-7】 在 101.325kPa 恒定压力下逐渐加热 2mol、0℃ 的冰，使之成为 100℃ 的水蒸气。求该过程的 Q、W 及 ΔU、ΔH。

已知冰融化的摩尔相变焓 $\Delta_s^l H_m(0℃) = 6.02$kJ/mol，水汽化的摩尔相变焓 $\Delta_l^g H_m$(100℃)$= 40.6$kJ/mol，液态水的恒压摩尔热容 $C_{p,m} = 75.3$J/(K·mol)。设水蒸气为理想气体，冰和水的体积可忽略。

解 此过程涉及熔化、蒸发和升温，可认为此过程分三步进行。

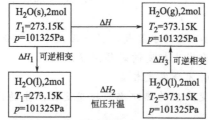

$$\Delta H_1 = n\Delta_s^l H_m = 2 \times 6.02 = 12.04 \text{(kJ)}$$

$$\Delta H_2 = nC_{p,m}(T_2 - T_1) = 2 \times 75.3 \times (373.15 - 273.15) \times 10^{-3} = 15.06 \text{(kJ)}$$

$$\Delta H_3 = n\Delta_l^g H_m = 2 \times 40.6 = 81.2 \text{(kJ)}$$

$$\Delta H = \Delta H_1 + \Delta H_2 + \Delta H_3 = 12.04 + 15.06 + 81.2 = 108.3 \text{(kJ)}$$

由于整个过程是一个恒压过程,所以:

$$Q_p = \Delta H = 108.3 \text{(kJ)}$$

$$W = -p(V_g - V_s) \approx -pV_g \approx -nRT_2 = -2 \times 8.314 \times 373.15 \times 10^{-3} = -6.2 \text{(kJ)}$$

$$\Delta U = Q_p + W = 108.3 - 6.2 = 102.1 \text{(kJ)}$$

❓ 思考与练习

一、填空题

1. 可逆相变是指_____的过程。

2. 夏天穿真丝衣服凉快的原因是_____。

3. 蒸发时分子间距离增大,所以要_____热,升华时要_____热,冷凝时要热,凝固时要_____热。

4. 蒸发时体积变化大,计算体积功时可以忽略_____的体积。凝聚相是指_____相和_____相。

5. 298K 时,水汽化的摩尔相变焓为 43.93kJ/mol,则 1mol 水蒸发过程的 Q 为_____,ΔU 为_____。

二、判断题

1. 相变过程一定是恒温恒压过程。

2. 相变焓就是指相变时所吸收的热或放出的热。

3. 从始终态的角度看,对于状态函数,凝华可以看作冷凝和凝固的加和。

4. 相变时因为物质体积要发生变化,所以要做体积功,也会有吸热放热现象。

5. 一般来说,相变时,体系内能不会发生变化。

三、单选题

1. 液体苯在其正常沸点下恒压蒸发,此过程的 ΔH (   )。
A. 大于零   B. 小于零   C. 等于零   D. 不能确定

2. 273K,$p^\ominus$ 时,冰融化为水的过程中,下列关系式正确的有(   )。
A. $W<0$ B. $\Delta H = Q_p$ C. $\Delta H<0$ D. $\Delta U<0$

3. 在 101.3kPa、373K 下,1mol H_2O (l) 变成 H_2O (g),则(   )。
A. $Q<0$ B. $\Delta U=0$ C. $W>0$ D. $\Delta H>0$

4. 下列是相变热的为(   )。
A. 液态水从 25℃升温到 35℃   B. 氢气在氧气中燃烧生成水吸热
C. 水蒸气从 25℃升温到 35℃   D. 液态水从 100℃变到 100℃的水蒸气

5. 下列说法错误的是(   )。
A. 液态水从 100℃变到 100℃的水蒸气,虽然温度不变,但吸热
B. 相变热也叫潜热,因为发生相变的时候温度不变
C. 物质只有在沸点温度时才会发生相变
D. 相同量的物质发生相变产生的热比单纯状态变化产生的热要大些

四、问答题

1. 纯液体真空蒸发时,该系统内能的变化如何?

2. 在100℃、101.325kPa 时，将水蒸发为水蒸气（可视为理想气体），因为 $\Delta T=0$，所以 $\Delta U=0$，$\Delta H=0$。此说法是否正确？为什么？

3. 在体积为50L的密闭恒容的真空容器底部有一小玻璃瓶，其中装有50g的水 H_2O(l)，容器置于100 ℃的恒温槽中维持温度恒定。今将小瓶打碎，水蒸发至平衡，该过程的热是多少？（已知液态水在100 ℃下的饱和蒸气压为101.325kPa，此条件下液态水的摩尔蒸发焓为 40.668kJ/mol）

4. 相变化过程是否遵守热力学第一定律？

5. 不可逆相变热如何计算？

第五节 化学反应热效应

一、恒容反应热和恒压反应热

1. 摩尔反应焓

按计量方程式完成一个完整的化学反应时的焓变，称为该化学反应的摩尔反应焓，用符号 $\Delta_r H_m$ 表示。

$\Delta_r H_m$ 的单位为 kJ/mol，与反应计量方程式的写法有关。

反应中的各物质都处于温度 T 的标准状态时的摩尔反应焓，称为标准摩尔反应焓，用符号 $\Delta_r H_m^\ominus(T)$ 表示。

由于封闭体系中恒压热等于焓变，所以化学反应的恒压反应热用 $\Delta_r H_m$ 表示。

2. 摩尔反应内能

按计量方程式完成一个完整的化学反应时的内能变化值，称为该化学反应的摩尔反应内能，用符号 $\Delta_r U_m$ 表示。

$\Delta_r U_m$ 的单位为 kJ/mol。$\Delta_r U_m$ 也与反应计量方程式的写法有关。

反应中的各物质都处于温度 T 的标准状态时的摩尔内能变，称为标准摩尔反应内能变，用符号 $\Delta_r U_m^\ominus(T)$ 表示。

由于封闭体系中恒容热等于内能变，所以化学反应的恒容反应热用 $\Delta_r U_m$ 表示。

3. 摩尔反应焓与摩尔反应内能的关系

在恒温恒压且不做非体积功的条件下，化学反应有

$$\Delta_r H_m = \Delta_r U_m + p\Delta_r V_m \tag{7-40}$$

式中 $\Delta_r V_m$——恒温恒压下反应体系体积的变化量。

对于反应物和产物中没有气体的凝聚体系反应，因为反应过程中体系体积变化很小，$p\Delta_r V_m$ 与 $\Delta_r U_m$ 相比可以忽略，所以

$$\Delta_r H_m = \Delta_r U_m \tag{7-41}$$

对于反应物和产物中有气体的反应，由于气体的体积比固体、液体大得多，所以 $\Delta_r V_m$ 可看作是反应过程中气体体积的变化量。将气体视为理想气体，则有

$$\Delta_r H_m = \Delta_r U_m + RT\sum_i \nu(i,g) \tag{7-42}$$

式中 $\sum_i \nu(i,g)$——参加反应的气体物质的化学计量系数的代数和。

例如，对于反应 $N_2(g)+3H_2(g) \longrightarrow 2NH_3(g)$ $\sum_i \nu(i,g)=-1+(-3)+2=-2$，其摩尔反应焓与摩尔反应内能的关系为 $\Delta_r H_m = \Delta_r U_m + (-2)RT$。对于多相反应 $CaCO_3(s) \longrightarrow$

$CaO(s)+CO_2(g)$,$\sum_i \nu(i, g)=1$,其摩尔反应焓与摩尔反应内能的关系为 $\Delta_r H_m = \Delta_r U_m + RT$。

二、化学反应热效应的计算

化学反应的恒压热效应等于焓变，那么计算化学反应热效应的简单想法是：如果知道参加反应物质的焓的绝对值，则产物的焓与反应物的焓的差值即为焓变。但从上述讨论我们知道，焓的绝对值是不可知的。既然绝对值不可知，能否知道相对值？如果能找到反应物和产物都相对于同样标准的相对值，同样可以计算焓变，即化学反应的热效应。而化学反应的特点是组成反应物和产物的元素原子及其数量是相同的，完全可以作为相对标准。于是定义出标准摩尔生成焓和标准摩尔燃烧焓。

1. 标准摩尔生成焓

在温度 T 和标准状态下，由稳定相态单质生成 1mol 指定相态的化合物 i 的焓变，称为化合物 i 在温度 T 时的标准摩尔生成焓，用符号 $\Delta_f H_m^{\ominus}(i,\text{相态}, T)$ 表示，下标 f 表示生成反应，单位为 kJ/mol。

大多数单质在常温常压下的稳定相态是人们熟悉的，例如 $H_2(g)$、$O_2(g)$、$Cl_2(g)$、$Br_2(l)$、$Hg(l)$ 和 $Ag(s)$ 等。但是在常温常压下，某些单质有多种相态，其中只有一种是稳定相态。例如在常温常压下，炭有三种相态：石墨、金刚石和无定形碳，其中最稳定的是石墨，所以石墨是炭的稳定相态；在此条件下，硫的稳定相态是正交硫，而不是单斜硫。

根据标准摩尔生成焓的定义，稳定相态单质的标准摩尔生成焓为零，而非稳定相态单质的标准摩尔生成焓不为零。如 $\Delta_f H_m^{\ominus}(C,\text{石墨}, 298.15K)=0$，而 $\Delta_f H_m^{\ominus}(C,\text{金刚石}, 298.15K) \neq 0$。同一化合物的相态不同时，其标准摩尔生成焓也不同。如 298.15K 时，$\Delta_f H_m^{\ominus}(H_2O, l)=-285.83 kJ/mol$，而 $\Delta_f H_m^{\ominus}(H_2O, g)=-241.82 kJ/mol$。

常见物质的 $\Delta_f H_m^{\ominus}(i,\text{相态}, 298.15K)$ 的数据，可以从物理化学手册和教材附录中查到。

通常的化学反应，反应物和产物含有相同的原子种类和物质的量，均可由同样物质的量的相同种类的单质生成。例如，如果以稳定单质为始态，产物为终态，则由始态到终态有两条途径：一是直接合成产物，二是先合成反应物，由反应物再生成产物。例如，下图所示的反应：

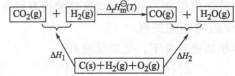

$\Delta H_2 = \Delta H_1 + \Delta_r H_m^{\ominus}(T)$
$\Delta H_2 = \Delta_f H_m^{\ominus}(CO, g) + \Delta_f H_m^{\ominus}(H_2O, g)$
$\Delta H_1 = \Delta_f H_m^{\ominus}(CO_2, g) + \Delta_f H_m^{\ominus}(H_2, g)$
$\Delta_r H_m^{\ominus}(T) = \Delta H_2 - \Delta H_1$
$\qquad = \Delta_f H_m^{\ominus}(CO, g) + \Delta_f H_m^{\ominus}(H_2O, g) - \Delta_f H_m^{\ominus}(CO_2, g) + \Delta_f H_m^{\ominus}(H_2, g)$

对于任意化学反应与生成反应间的关系如下框图所示：

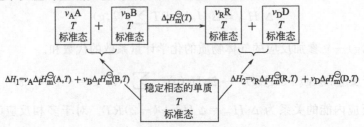

所以
$$\Delta_r H_m^\ominus(T) = \Delta H_2 - \Delta H_1$$
$$= [\nu_R \Delta_f H_m^\ominus(R,T) + \nu_D \Delta_f H_m^\ominus(D,T)]$$
$$- [\nu_A \Delta_f H_m^\ominus(A,T) + \nu_B \Delta_f H_m^\ominus(B,T)]$$

上式可简写成

$$\Delta_r H_m^\ominus(T) = \sum_i \nu_i \Delta_f H_m^\ominus(i,T) \tag{7-43}$$

上式表明化学反应的标准摩尔反应焓等于产物的标准摩尔生成焓之和减去反应物的标准摩尔生成焓之和，也就是参加反应各物质的标准摩尔生成焓与化学计量数乘积的代数和。

【例题 7-8】 利用标准摩尔生成焓数据，计算下列反应的 $\Delta_r H_m^\ominus(298.15K)$。

$$2C_2H_5OH(l) \longrightarrow C_4H_6(g) + 2H_2O(g) + H_2(g)$$

解 查得在 298.15K 各有关物质的标准摩尔生成焓如下：

$$\Delta_f H_m^\ominus(C_2H_5OH,l) = -277.6 \text{kJ/mol}$$
$$\Delta_f H_m^\ominus(C_4H_6,g) = 165.5 \text{kJ/mol}$$
$$\Delta_f H_m^\ominus(H_2O,g) = -241.8 \text{kJ/mol}$$

将查得的数据代入式(7-43)

$$\Delta_r H_m^\ominus(298.15K) = \Delta_f H_m^\ominus(C_4H_6,g) + 2\Delta_f H_m^\ominus(H_2O,g) - 2\Delta_f H_m^\ominus(C_2H_5OH,l)$$
$$= 165.5 + 2 \times (-241.8) - 2 \times (-277.6) = 237.1 \text{ (kJ/mol)}$$

2. 标准摩尔燃烧焓

在温度 T 和标准态下，1mol 指定相态的物质 i 与氧气进行完全氧化反应（即燃烧反应）的焓变，称为物质 i 在温度 T 时的标准摩尔燃烧焓，用符号 $\Delta_c H_m^\ominus(i, 相态, T)$ 表示，下标 c 表示燃烧，单位为 kJ/mol。

所谓完全氧化反应是指物质通过与 O_2 反应，物质中的 C 变为 $CO_2(g)$，H 变为 $H_2O(l)$，N 变为 $N_2(g)$，S 变为 $SO_2(g)$，Cl 变为 HCl 水溶液。

根据标准摩尔燃烧焓的定义可知，助燃物 O_2 和指定的燃烧产物的标准摩尔燃烧焓为零。例如，在 298.15K，$\Delta_c H_m^\ominus(O_2,g) = 0$，$\Delta_c H_m^\ominus(CO_2,g) = 0$，$\Delta_c H_m^\ominus(H_2O,l) = 0$，而 $\Delta_c H_m^\ominus(H_2O,g) \neq 0$。

由标准摩尔生成焓和标准摩尔燃烧焓的定义可知：

$$\Delta_f H_m^\ominus(CO_2,g,T) = \Delta_c H_m^\ominus(C,石墨,T)$$
$$\Delta_f H_m^\ominus(H_2O,l,T) = \Delta_c H_m^\ominus(H_2,g,T)$$

一般有机物的 $\Delta_c H_m^\ominus(i, 相态, 298.15K)$ 可从物理化学手册中查到。

对于任意反应 $\nu_A A + \nu_B B \longrightarrow \nu_R R + \nu_D D$，由于反应物和产物含有相同种类和相同物质的量的原子，因此它们与相同物质的量的氧气发生燃烧反应的产物应完全相同，据此可导出下式：

$$\Delta_r H_m^\ominus(T) = [\nu_A \Delta_c H_m^\ominus(A,T) + \nu_B \Delta_c H_m^\ominus(B,T)] - [\nu_R \Delta_c H_m^\ominus(R,T) + \nu_D \Delta_c H_m^\ominus(D,T)]$$

上式可简写成为

$$\Delta_r H_m^\ominus(T) = -\sum_i \nu_i \Delta_c H_m^\ominus(i,T) \tag{7-44}$$

上式表明标准摩尔反应焓等于反应物的标准摩尔燃烧焓之和减去产物的标准摩尔燃烧焓之和，也就是参加反应各物质的标准摩尔燃烧焓与化学计量数乘积的代数和的负值。

【例题 7-9】 利用标准燃烧焓数据，计算下列反应的 $\Delta_r H_m^\ominus(298.15K)$。

$$(COOH)_2(s) + 2CH_3OH(l) \longrightarrow (COOCH_3)_2(l) + 2H_2O(l)$$
草酸   草酸二甲酯

解 查得 298.15K 时各有关物质的标准摩尔燃烧焓如下：

$$\Delta_c H_m^{\ominus}[(COOH)_2, s] = -246.0 \text{kJ/mol}$$
$$\Delta_c H_m^{\ominus}(CH_3OH, l) = -726.64 \text{kJ/mol}$$
$$\Delta_c H_m^{\ominus}[(COOCH_3)_2, l] = -1678 \text{kJ/mol}$$

将查得的数据代入式(7-44)

$$\Delta_r H_m^{\ominus}(298.15K) = \Delta_c H_m^{\ominus}[(COOH)_2, s] + 2\Delta_c H_m^{\ominus}(CH_3OH, l) - \Delta_c H_m^{\ominus}[(COOCH_3)_2, l]$$
$$= -246.0 + 2 \times (-726.64) - (-1678) = -21.28 \text{ (kJ/mol)}$$

思考与练习

一、填空题

1. 按标准摩尔生成焓与标准摩尔燃烧焓的定义，在 C（石墨）、CO(g) 和 CO_2(g) 之间，_____的标准摩尔生成焓正好等于_____的标准摩尔燃烧焓。标准摩尔生成焓为零的是_____，因为它是_____。标准摩尔燃烧焓为零的是_____，因为它是_____。

2. 在充满氧的绝热定容反应器中，石墨剧烈燃烧，以其中所有物质为体系 Q _____ 0；W _____ 0；ΔU _____ 0；ΔH _____ 0。

3. 标准摩尔生成焓的定义中，生成反应中的单质必须是_____相态单质，生成反应中各物质所达到的压力必须是_____。

4. 在标准状态下，反应 $C_2H_5OH(l) + 3O_2(g) \longrightarrow 2CO_2(g) + 3H_2O(g)$ 的摩尔反应焓为 $\Delta_r H_m^{\ominus}$，则 $\Delta_r H_m^{\ominus}$ 是 $C_2H_5OH(l)$ 的_____，$\Delta_r H_m^{\ominus}$ _____ 0。

5. 反应 S（斜方，晶）$+ 3/2 O_2(g) \longrightarrow SO_3(g)$ 的摩尔反应焓为 $\Delta_r H_m^{\ominus}$，其值是 S（斜方，晶）的_____焓。

二、判断题

1. $\Delta_r H_m^{\ominus}$ 不随温度变化而变化。

2. 由化学手册查得标准摩尔生成焓是 298.15K，因此按式(7-41)计算出的只是化学反应在 298.15K 的摩尔反应焓。

3. 在绝热、密闭、坚固的容器中发生化学反应，ΔU 一定为零，ΔH 不一定为零。

4. 一氧化碳的标准摩尔生成焓也是同温下石墨的标准摩尔燃烧焓。

5. 单质的标准摩尔生成焓为零。

三、单选题

1. 在一个绝热钢瓶中，发生一个放热的分子数增加的化学反应，那么（   ）。
   A. $Q > 0$ B. $Q = 0$ C. $W > 0$ D. $W < 0$

2. 下列物质中，$\Delta_f H_m^{\ominus}$ 不为零的是（   ）。
   A. Na(l)；   B. O_3(g)   C. I_2(g)   D. P_4（白磷，s）

3. 在一绝热刚壁体系内，发生一化学反应，温度从 $T_1 \to T_2$，压力由 $p_1 \to p_2$，则（   ）。
   A. $Q > 0$ B. $Q = 0$ C. $\Delta U = 0$ D. $\Delta U > 0$

4. H_2 和 O_2 在绝热定容的体系中生成水，则（   ）。
   A. $W > 0$ B. $W = 0$ C. $Q = 0$ D. $\Delta S_{弧} > 0$

5. C_6H_6(l) 在刚性绝热容器中燃烧，则（   ）。
   A. $\Delta U > 0$ B. $\Delta U = 0$ C. $\Delta H \neq 0$ D. $W = 0$

四、问答题

1. Zn 与盐酸发生反应，分别在敞口和密闭容器中进行，哪一种情况放热更多？
2. 在装有催化剂的合成氨反应室中，N_2 与 H_2 的物质的量的比为 1:3，反应方程式为，$N_2(g)+H_2(g) \rightleftharpoons NH_3(g)$。在温度为 T_1 和 T_2 的条件下，实验测定放出的热量分别为 $\Delta_r H_m^\ominus(T_1)$ 和 $\Delta_r H_m^\ominus(T_2)$。但是用 Kirchhoff 定律 $\Delta_r H_m^\ominus(T_2) = \Delta_r H_m^\ominus(T_1) + \int_{T_1}^{T_2} \sum_B C_{p,m}(B) dT$ 计算时，计算结果与实验值不符，试解释原因。
3. 理想气体反应 $aA(g)+bB(g) \rightleftharpoons cC(g)+dD(g)$ 在恒温条件下进行，因为理想气体的热力学能和焓只是温度的函数，所以反应的 $\Delta U=0$，$\Delta H=0$。此说法是否正确？为什么？
4. 什么是标准摩尔反应焓？
5. 标准摩尔生成焓、标准摩尔燃烧焓是怎样定义的？利用二者计算化学反应热效应区别在哪？

第六节　化学反应热效应与温度的关系

由上面的讨论可知，根据标准摩尔生成焓或标准摩尔燃烧焓可以计算各种化学反应在 298.15K 时的标准摩尔反应焓。但是化学反应可以在各种温度下进行，若要计算一个化学反应在任意温度 T 时的标准摩尔反应焓，就需要推导出它与温度的关系。

一、基尔霍夫定律

设气体反应分别在 T_1 和 T_2 下进行，则得出如下关系图

$$\begin{array}{ccc}
\nu_A A(g)+\nu_B B(g) & \xrightarrow{\Delta_r H_m^\ominus(T_2)} & \nu_R R(g)+\nu_D D(g) \\
\downarrow \Delta H_1 & & \uparrow \Delta H_2 \\
\nu_A A(g)+\nu_B B(g) & \xrightarrow[\Delta_r H_m^\ominus(T_1)]{} & \nu_R R(g)+\nu_D D(g)
\end{array}$$

从图中关系可以得出　$\Delta_r H_m^\ominus(T_2) = \Delta_r H_m^\ominus(T_1) + \Delta H_1 + \Delta H_2$

由热量计算公式可知

$$\Delta H_1 = \int_{T_2}^{T_1} [\nu_A C_{p,m}(A) + \nu_B C_{p,m}(B)] dT = -\int_{T_1}^{T_2} [\nu_A C_{p,m}(A) + \nu_B C_{p,m}(B)] dT$$

$$\Delta H_2 = \int_{T_1}^{T_2} [\nu_R C_{p,m}(R) + \nu_D C_{p,m}(D)] dT$$

所以

$$\begin{aligned}
\Delta_r H_m^\ominus(T_2) &= \Delta_r H_m^\ominus(T_1) + \Delta H_1 + \Delta H_2 \\
&= \Delta_r H_m^\ominus(T_1) + \int_{T_1}^{T_2} [\nu_R C_{p,m}(R) + \nu_D C_{p,m}(D)] dT - \int_{T_1}^{T_2} [\nu_A C_{p,m}(A) + \nu_B C_{p,m}(B)] dT \\
&= \Delta_r H_m^\ominus(T_1) + \int_{T_1}^{T_2} [\nu_R C_{p,m}(R) + \nu_D C_{p,m}(D) - \nu_A C_{p,m}(A) - \nu_B C_{p,m}(B)] dT
\end{aligned}$$

令　　　　　$\Delta_r C_{p,m} = \nu_D C_{p,m}(D) + \nu_R C_{p,m}(R) - \nu_A C_{p,m}(A) - \nu_B C_{p,m}(B)$

$\Delta_r C_{p,m}$ 称为化学反应的摩尔热容差，简称热容差，它等于产物的恒压热容之和减去反应物的恒压热容之和。

则有
$$\Delta_r H_m^\ominus(T_2) = \Delta_r H_m^\ominus(T_1) + \int_{T_1}^{T_2} \Delta_r C_m dT$$

当反应进行的温度 $T_1 = 298.15K$，$T_2 = T$ 时有

得
$$\Delta_r H_m^\ominus(T) = \Delta_r H_m^\ominus(298.15K) + \int_{298.15K}^{T} \Delta_r C_{p,m} dT \tag{7-45}$$

这就是基尔霍夫公式的定积分式。对于指定反应，如果知道 $\Delta_r H_m^\ominus(298.15K)$ 和各反应组分的 $C_{p,m}$，就可由上式求出任意温度 T 时的 $\Delta_r H_m^\ominus(T)$。

若参加反应物质的 $C_{p,m}$ 均为常数，上式可简化为
$$\Delta_r H_m^\ominus(T) = \Delta_r H_m^\ominus(298.15K) + \Delta_r C_{p,m}(T - 298.15K) \tag{7-46}$$

若温度变化范围较大，各参加反应物质的 $C_{p,m}$ 是温度的函数，则要将 $C_{p,m}$ 与温度的关系代入式(7-45)然后积分计算。如果采用下式表示 $C_{p,m}$ 与温度的关系

$$C_{p,m} = a + bT + cT^2$$

则
$$\Delta_r C_{p,m} = \Delta a + \Delta b T + \Delta c T^2 \tag{7-47}$$

式中，$\Delta a = \sum_B \nu_B a(B)$，$\Delta b = \sum_B \nu_B b(B)$，$\Delta c = \sum_B \nu_B c(B)$。

将式(7-47)代入式(7-45)并积分，得

$$\Delta_r H_m^\ominus(T) = \Delta_r H_m^\ominus(298.15K) + \Delta a(T - 298.15) + \frac{1}{2}\Delta b(T^2 - 298.15^2) + \frac{1}{3}\Delta c(T^3 - 298.15^3) \tag{7-48}$$

不定积分式(7-45)，得

$$\Delta_r H_m^\ominus(T) = \Delta H_0 + \int \Delta_r C_{p,m} dT \tag{7-49}$$

式中 ΔH_0——积分常数。

若 $\Delta_r C_{p,m}$ 与 T 的关系如式(7-47)所示，代入上式积分得

$$\Delta_r H_m^\ominus(T) = \Delta H_0 + \Delta a T + \frac{1}{2}\Delta b T^2 + \frac{1}{3}\Delta c T^3 \tag{7-50}$$

对于指定反应，将 298.15K 的 $\Delta_r H_m^\ominus(298.15K)$ 代入上式，即可求出积分常数 ΔH_0。上式把标准摩尔反应焓表示成温度的函数，只要给定一个温度 T，就能方便地求出该温度下的 $\Delta_r H_m^\ominus(T)$。

【例题 7-10】 已知反应 $N_2(g) + 3H_2(g) \longrightarrow 2NH_3(g)$

$\Delta_r H_m^\ominus(298.15K) = -92.22 kJ/mol$，$\overline{C}_{p,m}(N_2) = 29.65 J/(K \cdot mol)$，$\overline{C}_{p,m}(H_2) = 28.56 J/(K \cdot mol)$，$\overline{C}_{p,m}(NH_3) = 40.12 J/(K \cdot mol)$。求此反应的 $\Delta_r H_m^\ominus(500K)$。

解 根据式(7-47)

$$\Delta_r C_{p,m} = 2\overline{C}_{p,m}(NH_3) - \overline{C}_{p,m}(N_2) - 3\overline{C}_{p,m}(H_2)$$
$$= 2 \times 40.12 - 29.65 - 3 \times 28.56 = -35.09 [J/(K \cdot mol)]$$

将 $\Delta_r C_{p,m}$ 和 $T = 500K$ 代入式(7-45)

$$\Delta_r H_m^\ominus(500K) = \Delta_r H_m^\ominus(298.15K) + \int_{298.15K}^{500K} \Delta_r C_{p,m} dT$$
$$= -92.22 - 35.09 \times 10^{-3} \times (500 - 298.15)$$
$$= -99.3 \text{ (kJ/mol)}$$

二、有相变发生的化学反应

应当注意，基尔霍夫公式仅适用于在 298.15K 到 T 之间参加反应的各种物质均不发生相变化的情况。如果有相变化，需要根据具体情况设计出包括相变的多步过程进行计算。

【例题 7-11】 已知反应

$$2H_2(g) + O_2(g) \longrightarrow 2H_2O(l) \quad \Delta_r H_m^{\ominus}(298.15K) = -571.68 \text{kJ/mol},$$

求反应 $2H_2(g) + O_2(g) \longrightarrow 2H_2O(g)$ 的 $\Delta_r H_m^{\ominus}(423.15K)$。

已知水的正常沸点为 373.15K，在正常沸点汽化时摩尔相变焓为 $\Delta_l^g H_m = 40.6 \text{kJ/mol}$。$C_{p,m}(H_2) = C_{p,m}(O_2) = 29.1 \text{J/(K·mol)}$，$C_{p,m}(H_2O,g) = 33.6 \text{J/(K·mol)}$，$C_{p,m}(H_2O,l) = 75.3 \text{J/(K·mol)}$。

解 在 101325Pa 下，水的温度由 298.15K 变为 423.15K 的过程中，液体水在 373.15K 汽化为水蒸气。因此不能简单套用基尔霍夫公式。根据题意可设计如下框图所示的途径。

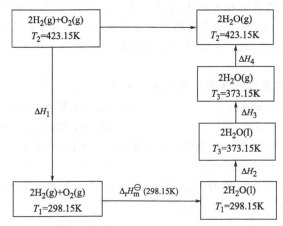

$$\Delta H_1 = [2C_{p,m}(H_2) + C_{p,m}(O_2)](T_1 - T_2)$$
$$= 3 \times 29.1 \times 10^{-3} \times (298.15 - 423.15) = -10.913 \text{ (kJ/mol)}$$
$$\Delta H_2 = 2C_{p,m}(H_2O,l)(T_3 - T_1)$$
$$= 2 \times 75.3 \times 10^{-3} \times (373.15 - 298.15) = 11.295 \text{ (kJ/mol)}$$
$$\Delta H_3 = 2\Delta_{vap} H_m(373.15K) = 2 \times 40.6 = 81.2 \text{ (kJ/mol)}$$
$$\Delta H_4 = 2C_{p,m}(H_2O,g)(T_2 - T_3)$$
$$= 2 \times 33.6 \times 10^{-3} \times (423.15 - 373.15) = 3.36 \text{ (kJ/mol)}$$

所以
$$\Delta_r H_m^{\ominus}(423.15K) = \Delta H_1 + \Delta_r H_m^{\ominus}(298.15K) + \Delta H_2 + \Delta H_3 + \Delta H_4$$
$$= -10.913 - 571.68 + 11.295 + 81.2 + 3.36$$
$$= -486.74 \text{ (kJ/mol)}$$

若一化学反应的反应物与产物的温度不同时，其摩尔反应焓的计算不能用基尔霍夫公式，而应设计新途径进行计算。

思考与练习

一、填空题

1. 化学反应热效应会随反应温度改变而改变的原因是_____；基尔霍夫公式可直接使用的条件是_____。

2. 某化学反应在恒压、绝热和只做膨胀功的条件下进行，体系温度由 T_1 升高到 T_2，则此过程的焓变_____零；若此反应在恒温（T_1）、恒压和只做膨胀功的条件下进行，则其焓变_____零。

3. 在标准状态下，反应 $C_2H_5OH(l) + 3O_2(g) \longrightarrow 2CO_2(g) + 3H_2O(g)$ 的摩尔反应焓

为 $\Delta_r H_m^\ominus$，$\Delta C_{p,m} > 0$，说明 $\Delta_r H_m^\ominus$ 随温度升高而_____。

4. 某放热反应在绝热刚性密闭容器中发生，则温度会_____。

5. 基尔霍夫定律不定积分式中 ΔH_0 是_____。

二、判断题

1. 温度改变时，一个化学反应的热效应一定会受影响。

2. 计算"反应热效应"时，为了简化运算，常假定反应热效应与温度无关，其实质是反应前后体系的热容不变。

3. 只要温度变化的化学反应热效应都可以直接应用基尔霍夫定律来计算。

4. 用基尔霍夫定律的不定积分可方便计算反应在某一温度的热效应，而利用基尔霍夫定律定积分形式，需要知道某一温度的热效应才能求得另一温度的热效应。

5. 当反应前后温度不同时，不能直接应用基尔霍夫定律，要另外设计一途径进行计算。

三、选择题

1. H_2 和 O_2 在绝热定容的体系中生成水，则（   ）。
   A. $Q=0$，$\Delta H>0$，$\Delta S_{孤}=0$ B. $Q>0$，$W=0$，$\Delta U>0$
   C. $Q>0$，$\Delta U>0$，$\Delta S_{孤}>0$ D. $Q=0$，$W=0$，$\Delta S_{孤}>0$

2. 在一封闭体系内，发生一化学反应，温度从 $T_1 \rightarrow T_2$，压力由 $p_1 \rightarrow p_2$，则（   ）。
   A. $Q \neq 0$ B. $Q=0$；   C. $W=0$ D. $\Delta U \neq 0$

3. 已知某化学反应在 300 K 时，$\Delta_r H_m^\ominus (300K)>0$，反应的 $\Delta C_p > 0$，则在高于 300K 的某一温度 T 时，$\Delta_r H_m^\ominus (T)$ 为（   ）。
   A. $\Delta_r H_m^\ominus (T)<0$ B. $\Delta_r H_m^\ominus (T)=0$
   C. $\Delta_r H_m^\ominus (T)>0$ D. $\Delta_r H_m^\ominus (T)$ 无法估计。

4. 化学反应在恒容、绝热、非体积功为零的条件下进行，体系的温度由 T_1 升至 T_2，此过程体系热力学能的变化 ΔU（   ）。
   A. 大于零   B. 等于零   C. 小于零   D. 不能确定

5. 在一绝热刚性壁容器中，发生化学反应使体系的温度和压力都升高，则（   ）。
   A. $Q>0$，$W>0$，$\Delta U>0$ B. $Q=0$，$W=0$，$\Delta U=0$
   C. $Q>0$，$W=0$，$\Delta U>0$ D. $Q=0$，$W<0$，$\Delta U<0$

四、问答题

1. 某化学反应 $\Delta_r C_{p,m} < 0$，则该过程的焓变随温度如何变化？

2. 某化学反应在恒压、绝热和只做体积功的条件下进行，体系的温度由 T_1 升高到 T_2，则此过程的焓变如何变化？

3. 什么样的化学反应热效应受温度的影响不大？

4. 25℃ 101.325kPa 下 Cu-Zn 电池放电做功时放热 4561J，则反应的 ΔH 大于、小于还是等于 4561J？

5. 凡是反应后温度升高的化学反应都是放热反应，这种说法对否？

实验九　燃烧焓的测定

一、实验目的

1. 通过测定萘的燃烧热，掌握有关热化学实验的一般知识和技术。
2. 掌握氧弹式量热计的原理、构造及其使用方法。
3. 掌握高压钢瓶的有关知识并能正确使用。

二、实验原理

燃烧焓是热化学中重要的基本数据。一般化学反应的热效应,往往因为反应太慢或反应不完全,因而难以直接测定。但是,可用燃烧焓数据间接求算。因此燃烧焓广泛地用在各种热化学计算中。许多物质的燃烧焓和反应热已经精确测定。测定燃烧焓的氧弹式量热计是重要的热化学仪器,在热化学、生物化学以及某些工业部门中广泛应用。

燃烧焓可在恒容或恒压情况下测定。由热力学第一定律可知,在不做非膨胀功情况下,恒容反应热 $Q_V = \Delta U$,恒压反应热 $Q_p = \Delta H$。在氧弹式量热计中所测燃烧热为 Q_V,而一般热化学计算用的值为 Q_p,这两者可通过下式进行换算:

$$\Delta_r H_m = \Delta_r U_m + RT \sum_i \nu(i,g)$$

在盛有定量水的容器中,放入内装有一定量样品和氧气的密闭氧弹,然后使样品完全燃烧,放出的热量通过氧弹传给水及仪器,引起温度升高。氧弹量热计的基本原理是能量守恒定律。测量介质在燃烧前后温度的变化值,则恒容燃烧热为

$$Q_V = W(t_终 - t_始)$$

式中 W——样品等物质燃烧放热使水及仪器每升高1℃所需的热量。

W 的求法是用已知燃烧热的物质(如本实验用苯甲酸)放在量热计中燃烧,测定其始、终态温度。一般来说,对不同样品,只要每次的水量相同,W 就是定值。

热化学实验常用的量热计有环境恒温式量热计和绝热式量热计两种。环境恒温式量热计的构造如图7-5所示。

由图7-5可知,环境恒温式量热计的最外层是储满水的外筒(图中5),当氧弹中的样品开始燃烧时,内筒与外筒之间有少许热交换,因此不能直接测出初温和最高温度,需要由温度-时间曲线(即雷诺曲线)进行确定,详细步骤如下。

将样品燃烧前后历次观察的水温对时间作图,连成圆滑折线,如图7-6所示。图中 H 相当于开始燃烧之点,D 为观察到的最高温度读数点,做相当于环境温度的平行线 JI 交折线于 I,过 I 点作 ab 垂线,然后将 FH 线和 GD 线外延交 ab 线 A、C 两点,A、C 线段所代表的温度差即为所求的 ΔT。图中 AA' 为开始燃烧到温度上升至环境温度这一段

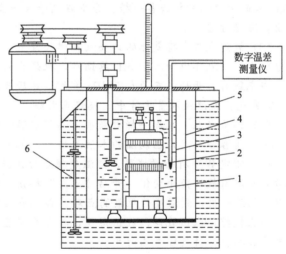

图7-5 环境恒温式氧弹量热计
1—氧弹;2—温度传感器;3—内筒;
4—空气隔层;5—外筒;6—搅拌

时间 Δt_1 内,由环境辐射进来和搅拌引进的能量而造成体系温度的升高值,故必须扣除,CC' 为温度由环境温度升高到最高点 D 这一段时间 Δt_2 内,体系向环境辐射出能量而造成体系温度的降低,因此需要添加上。由此可见 AC 两点的温差是较客观地表示了由于样品燃烧致使量热计温度升高的数值。

有时量热计的绝热情况良好,热漏小,而搅拌器功率大,不断引进能量使得燃烧后的最高点不出现,如图7-7所示。这种情况下 ΔT 仍然可以按照同样方法校正。

三、仪器与药品

氧弹式量热计1套;氧气钢瓶(带氧气表)1个;台秤1台;电子天平1台

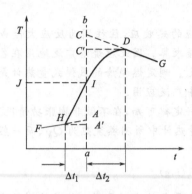
图 7-6　绝热较差时的雷诺校正图

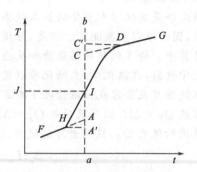
图 7-7　绝热良好时的雷诺校正图

(0.0001g)。

苯甲酸（分析纯）；萘（分析纯）；燃烧丝；棉线。

四、实验步骤

1. W 的测定

（1）仪器预热　将量热计及其全部附件清理干净，将有关仪器通电预热。

（2）样品压片　在电子台秤上称取 0.7～0.8g 苯甲酸，在压片机中压成片状；取约 10cm 长的燃烧丝和棉线各一根，分别在电子天平上准确称重；用棉线把燃烧丝绑在苯甲酸片上，准确称重。

（3）氧弹充氧　将氧弹的弹头放在弹头架上，把燃烧丝的两端分别紧绕在氧弹头上的两根电极上；在氧弹中加入 10mL 蒸馏水，把弹头放入弹杯中，拧紧。

当充氧时，开始先充约 0.5MPa 氧气，然后开启出口，借以赶出氧弹中的空气。再充入 1MPa 氧气。氧弹放入量热计中，接好点火线。

（4）调节水温　准备一桶自来水，调节水温约低于外筒水温 1℃。用容量瓶量取一定体积（视内筒容积而定）已调温的水注入内筒，水面盖过氧弹。装好搅拌头。

（5）测定 W　打开搅拌器，待温度稳定后开始记录温度，每隔 30s 记录一次，直到连续几分钟水温有规律微小变化。开启"点火"按钮，当温度明显升高时，说明点火成功。继续每 30s 记录一次，到温度升至最高点后，再记录几分钟，停止实验。

停止搅拌，取出氧弹，放出余气，打开氧弹盖，若氧弹中无灰烬，表示燃烧完全。将剩余燃烧丝称重，待处理数据时用。

2. 测量萘的燃烧热

称取 0.6～0.7g 萘，重复上述步骤测定。

五、注意事项

1. 内筒中加一定体积的水后若有气泡逸出，说明氧弹漏气，设法排除。
2. 搅拌时不得有摩擦声。
3. 燃烧样品萘时，内筒水要更换且需重新调温。
4. 氧气瓶在开总阀前要检查减压阀是否关好；实验结束后要关上钢瓶总阀，注意排净余气，使指针回零。

六、数据记录与处理

1. 将实验条件和原始数据列表记录。
2. 由实验数据分别求出苯甲酸、萘燃烧前后的 $t_{始}$ 和 $t_{终}$。

3. 由苯甲酸数据求出 W。

$$Q_{总热量}=Q_{样品}(M/m)+Q_{燃丝}m_{燃丝}+Q_{棉线}m_{棉线}=W(t_{终}-t_{始})$$

其中，$Q_{铁丝}=-6695J/g$；$Q_{镍铬丝}=-1400.8J/g$；$Q_{棉线}=-17479J/g$。

4. 求出萘的燃烧热 Q_V，换算成 Q_p。
5. 将所测萘的燃烧热值与文献值比较，求出误差，分析误差产生的原因。

思考与练习

1. 在氧弹里加 10mL 蒸馏水起什么作用？
2. 本实验中，哪些为体系？哪些为环境？实验过程中有无热损耗，如何降低热损耗？
3. 欲测定液体样品的燃烧热，你能想出测定方法吗？

新视野　　　　　能量的有效利用

对于实际生产来说，能量的有效利用是生产水平的重要象征。无论从环保还是从生产效益而言，人们总是希望输入的能量能够最大限度地转化为所需要的能量，于是产生了第一定律效率，定义为

$$\eta=\frac{E_{获得}}{E_{输入}}$$

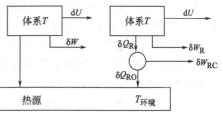

图 7-8　不可逆过程和功损失

η 越大，则利用效率越高。值得我们注意的是第一定律效率虽然很直观，但没有涉及热能等能量的品位，热力学第二定律推出：高温热源的热比低温热源的热品位高。

图 7-8 画出了体系在温度 T 时，进行一个无限小的不可逆过程。体系内能的变化为 dU，功和热分别为 δW 和 δQ，设环境温度为 $T_{环境}$。如果体系进行可逆过程并产生同样的无限小变化，见图中右边部分，功和热分别为 δW_R 和 δQ_R。

由于可逆过程是在无限接近平衡条件下进行的，并满足热平衡条件。因此，环境温度也应该为 T。为了便于和实际过程相比较，可通过在 T 与 $T_{环境}$ 间工作的可逆热机使体系用 δQ_R 产生 δW_{RC}，并放热 δQ_{RO} 给温度为 $T_{环境}$ 的环境，则

$$\delta Q_R = \delta W_{RC} + \delta Q_{RO}$$

在上述式子中，所有功和热的数值正负均对于所研究的体系而言。由于

$$dS+dS_{环境}=0$$

$$dS=-\frac{\delta Q_R}{T} \qquad dS_{环境}=-\frac{\delta Q_{RO}}{T_{环境}}$$

所以

$$dS=-dS_{环境}=\frac{\delta Q_{RO}}{T_{环境}}$$

根据热力学第一定律 $dU=\delta Q+\delta W=\delta Q_R+\delta W_R=\delta Q_{RO}+\delta W_{RC}+\delta W_R$

$$\delta Q_{RO}=\delta Q+\delta W-(\delta W_{RC}+\delta W_R)$$

将以上两式代入 $T_{环境}dS-\delta Q\geqslant 0$，其中 $T_{环境}dS-\delta Q$ 是不可逆程度的量度。

$$T_{环境}dS-\delta Q=\delta Q_{RO}-\delta Q=-\delta W_R-\delta W_{RC}+\delta W$$

$$=-(\delta W_{理想}-\delta W)$$

$$=\delta W_{损失}$$

其中 $W_{理想}=W_R+W_{RC}$ 是环境温度为 $T_{环境}$ 时的理想功,它包括可逆功和可逆热通过可逆热机所做的功。功损失 $W_{损失}$ 则是理想功与实际功的差

$$W_{损失}=-(W_{理想}-W)$$

由上式可见,式 $T_{环境}dS-\delta Q$ 表示的不可逆程度就是过程的功损失。可逆过程做最大的理想功,没有功损失。不可逆过程有功损失,而且功损失越多,不可逆程度越大,所得的功越少于最大功(理想功),这种损失是不可复原的,这正是不可逆的含义,在实际生产中应充分利用这一原理以提高效率,降低功的损失率。

习 题

7-1 某礼堂容积为 $1000m^3$,室温为 283K,压强为 101325Pa,欲使其温度升至 293K,需吸热多少?设空气 $C_{p,m}=\dfrac{7}{2}R$,如室温由 303K 降至 283K,问需导出多少热?

7-2 5.00mol 氧气从 300K、150kPa 的初始状态先恒容冷却,再恒压加热,终态为 225K、75.0kPa。已知 $C_{p,m}=29.1J/(mol \cdot K)$,求整个过程的热 Q。

7-3 设有 0.1kg N_2,温度为 273.15K,压强为 100kPa,分别进行下列过程,求 ΔU、ΔH、Q 及 W。(1)恒容加热至压强为 1519875Pa;(2)恒压膨胀至原体积的 2 倍;(3)恒温可逆膨胀至原体积的 2 倍;(4)绝热可逆膨胀至原体积的 2 倍。

7-4 在 373.15K、101325Pa 下,1mol 水缓慢汽化。373.15K 水汽化的摩尔相变焓为 40.593kJ/mol,1kg 水的体积为 1.043L,1kg 水蒸气的体积为 1677L。求:(1)汽化过程中体系的 ΔU、ΔH、W、Q;(2)如忽略 $V_{液}$,并设水蒸气为理想气体,W 为何值,并与(1)的结果比较。

7-5 在 298.15K、100kPa 下,1mol H_2 与 0.5mol O_2 生成 1mol $H_2O(l)$,放热 285.90kJ。设 H_2 及 O_2 在此条件下均为理想气体,求 ΔU。如此反应在相同的始、末态的条件下改在原电池中进行,做电功为 187.82kJ,求 ΔU、Q 及 W。

7-6 某理想气体从初始态 $p_1=10^6Pa$,体积为 V_1 恒温可逆膨胀到 $5V_1$,体系做功为 1.0kJ,求(1)初始态的体积 V_1;(2)若过程是在 298K 下进行,则该气体物质的量为多少?

7-7 在绝热密闭容器内装水 1kg。开动搅拌器并加热,使容器中的水由 298K 升温至 303K。已知液体水的 $C_{p,m} \approx C_{V,m}=75.31J/(mol \cdot K)$,求 W、Q、ΔU 及 ΔH,结果说明什么?

7-8 苯的正常沸点为 353K,汽化时摩尔相变焓为 30.77kJ/mol,现将 353K,标准压力下的 1mol 液态苯向真空等温蒸发为同温同压的苯蒸气(设为理想气体)。计算该过程苯吸收的热量和做的功。

7-9 2mol 乙醇在正常沸点(78.4℃)下,变为蒸气,其摩尔相变焓为 41.50kJ/mol,乙醇蒸气可视为理想气体。试求该相变过程的 Q、W、ΔU、ΔH。

7-10 五氯化磷分解反应为 $PCl_5(g) \longrightarrow PCl_3(g)+Cl_2(g)$
已知 25℃、$p^{\ominus}$ 下 $PCl_5(g)$、$PCl_3(g)$、$Cl_2(g)$ 的标准摩尔生成焓分别为 $-375kJ/mol$、$-287kJ/mol$、$0kJ/mol$,计算反应的摩尔反应焓。

7-11 $CO(g)+\dfrac{1}{2}O_2(g) \longrightarrow CO_2(g)$ 由 $\Delta_f H_m^{\ominus}$ 数据计算反应的 $\Delta_r H_m^{\ominus}$ 和 $\Delta_r U_m^{\ominus}$ 值。

7-12 利用298.15K时有关物质的标准摩尔生成焓的数据,计算下列反应在298.15K,标准态下的恒压热效应。

(1) $Fe_3O_4(s)+CO \rightleftharpoons 3FeO(s)+CO_2(g)$

(2) $4NH_3(g)+5O_2(g) \rightleftharpoons 4NO(g)+6H_2O(l)$

7-13 利用298.15K时的标准摩尔燃烧焓的数据,计算下列反应在298.15K时的$\Delta_r H_m^\ominus$。

(1) $CH_3COOH(l)+CH_3CH_2OH(l) \longrightarrow CH_3COOCH_2CH_3(l)+H_2O(l)$

(2) $C_2H_4(g)+H_2(g) \longrightarrow C_2H_6(g)$

7-14 在298.15K时,已知下列反应的摩尔反应焓:

(1) $CO(g)+\frac{1}{2}O_2(g) \longrightarrow CO_2(g)$ $\Delta_r H_m^\ominus = -283 kJ/mol$

(2) $H_2(g)+\frac{1}{2}O_2(g) \longrightarrow H_2O(l)$ $\Delta_r H_m^\ominus = -285.8 kJ/mol$

(3) $C_2H_5OH(l)+3O_2(g) \longrightarrow 2CO_2(g)+3H_2O(l)$ $\Delta_r H_m^\ominus = -1370 kJ/mol$

计算反应 $2CO(g)+4H_2(g) \longrightarrow H_2O(l)+C_2H_5OH(l)$ 的 $\Delta_r H_m^\ominus(298K)$。

7-15 在298.15K时,已知下列反应的摩尔反应焓:

(1) $C_6H_5COOH(l)+\frac{15}{2}O_2(g) \longrightarrow 7CO_2(g)+3H_2O(l)$ $\Delta_r H_m^\ominus = -3230 kJ/mol$

(2) $C(s)+O_2(g) \longrightarrow CO_2(g)$ $\Delta_r H_m^\ominus = -394 kJ/mol$

(3) $H_2(g)+\frac{1}{2}O_2(g) \longrightarrow H_2O(l)$ $\Delta_r H_m^\ominus = -286 kJ/mol$

试求算C_6H_5COOH的标准摩尔生成焓。

7-16 当仓鼠从冬眠状态苏醒过来时,它的体温可升高10K。假定仓鼠体温升高所需的热全部来自其体内脂肪酸($M_r=284$)的氧化作用,仓鼠组织的热容(1g仓鼠组织的温度升高1K时所吸收的热)是3.30J/(K·g)。已知脂肪酸的摩尔燃烧焓$\Delta_c H_m^\ominus = -11381 kJ/mol$,试计算一只体重为100g的仓鼠从冬眠状态苏醒过来所需氧化的脂肪酸的质量。

7-17 人体所需能量大多来源于食物在体内的氧化反应,例如葡萄糖在细胞中与氧发生氧化反应生成CO_2和$H_2O(l)$,并释放出能量。通常用燃烧焓去估算人们对食物的需求量,已知葡萄糖的标准摩尔生成焓为$-1260 kJ/mol$,试计算葡萄糖的标准摩尔燃烧热。

7-18 甘油三油酸酯是一种典型的脂肪,它在人体内代谢时发生下列反应:

$C_{57}H_{104}O_6(s)+80O_2(g) \longrightarrow 57CO_2(g)+52H_2O(l)$ $\Delta_r H_m^\ominus = -3.35 \times 10^4 kJ/mol$

如果上述反应热效应的40%可用做肌肉活动的能量,试计算1kg这种脂肪在人体内代谢时将获得的肌肉活动的能量。

7-19 一个人每天通过新陈代谢作用放出10460kJ热量。(1) 如果人是绝热体系,且其体重相当于70kg水,那么一天内体温可上升到多少度?(2) 实际上人是开放体系。为保持体温的恒定,其热量散失主要靠水分的挥发。假设37℃时水汽化的摩尔相变焓为43.3 kJ/mol,那么为保持体温恒定,一天之内一个人要蒸发掉多少水分?已知水的定压摩尔热容为75.3J/(mol·K)。

7-20 制备水煤气的反应:$C(s)+H_2O(g) \longrightarrow CO(g)+H_2(g)$ (主反应)   (1)

$CO(g)+H_2O(g) \longrightarrow CO_2(g)+H_2(g)$ (少量)   (2)

将此混合气体冷却至室温(假定为298K)即得水煤气,其中含$CO(g)$、$H_2(g)$及少量的$CO_2(g)$,水蒸气可忽略不计。问:如只发生第一个反应,那么将1L的水煤气燃烧放出的热量为多少?已知$p^\ominus$,298K下各物质的标准摩尔生成焓数据:$\Delta_f H_m^\ominus(H_2O,g)=$

-241.8kJ/mol，$\Delta_f H_m^\ominus(CO,g) = -110.5$kJ/mol，$\Delta_f H_m^\ominus(CO_2,g) = -393.5$kJ/mol。假定燃烧反应的产物均为气体。

7-21 0.01m³氧气由273K，1MPa经过(1)绝热可逆膨胀；(2)对抗外压 $p=0.1$MPa 做绝热不可逆膨胀，气体最后压力均为0.1MPa，求两种情况所做的功。已知氧气的 $C_{p,m}=29.36$J/(K·mol)。

7-22 将1mol单原子理想气体，在1.013×10^5Pa下从298K加热到373K，再恒温可逆膨胀至体积增加一倍，最后绝热可逆膨胀至温度为308K，求全过程的 W，Q，ΔU，ΔH。

7-23 在工业上用乙炔火焰切割金属，请计算乙炔与压缩空气混合燃烧时的火焰最高温度。设环境温度为25℃，压力为100kPa。空气中的氮氧比为4∶1。已知25℃时的数据如下：

物质	$\Delta_f H_m^\ominus$/(kJ/mol)	$\overline{C}_{p,m}$/[J/(mol·K)]
$CO_2(g)$	-393.51	37.1
$H_2O(g)$	-241.82	33.58
$C_2H_2(g)$	226.7	43.93
$N_2(g)$	0	29.12

7-24 利用 $CaCO_3$、CaO 和 CO_2 的 $\Delta_f H_m^\ominus(298.15K)$ 的数据，估算煅烧1000kg石灰石（以纯 $CaCO_3$ 计）成为生石灰所需的热量。又在理论上要消耗多少燃料煤（以标准煤的热值估算）？

第八章 热力学第二定律

> **学习目标**
> 1. 理解自发过程和自发过程的共同特征。
> 2. 从热、功转化的不可逆性理解热力学第二定律。
> 3. 了解熵的统计意义,理解熵的状态函数特性。
> 4. 理解熵判据,能够计算简单过程的熵变。
> 5. 理解吉布斯函数的由来和吉布斯函数判据。
> 6. 能够计算简单过程的吉布斯函数变化值。
> 7. 了解热力学基本关系。

热力学第一定律是能量守恒与转化定律。自然界实际发生的过程,都服从热力学第一定律。但是,不是所有服从热力学第一定律的过程都能自动发生。例如,热由高温物体流向低温物体或由低温物体流向高温物体都不违背热力学第一定律。但实际上,热总是自发地由高温物体流向低温物体,而不是相反。显然,对于在指定条件下,某个过程能否自动发生;若能发生,进行到什么程度为止;若不能自动发生,能否改变条件促使其发生等有关过程方向和限度的问题,热力学第一定律是无法回答的。如何判断自然界中任何一种变化过程的方向和限度,是热力学第二定律所要解决的问题。

本章将阐述热力学第二定律的内容及其应用。

第一节 热力学第二定律

一、自发过程

自发过程是指不需外力帮助就能自动进行的过程。在适当条件下,自发过程具有对外做功的能力。

自发过程是自然界中普遍存在的现象。一个质量为 m 的重物离地面的高度为 h,因为重力的作用,具有势能 mgh。我们根据经验都知道重物落在地面是个自发过程。当重物下落撞击地面时,原来集中于重物上的势能消失,转化成了等量的热。这些热将升高与重物接触的地面分子的温度,加剧这些分子的无序振动,然后这些分子还会借助振动而把能量传递给周围更多的分子,直到温度均匀为止。在这个简单的例子中,只要把重物和地面看成一个隔离体系,那么上述自发过程是向着能量分散度增大的方向进行的。同时我们也知道,构成地面的大量分子借助分子振动而把等量的能量集中在与重物接触的那些分子上,而这些分子在某一瞬间同时向上振动,并把能量传递给重物,使重物又回升到原来高度 h,这是不可能的。也就是说,作为总的结果,隔离体系中能量自动集中的过程是不可能发生的。上述特征是否具有普遍意义呢? 我们将其推广到其他事例中进行验证。

(1) 理想气体的扩散 理想气体扩散会充满整个容器,这是一个普遍的自发过程。如果把容器作为隔离体系,则该过程中气体分子活动空间的扩大与能量分散程度的增大是完全一致的,所以该自发过程的方向也符合隔离体系中自发过程向着能量分散度增大的方向进行的规律。上述过程的反过程：理想气体分子自动集中到某一部分体积中是不可能自动发生的，这也说明了隔离体系中能量自动集中的过程不可能发生。

（2）高温的金属与低温气体接触　金属和气体组成一个隔离体系，热自动由金属传给低温气体。温度越高，分子运动的能量越高。高能量分子与低能量分子经过碰撞发生能量转移，能量逐渐分散，使各部分分子平均能量趋于一致。这个过程的反过程：高能量分子自动集中于某一部分，而低能量分子自动集中于另一部分是不会自动发生的。也就是说，热自动从低温物体传给高温物体，使能量进一步集中到高温物体上的过程是不可能发生的。

类似上述的例子很多。自发过程总是向着能量分散度增大的方向进行的规律具有普遍性。

任何自发过程都有一定的方向和限度。过程一旦进行，就表示体系状态发生变化，因此必定有一个或多个状态函数随之改变。例如，水流方向用水位高度差、热传递的方向用温度差、物体从高处下落用势能差等。我们将自发过程的方向和判据表达列于表 8-1 中。

表 8-1　各种过程自发进行的方向和限度的判断

过程性质	判据	自发条件	限度
水由高向低流动	Δh	$\Delta h < 0$	$\Delta h = 0$
热量由高温传到低温	ΔT	$\Delta T < 0$	$\Delta T = 0$
物体从高处落到低处	$\Delta(mgh)$	$\Delta(mgh) < 0$	$\Delta(mgh) = 0$
空气由高压到低压流动	Δp	$\Delta p < 0$	$\Delta p = 0$

很显然，各种不同的过程都有不同的状态函数作为判据，这是事物的个性。它们的共性是什么呢？从前面的分析可知，自发过程的共同特征是：隔离体系中，所发生的过程都朝着能量分散程度增大的方向进行。隔离体系的能量分散程度是体系中大量微观质点的某些运动情况的综合表现，因此应该体现出一种宏观性质，也是一个状态函数，我们把这个状态函数叫做熵，用符号 S 表示。在隔离体系中，自发过程总是向着熵增大的方向进行。

二、熵的物理意义

熵是能量分散的度量。从分子运动的角度看，分子是能量的载体，能量越分散，分子运动越混乱。因此，也可以说，熵是体系内部分子热运动混乱程度的量度，这就是熵的物理意义。

当物质处于固体状态时，分子或离子大多数固定在晶格上，只有振动，而转动和移动都很弱。当物质处于液态时，分子不再是固定在一个位置上，而是可以自由地转动和移动。至于气体，分子的运动大为增强，也更为杂乱，运动的空间充满容器，比液体、固体的大很多。显然，从固体到液体再到气体，分子运动混乱程度依次增加，因而熵值也依次增大。当温度升高时，同一相态物质的分子热运动增强，分子运动混乱程度增大，熵也增大。对于气体，若恒温下压力降低，则体积增大，分子在增大的空间内运动，就更为混乱，熵也将增大。

利用熵的物理意义，我们可以定性地估计各种物理变化和化学变化过程的熵值变化情况。

（1）物质的量 n　n 增加，熵增大。

（2）相变化　固体、液体、气体的熵依次增大。

（3）单纯 p、V、T 变化　p 升高，熵减小；V 增大或 T 升高，熵增大。

（4）化学变化　增加分子数的反应，熵增大；反之，熵减小。

因此，状态函数熵取决于体系的物质种类、数量和物理状态，它是体系的广延性质。

三、熵变的定义

熵体现了体系的混乱度,那么熵变在宏观上又有什么体现呢?简单地说:熵变等于可逆过程的热温商。即在温度 T 时,体系进行一个无限小的可逆过程,吸收(或放出)热 δQ_r,并引起无限小的熵变 dS。则

$$dS = \frac{\delta Q_r}{T} \tag{8-1}$$

体系的熵等于体系各部分熵的总和。当体系处于一定状态时,体系的熵有唯一确定的值。当状态改变时,体系的熵变仅取决于始终态而与变化途径无关,即 $\Delta S = S_2 - S_1$。由熵变定义式可知,熵的单位为 J/K。

四、热力学第二定律

1. 热力学第二定律的几种说法

热力学第二定律和热力学第一定律一样,是人们长期经验的总结。热力学第二定律的表述方法很多。这里只介绍人们最常引用的两种表述形式。

(1)克劳修斯(Clausius)说法(1850年) 热不能自动地从低温物体传到高温物体。这种表述指明了热传导的不可逆性。

热从高温传向低温,其相反的过程可以发生,但不是无条件发生,可用一制冷机,如空调可以在房间内温度低于室外温度的条件下,把热量从室内转移到室外,也就是说热从高温传向低温的相反过程可以发生,使热从低温处传到高温处,是有条件的,空调需要用电,即电功转变成热,室内的空气可以恢复原状,但环境不能复原,功转换成了热。

(2)开尔文(Kelvin)说法(1851年) 不可能从单一热源吸热使之完全变为功,而不引起任何其他变化。

对于开尔文说法,应当注意这里并没有说热不能完全变为功,而是说在不引起其他变化的条件下,从单一热源取出的热不能完全转变为功。例如理想气体恒温膨胀时,$\Delta U = 0$,$W = -Q$,吸收的热全部变为功,但体系的体积变大了,压力变小了。开尔文说法指明了热功转化的不可逆性。

从单一热源吸取热量,使之完全变为功而不引起其他变化的机器称为第二类永动机。第二类永动机不违反热力学第一定律。如果第二类永动机能够造成,就能不断地从海洋、大气等单一热源吸取热量,并将所吸收的热量全部变为功。于是轮船在海洋中航行,飞机在空中飞行就不需要携带燃料了。有人曾计算过,地球表面有 10 亿立方千米的海水,以海水作单一热源,若把海水的温度哪怕只降低 0.25℃,放出热量,将能变成一千万亿度的电能,足够全世界使用一千年。然而制作第二类永动机的所有实验,都失败了。人们从失败中认识到,第二类永动机是不可能造成的。热机工作时必须有温度不同的至少两个热源。热机从高温热源吸取的热量,部分转化为功,部分传给低温热源。

开尔文说法也可表述为:第二类永动机是不可能造出来的。

热力学第二定律的各种说法均是等效的,如果某一种说法不成立,则其他说法也不会成立。这里就不再证明了。

(3)熵增大说法 隔离体系中自发过程是向着熵增大的方向进行,当熵增到极大时,熵不再发生变化。利用这一原理得出如下结论:

$$\Delta S \begin{cases} >0 & \text{自发过程} \\ =0 & \text{平衡} \\ <0 & \text{逆过程自发} \end{cases} \tag{8-2}$$

利用熵变判断过程的方向和限度仅适用于隔离体系。一般变化过程都不是在隔离体系中进行，但由于体系与环境总是密切联系的，因此我们可以人为地把体系扩大，将环境也包括在一起，构成一个隔离体系，则总熵变为

$$\Delta S_{总} = \Delta S_{体系} + \Delta S_{环境} \tag{8-3}$$

式中 $\Delta S_{体系}$——体系的熵变；

$\Delta S_{总}$——隔离体系的总熵变；

$\Delta S_{环境}$——环境的熵变。

$\Delta S_{环境}$的计算方法：将环境看成一个无限大的热源，体系与环境进行热交换可看作可逆过程，就好比从大海中提取一壶水并不降低海平面高度一样。因此

$$\Delta S_{环境} = -\int_1^2 \frac{\delta Q}{T_{环境}} \tag{8-4}$$

式中 δQ——体系吸收或放出的热；

"—"——由于环境与体系的吸放热总是符号相反的，体系吸热则环境放热，体系放热则环境吸热，所以计算环境的熵变要加"—"。

2. 热力学第二定律的数学表达式

热力学第二定律就是解决过程的方向问题的，可以判断过程在一定条件下是可能发生的，还是不可能发生的，而可能发生是自发的还是非自发的。可以用状态函数熵的变化值来表示。

假设某一过程要使体系从状态 1 变化到状态 2，则按式(8-2)～式(8-4) 可得

$$\Delta S \begin{cases} > \int_1^2 \frac{\delta Q}{T_{环境}} & \text{体系发生不可逆过程} \\ = \int_1^2 \frac{\delta Q}{T_{环境}} & \text{体系发生可逆过程} \\ < \int_1^2 \frac{\delta Q}{T_{环境}} & \text{该过程不能发生} \end{cases} \tag{8-5a}$$

若状态变化为无穷小，则上式可以写成

$$dS \begin{cases} > \frac{\delta Q}{T_{环境}} & \text{体系发生不可逆过程} \\ = \frac{\delta Q}{T_{环境}} & \text{体系发生可逆过程} \\ < \frac{\delta Q}{T_{环境}} & \text{该过程不能发生} \end{cases} \tag{8-5b}$$

式(8-5) 称为克劳修斯不等式，也是热力学第二定律的数学表达式。

【例题 8-1】 在 25℃、100kPa 下，已知下列反应

$$4Fe(s) + 3O_2(g) \longrightarrow 2Fe_2O_3(s)$$

$\Delta S = -549.4 J/K$，反应放出热量 1648.4J，试判断反应自发进行的方向。

解 根据式(8-5) 计算可得

$$\Delta S_{总} = \Delta S_{体系} + \Delta S_{环境} = \Delta S_{体系} - \int_1^2 \frac{\delta Q}{T_{环境}}$$

$$= -549.4 - \frac{-1648.4 \times 10^3}{298}$$

$$= 4982 \, (J/K)$$

$\Delta S_\text{总} > 0$，说明在常温常压下铁生锈是一个不可逆过程。因为没有外力作用，显然反应是自发过程。

思考与练习

一、填空题

1. 理想气体从状态Ⅰ膨胀到状态Ⅱ，可用_____判据判断过程的自发性。
2. 历史上曾提出过两类永动机。第一类永动机指的是_____就能做功的机器，因为它违反了_____定律，所在制造不出来。第二类永动机指的是_____，它并不违反_____定律，但它违反了自然规律，即_____定律，同样是制造不出来的。
3. 热从低温物体传到高温物体是可以的，但一定会_____。
4. 熵增大原理就是在隔离体系中_____。
5. 对于隔离体系中发生的可逆过程，熵变_____零。

二、判断题

1. 能发生的过程一定是自发的。
2. 功可以全部变成热，但热一定不能全部转化为功。
3. 从单一热源吸取热量而全部变为功是可能的。
4. 家里没有空调，可以打开冰箱门来代替空调达到降温的目的。
5. 熵增加原理就是隔离体系的熵永远增加。

三、单选题

1. 关于热力学第二定律，下列说法不正确的是（   ）。
   A. 第二类永动机是不可能制造出来的
   B. 把热从低温物体传到高温物体，不引起其他变化是不可能的
   C. 一切实际过程都是热力学不可逆过程
   D. 功可以全部转化为热，但热一定不能全部转化为功
2. 下列说法中不正确的是（   ）。
   A. 夏天将室内电冰箱门打开，接通电源，紧闭门窗（设墙壁、门窗均不传热），可降低室温
   B. 可逆机的效率最高，用可逆机去拖动火车，可加快速度
   C. 在绝热封闭体系中发生一个不可逆过程从状态Ⅰ→Ⅱ，不论用什么方法体系再也回不到原来状态Ⅰ
   D. 封闭绝热循环过程不一定是可逆循环过程
3. 将一玻璃球放入真空容器中，球内已封入 1mol 水（101.3kPa，373K），真空容器内部恰好容纳 1mol 的水蒸气（101.3kPa，373K），若保持整个体系的温度为 373K，小球被击破后，水全部汽化成水蒸气，则（   ）。
   A. $\Delta H > 0$ B. $Q > 0$ C. $\Delta U > 0$ D. $\Delta S > 0$
4. 以下不可能实现的循环过程是（   ）。
   A. 由绝热线、等温线、等压线组成的循环
   B. 由绝热线、等温线、等容线组成的循环
   C. 由等容线、等压线、绝热线组成的循环
   D. 由两条绝热线和一条等温线组成的循环

5. 功与热的转变过程中，下面叙述正确的是（　　）。
A. 能制成一种循环动作的热机，只从一个热源吸取热量，使之完全变为有用功
B. 其他循环的热机效率不可能达到可逆卡诺机的效率，可逆卡诺机的效率最高
C. 热量不可能从低温物体传到高温物体
D. 绝热过程对外做正功，则体系的内能必减少

四、问答题

1. 理想气体恒温可逆膨胀过程 $\Delta U=0$，$Q=-W$。说明理想气体从单一热源吸热并全部转变为功，这与热力学第二定律的开尔文说法有无矛盾？为什么？

2. 下列两种说法是否正确，说明原因。
(1) 不可逆过程一定是自发过程；
(2) 自发过程一定是不可逆过程。

3. 甲说：由热力学第一定律可证明，任何热机的效率不能等于1。乙说：热力学第二定律可以表述为效率等于100%的热机不可能制成。丙说：由热力学第一定律可以证明任何可逆热机的效率都等于 $1-\dfrac{T_2}{T_1}$。丁说：由热力学第一定律可以证明理想气体可逆卡诺热机的效率等于 $1-\dfrac{T_2}{T_1}$。对于以上叙述进行评价。

4. 用旋转的叶片使绝热容器中的水温上升（焦耳热功当量实验），这是一个可逆过程吗？

5. 通过活塞（它与器壁无摩擦），极其缓慢地压缩绝热容器中的空气，这是一个可逆过程吗？

第二节　熵变计算

熵变等于可逆过程的热温商，即式(8-1)，这是计算熵变的基本公式。如果某过程不可逆，则利用熵是状态函数，ΔS 大小与途径无关的特点，在始终态之间设计可逆过程进行计算，这是计算熵变的基本思路和基本方法。下面介绍单纯 pVT 变化过程、化学反应和相变过程 ΔS 的计算方法。

一、没有非体积功的单纯 pVT 变化过程

(1) 恒温过程

$$\Delta S = \frac{Q_r}{T} \tag{8-6}$$

对于理想气体恒温可逆过程，$\Delta U=0$，得

$$Q_r = -W_r = nRT\ln\frac{V_2}{V_1} = nRT\ln\frac{p_1}{p_2}$$

代入式(8-6) 得

$$\Delta S = nR\ln\frac{V_2}{V_1} = nR\ln\frac{p_1}{p_2} \tag{8-7}$$

上式虽然是通过理想气体恒温可逆过程推出来的，但对于理想气体恒温不可逆过程（如向真空膨胀）也是适用的。由上式可知，若 $p_1>p_2$，则 $\Delta S=S(p_2)-S(p_1)>0$，即 $S(p_2)>S(p_1)$。这说明在恒温下，一定量气态物质的熵随压力降低或体积增大而增大。

压力对凝聚态物质的熵影响很小。所以，对于凝聚态物质的恒温过程，若压力变化不

大，则熵变近似等于零，即
$$\Delta S = 0$$

(2) **恒容过程** 不论气体、液体或固体，恒容可逆过程均有
$$\delta Q_r = \delta Q_V = dU = nC_{V,m}dT$$

将上式代入式(8-1)可得恒容过程熵变的计算公式：
$$\Delta S = \int_{T_1}^{T_2} \frac{nC_{V,m}}{T} dT \tag{8-8a}$$

当 $C_{V,m}$ 可视为常数时，则：
$$\Delta S = nC_{V,m} \ln \frac{T_2}{T_1} \tag{8-8b}$$

以上二式也适用于气体、液体或固体恒容不可逆过程。

(3) **恒压过程** 不论气体、液体或固体，恒压可逆过程均有
$$\delta Q_r = \delta Q_p = dH = nC_{p,m}dT$$

将上式代入式(8-1)得恒压过程熵变的计算公式
$$\Delta S = \int_{T_1}^{T_2} \frac{nC_{p,m}}{T} dT \tag{8-9a}$$

当 $C_{p,m}$ 可视为常数时，则：
$$\Delta S = nC_{p,m} \ln \frac{T_2}{T_1} \tag{8-9b}$$

以上二式也适用于气体、液体和固体恒压不可逆过程。

由式(8-8b)和式(8-9b)可知，若 $T_2 > T_1$，则 $\Delta S = S(T_2) - S(T_1) > 0$，即 $S(T_2) > S(T_1)$。这说明在恒容或恒压下，一定量物质的熵随温度升高而增大。

(4) **理想气体 p、V、T 同时改变的过程** 由热力学第一定律可知，当 p、V、T 均发生变化时，微小的可逆热为
$$\delta Q_r = dU - \delta W_r = dU + p dV$$

将理想气体的 $dU = nC_{V,m}dT$ 和 $p = nRT/V$ 代入上式得
$$\delta Q_r = nC_{V,m}dT + \frac{nRT}{V}dV$$

将上式代入式(8-1)得
$$\Delta S = \int_{T_1}^{T_2} \frac{nC_{V,m}}{T} dT + \int_{V_1}^{V_2} \frac{nR}{V} dV$$

若理想气体的 $C_{V,m}$ 可视为常数，对上式积分得
$$\Delta S = nC_{V,m} \ln \frac{T_2}{T_1} + nR \ln \frac{V_2}{V_1} \tag{8-10a}$$

将 $V_2 = nRT_2/p_2$ 和 $V_1 = nRT_1/p_1$ 代入上式，整理，得
$$\Delta S = nC_{p,m} \ln \frac{T_2}{T_1} + nR \ln \frac{p_1}{p_2} \tag{8-10b}$$

将 $T_2 = \frac{p_2 V_2}{nR}$ 和 $T_1 = \frac{p_1 V_1}{nR}$ 代入式(8-10a)或式(8-10b)，整理，得
$$\Delta S = nC_{V,m} \ln \frac{p_2}{p_1} + nC_{p,m} \ln \frac{V_2}{V_1} \tag{8-10c}$$

式(8-10)适用于理想气体封闭体系、没有非体积功的，$C_{V,m}$、$C_{p,m}$ 为常数的单纯 pVT 变化过程。根据绝热体系熵判据，绝热可逆过程的熵变等于零，绝热不可逆过程的熵变大于

零。利用以上三式可计算理想气体绝热不可逆过程的熵变。

【例题 8-2】 1mol 理想气体由始态（298K，10^6Pa）分别经下列途径膨胀到终态（298K，10^5Pa）。(1) 恒温可逆膨胀；(2) 恒温自由膨胀。求此二途径的熵变。

解 根据题意，将体系的始、终态及具体过程用如下框图表示。

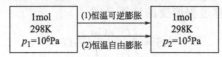

(1) 恒温可逆膨胀
根据式(8-7)

$$\Delta S = nR \ln \frac{p_1}{p_2} = 1 \times 8.314 \times \ln \frac{10^6}{10^5} = 19.14 \text{ (J/K)}$$

由于恒温可逆膨胀过程中，体系与环境有功和热的交换，不是隔离体系，故此熵变不能作为过程可逆性的判据。

(2) 恒温自由膨胀（$p_{环境}=0$）
该过程与 (1) 有相同的始终态，所以计算熵变的方法及结果与 (1) 相同。即

$$\Delta S = 19.14 \text{J/K}$$

由于理想气体恒温自由膨胀时，$\Delta U=0$，$W=0$，$Q=0$，体系本身为隔离体系。所以，$\Delta S>0$ 说明理想气体恒温自由膨胀过程是自发过程。

【例题 8-3】 在 100kPa 下，将 2mol $H_2O(l)$ 从 25℃加热到 50℃，求该过程的熵变。已知 $C_{p,m}(H_2O, l)=75.3$J/(mol·K)。

解 这是 $H_2O(l)$ 恒压升温过程。根据式(8-9b)

$$\Delta S = nC_{p,m}\ln\frac{T_2}{T_1} = 2 \times 75.3 \times \ln\frac{323.15}{298.15} = 12.13 \text{ (J/K)}$$

【例题 8-4】 10mol H_2 由 25℃、10^5Pa 绝热压缩到 325℃、10^6Pa。求此过程的 ΔS。已知 H_2 的 $C_{p,m}=29.1$J/(mol·K)。

解

$$\boxed{\begin{array}{c} H_2, 10\text{mol} \\ 25℃, 10^5\text{Pa} \end{array}} \xrightarrow[\text{纯热压缩}]{\Delta S} \boxed{\begin{array}{c} H_2, 10\text{mol} \\ 325℃, 10^6\text{Pa} \end{array}}$$

从已知条件不能判断此绝热过程是否可逆，因此不能作为绝热可逆过程处理。将已知数据代入式(8-10b)

$$\Delta S = nC_{p,m}\ln\frac{T_2}{T_1} + nR\ln\frac{p_1}{p_2}$$

$$= 10 \times 29.1 \times \ln\frac{598.15}{298.15} + 10 \times 8.314 \times \ln\frac{10^5}{10^6} = 11.17 \text{ (J/K)} > 0$$

根据绝热体系熵判据可知，此过程是绝热不可逆压缩过程。

二、相变过程的熵变计算

因为可逆相变是恒温恒压且没有非体积功的可逆过程，所以

$$Q_r = Q_p = \Delta_\alpha^\beta H = n\Delta_\alpha^\beta H_m$$

代入式(8-6)，则可逆相变过程的熵变为

$$\Delta_\alpha^\beta S = \frac{\Delta_\alpha^\beta H}{T} = \frac{n\Delta_\alpha^\beta H_m}{T} \tag{8-11}$$

由于熔化和蒸发时吸热,故由上式可知,在同一温度、压力下,同一物质气、液、固三态的摩尔熵的数值有如下关系:$S_m(s) < S_m(l) < S_m(g)$。

【例题 8-5】 已知冰融化时的摩尔相变焓 $\Delta_s^l H_m(273.15K) = 6.01 kJ/mol$,$C_{p,m}(H_2O, l) = 75.3 J/(K \cdot mol)$,$C_{p,m}(H_2O, s) = 37.6 J/(K \cdot mol)$。试计算下列过程的 ΔS。

(1) 在 273.15K,101325Pa 下 1mol 水结冰;
(2) 在 263.15K,101325Pa 下 1mol 水结冰。

解 (1)

$$\boxed{\begin{array}{c}1mol\ H_2O(l)\\273.15K,101325Pa\end{array}} \longrightarrow \boxed{\begin{array}{c}1mol\ H_2O(s)\\273.15K,101325Pa\end{array}}$$

273.15K 是冰的正常熔点。在 273.15K 和 101325Pa 下,水和冰可以平衡共存。所以,该结冰过程是可逆相变。根据式(8-11)

$$\Delta S = \frac{n \Delta_l^s H_m}{T} = -\frac{n \Delta_s^l H_m}{T} = -\frac{1 \times 6.01 \times 10^3}{273.15} = -22.0 \text{ (J/K)}$$

(2) 过冷水的结冰过程是不可逆相变,为求熵变,在始终态之间设计如下框图所示的可逆途径:

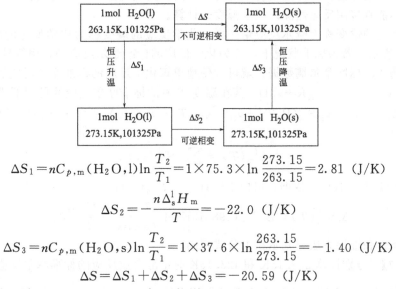

$$\Delta S_1 = nC_{p,m}(H_2O, l) \ln \frac{T_2}{T_1} = 1 \times 75.3 \times \ln \frac{273.15}{263.15} = 2.81 \text{ (J/K)}$$

$$\Delta S_2 = -\frac{n \Delta_s^l H_m}{T} = -22.0 \text{ (J/K)}$$

$$\Delta S_3 = nC_{p,m}(H_2O, s) \ln \frac{T_2}{T_1} = 1 \times 37.6 \times \ln \frac{263.15}{273.15} = -1.40 \text{ (J/K)}$$

$$\Delta S = \Delta S_1 + \Delta S_2 + \Delta S_3 = -20.59 \text{ (J/K)}$$

应该指出,该过程虽然 $\Delta S < 0$,但不能说这是非自发过程,因为这不是隔离体系,它不适用熵判据。要对此过程进行判断,还必须计算环境熵变,重新划定大的隔离体系。

【例题 8-6】 某汽缸中有 2mol、400K 的 $N_2(g)$,在 100kPa、300K 的大气中散热直至平衡,计算 $N_2(g)$ 的熵变 ΔS、大气的熵变 ΔS_{su} 及总熵变 $\Delta S_{总}$。已知 $C_{p,m}(N_2) = 29.12 J/(K \cdot mol)$。

解 $N_2(g)$ 的始、终态及散热过程如下所示

$$\boxed{\begin{array}{c}N_2(g),2mol\\p=100kPa\end{array}} \xrightarrow{\text{恒压},\ T_{su}=300K} \boxed{\begin{array}{c}N_2(g),2mol\\p=100kPa\end{array}}$$

这是恒压降温过程。根据式(8-9b)

$$\Delta S = nC_{p,m} \ln \frac{T_2}{T_1} = 2 \times 29.12 \times \ln \frac{300}{400} = -16.75 \text{ (J/K)}$$

$$Q_p = \Delta H = nC_{p,m}(T_2 - T_1) = 2 \times 29.12 \times (300 - 400) = -5824 \text{ (J)}$$

因环境(即大气)很大,故

$$\Delta S_{su} = -\frac{Q_p}{T_{su}} = -\frac{-5824}{300} = 19.41 \text{ (J/K)}$$

$$\Delta S_{总} = \Delta S + \Delta S_{su} = -16.75 + 19.41 = 2.66 \text{ (J/K)}$$

$\Delta S_{总} > 0$ 表明 $N_2(g)$ 向大气散热是自发过程。

三、化学反应熵变计算

根据熵的物理意义，纯物质的熵可看作压力、温度、物质数量、相态和化学性质的函数。当温度、压力和物质的量都确定后，熵的绝对值仅仅由相态和化学性质所决定。由此引出标准熵的概念。

1. 标准摩尔熵

在标准状态和温度 T 时，1mol 纯物质的熵，称为该物质的标准摩尔熵。用符号 $S_m^{\ominus}(B,相态,T)$ 表示。可以从物理化学手册中查到部分物质在 25℃ 的标准摩尔熵 $S_m^{\ominus}(B,相态,298.15K)$。

2. 标准摩尔反应熵的计算

化学反应一般都是在不可逆情况下进行的，所以其反应热不是可逆热。因此，化学反应的熵变一般不能直接用反应热除以反应温度来计算。

与化学反应的焓变称为摩尔反应焓一样，化学反应的熵变称为化学反应的摩尔反应熵，用符号 $\Delta_r S_m^{\ominus}$ 表示。若为标准状况下，称为化学反应的标准摩尔反应熵，用符号 $\Delta_r S_m^{\ominus}$ 表示。

有了各物质的标准摩尔熵数据，就可方便地求算化学反应的标准摩尔反应熵。对于任意化学反应 $\nu_A A + \nu_B B \rightleftharpoons \nu_R R + \nu_D D$，其在温度 T 时的标准摩尔反应熵可用下式计算：

$$\Delta_r S_m^{\ominus}(T) = \nu_R S_m^{\ominus}(R,T) + \nu_D S_m^{\ominus}(D,T) - \nu_A S_m^{\ominus}(A,T) - \nu_B S_m^{\ominus}(B,T)$$

上式可简写成

$$\Delta_r S_m^{\ominus}(T) = \sum_i \nu_i S_m^{\ominus}(i,T) \tag{8-12}$$

若已知 $\Delta_r S_m^{\ominus}(298.15K)$ 的数据，可由下式计算 $\Delta_r S_m^{\ominus}(T)$：

$$\Delta_r S_m^{\ominus}(T) = \Delta_r S_m^{\ominus}(298.15K) + \int_{298.15K}^{T} \frac{\Delta_r C_{p,m}}{T} dT \tag{8-13}$$

上式的适用条件和推导方法与基尔霍夫公式相同。

【例题 8-7】 分别计算 298.15K 和 423.15K 时甲醇合成反应的标准摩尔反应熵。反应方程式为

$$CO(g) + 2H_2(g) \longrightarrow CH_3OH(g)$$

已知各物质 298.15K 的标准摩尔熵及平均恒压摩尔热容如下：

组分	CO(g)	H$_2$(g)	CH$_3$OH(g)
$S_m^{\ominus}/[\text{J}/(\text{K}\cdot\text{mol})]$	197.56	130.57	239.7
$C_{p,m}/[\text{J}/(\text{K}\cdot\text{mol})]$	29.04	29.29	51.25

解 根据式(8-12)

$$\Delta_r S_m^{\ominus}(298.15K) = S_m^{\ominus}(CH_3OH) - S_m^{\ominus}(CO) - 2S_m^{\ominus}(H_2)$$
$$= 239.7 - 197.56 - 2 \times 130.57 = -219.0 \text{ [J/(K·mol)]}$$

$$\Delta_r C_{p,m} = C_{p,m}(CH_3OH) - C_{p,m}(CO) - 2C_{p,m}(H_2)$$
$$= 51.25 - 29.04 - 2 \times 29.29 = -36.37 \text{ [J/(K·mol)]}$$

根据式(8-13)

$$\Delta_r S_m^\ominus(423.15\text{K}) = \Delta_r S_m^\ominus(298.15\text{K}) + \int_{298.15\text{K}}^{423.15\text{K}} \frac{\Delta_r C_{p,m}}{T}\mathrm{d}T$$

$$= -219.0 - 36.37 \times \ln\frac{423.15}{298.15} = -231.7 \ [\text{J}/(\text{K}\cdot\text{mol})]$$

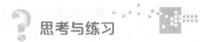

思考与练习

一、填空题

1. 根据熵的统计意义可以判断石灰石分解生成石灰和二氧化碳过程中的熵值_____（增大、减小、不变）；水蒸气冷却成水的熵值_____；乙烯聚合成聚乙烯的熵值_____；理想气体绝热可逆膨胀的熵值_____；理想气体恒压膨胀的熵值_____。

2. 在 270K、100kPa 下，1mol 过冷水经恒温恒压过程凝结为冰，则体系及环境的 $\Delta S_{体系}$_____0，$\Delta S_{环境}$_____0。

3. 在绝热封闭条件下，体系的 ΔS 的值可以直接用作过程方向的判据，$\Delta S=0$ 表示_____过程，$\Delta S>0$ 表示_____过程，$\Delta S<0$ 表示过程_____；原因是_____。

4. 熵是体系的状态函数，按性质分类，熵属于_____性质。在隔离体系中，一切自发过程均向着体系的熵值_____的方向进行。直至平衡时，熵值达到此条件下的_____为止。在隔离体系中绝不会发生熵值_____的过程。

5. 从熵的物理意义上看，它是量度体系_____的函数。当物质由它的固态变到液态，再变到气态时，它的熵值应是_____的。而当温度降低时，物质的熵值应是_____的。

二、判断题

1. 所有绝热过程的 Q 为零，ΔS 也必为零。
2. 熵值不可能为负值。
3. 某一化学反应的热效应被反应温度 T 除，即得此反应的 $\Delta_r S_m$。
4. 因为 $\Delta S = \int_A^B \delta Q_R/T$，所以只有可逆过程才有熵变；而 $\Delta S > \sum_A^B \delta Q_{IR}/T$，所以不可逆过程只有热温商，没有熵变。
5. 物质的标准熵 $S_m^\ominus(298\text{K})$ 值是该状态下熵的绝对值。

三、单选题

1. 体系经不可逆过程，下列物理量一定大于零的是（　　）。
   A. ΔU　　　B. ΔH　　　C. ΔS　　　D. ΔG

2. 一个很大的恒温箱放着一段电阻丝，短时通电后，电阻丝的熵变（　　）。
   A. >0　　　B. <0　　　C. $=0$　　　D. 无法确定

3. 液体苯在其正常沸点下恒压蒸发，此过程的 ΔS（　　）。
   A. 大于零　　　B. 小于零　　　C. 等于零　　　D. 不能确定

4. 下列关于化学反应的自发性叙述中正确的是（　　）。
   A. 焓变小于 0 而熵变大于 0 的反应肯定是自发的
   B. 焓变和熵变都小于 0 的反应肯定是自发的
   C. 焓变和熵变都大于 0 的反应肯定是自发的
   D. 焓变大于 0 而熵变小于 0 的反应肯定是自发的

5. 298K 和 101.325kPa 下，若把 Pb 和 $Cu(CH_3COO)_2$ 的反应安排在电池中以可逆的方式进行。体系做出电功 91.84kJ，同时电池吸热 213.6kJ，则（　　）。

A. $\Delta U>0$, $\Delta S<0$ B. $\Delta U<0$, $\Delta S>0$ C. $\Delta U<0$, $\Delta S<0$ D. $\Delta U>0$, $\Delta S>0$

四、问答题

1. 在标准压力下，90℃的液态水汽化为90℃的水蒸气，体系的熵变增大还是减小？
2. 就气体而言，标准摩尔熵是指该气体在什么条件下的熵值？
3. 若已知某化学反应的 $\Delta_r C_{p,m}<0$，则该反应的 $\Delta_r S_m^\ominus$ 随温度变大还是变小？
4. 碳酸铵在室温下就能自发地分解产生氨气，体系的熵变化怎样？
5. 25℃下，石墨 [$S_m^\ominus=5.6940 \text{J/(mol·K)}$] 变成金刚石 [$S_m^\ominus=2.4388 \text{J/(mol·K)}$]，该过程的 $\Delta S_m^\ominus=3.225 \text{J/(mol·K)}$。说明石墨变成金刚石是自发的，是否正确，为什么？

第三节 吉布斯函数

通过前面的学习，我们知道：判断过程的自发方向和限度用熵变，但必须是隔离体系的总熵变。可是在化工生产中经常遇到封闭体系中恒温恒压的相变化或化学变化，在这样的条件下，我们可以将克劳修斯不等式简化。在恒温恒压，没有非体积功的条件下，利用克劳修斯不等式找到新的状态函数来判断过程的可逆性和自发性。这个新的状态函数就是吉布斯函数。

一、吉布斯函数定义

$$G=H-TS=U+pV-TS \tag{8-14}$$

G 称为吉布斯函数，简称吉氏函数。因为 U、p、V 和 T、S 均为状态函数，故 G 是状态函数，其值仅由状态决定，具有状态函数的特性。但是，G 本身没有物理意义。由定义式可以看出 G 是广延性质，单位为 J 或 kJ。由于 U 和 S 的绝对值无法确定，故 G 的绝对值也无法确定。

二、吉布斯函数判据

把热力学第二定律微分式(8-5a)

$$\Delta S \geqslant \int_1^2 \frac{\delta Q}{T_{环境}} \begin{cases} >体系发生不可逆过程 \\ =体系发生可逆过程 \end{cases}$$

代入热力学第一定律微分式 $\delta Q = dU + p_{环境}dV - \delta W'$，得

$$T_{环境}dS - dU - p_{环境}dV \geqslant -\delta W' \begin{cases} >体系发生不可逆过程 \\ =体系发生可逆过程 \end{cases} \tag{8-15a}$$

因为 $\delta W = -p_{环境}dV + \delta W'$，故上式可改写成

$$T_{环境}dS - dU \geqslant -\delta W \begin{cases} >体系发生不可逆过程 \\ =体系发生可逆过程 \end{cases} \tag{8-15b}$$

以上二式就是热力学第一定律和第二定律的联合公式（简称联合公式）。该式在不同条件下可演化为不同的形式。

在恒温恒压下，由于 $T=T_{环境}=$ 常数，$p=p_{环境}=$ 常数，则 $T_{环境}dS=TdS=d(TS)$，$p_{环境}dV=pdV=d(pV)$，所以联合公式(8-15a) 变为

$$-d(U+pV-TS) \geqslant -\delta W'$$

将 $G=U+pV-TS$ 代入上式得

$$-dG_{T,p} \geqslant -\delta W' \begin{cases} >体系发生不可逆过程 \\ =体系发生可逆过程 \end{cases} \tag{8-16a}$$

对于非无限小变化，则有

$$-\Delta G_{T,p} \geqslant -W' \begin{cases} >\text{体系发生不可逆过程} \\ =\text{体系发生可逆过程} \end{cases} \quad (8\text{-}16b)$$

上式表明，在恒温恒压下，封闭体系对外所做的非体积功（$-W'$ 为绝对值）不可能大于体系吉布斯函数 G 的减少值（$-\Delta G_{T,p}$）。在恒温恒压可逆过程中，体系对外所做的非体积功（$-W'$，为最大非体积功）等于体系 G 的减小值；而在恒温不可逆过程中，体系对外所做的总功（$-W$）小于体系 G 的减小值。所以，在恒温恒压下，吉布斯函数的减小值（$-\Delta G_{T,p}$）表示体系的做功能力。即

$$-\mathrm{d}G_{T,p} = -\delta W'_r \quad (8\text{-}17)$$

在恒温恒压且没有非体积功的条件下，式(8-16a) 和式(8-16b) 变为

$$\mathrm{d}G_{T,p,W'=0} \leqslant 0 \begin{cases} <\text{自发} \\ =\text{平衡（可逆）} \end{cases} \quad (8\text{-}18a)$$

$$\Delta G_{T,p,W'=0} \leqslant 0 \begin{cases} <\text{自发} \\ =\text{平衡（可逆）} \end{cases} \quad (8\text{-}18b)$$

上式表明，在等温等压且没有非体积功的条件下，封闭体系中的过程总是自发地向着吉布斯函数 G 减少的方向进行，直至达到在该条件下 G 值最小的平衡状态为止。这就是吉布斯函数减少原理。吉布斯函数减少原理是能量最低原则在等温等压且没有非体积功条件下的具体体现。

应当指出，用 ΔG 来判断与用 $\Delta S_{总}$ 来判断是等价的，只不过用吉布斯函数判据时不涉及对环境的计算，所以比用总熵判据更直接、更方便。但总熵判据原则上适用于各种条件，而吉布斯函数判据只能用于特定条件。但就相变及化学反应而言，大多在恒温恒压且没有非体积功的条件下进行，所以吉布斯函数判据用得最多，例如：相平衡一章中的克拉贝龙方程式、化学平衡一章中的化学反应等温方程式、电化学基础一章中的能斯特方程式等都是由吉布斯函数与各种平衡的关系推导而得。值得强调的是，对于理想气体 pVT 变化过程是不能用该原理判断自发性的，因为如果恒温又恒压状态就不会发生变化。那么是不是说理想气体在不发生相变化和化学变化时就没有吉布斯函数变化了？不是的，吉布斯函数作为体系的状态函数，只要体系状态一定它就有确定的值，状态发生变化，它的数值也可能发生变化。

与上述吉布斯函数的定义和判据同理，可以定义出一个新的状态函数——亥姆霍兹函数 A。

定义：$A = U - TS$

判据：$-\mathrm{d}A_{T,V} \geqslant -W'_r$

在恒温恒容下，亥姆霍兹函数的减小值（$-\Delta A_{T,V}$）表示体系的做功能力。

同样，在恒温恒容体系不做非体积功条件下可以用亥姆霍兹函数减少原理判断过程的自发性：

$$\mathrm{d}A_{T,V,W'=0} \leqslant 0 \begin{cases} <\text{自发} \\ =\text{平衡（可逆）} \end{cases} \quad (8\text{-}19)$$

三、热力学基本关系式

前面我们学习了五个新的状态函数：U、H、S、G、A；加上我们已经很熟悉的三个状态函数：T、p、V。在学习过程中，我们经常利用状态函数法来解决问题。即根据状态函数变化值与过程无关的特点，通过计算状态函数的变化值来得出某些过程量的数值，或通

过计算相同始、终态间已知途径的状态函数变化值来得到未知途径的状态函数变化值。例如，恒容热可通过计算 ΔU 得到；恒压热可通过计算 ΔH 得到；ΔS 可以通过计算可逆过程的热温商得到等。可见状态函数变化值的重要。

上述的八个状态函数中 T、p、V、U、S 是有明确物理意义的量，而 H、G、A 则是由 T、p、V、U、S 定义出来的，是没有明确物理意义的量，只有其变化值在某一条件下有意义。H、G、A 的定义式分别为：$H=U+pV$；$A=U-TS$；$G=H-TS$。可见这些状态函数之间是相互联系的，现在我们来理清它们之间的关系。热力学第一定律为：$dU=\delta Q+\delta W$，当过程为可逆过程时 $\delta Q=TdS$，$\delta W=-pdV$，于是 $dU=\delta Q+\delta W=TdS-pdV$。由定义式可知 $dH=dU+pdV+Vdp=TdS+Vdp$，以此类推可得以下热力学基本关系式：

$$dU=TdS-pdV$$
$$dH=TdS+Vdp$$
$$dA=-SdT-pdV$$
$$dG=-SdT+Vdp$$

上述四个热力学基本关系式虽然是在可逆条件下推导得出，但由于式中全部是状态函数，根据状态函数变化值与过程无关的性质，上述关系式在不可逆条件下也是成立的。其适用范围为：$W'=0$ 的封闭体系中发生的单纯状态变化、多组分可逆相变化以及化学变化过程。

四、吉布斯函数变化值的计算

吉布斯函数 G 在化学中是极为重要的也是应用最广泛的热力学函数，ΔG 的计算在一定程度上比 ΔS 的计算更为重要。本节仅讨论几种常见恒温过程 ΔG 的计算。

由 G 的定义不难推导出，对于封闭体系的任意恒温过程，不论是化学反应还是物理变化，不论过程是否可逆，都有

$$\Delta G=\Delta H-T\Delta S \tag{8-20}$$

因此，只要求得恒温过程的 ΔH 和 ΔS，就可由上式求出 ΔG。

对于单纯状态变化的恒温过程，由热力学基本方程得

$$\Delta G=\int_{p_1}^{p_2}Vdp \tag{8-21}$$

在特定情况下，往往可利用 ΔG 与功的关系简捷地求出 ΔG。例如，在恒温恒压可逆过程中

$$\Delta G=W_r \tag{8-22}$$

以上各式是计算恒温过程 ΔG 的基本公式。

1. 理想气体恒温变化过程

对于理想气体恒温过程，因 $\Delta H=0$，$\Delta U=0$，由式(8-20) 得

$$\Delta G=\Delta H-T\Delta S=-T\Delta S=-nRT\ln\frac{V_2}{V_1}=nRT\ln\frac{p_2}{p_1} \tag{8-23}$$

对于凝聚态物质的恒温过程，若压力变化不大，体积 V 可视为常数，故由式(8-21) 得

$$\Delta G=V(p_2-p_1) \tag{8-24}$$

【例题 8-8】 试比较 1mol 水与 1mol 理想气体在 300K 由 100kPa 增加到 1000kPa 时的 ΔG。

解 1mol 水　$\Delta G_m(l) = V_m(p_2 - p_1) = 0.018 \times 10^{-3} \times (1000 - 100) \times 10^3 = 16.2$ (J)
1mol 理想气体

$$\Delta G_m(g) = RT\ln\frac{p_2}{p_1} = 8.314 \times 300 \times \ln\frac{1000}{100} = 5743 \text{ (J)}$$

计算结果说明，在恒温下，压力对凝聚相体系吉布斯函数的影响比对气体的影响小得多。因此，当体系中既有气体又有凝聚相（液体或固体）时，可以忽略压力对凝聚相体系吉布斯函数的影响。

2. 相变过程

可逆相变是恒温恒压且没有非体积功的可逆过程。根据吉布斯函数判据得

$$\Delta_\alpha^\beta G = 0 \tag{8-25}$$

对于恒温不可逆相变，其 ΔG 的计算通常需要设计可逆途径。该可逆途径由可逆相变和可逆 pVT 变化过程组成。

【例题 8-9】 计算 1mol 水在 298K、101.325kPa 下蒸发成水蒸气过程的 ΔG，并判断此过程是否自发进行。已知：$C_{p,m}(H_2O, l) = 75.3 J/(K\cdot mol)$，$C_{p,m}(H_2O, g) = 33.6 J/(K\cdot mol)$，在 373K 和 101.325kPa 下水汽化的摩尔相变焓 $\Delta_l^g H_m = 40.6 kJ/mol$。

解 在 101.325kPa 下，298K 不是水与水蒸气的相平衡温度，所以水在此条件下的蒸发是不可逆相变。为计算该过程的 ΔH 和 ΔS，设计如下框图所示的可逆途径：

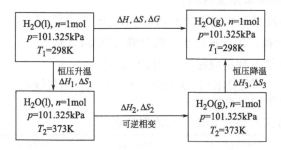

$\Delta H_1 = nC_{p,m}(H_2O, l)(T_2 - T_1) = 1 \times 75.3 \times (373 - 298) = 5648$ (J)
$\Delta H_2 = n\Delta_l^g H_m = 4.06 \times 10^4$ (J)
$\Delta H_3 = nC_{p,m}(H_2O, g)(T_1 - T_2) = 1 \times 33.6 \times (298 - 373) = -2520$ (J)
$\Delta H = \Delta H_1 + \Delta H_2 + \Delta H_3 = 5648 + 4.06 \times 10^4 - 2520 = 43728$ (J)
$\Delta S_1 = nC_{p,m}(H_2O, l)\ln\frac{T_2}{T_1} = 1 \times 75.3 \times \ln\frac{373}{298} = 16.9$ (J/K)
$\Delta S_2 = \frac{\Delta H_2}{T_2} = \frac{4.06 \times 10^4}{373} = 108.85$ (J/K)
$\Delta S_3 = nC_{p,m}(H_2O, g)\ln\frac{T_1}{T_2} = 1 \times 33.6 \times \ln\frac{298}{373} = -7.54$ (J/K)
$\Delta S = \Delta S_1 + \Delta S_2 + \Delta S_3 = 16.9 + 108.85 - 7.54 = 118.21$ (J/K)
$\Delta G = \Delta H - T\Delta S = 43728 - 298 \times 118.21 = 8501$ (J) > 0
$\Delta G > 0$ 说明此过程不能进行。

【例题 8-10】 计算 1mol 水在 298K 和 101.325kPa 下蒸发成水蒸气过程的 ΔG，并判断此过程能否自发进行。已知在 298K 时水的饱和蒸气压为 3167.74Pa。

解 这是恒温恒压不可逆相变，为求 ΔG 设计如下框图所示可逆途径：

```
H₂O(l,298K,101325Pa)  ──ΔG 不可逆相变──▶  H₂O(g,298K,101325Pa)
     │                                              ▲
  恒温降压 │ ΔG₁                               恒温理想气体过程 │ ΔG₃
     ▼                                              │
H₂O(l,298K,3167.74Pa) ──ΔG₂ 可逆相变──▶ H₂O(g,298K,3167.74Pa)
```

在 298K、饱和蒸气压为 3167.74Pa 下，液态水与水蒸气平衡，此相变是可逆相变，故 $\Delta G_2=0$。

$$\Delta G_1 = V(p_2-p_1) = 0.018\times 10^{-3}\times(3167.74-101325) = -1.77 \text{ (J)}$$

$$\Delta G_3 = nRT\ln\frac{p_1}{p_2} = 1\times 8.314\times 298\times \ln\frac{101325}{3167.74} = 8585.57 \text{ (J)}$$

$$\Delta G = \Delta G_1+\Delta G_2+\Delta G_3 = -1.77+8585.57 = 8583.8 \text{ (J)} > 0$$

$\Delta G > 0$ 说明此过程不能进行。

3. 恒温化学反应

对于任意化学反应，其在温度 T 时的标准摩尔反应吉布斯函数可用下式计算：

$$\Delta_r G_m^{\ominus}(T) = \Delta_r H_m^{\ominus}(T) - T\Delta_r S_m^{\ominus}(T) \tag{8-26}$$

式中　$\Delta_r H_m^{\ominus}(T)$ ——标准摩尔反应焓；

$\Delta_r S_m^{\ominus}(T)$ ——标准摩尔反应熵。

另外，也可以用标准摩尔生成吉布斯函数 $\Delta_f G_m^{\ominus}$ 计算化学反应的 $\Delta_r G_m^{\ominus}$。由于在化学手册中只能查到 25℃ 的数据，因此该法也只能计算 25℃ 的 $\Delta_r G_m^{\ominus}$。

【例题 8-11】 试计算下列反应在 25℃ 时的 $\Delta_r G_m^{\ominus}$。

$$H_2O(g) + CO(g) \longrightarrow CO_2(g) + H_2(g)$$

并判断此反应在此条件下能否自发。

解　查表得有关物质在 298.15K 时的数据如下：

物质	$H_2(g)$	$CO_2(g)$	$H_2O(g)$	$CO(g)$
$\Delta_f H_m^{\ominus}/(kJ/mol)$	0	-393.5	-241.8	-110.5
$S_m^{\ominus}/[J/(K\cdot mol)]$	130.5	213.8	188.8	197.7

$$\Delta_r H_m^{\ominus} = \Delta_f H_m^{\ominus}(CO_2,g) - \Delta_f H_m^{\ominus}(H_2O,g) - \Delta_f H_m^{\ominus}(CO,g)$$
$$= -393.5-(-241.8)-(-110.5) = -41.2 \text{ (kJ/mol)}$$

$$\Delta_r S_m^{\ominus} = S_m^{\ominus}(CO_2,g) + S_m^{\ominus}(H_2,g) - S_m^{\ominus}(H_2O,g) - S_m^{\ominus}(CO,g)$$
$$= 213.8+130.5-188.8-197.7 = -42.2 \text{ [J/(K\cdot mol)]}$$

$$\Delta_r G_m^{\ominus} = \Delta_r H_m^{\ominus} - T\Delta_r S_m^{\ominus}$$
$$= -41.2 - 298.15\times(-42.2)\times 10^{-3} = -28.62 \text{ (kJ/mol)}$$

所以此反应在此条件下可自发进行。

思考与练习

一、填空题

1. 理想气体的恒温可逆压缩 ΔS _____ 0，ΔG _____ 0。
2. 一切吉布斯函数减少的过程都是自动过程，此话不对的原因是 _____。
3. 对于 U、H、S、F 和 G 等热力学量，在绝热定容反应器中反应，过程中不变的量是____；在 373K 和 101325Pa 下，液体水汽化过程中不变的量是_____；气体绝热可逆膨胀过程中不变的量是_____。

4. $\Delta G(T,p) > W'$ 的过程是_____过程。

5. 1mol 理想气体进行自由膨胀，求得 $\Delta S = 19.16$J/K，则体系的吉布斯函数变化为 ΔG _____ 19.16J。

二、判断题

1. 理想气体绝热可逆过程的 ΔS 一定为零，ΔG 不一定为零。
2. 体系达平衡时熵值最大，吉布斯函数最小。
3. 在绝热恒容的反应器中，H_2 和 Cl_2 化合成 HCl，此过程中 $\Delta_r U_m$ 为零。
4. 水在 100℃，101325Pa 下沸腾时，吉布斯函数会减少。
5. ΔG 代表在恒温恒压条件下，体系对外做功的最大能力。

三、单选题

1. 某一过程 $\Delta G = 0$，应满足的条件是（　　）。
   A. 任意的可逆过程
   B. 定温定压且只做体积功的过程
   C. 定温定容且只做体积功的可逆过程
   D. 定温定压且只做体积功的可逆过程

2. 制作膨胀功的封闭体系，$\left(\dfrac{\partial G}{\partial T}\right)_p$ 的值（　　）。
   A. 大于零　　　　B. 小于零　　　　C. 等于零　　　　D. 无法确定

3. 液体苯在其正常沸点下恒压蒸发，此过程的 ΔG（　　）。
   A. 大于零　　　　B. 小于零　　　　C. 等于零　　　　D. 不能确定

4. 一定量的理想气体在恒温下从 V_1 自由膨胀到 V_2，该气体经历此过程后，其 ΔG（　　）。
   A. 大于零　　　　B. 小于零　　　　C. 等于零　　　　D. 不能确定

5. 在 298.15K 时，把 Zn 和 $CuSO_4$ 溶液的置换反应设计在可逆电池中进行，将做电功 200kJ，并放热 6kJ，则过程中 ΔU、ΔS、ΔA 和 ΔG 适合值依次分别为（　　）。
   A. －206kJ，－20kJ，－200kJ，－200kJ
   B. －196kJ，－20kJ，－188kJ，－188kJ
   C. －206kJ，－986kJ，300kJ，300kJ
   D. －200kJ，－986kJ，200kJ，200kJ

四、问答题

1. 吉布斯函数是体系的状态函数，有哪些特点？
2. 热力学第二定律是判断变化自发进行方向的，你知道有几种表述方式。
3. 请综合描述一下自发过程进行方向的几种判据和判断条件。
4. 何谓非体积功？请举例。
5. 通过查阅手册可以计算化学变化的吉布斯函数变化值，请举例计算。

第四节　吉布斯函数的应用

由上面内容可知，吉布斯函数变化值是判断恒温恒压没有非体积功条件下过程能否自发发生，是否达到平衡的判据。而在实际生产或生活中，恒温恒压过程是最常见的，例如相变化、化学变化等。另外，从吉布斯函数判据可知，吉布斯函数的变化值标志着一个体系的做功能力。由此可知，吉布斯函数在物理化学中的重要作用：无论是相平衡，还是化学平衡等

平衡的条件都是 $\Delta G=0$;能量转化的极限是 $\Delta G=-W'$。下面简单介绍吉布斯函数在相平衡、化学平衡及电化学中的应用。

一、吉布斯函数在相平衡中的应用

在第一章相平衡中,我们学习了克拉贝龙方程式。利用该方程式可以简单地计算单组分体系在两相平衡时的温度与压力的关系。那么克拉贝龙方程式由何而得?

从吉布斯函数减少原理可知:

在一定 T、p 下达到的两相平衡时 $\Delta_\alpha^\beta G=0$

即两相的吉布斯函数相等 $\qquad G_\alpha=G_\beta \qquad$ (8-27)

当体系的状态发生变化时,吉布斯函数值也将发生变化。

在另一 T'、p' 下达到新的平衡,也有 $\Delta G'=0$,

此时 $\qquad G_\alpha+\mathrm{d}G_\alpha=G_\beta+\mathrm{d}G_\beta \qquad$ (8-28)

将式(8-27)与式(8-28)比较得

$$\mathrm{d}G_1=\mathrm{d}G_2$$

因为 $\mathrm{d}G=-S\mathrm{d}T+V\mathrm{d}p$,所以

$$-S_1\mathrm{d}T+V_1\mathrm{d}p=-S_2\mathrm{d}T+V_2\mathrm{d}p$$

故得到克拉贝龙方程

$$\frac{\mathrm{d}p}{\mathrm{d}T}=\frac{S_2-S_1}{V_2-V_1}=\frac{\Delta S}{\Delta V}=\frac{\Delta H}{T\Delta V}$$

二、吉布斯函数在化学平衡中的应用

在第三章中,学习了化学反应等温方程式。判断化学反应的方向和平衡条件都用化学反应等温方程式。通过对热力学第二定律的学习,使我们对化学反应等温方程式有了进一步的了解,对化学反应平衡的条件也有了深刻的理解。

依据吉布斯函数减少原理,在恒温、恒压、不做非体积功的条件下,反应体系的摩尔反应吉布斯函数 $\Delta_r G_m$ 可以作为化学反应方向及限度的判据。

对理想气体化学反应 $\quad \nu_A A(g)+\nu_B B(g)\longrightarrow \nu_R R(g)+\nu_D D(g)$

$$\Delta_r G_m=\sum_i \nu_i G_i$$

对于任意一种物质 i 根据式(8-23)

$$\Delta G=nRT\ln\frac{p'_i}{p^\ominus}=G_i-G_i^\ominus$$

$$G_i=G_i^\ominus+RT\ln\frac{p'_i}{p^\ominus}$$

所以 $\qquad \Delta_r G_m=(\nu_R G_R+\nu_D G_D)-(\nu_A G_A+\nu_B G_B)$

$$\Delta_r G_m=[(\nu_R G_R^\ominus+\nu_D G_D^\ominus)-(\nu_A G_A^\ominus+\nu_B G_B^\ominus)]+$$

$$\left[\left(\nu_R RT\ln\frac{p'_R}{p^\ominus}+\nu_D RT\ln\frac{p'_D}{p^\ominus}\right)-\left(\nu_A RT\ln\frac{p'_A}{p^\ominus}+\nu_B RT\ln\frac{p'_B}{p^\ominus}\right)\right]$$

令 $\Delta_r G_m^\ominus=[(\nu_R G_R^\ominus+\nu_D G_D^\ominus)-(\nu_A G_A^\ominus+\nu_B G_B^\ominus)]$; $Q_p=\dfrac{\left(\dfrac{p'_R}{p^\ominus}\right)^{\nu_R}\left(\dfrac{p'_D}{p^\ominus}\right)^{\nu_D}}{\left(\dfrac{p'_A}{p^\ominus}\right)^{\nu_A}\left(\dfrac{p'_B}{p^\ominus}\right)^{\nu_B}}=\prod_i\left(\dfrac{p'_i}{p^\ominus}\right)^{\nu_i}$

则 $\qquad \Delta_r G_m=\Delta_r G_m^\ominus+RT\ln Q_p$

式中 p'_i——任意时刻参加反应物质的分压力；

Q_p——任意时刻的压力商。

上式即是判断化学反应方向和限度的化学反应等温方程式。

当化学反应达到平衡时，$\Delta_r G_m = 0$

所以
$$\Delta_r G_m^{\ominus} = -RT\ln K^{\ominus}$$

$$K^{\ominus} = \frac{\left(\dfrac{p_R}{p^{\ominus}}\right)^{\nu_R} \left(\dfrac{p_D}{p^{\ominus}}\right)^{\nu_D}}{\left(\dfrac{p_A}{p^{\ominus}}\right)^{\nu_A} \left(\dfrac{p_B}{p^{\ominus}}\right)^{\nu_B}} = \prod_i \left(\dfrac{p_i}{p^{\ominus}}\right)^{\nu_i}$$

式中 p_i——平衡时参加反应物质的分压力；

$K^{\ominus}$——热力学平衡常数。

由此，我们也更进一步理解了热力学平衡常数是由反应本质和温度决定的，因为标准摩尔反应吉布斯函数就是由反应本质和温度决定的。

三、吉布斯函数在电化学中的应用

在第六章电化学基础中曾经用能斯特方程式计算原电池的电动势。能斯特方程式也是由吉布斯判据推导而来。

体系在恒温、恒压可逆过程中所做的非体积功在数值上等于吉布斯函数的减少，即
$$\Delta_r G_m = W'_r$$

对于一个自发进行的化学反应 $\nu_A A(g) + \nu_B B(g) \longrightarrow \nu_R R(g) + \nu_D D(g)$

若在电池中恒温、恒压下可逆地按化学计量式发生反应（通过的电量为 zF，其中 z 为反应的电荷数，F 为法拉第常数）。

则可逆非体积功 W'_r（负值）为可逆电功，可逆电功等于电量与电动势的乘积，

即有
$$W'_r = -zFE$$

有
$$\Delta_r G_m = -zFE$$

将化学反应等温方程式代入上式有
$$-ZEF = \Delta_r G_m^{\ominus} + RT\ln Q_p$$

$$E = -\frac{\Delta_r G_m^{\ominus}}{ZF} - \frac{RT}{ZF}\ln Q_p$$

若电池反应中各物质均处于标准状态，则有
$$\Delta_r G_m^{\ominus} = -ZFE^{\ominus}$$

$$E = E^{\ominus} - \frac{RT}{ZF}\ln Q_p$$

上式即为能斯特方程式。

由热力学平衡常数与 $\Delta_r G_m^{\ominus}$ 的关系，可得到
$$\ln K^{\ominus} = \frac{ZFE^{\ominus}}{RT}$$

由此可见，原电池的标准电动势是由电池反应的本质和温度决定的。

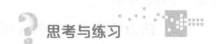

一、填空题

1. 在一温度为 298K 的室内有一冰箱，冰箱的温度为 273K，试问在冰箱内欲使 1kg 水

结冰，此冰箱至少要放热_____J。（已知冰融化时的摩尔相变焓为 6024.6J/mol）

2. 298K，100kPa 下，若使 1mol 铅与醋酸铜溶液在可逆作用下可做电功 91838.8J，同时吸热 213635.0J，则 $\Delta U=$_____，$\Delta H=$_____，$\Delta S=$_____，$\Delta G=$_____。

3. 对于可逆电池，$\Delta_r G_m$ _____ $-ZFE$；对于不可逆电池，$\Delta_r G_m$ _____ $-ZFE$。

4. 298K 时，某电池 $E=1.00V$，此电池可逆提供 1F 电量作用在电阻丝上，电能都用来发热，则电阻丝放热_____。

5. 在 298K 时，某电池标准电动势为 0.456V，当电池反应进行至电子传输量为 1mol 时，这时电池反应的平衡常数为_____。

二、判断题

1. 在恒温恒压下，化学反应 $\nu_A A(g) + \nu_B B(g) \longrightarrow \nu_R R(g) + \nu_D D(g)$ 的 $\Delta_r G_m$ 所代表的意义是表示有限体系中反应进行时产物与反应物间的吉氏函数之差（即终态与始态的吉布斯函数之差）。

2. 在恒温恒压下，当化学反应的 $\Delta_r G_m = 5kJ/mol$ 时，该反应不能进行。

3. $p^\ominus$ 和 298K 下，将某化学反应设计成电池，当获得可逆电功为 91.84kJ 时，电池同时吸热 213.6kJ，则该过程有 $\Delta_r U_m > 0$，$\Delta_r S_m > 0$。

4. 反应 $Zn(s) + H_2SO_4(aq) \longrightarrow ZnSO_4(aq) + H_2(p)$ 在 298K 和 $p^\ominus$ 压力下，反应的热力学函数变化值分别为 $\Delta_r H_{m,1}$，$\Delta_r S_{m,1}$ 和 Q_1；若将反应设计成可逆电池，在同温同压下，进行上述反应，这时各变化值分别为 $\Delta_r H_{m,2}$，$\Delta_r S_{m,2}$ 和 Q_2。则其间关系为 $\Delta_r H_{m,1} = \Delta_r H_{m,2}$；$\Delta_r S_{m,1} = \Delta_r S_{m,2}$；$Q_1 \neq Q_2$。

5. 若通过实验测定单组分体系压力与温度的关系，就能够求得摩尔相变焓。

三、单选题

1. 在一定温度和压力下，当 α、β 两相达到平衡时，下列说法错误的是（　　）。
   A. $\Delta_\alpha^\beta G = 0$　　B. $G_\alpha = G_\beta$　　C. $G_\alpha \neq G_\beta$　　D. 无法确定。

2. 在一定温度和压力下，当化学反应达到平衡时，下列说法错误的是（　　）。
   A. $\Delta_r G_m = 0$　　B. $\Delta_r G_m > 0$　　C. $\Delta_r G_m < 0$　　D. 无法确定

3. 下列可以直接计算化学反应的平衡常数的是（　　）。
   A. $\Delta_r G_m$　　B. $\Delta_r G_m^\ominus$　　C. Q_p　　D. ΔG

4. 决定化学反应的热力学平衡常数、原电池的标准电池电动势的是（　　）。
   A. $\Delta_r G_m^\ominus$　　B. $\Delta_r G_m$　　C. $\Delta_r H_m$　　D. $\Delta_r H_m^\ominus$

5. 无论是相变化还是化学变化，用吉布斯函数的变化值判断变化方向的条件是（　　）。
   A. 恒温恒压　　B. 恒温恒容　　C. 恒压恒容　　D. 恒温

四、问答题

1. 请简单说明吉布斯函数的变化值作为判据如何判断相变化自发进行的方向。
2. 请简单说明吉布斯函数的变化值作为判据如何判断化学变化自发进行的方向。
3. 吉布斯函数与化学反应对外做功能力的关系如何？
4. 内能、焓、熵、赫姆霍兹函数、吉布斯函数的关系如何？
5. 请查阅相关书籍，了解化学势。

新视野　　热力学第二定律的应用领域

1. 对时间的理解

我们已经知道，热力学第二定律事实上是所有单向变化过程的共同规律，而时间的变化就是一个单向的过程，对每个人都一样，时间一去不复还，因此还可以这样理解：时间的方向,就是熵增加的方向。这样,热力学第二定律就给出了时间箭头。物理学的进一步研究表明,能量守恒与时间的均匀性有关。这就是说:热力学第一定律指出,时间是均匀的;热力学第二定律指出,时间是有方向的。这两条定律合在一起告诉我们:时间在向着特定的方向均匀地流逝着。正如一句古诗描述的情景:"长沟流月去无声"。这使得我们可以从另一新的角度来认识时间。

2. 黑洞温度的发现

1972 年,30 岁的英国青年物理学家霍金(S. Hawking, 1942～),提出了黑洞的"面积定理"。证明了黑洞的面积 A 随时间变化只能增加,不能减少,即 $\delta A \geqslant 0$。

这个定理认为,物质落入黑洞、两个黑洞相撞等导致黑洞面积增加的过程,是可以发生的。而一个黑洞分裂为两个黑洞的情况,由于会导致黑洞面积减少,因而是不可能发生的。面积定理,不由使人想起热力学中的"熵"。但是黑洞面积与熵是风马牛不相及的两种东西,这样去联想它们,是不是太荒唐了呢?几乎与此同时,青年物理学家贝根斯坦和斯马尔,各自独立得出了关于黑洞的一个重要公式。这个公式把黑洞的一些参量组合成了类似于热力学第一定律的形式,此公式与普通转动物体的热力学第一定律表达式非常相似。比较这两个公式不难看出,黑洞面积 A 确实像熵 S,而黑洞的表面重力 k 非常像温度 T。不久,人们又研究出黑洞的另外两个性质,很像普通热力学的第零定律和第三定律。

难道黑洞真的有温度吗?为此人们进行了热烈的争论。1973 年霍金、巴丁、卡特等卓有成就的黑洞专家联名发表了一篇论文,声称:可以模仿热力学定律给出黑洞力学的四条定律,但黑洞的温度不能看作真实温度,因为黑洞没有热辐射(不可能有任何物质跑出黑洞!),而有真实温度的物体,应该有热辐射。因此他们把黑洞的四条定律,谨慎地称为"黑洞力学四定律",而不是"黑洞热力学四定律"。但是,几个月后(1973 年底),霍金就宣称,他已证明,黑洞有热辐射,黑洞的温度是真实的。对于一个 $M=M_s$(太阳质量)的黑洞,$T=6\times10^{-8}$ K,可以忽略不计;而对于一个质量为 10 亿吨的小黑洞,温度可达 10^{12} K。随着黑洞质量不断减少,黑洞的温度急剧升高,辐射越来越强,直至黑洞消亡为止。所以,"黑洞不黑,它会蒸发;黑洞不黑,越小越白。"黑洞热辐射的发现,是黑洞研究的重大突破,也是时空理论的重大突破。为了纪念霍金的功绩,人们把黑洞热辐射叫做霍金辐射。

1998 年 5 月,安装在哈勃望远镜上的最新红外线摄像机拍摄的一些照片表明,在距离地球 1000 万光年的半人马座 A 射电源的中央,存在一个巨大的黑洞,其质量比 10 亿个太阳还要大,它正在吞噬由恒星构成的一个螺旋形星系。这些被高速吞噬的物质的温度达数百万开,从而使黑洞中有超热气流喷出,并且发出强大的 X 射线和射电信号。

3. 耗散结构理论的形成

(1) 自组织现象与经典热力学的矛盾 一个体系内部由无序自发地变为有序,使其中大量分子或单元按一定的规律运动的现象,称为自组织现象。生命过程和无生命过程都存在着自组织现象。生命过程中,从分子、细胞直到有机个体和群体的不同水平上,无论在空间还是在时间上,都呈现出了有序现象。例如,许多树叶、花朵和各种动物的皮毛等,经常呈现出漂亮的规则图案。生命过程还常常表现出随时间作周期性变化的震荡行为,即所谓的生物震荡现象,如生物钟、候鸟冬去春来等。实际上,生物体持续进行的自组织过程,就是系统内不平衡的表现,而且,这一过程不会达到平衡;一旦达到平衡,有序状态就会消失,生命也就终止了。因此,这些自组织现象无法用玻耳兹曼有序原理来解释。

无生命世界的自组织现象,如高空中水汽凝结会形成非常有规则的六角形雪花;由火山岩浆形成的花岗岩中,常会发现很有规则的环状或带状结构;化学反应中出现的化学震荡过程;激光现象等。

无生命世界和有生命世界都有自组织现象,使人们认识到这两个世界在这方面遵循着相同的规律。普利高津（I. Prigogine）的耗散结构理论，就是在把物理和生物过程结合起来研究时提出来的，着重用热力学方法进行分析。哈肯（H. Haken）在研究激光发射过程并与生物过程等加以类比的基础上，于1976年创立的协同学，着重于用统计物理的方法进行分析。

(2) 通过涨落达到有序——耗散结构的形成 当代比利时著名物理学家普利高津（I. Prigogine）认为热力学第二定律是自然界的一条基本规律。他在不违背热力学第二定律的条件下，找到了开放系统由无序状态变为新的有序状态的途径，解决了经典热力学与生物进化论之间的矛盾。开放系统就是与封闭系统、孤立系统相反，是不断地与外界交换物质和能量的系统。对于非孤立系统，$dS = dS_i + dS_e$，dS_i——熵产生，由系统内部不可逆过程产生；dS_e——熵流，由系统与外界交换能量或物质所引起。熵产生 dS_i，永远不可能为负值，而熵流 dS_e 则可正可负还可为零。由于外界有负熵流入，系统的总熵可以保持不变乃至减小，系统保持稳定或者达到有序，形成"耗散结构"。在开放和远离平衡的条件下，在与外界环境交换物质和能量的过程中，通过能量耗散过程和内部的非线性动力学机制来形成和维持的宏观时空有序结构，叫作"耗散结构"（1969年）。他认为，宇宙是一个无限发展的开放系统，自然界不会变得越来越无序，而会变得越来越丰富多彩，会形成各种新的有序结构，因此，他也不同意宇宙热寂说。从目前天文物理观测事实来看，宇宙不是向着热寂发展，而是离开热平衡态越来越远。

然而，达尔文的生物进化论却告诉我们，生物从单细胞进化到人，发展的方向是越来越复杂，越来越有序。

因此，经典概念下的物理学和生物学虽然都讲变化，二者却具有截然不同的方向，一个是退化，一个是进化。现在我们看到，耗散结构理论表明，即使按克劳修斯等人所说的那样，作为孤立体系的整个宇宙可能要走向无序，但是其中的一个局部却可以在演化过程中不断形成新的有序结构，从而走向有序化和复杂化，使得物理世界的规律和生物发展的规律达到了统一，符合现代进化论的思想。

习 题

8-1 计算将10g He（设为理想气体）从500.1K、200kPa变为500.1K、1000kPa的 ΔU、ΔH、ΔS、ΔG。

8-2 对1mol理想气体，初态为298.2K，600kPa，当反抗恒定外压 $p_{su}=100$kPa 膨胀至其体积为原来的6倍，压力等于外压。计算过程的 Q、W、ΔU、ΔS、ΔG 与 $\Delta S_{隔}$。

8-3 300K的2mol单原子理想气体由6000kPa绝热膨胀到196K、100kPa，求过程的 ΔU、ΔH、ΔS。

8-4 1mol理想气体B，在298.15K下，由1.00L膨胀至10.00L，求该过程的 ΔU、ΔH、ΔS、ΔG。

8-5 27℃，1mol理想气体体积为5.00L，当向真空中膨胀至10.0L时，求 W、Q、ΔU、ΔS、ΔG、ΔH。

8-6 1mol水在373K、101.3kPa下向真空蒸发变成373K和101.3kPa的水蒸气，试计算该过程的熵变，并判断该过程是否为自发过程。已知：水汽化的摩尔相变焓为40.66kJ/mol。水蒸气可视为理想气体。

8-7 100g的液态水在0℃，101.3kPa下全部凝固成冰。计算该过程的熵变。已知0℃，

101.3kPa 下，冰融化时的摩尔相变焓 $\Delta_s^l H_m$ (273.15K)=6.01kJ/mol。

8-8 1mol 水由始态 273K，100kPa H_2O (l) 变到终态 473K，300kPa H_2O (g)，计算该过程的 ΔS。已知水在正常沸点时汽化的摩尔相变焓为 40660J/mol，液态水的摩尔热容为 75.24J/(mol·K)，水蒸气的摩尔热容为 25.60J/(mol·K)，假定水蒸气为理想气体。

8-9 计算 263K，101.3kPa 下，1mol 水凝结为 263K 冰的焓变和熵变，并通过计算判断该过程是否可逆。已知 273K 时冰融化的摩尔相变焓 $\Delta_s^l H_m$ (273.15K)=6.01kJ/mol；水和冰的摩尔热容各为 75.24J/(mol·K) 和 36.18J/(mol·K)。

8-10 苯的正常沸点为 353.1K，在此温度及 101.3kPa 压力下，1mol C_6H_6 (l) 完全蒸发为蒸气，计算此过程的 W、Q、ΔU、ΔH、ΔS、ΔG。已知 C_6H_6 (l) 汽化的摩尔相变焓 34.7kJ/mol。

8-11 计算 268K、101.3kPa，1mol 液态水变为冰的 ΔG，该过程自发与否？已知 268K 时冰的饱和蒸气压为 402Pa。

8-12 2mol 氦气（理想气体），始态为 T_1=273K，p_1=3.04×10^{5}Pa，指定终态 p_2=2.03×10^{5}Pa，体积为 V_2，计算下列情况下的 V_2、Q、T_2、W、ΔU、ΔH、ΔS、ΔA、ΔG。

(1) 恒温反抗外压为 200kPa；

(2) 恒温可逆过程。

8-13 2mol 理想气体在 269K 时，由 400kPa、11.2L 绝热向真空膨胀到 200kPa、22.4L，计算 ΔS。是否能利用熵判据判断该过程的性质，如何判断？

8-14 将一块重量为 5kg，温度为 700K 的铸钢放在 14kg 温度为 294K 的油中淬火，已知油的比热容为 2.51J/g，钢的比热容为 0.502J/g，试计算：(1) 钢的熵变；(2) 油的熵变；(3) 总的熵变。

8-15 试从下列数据计算 298K 下 Sn（白）⟶Sn（灰）的 $\Delta_r G_m^{\ominus}$。

	$\Delta_f H_m^{\ominus}$(298K)	$S_m^{\ominus}$(298K)
白锡	0	52.3J/(mol·K)
灰锡	−2196.6J/(mol·K)	44.8J/(mol·K)

8-16 在 298K、100kPa 时，金刚石的标准摩尔熵为 2.448J/(K·mol)，标准摩尔燃烧焓为 395321J/mol，石墨的标准摩尔熵为 5.711J/(mol·K)，标准摩尔燃烧焓为 393422J/mol，求：298K、100kPa 下石墨变为金刚石的 ΔG 值。

8-17 计算 1mol 水经下列相变过程的 ΔG

$$H_2O \text{ (l, 298K, 101.3kPa)} \longrightarrow H_2O \text{ (g, 298K, 101.3kPa)}$$

在上述条件下水和水蒸气哪个稳定？已知 298K 水的蒸气压为 3.167kPa，水的摩尔体积为 0.018×10^{-3}m^3/mol，假设水蒸气为理想气体。

8-18 将一块重 5kg 的铁从温度为 1150℃的大烘炉中取出，放入温度为 20℃的大气中冷却到常温，计算此过程的 ΔS。已知铁的摩尔热容 $C_{p,m}$=25.1J/(mol·K)，摩尔质量 M=55.85g/mol。

8-19 利用书后附录数据计算 298.15K，100kPa 等压下反应 N_2O_4(g) ⟶ 2NO_2(g) 的 W、Q、$\Delta_r S_m^{\ominus}$、$\Delta_r U_m^{\ominus}$、$\Delta_r G_m^{\ominus}$。

8-20 利用书后附录求下列反应的 $\Delta_r G_m^{\ominus}$，并判断标准状态下反应的自发方向。

$$CH_4(g)+2O_2(g)\longrightarrow CO_2(g)+2H_2O(l)$$

第九章　表面化学

> 1. 理解界面和界面现象的产生。
> 2. 理解表面张力的存在。
> 3. 理解分散度对物质表面性质的影响。
> 4. 理解亚稳状态的存在和预防、消除的方法。
> 5. 理解吸附现象的产生，了解简单的吸附等温方程式。
> 6. 了解分散体系的分类情况和特点。
> 7. 理解胶体的光学、动力学和热力学特点。
> 8. 了解胶体在生产生活中的有关应用。

在自然界存在着很多现象：水滴等液滴是圆的而不是方的；水在玻璃管内呈凹液面，水银在玻璃管内呈凸液面；肥皂液可以吹出五彩斑斓的气泡；吸附用活性炭而不用石墨和金刚石等。这些现象的产生都与物质的界面特性有关，有关界面性质和分散体系的理论与实践被广泛地应用于石油、化学工业、轻工业、农业、医学、生物学、催化化学、海洋学、水利学、矿冶以及环境科学等多个领域。本章将介绍有关界面现象和分散体系的知识。

第一节　物质的表面特性

一、表面张力

在多相体系中，相与相之间的分界面称为界面。界面通常有气液、气固、液液、固固和固液五种。习惯上将气液、气固界面称为表面，例如固体表面、液体表面。处于物质表面层的分子由于受力不均匀而产生许多界面现象，在相界面存在着表面张力是引起界面现象的根本。

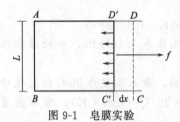

图 9-1　皂膜实验

观测表面张力最典型的实验是皂膜实验。如图 9-1，$ABCD$ 为一金属框，CD 为可动边，边长为 L。若刚从皂液中提起这个金属框，可观察到 CD 边会自动收缩。要维持 CD 边不动，则需施加一适当外力 f。可见 CD 边受到一个与力 f 大小相等、方向相反的力的作用。该作用力与 CD 的边长成正比。

$$f = \gamma \times 2L \tag{9-1}$$

式中　2——因为液膜有厚度，有两个面；

　　　γ——比例系数，称为表面张力系数，简称表面张力。

表面张力是指在液面上（对弯曲液面的切面上）垂直作用于单位长度上使表面积收缩的力，单位为 N/m。

表面张力存在的原因：处于液体内部的分子，分子间作用力在较短距离起作用。它周围的分子对它的作用是等同的，来自各个方向，大小相等，合力为零，因此液体内部分子在体相内部运动无需做功。处于液体表面的分子则不同，因为处于表面，共存的另一相为空气和液体的蒸气，密度比液体小得多，即气相对液体表面分子的作用力比来自液体内部的力要小得多，于是表面分子受到了不平衡力的作用，合力是指向液体内部的。若将液体分子从其体相移到表面，必须消耗能量以克服此力的作用。

对于皂膜实验，从热力学角度来看，液膜在外力 f 的作用下，移动了 dx 距离，做功为 $\delta W = f dx$，结果使表面积增加了 $dA = 2L dx$。根据热力学知识，我们知道：当恒温恒压可逆情况下，体系所做的功等于吉布斯函数的变化：

$$dG_{T,p} = \delta W_r = \gamma \times 2L dx = \gamma dA \tag{9-2}$$

于是
$$\gamma = \frac{\delta W_r}{dA} = \left(\frac{dG}{dA}\right)_{T,p} \tag{9-3}$$

从热力学角度看，γ 的物理意义是在等温等压下，增加单位表面积引起吉布斯函数的变化。γ 又称为比表面吉布斯函数，单位为 J/m^2。

不同的物质具有不同的表面张力，主要是不同物质分子间作用力不同。一般液体的表面张力随温度的升高而下降，随气相压力的增加而降低。

根据热力学第二定律：$dG_{T,p} < 0$ 是自发方向，所以从式(9-2) $dG_{T,p} = \gamma dA$ 可以看出，物质减小 $dG_{T,p}$ 有两个途径：一是尽量缩小表面积，二是降低表面张力。许多界面现象皆源于此。

二、分散度和比表面

对于同量的液体，处于表面的分子越多，表面积越大，体系的能量就越高，即增加表面积就是增加体系的能量和增加体系的吉布斯函数值。例如用喷雾喷洒农药、小麦磨成面粉，都是大块物质变成细小颗粒，体系能量增加，均需环境做功。物质分散成细小微粒的程度称为分散度。物质的分散度通常采用比表面来衡量。

单位体积（或质量）物质所具有的表面积，称为比表面，用符号 A_s 表示，即

$$A_s = \frac{A}{V} \tag{9-4}$$

式中　A_s——物质的比表面；

　　　A——物质的表面积；

　　　V——与 A 对应的物质的体积。

读者可以自行计算：边长为 1m 的正立方体的比表面，将该立方体分割成边长为 0.1m 的小立方体，比表面为多少；将该立方体分割成边长为 0.01m 的小立方体，比表面又为多少。

对于正立方体的比表面很容易由面积和体积的计算公式得出其比表面的计算公式：

$$A_s = \frac{6}{l} \tag{9-5}$$

式中　l——正立方体的边长。

对于球体，比表面计算公式为

$$A_s = \frac{6}{R} \tag{9-6}$$

式中　R——球体的直径。

由式(9-5)和式(9-6)两式可见：物质的颗粒越小，其比表面越大，分散度越高。

思考与练习

一、填空题

将体积为 $1m^3$ 的一个正立方体进行分割,分割后请填下表:

总体积	分散后小立方体边长	分散颗粒数	分散后总面积	比表面
$1m^3$	1			
$1m^3$	0.1			
$1m^3$	0.01			
$1m^3$	0.001			

二、判断题

1. 小液滴呈球形而不是正方形是因为表面张力的作用,同体积液体球形表面积最小。
2. 小液滴都有自动聚集并形成一个大液滴的趋势,因为聚集后表面积减小、吉布斯函数降低,是个自发过程。
3. 物质的分散度与比表面成正比。
4. 表面张力的存在力图使表面积缩小以降低吉布斯函数,从而更稳定。
5. 同温同压下,水的表面张力比苯的表面张力要大。因为水分子是极性分子而且分子间存在着氢键,分子间作用力较大。

三、单选题

1. 关于表面现象的下列说法中不正确的是(   )。
 A. 产生表面现象的本质原因是表面上情况与体相内部不同
 B. 在相同条件下,同种分子在表面上的能量比其在体相内部时高
 C. 表面张力、表面功和比表面吉布斯函数意义不同但数值相同
 D. 固体物质表面不存在表面张力

2. 一定体积的水,处于两种状态:(1)形成一个大液滴;(2)分散成许多小液滴,则对两种状态,下列性质相同的是(   )。
 A. 表面能   B. 表面张力   C. 饱和蒸气压   D. 附加压力

3. 温度与表面张力的关系是(   )。
 A. 温度升高表面张力增大   B. 温度升高表面张力降低
 C. 温度对表面张力没有影响   D. 不能确定

4. 如果球体的半径为 r,则球体的比表面计算公式为(   )。
 A. $3/r$ B. $6/r$ C. $r/3$ D. $r/6$

5. 碳酸钙分解的反应在一定温度下达到平衡,若其他条件不变,只降低碳酸钙的粒径,增加分散度,则平衡将(   )。
 A. 向左移动   B. 向右移动   C. 不移动   D. 无法判断

四、问答题

1. 请简要叙述表面张力的产生原因。
2. 为什么会发生粉尘爆炸?
3. 物质的表面特性与物质的分散度之间关系如何?
4. 请用实际计算说明液体物质都是以球形而不是正方形、立方形存在。
5. 物质的表面张力与温度有关系吗?定性关系如何?

第二节　弯曲液面的表面现象

大量实际和实验说明：当物质分散度不是很高时，界面现象并不明显，但当物质的分散度达到一定程度时，界面现象则不容忽视。例如：粉尘达到一定浓度会引发粉尘爆炸；玻璃管中的液面有凹有凸；胶体的聚沉等。处于表面（界面）的分子具有比其内部分子过剩的能量。体系分散度愈大过剩能量愈大。

一、弯曲液面下的附加压力

弯曲液面下的压力与平液面的压力是不相同的。如用细管吹肥皂泡后，需把管口堵住，泡才能存在，否则就自动收缩了。这是因为肥皂泡是弯曲的液膜，两边有压力差，泡内的压力大于泡外的，这个压力差称为附加压力。附加压力的产生是因为液体存在表面张力。

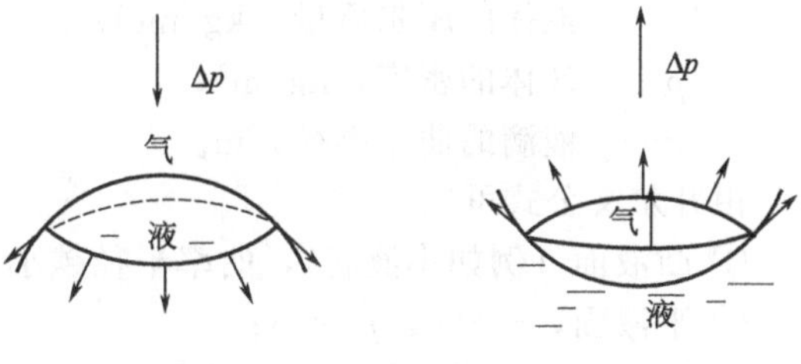

对于弯曲液面，如图 9-2 所示。

由于表面张力是作用于切面上的单位长度并使液面缩小的力，一周都有，但不在一个平面上，合力指向曲率中心。因此，凸液面下的压力较大，是气相压力与附加压力 Δp 之和。

$$p_凸 = p_0 + \Delta p \tag{9-7}$$

凹液面则相反，附加压力指向气体：

$$p_凹 = p_0 - \Delta p \tag{9-8}$$

对于平液面，表面张力作用在一个平面上，一周都有，大小相等，合力为零，因此平液面的附加压力为零。

图 9-2　各种液面下的附加压力
(a) 凸液面　(b) 凹液面

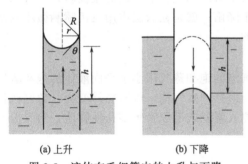

(a) 上升　(b) 下降

图 9-3　液体在毛细管中的上升与下降

综上所述，在表面张力的作用下，弯曲液面两边存在压力差 Δp，称为附加压力，附加压力的方向总是指向曲率中心。由于水能润湿玻璃，所以在玻璃管内呈凹液面，附加压力向上，如果玻璃毛细管插入水中，管内水的液面会上升；汞不能润湿玻璃，在玻璃管内呈凸液面，如果玻璃毛细管插入汞液体中，管内的液面会下降，如图 9-3 所示。其液面上升或下降的高度即附加压力的大小与液面的曲率半径成反比，与液体的表面张力成正比。

二、弯曲液面的蒸气压

介绍一个实验。在一块玻璃板上洒几滴水，旁边有一烧杯，烧杯中盛些水，然后置于一恒温钟罩内。放置一定时间后观察现象发现：小水滴会变小，最后消失，很显然烧杯中的水量增加了。原因是什么呢？

由相平衡知识我们知道，饱和蒸气压越大的液体越容易挥发。由小水滴变小消失可以断定小水滴的饱和蒸气压比烧杯中平面液体的饱和蒸气压要大。因为小水滴的饱和蒸气压大，在实验条件下小水滴的气液两相不平衡，气相没有饱和，因此要发生汽化；而平面液体饱和蒸气压比小液滴要小，在同一实验条件下气液两相也不平衡，气相过于饱和，因此要发生液化。于是小液滴不断汽化，平面液体不断液化，最终小液滴消失平面液体量增加。那么为什么小液滴的饱和蒸气压要比平面液体饱和蒸气压要大？因为小液滴是凸液面，所承受的压力比平液面要多个附加压力。而且附加压力与曲率半径成反比，小液滴越小饱和蒸气压越大。

由热力学方法可以得到著名的开尔文公式：

$$\ln\frac{p_r}{p}=\frac{2\gamma M}{RT\rho r} \tag{9-9}$$

式中　　p_r——小液滴的饱和蒸气压，Pa；

　　　　p——平面液体的饱和蒸气压，Pa；

　　　　γ——液体的表面张力，N/m；

　　　　M——液体的摩尔质量，kg/mol；

　　　　ρ——液体的密度，kg/m³；

　　　　r——液滴的曲率半径，m。

由开尔文公式可知：

① 凸液面（例如小液滴），曲率半径越小，液体的饱和蒸气压越大；

② 平液面，$r\to\infty$，$p_r=p$；

③ 凹液面，曲率半径为负，蒸气压小于平面液体的饱和蒸气压。

三、亚稳状态

由于物质的分散度对物质性质的影响，造成物质发生相变化过程中，新相生成困难，产生过饱和蒸气、过热液体、过冷液体和过饱和溶液等虽不是热力学稳定状态，但能较长时间存在的亚稳状态。

1. 过饱和蒸气

大于饱和蒸气压而未凝结的蒸气。产生原因是小液滴饱和蒸气压大于平面液体的饱和蒸气压，产生困难。预防过饱和蒸气很简单，当蒸气中有灰尘或容器内表面粗糙时，蒸气的凝结有了核心便于生长和长大，蒸气就能凝结。人工降雨，就是在云层中用飞机喷洒微小的某些晶体，使过饱和的水蒸气凝结，达到降雨的目的。

2. 过热液体

高于沸点而不沸腾的液体。产生的原因是小气泡的饱和蒸气压小于平面液体的饱和蒸气压，产生困难。过热液体由于在高于沸点的温度，一旦产生气泡，气泡容易变大，急剧汽化即产生暴沸现象。预防过热液体可在液体中事先加入素瓷或毛细管等多孔性物质，给气泡产生一个"种子"，即可避免过热液体的产生。

3. 过冷液体

低于凝固点而未凝固的液体。产生原因是微小晶体的饱和蒸气压大于普通晶体的饱和蒸气压，微小晶体产生困难。纯净的液态水，有时可冷却到233K仍呈液态而不结冰。破坏过冷液体也很容易，在液体中加入少量晶体作为新相的种子，液体会迅速凝固。

4. 过饱和溶液

大于溶质的饱和溶解度而无晶体析出的溶液。产生原因是微小晶体的溶解度总是大于普通晶体的溶解度，微小晶体产生困难。在结晶操作中，如果过饱和程度过大，将会使结晶过程在很短时间内完成，从而形成很多细小的晶体颗粒，不利于过滤、提纯和洗涤。破坏过饱和溶液只要在结晶器中投入小晶体作为新相生成的种子即可。

综上所述，亚稳状态之所以能够稳定存在，根本原因是新相生成困难，而新相之所以生成困难，是因为物质分散度很大（颗粒很小）时，比表面大，表面能高而不易稳定存在。可见，在物质分散度较大时，界面现象是不容忽视的。

思考与练习

一、填空题

1. 小液滴的蒸气压_____同温度下平面液体的饱和蒸气压；小气泡的蒸气压_____同温度下平面液体的饱和蒸气压。（填大于、小于或等于）

2. 一玻璃毛细管插入水中时，毛细管内水呈_____（平、凸、凹）面，毛细管内液面_____（高、低、平）于管外的液面。

3. 一玻璃管两端各连有一大一小两个肥皂泡，玻璃管中间设有活塞。现打开活塞，现象是_____；原因是_____。

4. 高空中往往存在着大量的过饱和蒸汽而不凝结成水滴降雨，原因是_____。

5. 亚稳状态是热力学_____（稳定或不稳定）状态，其存在的原因是_____。

二、判断题

1. 两块平玻璃板在干燥时叠放在一起很容易分开，如果在其中间放些水再叠放在一起，就很难在垂直方向上将玻璃板拉开。原因是玻璃板中间的水与空气接触的边缘都呈凹液面，附加压力指向四周，使玻璃板中间的压力小于外界大气压，因此垂直分开很难。

2. 小液滴和小气泡的饱和蒸气压均大于平面液体的饱和蒸气压。

3. 预防过热液体的形成可在溶液加热前投入素瓷、细小毛细管或沸石，使小气泡容易生长连续产生。

4. 在一恒温、密闭且体积较小的容器中有一大一小两个水滴，放置一段时间后大液滴会逐渐变小，小液滴会逐渐变大，直至两液滴大小相等为止。

5. 一盆水放在室内不断挥发，要很长时间才会挥发干；如果将盆里的水洒在地面则很快就会挥发干。这其中的道理就是水被分散成小液滴后，饱和蒸气压变大，更容易挥发。

三、单选题

1. 将两支内径不同的毛细管插入水中，两毛细管中液面上升的高度（　　）。
A. 相同
B. 内径大的毛细管液面高
C. 内径小的毛细管液面高
D. 无法确定

2. 某学生用硅胶做吸附剂，苯做吸附质测定硅胶的比表面，实验中发现当苯的蒸气压超过某一数值时，硅胶的吸附量突然增大，其中的原因是（　　）。
A. 发生化学吸附
B. 毛细凝聚
C. 未达到平衡吸附
D. 硅胶吸水

3. 若液体在毛细管内呈凹液面，则该液体在该毛细管中的液面（　　）。
A. 沿毛细管上升
B. 沿毛细管下降
C. 不上升也不下降
D. 有时上升，有时下降

4. 一根毛细管插入水中，液面上升高度为 h，当在水中加入少量的 NaCl 后，毛细管中液面上升高度（　　）。
A. 等于 h
B. 大于 h
C. 小于 h
D. 无法确定

5. 在室温、正常大气压下，于肥皂水中吹一半径为 r 的空气泡，其泡内的压力为 p_1。若用该肥皂水在空气中吹一半径同为 r 的肥皂泡，其泡内的压力为 p_2，则 p_2（　　）p_1。
A. 大于
B. 小于
C. 等于
D. 不一定

四、问答题

1. 是不是所有液体在玻璃毛细管内都呈凹液面？为什么？
2. 毛细凝结现象产生的原因是什么？
3. 为什么用纯水吹不出气泡，而用肥皂水就可以吹出气泡？
4. 农业生产中锄地保墒目的是什么？
5. 将毛细管插入水中，水滴可否从毛细管顶端溢出？

第三节 吸附作用

从式 $dG_{T,p}=\gamma dA$ 可以看出，物质要尽量缩小其表面以降低表面吉布斯函数，同时物质也会自动吸附某些物质来降低表面张力，从而降低吉布斯函数以达到更稳定存在的目的。那么，什么是吸附呢？

让我们通过实验来理解吸附：在充满溴气的玻璃瓶中，加入一些活性炭，观察现象。我们会观察到棕红色的溴蒸气逐渐消失。这说明活性炭表面有吸附溴分子的能力，这种现象就是吸附。因此，在一定条件下，物质在相界面上自动富集的现象，称为吸附。通常把具有吸附能力的物质（例如活性炭）称为吸附剂，而被吸附的物质（例如溴蒸气）称为吸附质。

在温度和压力一定的条件下，被吸附物质的多少随着吸附剂面积的增大而增加。因此许多粉末状或多孔性物质往往都具有良好的吸附性能。

吸附的应用比较广泛，例如：实验室大多用硅胶吸附气体中的水汽以达到干燥的目的；用活性炭吸附蔗糖水溶液中的杂质达到脱色的目的；用分子筛吸附混合气体中某一组分以达到分离的目的等。下面简单介绍几种常见的吸附。

一、固体表面的吸附

固体表面的吸附作用与其表面性质密切相关。固体表面与液体表面一样也具有一定的表面吉布斯函数，但固体表面不能像液体表面那样自动收缩，因此只有通过吸附来降低表面吉布斯函数值。

对于气体在固体表面上的吸附，存在一个平衡。即被吸附在固体表面上的分子由于分子运动的存在，也可以脱离固体表面而逃逸到气相中去。这一过程称为解吸。在一定温度下，当吸附速度与解吸速度相等时，吸附就达到了平衡。

吸附作用的强弱，常用吸附量来衡量。对于气固吸附，把单位质量的吸附剂所吸附气体物质的量或体积（标准状态）定义为吸附量，用符号 Γ 表示。

$$\Gamma=\frac{x}{m} \quad \text{或} \quad \Gamma=\frac{V}{m}$$

式中 m——吸附剂的质量；

x——吸附质的物质的量；

V——吸附质的体积（标准状态）。

吸附量同吸附剂和吸附质的性质有关。由前面的讨论可知，吸附剂的比表面越大，表面吉布斯函数越高，吸附作用越强。当吸附剂和吸附质确定后，吸附量由温度和压力所决定。因此对气固吸附，通常从研究吸附等温线和吸附等压线开始，寻找经验方程来解决实际问题。工业上对气固催化反应的研究就是以吸附理论为基础的。

在微观上，根据吸附剂与吸附质分子间作用力的不同通常将吸附分为物理吸附和化学吸附。

当温度较低时，几乎所有固体表面上都有吸附作用。这时吸附热较小（一般为 $10^2\sim$

10^3 J/mol），与气体液化的相变热比较接近，因此认为被吸附的气体分子与吸附剂表面分子的作用力与分子间的范德华力接近，这类吸附为物理吸附。由于范德华力没有饱和性，作用力比较弱，因此物理吸附往往不限于单层分子，可以多层吸附而且容易解吸。物理吸附一般没有选择性，但吸附量会因吸附剂和吸附质的种类不同而不同，通常越容易液化的气体越易于被吸附。

化学吸附的吸附热较大（一般大于 10^5 J/mol），与化学反应热相近，一般化学反应需要一定的活化能，因此化学吸附往往在较高的温度下发生。由于气-固界面上化学键的形成具有饱和性，键力作用比较强，因此化学吸附只有单分子层，且不易解吸。化学键的形成同吸附剂和吸附质分子的特性有关，所以具有选择性。

通常低温时易于形成物理吸附，高温时易于形成化学吸附，有些气-固吸附随着温度升高，能从物理吸附转化成化学吸附。例如，一氧化碳在铂上的吸附，在 -100℃ 以下是物理吸附，在 0℃ 左右就成了化学吸附。但并不是所有的物理吸附都随温度升高而转化成化学吸附的。

二、溶液表面的吸附

1774 年英国一位学者向皇家学会宣读了一篇论文，叙述了将橄榄油倒在伦敦池水面上的结果："不满一茶匙的油（约 4.8cm^3），立即使几平方米的水面平静下来，它令人吃惊地蔓延开去，一直伸展到背风岸边，使四分之一的池面，大概有半英亩（2028.5m^2），看起来像玻璃那样光滑。"论文计算了该油膜的厚度为 240nm——橄榄油分子长度的数量级，即形成一个分子厚度的表面膜。

在一定条件下自发形成表面膜的现象表明：该过程必是 $dG<0$ 的过程，是 γ 降低的过程。

纯液体中加入某些溶质以后，该液体的表面张力也会发生变化。例如，脂肪醇、脂肪酸、脂肪酸盐等，溶于水中能降低水的表面张力。而无机酸（不挥发性）、碱以及盐，溶于水中会增大水的表面张力。把能降低水的表面张力的物质称为表面活性剂。

由于表面吉布斯函数的变化必然引起体系其他方面的变化。研究发现，在溶液的表面和溶液的体相中，溶质的分布是不均匀的。例如，在水中加入表面活性物质，变化总是向吉布斯函数减小的方向进行，因此表面活性物质必力图集中于表面，使表面溶质的浓度大于体相溶质的浓度。若加入非表面活性物质，则表面吉布斯函数值升高，溶质将力图离开表面，使表面浓度小于体相浓度。这种溶质在表面和体相浓度不均匀的现象叫溶液的表面吸附。溶液的表面吸附分正吸附和负吸附：使表面浓度高的吸附，称为正吸附；使表面浓度低的吸附，称为负吸附。

三、界面现象在复合材料中的应用

1. 复合材料

复合材料，是指由两种以上材料组合而成的，物理和化学性质与原材料不同，但又保持其原来某些有效功能的新材料。复合材料中，一种材料作为基体，另外的材料作为增强剂。

复合材料是材料家族中最年轻、最活跃的新成员。所谓"复合"，是在金属材料、有机高分子材料和无机非金属材料自身或相互间进行，从而获得单一材料无法比拟的、具有综合优异性能的新型材料。按照基体材料的不同，复合材料有如下几种。

（1）聚合物基复合材料　是最早开发的复合材料。它以纤维增强塑料和纤维增强橡胶为代表，其特点是加工性能好、加工周期短、强度高、耐腐蚀性好。其中，玻璃纤维增强塑料

("玻璃钢")是复合材料"鼻祖",凭借其轻质、高强度、耐腐蚀性和隔热、隔声、抗冲击等优异性能,广泛应用于建筑、航空、兵器、汽车等领域。碳纤维增强塑料,是最具代表性、性能优异的塑料基复合材料。

(2) 金属基复合材料　与塑料基复合材料相比,金属基复合材料耐高温、不燃烧、耐老化,导热导电性、抗辐射性较好,横向强度和模量也较高。与一般传统金属比,金属基复合材料具有质量轻、强度高、耐磨损、高温性能好等显著特点。金属基复合材料的主要应用领域是航空和航天。碳纤维即石墨纤维,可用来增强铝、镁、铜等金属材料,特别是碳/铝复合材料被认为是最有前途的金属基复合材料。

(3) 陶瓷基复合材料　陶瓷材料具有高强度、高硬度及耐腐蚀、耐高温等特点,但脆性大。而陶瓷基复合材料具有优良的韧性和热疲劳性能,可以克服单一陶瓷材料对裂纹敏感性高和易断裂的致命弱点。它广泛用来制作刀具、滑动构件、航空航天部件、发动机制件、能源构件等。

2. 界面现象在复合材料中的应用

很显然,复合材料并不是将基体材料和增强剂简单组合。这其中要经过许多处理。作为复合材料的基体,在涂覆增强剂之前,要对其表面进行处理,以获得不同于基体材料的表面性能。常用的处理方法有原子扩散、化学反应等方法。

例如,作为金属基体的钢材表面的化学改性是将钢件置于一定温度的活性介质中保温后,介质中一种或几种元素渗入工件表面,改变工件表层的化学成分和组织,以及不同于心部的性能。获得的硬度、耐磨性、疲劳强度比表面淬火处理后更高,但心部仍保持良好塑性与韧性。根据渗入元素命名,有渗碳、渗氮(氮化)、碳氮共渗、多元共渗、渗硼、渗硫、渗金属等。其工艺过程一般由五个基本过程组成。

(1) 渗剂中的反应　一定温度下,渗剂中分解出含有被渗元素的活性原子的过程。渗碳是从渗剂中分解出活性碳原子 [C]。

$$2CO \longrightarrow CO_2 + [C]$$
$$C_nH_{2n} \longrightarrow nH_2 + n[C]$$
$$CO + H_2 \longrightarrow H_2O + [C]$$

渗氮是从氨气中分解出活性氮原子 [N]。

$$2NH_3 \longrightarrow 3H_2 + 2[N]$$

(2) 渗剂的扩散——外扩散　渗碳反应生成的渗入元素,向工件表面扩散及相界面反应产物从界面逸散。随着温度升高,渗剂流速增大,扩散增强。

(3) 相界面的反应　渗剂中活性原子,吸附于工件表面,并与工件表面的原子发生吸附与解吸附反应。吸附被渗活性原子能力大小的表面活性取决于工件表面状态,存在于表面的大量位错露头和晶界露头为活性原子渗入提供方便通道;粗糙表面,清洗表面,吸附能力均强。

(4) 金属工件中扩散　工件表面吸收并溶解被渗活性原子后,由于表面与心部元素浓度差,而发生被渗入元素原子,由高浓度表面向内部的迁移。其结果使工件表面获得一定浓度的扩散层。

(5) 金属中的反应　在扩散温度下,渗入基体的元素在工件表面的浓度超过基体溶解能力时,在工件中形成新相。

这些过程是相互联系与相互制约的。扩散是控制化学表面改性处理的主要过程,加快扩散速度可加速工艺处理过程。

从上述例子可以看出,对基体材料的化学改性离不开界面知识。

思考与练习

一、填空题

1. 从热力学角度看,吸附是自发过程,吉布斯函数的变化 ΔG _____ 0;从熵的物理意义看,熵变 ΔS _____ 0;从焓与吉布斯函数和熵的关系看 ΔH _____ 0。
2. 物理吸附和化学吸附的本质区别是_____。
3. 当吸附达到平衡时_____速率和_____速率相等。
4. 表面活性剂在水溶液中会产生_____(正或负)吸附,溶质在表面层的浓度_____(大于、小于或等于)本体溶液的浓度。
5. 在纯水中放入肥皂形成的液体表面张力_____(大于、小于或等于)纯水的表面张力。

二、判断题

1. 吸附是吸热过程。
2. 固体表面越粗糙,表面吉布斯函数越高,越容易吸附。
3. 一般情况下,压力恒定时,吸附量会随温度的升高而下降;温度恒定时,吸附量随压力的升高而增大。
4. 有些吸附是自发过程,有些吸附则是非自发过程。
5. 复合材料就是将两种或两种以上的材料通过机械力量压合在一起的材料。

三、单选题

1. 化学吸附的作用力是( )。
   A. 化学键   B. 范德华力
   C. 库仑力   D. 分子间作用力
2. 气体在固体表面上发生等温吸附时,有( )。
   A. $\Delta S>0$ B. $\Delta S<0$ C. $\Delta S=0$ D. $\Delta S\geq 0$
3. 若在固体表面上发生某气体的单分子层吸附,则随着气体压力的不断增大,吸附量( )。
   A. 成比例增加   B. 成倍增加
   C. 恒定不变   D. 逐渐趋向饱和
4. 关于吸附热的下列说法中正确的是( )。
   A. 吸附过程放热
   B. 覆盖度增大,吸附热下降
   C. 在相同条件下,物理吸附热通常大于化学吸附热
   D. 物理吸附的吸附热与吸附剂无关
5. 高分散的固体表面吸附气体后,可使固体的表面吉布斯函数( )。
   A. 增加   B. 降低   C. 不改变   D. 不确定

四、问答题

1. 比较物理吸附和化学吸附的异同点。
2. 请用吉布斯函数减少的原理解释吸附现象的产生。
3. 温度对吸附作用的影响如何?
4. 吸附等温方程式如何根据实验数据绘制?
5. 吸附剂的表面积不同,对吸附的影响如何?

实验十　固体在溶液中的吸附

一、实验目的
1. 了解固体对溶液的吸附等温方程。
2. 测定活性炭在醋酸水溶液中对醋酸的吸附作用。
3. 通过实验推算活性炭的比表面。

二、实验原理
对于比表面很大的多孔性或高度分散的吸附剂，像活性炭和硅胶等，在溶液中都有较强的吸附能力。由于吸附剂表面结构的不同，与不同的吸附质有着不同的相互作用力，因此，吸附剂能够从混合溶液中有选择地把某一种溶质吸附，这种吸附能力的选择性在工业上有着广泛的应用，如糖的脱色提纯等。

吸附能力的大小常用吸附量 Γ 表示。Γ 通常指每克吸附剂上吸附质的量。在温度恒定的条件下，吸附量和吸附质在溶液中的平衡浓度 c 有关。弗朗特里希从吸附量和平衡浓度的关系曲线，得一经验方程：

$$\Gamma = \frac{x}{m} = kc^{\frac{1}{n}} \tag{9-10a}$$

式中　x——吸附质的物质的量；

　　　m——吸附剂的质量；

　　　c——吸附平衡时的浓度；

k，n——经验常数，由温度、溶剂、吸附质的性质决定。

将式(9-10a)取对数得

$$\lg \Gamma = \frac{1}{n} \lg c + \lg k \tag{9-10b}$$

因此，根据式(9-10b)以 $\lg \Gamma$ 对 $\lg c$ 作图，可得一条直线，直线的斜率为 $1/n$，截距为 $\lg k$。

如果按照单分子层吸附的模型，并假定吸附质分子在吸附剂表面上是直立的，每个醋酸分子所占的面积以 $2.43 \times 10^{-19}\,\mathrm{m}^2$ 计算，则吸附剂的比表面可按下式计算

$$A_S = \frac{\Gamma_\infty \times 6.02 \times 10^{23} \times 2.43}{10^{19}} \tag{9-11}$$

式中　Γ_∞——饱和吸附量，指吸附达饱和时的吸附量。

根据上述方法测定的吸附剂的比表面往往要比实际数值要小，主要原因是忽略了界面上被溶剂占据的部分。不过这种测定方法测定时操作简单，又不需要特殊的仪器，因此是了解固体吸附剂性能的一种简便方法。

三、仪器与药品
恒温槽，振荡机，磨口锥形瓶，移液管，滴定管。

NaOH 标准溶液（0.1mol/L 左右）；HAc 溶液（0.4mol/L）；活性炭、酚酞指示剂。

四、实验步骤
1. 配制不同浓度的 HAc 溶液

取 7 个洗净、干燥的带塞锥形瓶，编号。每瓶称活性炭 1g（准确），按下表给出的数据，配制不同浓度的 HAc 溶液。

瓶　号	1	2	3	4	5	6	7
V_{HAc}/mL	100	75	50	30	20	10	5
$V_{水}$/mL	0	25	50	70	80	90	95
移取 HAc 的 V/mL	10	10	20	20	40	40	40
消耗 NaOH 的 V/mL							
HAc 的平衡浓度 c							
吸附量 Γ/(mol/g)							

2. 振荡促使吸附达到平衡

将各瓶加好样后，用磨口塞塞好，放入恒温槽振荡（如果室温变化不大，可在室温下振荡）。振荡 0.5h 时，可以先从稀溶液进行测定（因为稀溶液较易达到平衡），而浓溶液继续振荡。

3. 吸附平衡浓度测定

用移液管分别从上述锥形瓶中定量移取溶液于另外的锥形瓶。移取的体积如上表。用 0.1mol/L 的 NaOH 标准溶液，分别滴定 HAc 的浓度。

五、注意事项

1. 在操作过程中，应尽量防止浓 HAc 溶液的挥发以减小误差。方法是在锥形瓶的磨口塞上加橡皮套。

2. 配制溶液的蒸馏水用刚煮沸冷却的，减少 CO_2 对测定的影响。

六、数据记录与处理

1. 分别计算 HAc 的平衡浓度 c 并填入上表

$$c = \frac{c_{NaOH} V_{NaOH}}{V_{HAc}}$$

2. 由平衡浓度和初始浓度计算吸附量并填入上表　$\Gamma = \dfrac{(c_0 - c)V}{m}$

3. 以平衡浓度为横坐标，吸附量为纵坐标作等温线。

4. 在等温线上找到极大值，饱和吸附量 Γ_∞。

5. 以 $\lg c$ 为横坐标，$\lg k$ 为纵坐标，作直线。由直线的斜率和截距求经验常数 n 和 k。并得出活性炭吸附醋酸的经验方程。

6. 用式(9-11) 计算活性炭的比表面。

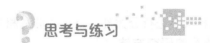

思考与练习

1. 在振荡时如何防止醋酸的挥发？
2. 如何从等温线上找饱和吸附量？

第四节　分 散 体 系

一、分散体系的定义、分类及研究方法

1. 分散体系的定义

一种或数种物质分散在另一种物质中所构成的体系叫分散体系。被分散的物质称为分散

相,起分散作用的物质称为分散介质。可见

$$分散体系 = 分散相 + 分散介质$$

2. 分散体系的分类

按分散体系中分散相粒子的大小可以把分散体系大致分成三类,如表 9-1 所示。

表 9-1　分散体系的分类及特性

微粒直径	类　型	分散相	性　质	实　例
$<10^{-9}$ m	小分子或离子分散体系	原子、离子或小分子	均相,热力学稳定体系,扩散快,能透过半透膜,形成真溶液	蔗糖水溶液、氯化钠水溶液等
$10^{-9} \sim 10^{-7}$ m	高分子化合物溶液	大分子	均相,热力学稳定体系,扩散慢,不能透过半透膜,形成真溶液	聚乙烯醇水溶液等
	溶胶	胶粒(原子或分子的聚集体)	多相,热力学不稳定体系,扩散慢,不能透过半透膜,能透过滤纸,形成胶体	金溶胶、氢氧化铁溶胶等
$>10^{-7}$ m	粗分散体系	粗颗粒	多相,热力学不稳定体系,扩散慢,不能透过半透膜及滤纸,形成悬浮液或乳状液	浑浊泥水、牛奶、豆浆等

3. 胶体的特征

(1) 特征　胶体是高度分散的、多相的、组成和结构不确定的热力学不稳定体系。胶体体系说明如下。

① 胶体体系中分散相的大小介于溶液和粗分散体系中分散相的大小之间,则胶体中分散相的颗粒大小在 1~100nm 之间。

② 胶体中分散相和分散介质间必有一明显的物理分界面。这意味着胶体体系必然是非均相分散体系。

③ 胶体不是特殊的物质,而是物质存在的一种特殊形式。如硫黄分散在乙醇中为溶液,若分散在水中则为水溶胶。

④ 胶体分散体系由于分散度高,具有较高的表面能,属热力学不稳定体系。

(2) 分类　胶体分散体系包括溶胶和缔合胶体。但大分子溶液和粗分散体系也常被作为胶体分散体系研究的对象。原因介绍如下。

① 虽然大分子溶液(也叫亲液溶胶)是热力学上稳定的体系,但由于其溶质分子的大小已进入了胶体分散体系的范围且在某些方面(如扩散性)具有胶体的特性。

② 粗分散体系与胶体分散体系同属热力学不稳定体系,它们在性质上及研究方法上有许多相似之处。

除按分散相的颗粒大小进行分类外,还可按分散相和分散介质的性质来分类。

4. 非均相分散体系的研究方法

非均相分散体系是一门综合性很强的学科领域,其研究方法除物理化学的热力学、量子力学、统计力学以及动力学等方法外,还涉及物理学中的光学、电学、流体力学和流变学。从应用上讲,遍及生命现象、材料、食品、能源、环境等领域。此外,近代的研究手段如光散射技术、能谱技术、超显微技术、高速离心技术及电泳散射技术等应用于胶体分散体系的研究,也极大地推动了该学科领域的理论发展。

二、胶体的性质

胶体体系是介于真溶液和粗分散体系之间的一种特殊分散体系。由于胶体体系中粒子分散程度很高,具有很大的比表面,表现出显著的表面特征,如其具有特殊的光学性质和电学性质等。

1. 溶胶的动力性质

布朗运动是分散相粒子受到其周围在做热运动的分散介质分子的撞击而引起的无规则运动，如图 9-4 所示。由于英国植物学家布朗首先发现花粉在液面上做无规则运动而得名。

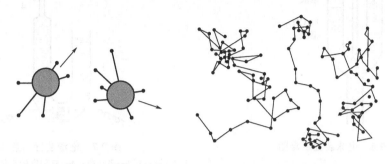

溶胶粒子受介质分子冲撞示意图　　　　溶胶粒子的布朗运动

图 9-4　布朗运动示意图

扩散作用是指溶胶粒子从高浓区域往低浓区域迁移的现象。

2. 溶胶的光学性质——丁铎尔效应

当一束强烈的光线射入溶胶后，在入射光的垂直方向或溶胶的侧面可以看到一发光的圆锥体，如图 9-5 所示。这种被丁铎尔（Tyndall）首先发现的现象称为"丁铎尔效应"。

丁铎尔效应是光散射现象的结果。光散射是指当入射光的波长大于分散相粒子的尺寸时，在光的前进方向之外也能观察到的发光现象。反之，当入射光的波长小于分散相粒子的尺寸时，则发生光的反射。如悬浮液体系由于光的反射而呈浑浊状。

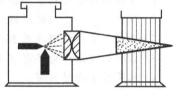

图 9-5　丁铎尔效应

3. 溶胶的电学性质

在外加直流电场或外力作用下，表面带电的胶粒与周围介质作相对运动时产生的现象叫电动现象。它包括电泳、电渗等。

（1）电泳　在外加电场作用下，胶粒在分散介质中朝着某一电极迁移的现象。

如图 9-6 所示，在 U 形管中先装入红褐色的 $Fe(OH)_3$ 溶胶，然后小心放入 NaCl 溶液，使二者有清晰的界面。然后把电极放入 NaCl 溶液中通电，一段时间后可以看到负极的红褐色液面上升，正极红褐色液面下降。这是一个典型的电泳实验，电泳实验充分说明溶胶粒子是带电荷的。通过上述实验说明 $Fe(OH)_3$ 溶胶粒子带正电荷。

（2）电渗　使溶胶中分散相不动而分散介质在外电场作用下定向移动的现象。

图 9-7 所示，多孔膜（图 9-7 中的 3）可以是一些多孔性物质，装入溶胶后这些多孔性的物质将吸附溶胶粒子。如果溶胶粒子带正电荷，则多孔膜空隙中的分散介质带负电荷，通电后液体向正极流动，正极端的液面将升高；如果溶胶粒子带负电荷，则多孔膜空隙中的分散介质带正电荷，通电后液体流向负极，负极端的液面将升高。

从上述实验可知，电泳现象是分散介质不动分散相（溶胶粒子）在外电场作用下移动；电渗则是分散相（溶胶粒子）不动分散介质在外电场下移动。虽然电泳和电渗现象中移动相是相反的，但溶胶的电泳或电渗现象都充分说明胶体粒子是带电的，并且通过界面移动方向可以判别溶胶粒子带电的符号。将溶胶的电泳和电渗现象称为溶胶的电动现象。

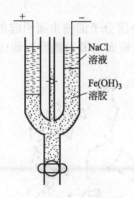

图 9-6 电泳装置示意图

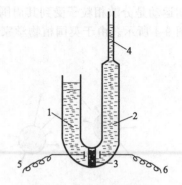

图 9-7 电渗装置示意图

1,2—液体；3—多孔膜；4—有刻度的毛细管；5,6—电极

思考与练习

一、填空题
1. 胶体的分散相粒子半径大约在_____。
2. 溶胶_____（能不能）通过半透膜。
3. 溶胶之所以能够在较长时间内稳定存在，主要原因是_____。
4. 溶胶的电泳和电渗等现象足以说明_____。
5. 溶胶的主要性质有_____，_____，_____。

二、判断题
1. 胶体是均相体系，其相数为1。
2. 丁铎尔效应是光线通过溶胶时发生散射的结果。
3. 溶胶具有很大的比表面，因而比表面吉布斯函数很大，从热力学角度看是不稳定体系。
4. 溶胶在重力场作用下能发生沉降，因而具有动力不稳定性。
5. 布朗运动的结果是使溶胶产生扩散作用，这种作用能使溶胶稳定。

三、单选题
1. 下列关于胶体的叙述正确的是（　　）。
A. 电泳现象可证明胶体属于电解质溶液
B. 胶体可以透过半透膜
C. 利用丁铎尔现象可以区分溶液和胶体
D. 直径介于 1～100nm 之间的微粒称为胶体
2. 氯化铁溶液和氢氧化铁溶胶具有的共同性质是（　　）。
A. 分散质颗粒直径都在 1～100nm 之间
B. 能通过半透膜
C. 加热蒸干、灼烧后都能有氧化铁生成
D. 呈红褐色
3. 将可溶性淀粉溶于热水制成淀粉溶液，该溶液可能不具有的性质是（　　）。
A. 电泳　　　　　B. 布朗运动　　　　　C. 聚沉　　　　　D. 丁铎尔效应

4. 下列说法中正确的是（　　）。
A. 能发生丁铎尔效应的分散体系有氯化钠水溶液等
B. 在 1L 2mol/L 氢氧化铁溶胶中含有氢氧化铁胶粒为 $2N_A$
C. 可吸入颗粒物（例如硅酸盐粉尘）能形成气溶胶，对人类健康危害大
D. 三氯化铁溶液与氢氧化铁胶体的本质区别是有无丁铎尔效应
5. 将饱和 $FeCl_3$ 溶液分别滴入下述液体中，能形成胶体的是（　　）。
A. 冷水　　　　　　B. 沸水　　　　　　C. NaOH 浓溶液　　D. NaCl 浓溶液

四、问答题
1. 举例说明胶体粒子带电的原因。
2. 使用吸墨水的钢笔时，不同的墨水不能混用，为什么？
3. 请简要叙述胶体分散体系的热力学和动力学稳定性。
4. 在晴朗的白昼，天空呈蔚蓝色的原因是什么？日出和日落时，太阳呈鲜红色的原因又是怎样的？
5. 在水泥和冶金工厂常用高压电对气溶胶作用，除去大量烟尘，以减少对空气的污染。这种做法应用的主要原理是什么？

第五节　溶胶的稳定性和聚沉

一、溶胶的稳定性

溶胶的稳定和聚沉的实质是胶粒间斥力和引力的相互转化。促使粒子相互聚结的是粒子间的相互吸引的能力，而阻碍其聚结的则是相互排斥的能力。从前面的分析我们知道，溶胶由于颗粒小、比表面大、表面吉布斯函数高，所以在热力学上溶胶是不稳定体系。但是，有些溶胶可以放置几年或几十年才沉降下来，它的稳定原因主要有以下几个方面。

1. 动力学稳定性

由于溶胶是高度分散的体系，胶粒比较小，布朗运动比较剧烈，扩散能力较强，一定条件下胶粒能克服因重力而引起的下沉作用。因此从动力学角度来说，溶胶具有动力学稳定性。

2. 静电稳定性

从溶胶的电学性质可知，胶体粒子是带电荷的。当两个胶体粒子相互接近时，相同电荷之间的斥力使胶粒不易聚结，从而保持了溶胶的稳定性。胶体粒子带电是溶胶稳定的主要原因。

3. 溶剂化效应

物质与溶剂之间所引起的化合作用称为溶剂化。通常胶体粒子都是溶剂化的，胶体粒子在溶剂化离子的包围之中，就好像在胶体粒子周围形成一层带电的溶剂膜，以此阻碍胶体粒子聚结，促进了溶胶的稳定。

综上所述：分散相粒子的布朗运动、带电、溶剂化作用是溶胶三个最重要的稳定因素。凡是能使上述稳定因素遭到破坏的作用，皆可以使溶胶聚沉。

二、溶胶的聚沉

溶胶中的分散相微粒互相集结，颗粒变大，最后发生沉淀的现象称为聚沉。溶胶的聚沉可分为两个阶段，第一为无法用肉眼观察出分散程度变化的阶段，称为"隐聚沉"；第二阶段则可用肉眼观察到颗粒的变化，称为"显聚沉"。

1. 电解质的聚沉作用

当往溶胶中加入过量的电解质后，往往会使溶胶发生聚沉。这是由于电解质加入后，电解质中与胶粒带相反电荷的离子会减少胶粒的带电量，减弱溶剂化作用，使胶粒之间的静电斥力不足以克服其引力，结果胶粒合并变大，导致沉降。如豆浆是带负电的蛋白质胶体，卤水中的 Ca^{2+}、Mg^{2+}、Na^+ 等离子能使蛋白质聚沉。

2. 溶胶的相互聚沉

将两种电性不同的溶胶混合，可以发生相互聚沉作用。如 As_2S_3 负溶胶与 $Fe(OH)_3$ 正溶胶以不同比例混合时可产生聚沉。

溶胶的相互聚沉在日常生活中经常见到。如明矾的净水作用、不同牌号的墨水相混可能产生沉淀，医院里利用血液的能否相互凝结来判断血型等都与胶体的相互聚沉有关。

另外，升高温度和增加浓度都会使胶体粒子相互碰撞的频率增加，会促使溶胶聚沉。

三、高分子化合物溶液与溶胶

高分子化合物是指摩尔质量介于 $1 \sim 10^4 \text{kg/mol}$ 之间的大分子化合物。根据来源的不同，可分为天然高分子化合物以及合成高分子化合物。例如，生物体中的蛋白质、核酸、糖原、淀粉、纤维素、天然橡胶等都是高分子化合物；属于合成高分子化合物的有合成橡胶、塑料、纤维等。高分子化合物在适当的溶剂中，可以自动地分散成溶液。在高分子化合物溶液中，高分子化合物是以分子或离子的形式分散到溶液中，是均相体系。因此，与溶胶不同，高分子化合物是热力学稳定体系。

由于高分子化合物分子的大小恰好是在胶体范围内，而且又具有胶体的某些特性，例如扩散慢、不能通过半透膜等。因此也将高分子化合物溶液称为亲液溶胶；将溶胶称为憎液溶胶。

高分子化合物溶液对溶胶也有聚沉作用。

（1）搭桥效应　利用大分子化合物在胶粒表面上的吸附作用，将胶粒拉扯到一块儿使溶胶聚沉。如常用聚丙烯酰胺处理污水是一例。

（2）脱水效应　高聚物对水的亲和力往往比溶胶强，它将夺取胶粒水合外壳的水，胶粒由于失去水合外壳而聚沉。如羧酸、单宁等物质是常用的脱水剂。

（3）电中和效应　离子型的高分子化合物吸附在胶粒上而中和了胶粒的表面电荷，使胶粒间的斥力减少并使溶胶聚沉。

（4）盐析作用　在大分子化合物中，少量电解质的加入并不会影响其聚沉，只有加入更多的电解质才能使聚沉发生，大分子溶胶的这种聚沉现象称为盐析作用。

（5）保护作用　当往憎液溶胶中加入少量易为憎液溶胶所吸附的亲液溶胶后，憎液溶胶的稳定性得到提高。这种作用称为"保护作用"，被吸附的少量加入剂称为"保护剂"。如在金溶胶中加入少量动物胶，可大大缓解其聚沉。

（6）敏化作用　在某些场合下，如加入保护剂的数量不足，反而可以促进溶胶的聚沉，这种作用称为"敏化作用"。

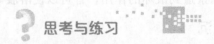

一、填空题

根据溶胶和高分子化合物溶液的性质填写下表：

性　　质	亲液溶胶(高分子溶液)	憎液溶胶
粒径		
扩散速度		
能否通过半透膜		
是否热力学稳定体系		
稳定的主要原因		
均相还是多相		
对电解质的稳定性大小		
将溶剂蒸发除去,得干燥的沉淀物,再加入溶剂能否溶解复原		

二、判断题

1. 溶胶稳定存在的主要原因是胶体粒子带电。
2. 加入电解质使溶胶聚沉,起作用的是与胶体粒子带相反电荷的离子。
3. 无论带什么电荷,只要两种溶胶混合都会聚沉。
4. 溶胶和高分子溶液的分散相粒子半径相近,所以它们都是多相体系,有自动聚结而聚沉的自发趋势,都是热力学不稳定体系。
5. 高分子溶液和溶胶一样对电解质很敏感,加入少量电解质就会引起聚沉。

三、单选题

1. 将某溶液逐滴加入 $Fe(OH)_3$ 溶胶,开始产生沉淀,继续滴加时沉淀又溶解,该溶液是（　　）。

　　A. 稀 H_2SO_4 溶液　　B. 稀 NaOH 溶液　　C. 稀 $MgSO_4$ 溶液　　D. 硅酸溶胶

2. 某种胶体在电泳时,它的胶粒向阳极移动。在这胶体中分别加入下列物质:①蔗糖溶液②硫酸镁溶液③硅酸胶体④氢氧化铁胶体,不会发生凝聚的是（　　）。

　　A. ①③　　　　　　B. ②③④　　　　　　C. ②③　　　　　　D. ②④

3. 氢氧化铁胶体稳定存在的主要原因是（　　）。

　　A. 胶粒直径小于 1nm　　　　　　B. 胶粒会产生乳光
　　C. 胶粒带正电荷　　　　　　　　D. 胶粒不能通过半透膜

4. 用 $Cu(OH)_2$ 胶体做电泳实验时,阴极附近蓝色加深,往此溶胶中加入下列物质(①硫酸镁溶液②硅酸胶体③氢氧化铁溶胶④葡萄糖溶液)时不发生聚沉的是（　　）。

　　A. ①②　　　　　　B. ②③　　　　　　C. ③④　　　　　　D. ①④

5. 现有甲、乙、丙、丁和 $Fe(OH)_3$ 等五种胶体,按甲和乙、乙和丁、丙和丁、乙和 $Fe(OH)_3$ 胶体两两混合,均出胶体聚沉现象,则粒子带负电荷的胶体是（　　）。

　　A. 甲和乙　　　　　B. 丙和乙　　　　　C. 甲和丁　　　　　D. 丙和 $Fe(OH)_3$

四、问答题

1. 什么是聚沉现象,何谓聚沉值?
2. 请简要叙述电解质溶液对溶胶的聚沉作用有什么特点。
3. 溶胶的相互聚沉什么情况下发生?
4. 高分子化合物溶液对溶胶的聚沉作用如何?
5. 珍珠是一种固溶胶,放置时间长会失去光泽,道理何在?

新视野　　**纳米材料及其应用概况**

一位诺贝尔物理学奖获得者曾设想:如果有一天能按人们的意志安排一个个原子和分子

将会产生什么样的奇迹？对纳米材料的研究就在不断地接近这位科学家的设想。纳米材料因为材料尺寸在 1~100nm，具有新的特殊性质，成为 21 世纪最有前途的材料。目前纳米材料已经成为物理、化学、材料科学、生物学、医学等多学科交叉研究的热点。

纳米材料就是组成相晶粒在任一维上尺寸小于 100nm 的材料，它包含原子团簇、纳米微粒、纳米薄膜、纳米管和纳米固体材料等，表现为粒子、晶体或晶界等显微镜构造能达到纳米尺寸的材料。

纳米材料的分类方法很多，根据纳米材料的作用来分，有纳米结构材料和纳米功能材料。根据纳米材料的种类来分，有有机纳米材料、无机纳米材料、药物纳米材料和生物纳米材料。纳米复合材料从复合的维度来分，分为 0-1、0-2、0-3、1-1、1-2 等类型的复合材料。

由于纳米材料处于原子、分子与宏观物质之间，使得它具有一些独特的性质。

1. 界面与表面效应

纳米微粒越小，表面原子数与其总原子数之比就越大。现做一个简单的估算：假设原子直径为 0.3nm，在直径 100nm 的球形微粒中，表面原子仅占 2%；当直径下降到 5nm 时，表面原子占 40%；当直径进一步减小到 2nm 时，表面原子所占比例增加到 80%。可见，粒径小于 10nm 时，其表面原子数急剧增加，纳米微粒的比表面总和可达 $100m^2/g$ 以上。

(1) 界面效应　随着纳米微粒晶粒的减小，界面原子数增多，因而无序度增加，同时晶体的对称性降低，其部分能带被破坏，从而出现界面效应。

(2) 表面效应　由于纳米微粒尺寸小，表面原子比例增大，微粒的表面能和表面张力也随着增加，从而引起纳米微粒性质的变化。纳米微粒的表面原子所处的晶体场环境及结合能与内部原子有所不同，存在许多悬空键，处于不饱和状态，因而极易与其他原子相结合而趋于稳定，故纳米材料具有极高的表面活性。这种表面原子的活性就称为表面活性。

2. 量子尺寸效应

按分子轨道理论，普通物质的能带基本上是连续的。而对于只含有有限个原子的纳米微粒来说，能带变得不再连续，且能隙随着微粒的尺寸减小而增大。当热能、电能、磁能、光电子能量或超导态的凝聚能比平均的能级间距还小时，纳米微粒就会呈现一系列与宏观物体截然不同的反常特性，称之为量子尺寸效应。

3. 小尺寸效应

当超细微粒尺寸不断减小，与光波波长、德布罗意波长及超导态的相干长度或投射深度等特征尺寸相当或更小时，晶体周期性的边界条件将被破坏，引起材料的电、磁、声、光、热和力学等特性都呈现新的小尺寸效应。例如：①陶瓷器件在通常情况下显脆性，而由纳米微粒制成的纳米陶瓷材料却具有很好的韧性；②特殊的光学性质，当黄金（Au）被制成纳米微粒小于光波波长（几百纳米）的尺寸时，会失去原有光泽而呈黑色；③利用等离子共振频移随微粒尺寸变化的性质，可通过改变微粒大小来使吸收峰位移，从而制造出频宽的微波吸收纳米材料，用于电磁波屏蔽、隐形飞机等。

4. 量子隧道效应

我们知道，电子既具有粒子性又具有波动性，它的运动范围可以超过经典力学所限制的范围，这种"超过"是穿过势垒而不是翻越势垒，这就是量子力学中所说的隧道效应。

上述的 4 种效应是纳米微粒的基本特征，它使纳米微粒呈现出许多独特的物理和化学性质，出现一些"反常现象"。

目前，我国已经研制的纳米材料有：①纳米氧化物，锌、钛、硅、锆、镁、铬、镍、锰和铁的纳米氧化物等；②纳米金属和合金，银、钯、铜、铁、钴、镍、钛、铝、钽、银-铜等；③纳米碳化物，碳化钨、碳粉、碳化硅、碳化钛、碳化锆、碳化铌、碳化硼等；④纳米氮化物，氮化硅、氮化铝、氮化钛等。

在化纤方面，现已开发出许多具有高性能（高强度、高模量、耐高温等）、高功能（高吸湿、高感性等）的新型化学纤维。

建筑材料应用纳米技术，主要集中在外墙涂料、内墙涂料和建筑玻璃上。

在精细化工方面，纳米材料改性的涂料，无沉淀耐老化成膜性能在市场上已经表现出很强的竞争力。各种功能涂料和智能涂料（气敏、温敏、光致变色等）也正在开发中。

在电力工业中，添加纳米材料的电力陶瓷，其强度和韧性都提高了 70%，抗冲击韧性提高了一倍。用纳米材料改性的电力工业用开关、非线性电阻材料开始步入产业化。

在环境领域，纳米材料对空气中污染物的清除能力，是其他材料和技术无法比拟的。利用多孔小球组合光催化纳米材料，已成功用于污水中有机物的降解。

近年来，正在开发用于煤和油料燃烧的纳米净化剂、助燃剂。与此同时，利用纳米技术提取粉煤灰中的有用物质，已获得初步成果。

纳米医学是采用纳米化的药物来处理问题，并在分子水平上维护人体的健康。目前，基于分子生物学原理所研制的微型机器人已用于人体发病部位的检查。

另外，纳米材料在十几年前就应用到了军事领域，已在抗弹材料、未来战士系统、弹药、纳米卫星、纳米飞行器和隐形等方面进行了深入研究。由于纳米涂层材料具有吸收频带宽、质量轻、厚度薄等优点，因而可望在未来军事隐形方面大显身手。

附　录

附录一　国际单位制(SI)

量		单位	
名称	符号	名称	符号
长度	l	米	m
质量	m	千克	kg
时间	t	秒	s
电流	I	安[培]	A
热力学温度	T	开[尔文]	K
物质的量	n	摩[尔]	mol
发光强度	I_v	坎[德拉]	cd

附录二　不同温度下水的饱和蒸气压

温度/℃	蒸气压/kPa	温度/℃	蒸气压/kPa	温度/℃	蒸气压/kPa
−14.0	0.2080① 0.18122	36.0	5.9453	86.0	60.119
−12.0	0.2445① 0.21732	38.0	6.6298	88.0	64.958
−10.0	0.2865① 0.25990	40.0	7.3814	90.0	70.117
−8.0	0.3352① 0.30998	42.0	8.2054	92.0	75.614
−6.0	0.3908① 0.36873	44.0	9.1075	94.0	81.465
−4.0	0.4546① 0.43747	46.0	10.094	96.0	87.688
−2.0	0.5274① 0.51772	48.0	11.171	98.0	94.301
0.0	0.61129	50.0	12.344	100.0	101.32
2.0	0.70605	52.0	13.623	102	108.77
4.0	0.81359	54.0	15.012	104	116.67
6.0	0.93537	56.0	16.522	106	125.03
8.0	1.0730	58.0	18.159	108	133.88
10.0	1.2281	60.0	19.932	110	143.24
12.0	1.4027	62.0	21.851	112	153.13
14.0	1.5988	64.0	23.952	114	163.58
16.0	1.8185	66.0	26.163	116	174.61
18.0	2.0644	68.0	28.576	120	198.48
20.0	2.3388	70.0	31.176	150	475.72
22.0	2.6447	72.0	33.972	200	1553.6
24.0	2.9850	74.0	36.978	250	3973.6
26.0	3.3629	76.0	40.205	300	8583.8
28.0	3.7818	78.0	43.665	350	16521
30.0	4.2455	80.0	47.373	370	21030
32.0	4.7578	82.0	51.342	374	22055
34.0	5.3229	84.0	55.585		

① 过冷水的蒸气压。

附录三 弱酸、弱碱的电离平衡常数

弱电解质	温度/℃	电离平衡常数	弱电解质	温度/℃	电离平衡常数
H_3AsO_4	25	$K_1=5.5\times10^{-3}$	H_2S①	30	$K_1=1.1\times10^{-7}$
	25	$K_2=1.7\times10^{-7}$		30	$K_2=1.3\times10^{-13}$
	25	$K_3=5.1\times10^{-12}$	H_2SO_3	25	$K_1=1.4\times10^{-2}$
H_3BO_3	20	5.4×10^{-10}		25	$K_2=6\times10^{-8}$
HBrO	25	2.8×10^{-9}	H_2SiO_3	30	$K_1=1\times10^{-10}$
H_2CO_3	25	$K_1=4.5\times10^{-7}$		30	$K_2=2\times10^{-12}$
	25	$K_2=4.7\times10^{-11}$	HCOOH	25	1.8×10^{-4}
$H_2C_2O_4$	25	$K_1=5.6\times10^{-2}$	CH_3COOH	25	1.75×10^{-5}
	25	$K_2=1.5\times10^{-4}$	$CH_2ClCOOH$	25	1.3×10^{-3}
HCN	25	6.2×10^{-10}	$CHCl_2COOH$	25	4.5×10^{-2}
HClO	25	4.0×10^{-8}	$H_3C_6H_5O_7$	20	$K_1=7.4\times10^{-4}$
H_2CrO_4	25	$K_1=1.8\times10^{-1}$	（柠檬酸）	20	$K_2=1.7\times10^{-5}$
	25	$K_2=3.2\times10^{-7}$		20	$K_3=4.0\times10^{-7}$
HF	25	6.3×10^{-4}	$NH_3\cdot H_2O$	25	1.8×10^{-5}
HIO_3	25	1.7×10^{-1}	NH_2OH②		9.1×10^{-9}
HIO	25	3.2×10^{-11}	$AgOH$②		1.1×10^{-4}
HNO_2	25	5.6×10^{-4}	$Be(OH)_2$②		$K_2=5.0\times10^{-11}$
H_3PO_4	25	$K_1=6.9\times10^{-3}$	$Pb(OH)_2$②		$K_1=9.5\times10^{-4}$
	25	$K_2=6.2\times10^{-8}$	$Zn(OH)_2$②		$K_1=9.5\times10^{-4}$
	25	$K_3=4.8\times10^{-13}$			

① H_2S数据摘自：Lauge's Handbook of Chemistry. 15ed. 1999, 8.20。
② 数据摘自：实用化学手册. 北京：科学出版社，2001（数据为18～25℃）。
注：摘自 CRC handbook of chemistry and physics. 82ed. (2001～2002), 8-44～8-56。

附录四 常见难溶电解质的溶度积

难溶电解质	K_{sp}	难溶电解质	K_{sp}
AgCl	1.77×10^{-10}	CuS①	6.3×10^{-36}
AgBr	5.35×10^{-13}	$Fe(OH)_2$	4.87×10^{-17}
AgI	8.52×10^{-17}	$Fe(OH)_3$	2.79×10^{-39}
$AgCO_3$	8.46×10^{-12}	FeS①	6.3×10^{-18}
Ag_2CrO_4	1.12×10^{-12}	Hg_2Cl_2	1.45×10^{-18}
Ag_2SO_4	1.20×10^{-5}	HgS(黑)	1.6×10^{-52}
Ag_2S①	6.3×10^{-50}	$MgCO_3$	6.82×10^{-6}
$Al(OH)_3$	1.3×10^{-33}	$Mg(OH)_2$	5.61×10^{-12}
$BaCO_3$	2.58×10^{-9}	$Mn(OH)_2$①	1.9×10^{-13}
$BaSO_4$	1.08×10^{-10}	MnS①	2.5×10^{-13}
$BaCrO_4$	1.17×10^{-10}	$Ni(OH)_2$	5.48×10^{-16}
$CaCO_3$	3.36×10^{-9}	$PbCl_2$	1.7×10^{-5}
$CaC_2O_4\cdot H_2O$	2.32×10^{-9}	$PbCO_3$	7.4×10^{-14}
CaF_2	3.45×10^{-11}	$PbCrO_4$①	2.8×10^{-13}
$Ca_3(PO_4)_2$	2.07×10^{-33}	PbF_2	3.3×10^{-8}
$CaSO_4$	4.39×10^{-5}	$PbSO_4$	2.53×10^{-8}
$Cd(OH)_2$	7.2×10^{-15}	PbS①	8.0×10^{-28}
CdS①	8.0×10^{-27}	PbI_2	9.8×10^{-9}
$Co(OH)_2$	5.92×10^{-15}	$Pb(OH)_2$	1.43×10^{-20}
$Co(OH)_3$	6.3×10^{-31}	$SrCO_3$	5.60×10^{-10}
CuCl	1.72×10^{-7}	$SrSO_4$	3.44×10^{-7}
CuI	1.27×10^{-12}	$ZnCO_3$	1.46×10^{-10}
CuBr	6.27×10^{-9}	$Zn(OH)_2$	3×10^{-17}

① 摘自 Lange's Handbook of Chemistry. 15ed. 1999, 8.7-8.17。
注：1. 摘自 CRC Handbook of Chemistry and Physics. 82 ed. 2001～2002, 8-117, 8-120。
2. K_{sp} 由 $\Delta_r G_m^{\ominus}$ 计算。

附录五 标准电极电位表

(一) 298K, 酸性溶液

名称	电极反应	电极电位/V
Ag	$AgBr + e \longrightarrow Ag + Br^-$	+0.07133
	$AgCl + e \longrightarrow Ag + Cl^-$	+0.22233
	$Ag_2CrO_4 + 2e \longrightarrow 2Ag + CrO_4^{2-}$	+0.4470
	$Ag^+ + e \longrightarrow Ag$	+0.7996
Al	$Al^{3+} + 3e \longrightarrow Al$	−1.662
As	$HAsO_2 + 3H^+ + 3e \longrightarrow As + 2H_2O$	+0.248
	$H_3AsO_4 + 2H^+ + 2e \longrightarrow HAsO_2 + 2H_2O$	+0.560
Bi	$BiOCl + 2H^+ + 3e \longrightarrow Bi + H_2O + Cl^-$	+0.1583
	$BiO^+ + 2H^+ + 3e \longrightarrow Bi + H_2O$	+0.320
Br	$Br_2 + 2e \longrightarrow 2Br^-$	+1.066
	$2BrO_3^- + 12H^+ + 10e \longrightarrow Br_2 + 6H_2O$	+1.462
Ca	$Ca^{2+} + 2e \longrightarrow Ca$	−2.868
Cl	$ClO_4^- + 2H^+ + 2e \longrightarrow ClO_3^- + H_2O$	+1.189
	$Cl_2 + 2e \longrightarrow 2Cl^-$	+1.35827
	$ClO_3^- + 6H^+ + 6e \longrightarrow Cl^- + 3H_2O$	+1.451
	$2ClO_3^- + 12H^+ + 10e \longrightarrow Cl_2 + 6H_2O$	+1.47
	$2HClO + 2H^+ + 2e \longrightarrow Cl_2 + 2H_2O$	+1.611
	$ClO_3^- + 3H^+ + 2e \longrightarrow HClO_2 + H_2O$	+1.214
	$ClO_2 + H^+ + e \longrightarrow HClO_2$	+1.277
	$HClO_2 + 2H^+ + 2e \longrightarrow HClO + H_2O$	+1.645
Co	$Co^{3+} + e \longrightarrow Co^{2+}$	+1.92
Cr	$Cr_2O_7^{2-} + 14H^+ + 6e \longrightarrow 2Cr^{3+} + 7H_2O$	+1.232
Cu	$Cu^{2+} + e \longrightarrow Cu^+$	+0.153
	$Cu^{2+} + 2e \longrightarrow Cu$	+0.3419
	$Cu^+ + e \longrightarrow Cu$	+0.521
Fe	$Fe^{2+} + 2e \longrightarrow Fe$	−0.447
	$Fe(CN)_6^{3-} + e \longrightarrow Fe(CN)_6^{4-}$	+0.358
	$Fe^{3+} + e \longrightarrow Fe^{2+}$	+0.771
H	$2H^+ + e \longrightarrow H_2$	0.00000
Hg	$HgCl_2 + 2e \longrightarrow 2Hg + 2Cl^-$	+0.26808
	$Hg_2^{2+} + 2e \longrightarrow 2Hg$	+0.7973
	$Hg^{2+} + 2e \longrightarrow Hg$	+0.851
	$2Hg^{2+} + 2e \longrightarrow Hg_2^{2+}$	+0.920
I	$I_2 + 2e \longrightarrow 2I^-$	+0.5355
	$I_3^- + 2e \longrightarrow 3I^-$	+0.536
	$2IO_3^- + 12H^+ + 10e \longrightarrow I_2 + 6H_2O$	+1.195

续表

名 称	电 极 反 应	电极电位/V
	$2HIO+2H^++2e \longrightarrow I_2+2H_2O$	+1.439
K	$K^++e \longrightarrow K$	−2.931
Mg	$Mg^{2+}+2e \longrightarrow Mg$	−2.372
Mn	$Mn^{2+}+2e \longrightarrow Mn$	−1.185
	$MnO_4^-+e \longrightarrow MnO_4^{2-}$	+0.558
	$MnO_2+4H^++2e \longrightarrow Mn^{2+}+2H_2O$	+1.224
	$MnO_4^-+8H^++5e \longrightarrow Mn^{2+}+4H_2O$	+1.507
	$MnO_4^-+4H^++3e \longrightarrow MnO_2+2H_2O$	+1.679
Na	$Na^++e \longrightarrow Na$	−2.71
N	$NO_3^-+4H^++3e \longrightarrow NO+2H_2O$	+0.957
	$2NO_3^-+4H^++2e \longrightarrow N_2O_4+2H_2O$	+0.803
	$HNO_2+H^++e \longrightarrow NO+H_2O$	+0.983
	$N_2O_4+4H^++4e \longrightarrow 2NO+2H_2O$	+1.035
	$NO_3^-+3H^++2e \longrightarrow HNO_2+H_2O$	+0.934
	$N_2O_4+2H^++2e \longrightarrow 2HNO_2$	+1.065
O	$O_2+2H^++2e \longrightarrow H_2O_2$	+0.695
	$H_2O_2+2H^++2e \longrightarrow 2H_2O$	+1.776
	$O_2+4H^++4e \longrightarrow 2H_2O$	+1.229
P	$H_3PO_4+2H^++2e \longrightarrow H_3PO_3+H_2O$	−0.276
Pb	$PbI_2+2e \longrightarrow Pb+2I^-$	−0.365
	$PbSO_4+2e \longrightarrow Pb+SO_4^{2-}$	−0.3588
	$PbCl_2+2e \longrightarrow Pb+2Cl^-$	−0.2675
	$Pb^{2+}+2e \longrightarrow Pb$	−0.1262
	$PbO_2+4H^++2e \longrightarrow Pb^{2+}+2H_2O$	+1.455
	$PbO_2+SO_4^{2-}+4H^++2e \longrightarrow PbSO_4+2H_2O$	+1.6913
S	$H_2SO_3+4H^++4e \longrightarrow S+3H_2O$	+0.449
	$S+2H^++2e \longrightarrow H_2S$	+0.142
	$SO_4^{2-}+4H^++2e \longrightarrow H_2SO_3+H_2O$	+0.172
	$S_4O_6^{2-}+2e \longrightarrow 2S_2O_3^{2-}$	+0.08
	$S_2O_8^{2-}+2e \longrightarrow 2SO_4^{2-}$	+2.010
	$S_2O_8^{2-}+2H^++2e \longrightarrow 2HSO_4^-$	+2.123
Sb	$Sb_2O_3+6H^++6e \longrightarrow 2Sb+3H_2O$	+0.152
	$Sb_2O_5+6H^++4e \longrightarrow 2SbO^++3H_2O$	+0.581
Sn	$Sn^{4+}+2e \longrightarrow Sn^{2+}$	+0.151
V	$V(OH)_4^++4H^++5e \longrightarrow V+4H_2O$	−0.254
	$VO^{2+}+2H^++e \longrightarrow V^{3+}+H_2O$	+0.337
	$V(OH)_4^++2H^++e \longrightarrow VO^{2+}+3H_2O$	+1.00
Zn	$Zn^{2+}+2e \longrightarrow Zn$	−0.7618

(二) 298K，碱性溶液

名称	电极反应	电极电位/V
Ag	$Ag_2S + 2e \longrightarrow 2Ag + S^{2-}$	-0.691
	$Ag_2O + H_2O + 2e \longrightarrow 2Ag + 2OH^-$	$+0.342$
Al	$H_2AlO_3^- + H_2O + 3e \longrightarrow Al + 4OH^-$	$+0.4470$
	$Al(OH)_4^- + 3e \longrightarrow Al + 4OH^-$	-2.328
As	$AsO_2^- + 2H_2O + 3e \longrightarrow As + 4OH^-$	-0.68
	$AsO_4^{3-} + 2H_2O + 2e \longrightarrow AsO_2^- + 4OH^-$	-0.71
Br	$BrO_3^- + 3H_2O + 6e \longrightarrow Br^- + 6OH^-$	$+0.61$
	$BrO^- + H_2O + 2e \longrightarrow Br^- + 2OH^-$	$+0.761$
Cl	$ClO_3^- + H_2O + 2e \longrightarrow ClO_2^- + 2OH^-$	$+0.33$
	$ClO_4^- + H_2O + 2e \longrightarrow ClO_3^- + 2OH^-$	$+0.36$
	$ClO_2^- + H_2O + 2e \longrightarrow ClO^- + 2OH^-$	$+0.66$
	$ClO^- + H_2O + 2e \longrightarrow Cl^- + 2OH^-$	$+0.81$
Co	$Co(OH)_2 + 2e \longrightarrow Co + 2OH^-$	-0.73
	$Co(NH_3)_6^{3+} + e \longrightarrow Co(NH_3)_6^{2+}$	$+0.108$
	$Co(OH)_3 + e \longrightarrow Co(OH)_2 + OH^-$	$+0.17$
Cr	$Cr(OH)_3 + 3e \longrightarrow Cr + 3OH^-$	-1.48
	$CrO_2^- + 2H_2O + 3e \longrightarrow Cr + 4OH^-$	-1.2
	$CrO_4^{2-} + 4H_2O + 3e \longrightarrow Cr(OH)_3 + 5OH^-$	-0.13
Cu	$Cu_2O + H_2O + 2e \longrightarrow 2Cu + 2OH^-$	-0.360
Fe	$Fe(OH)_3 + e \longrightarrow Fe(OH)_2 + OH^-$	-0.56
H	$2H_2O + 2e \longrightarrow H_2 + 2OH^-$	-0.8277
Hg	$HgO + H_2O + 2e \longrightarrow Hg + 2OH^-$	$+0.0977$
I	$IO_3^- + 3H_2O + 6e \longrightarrow I^- + 6OH^-$	$+0.26$
	$IO^- + H_2O + 2e \longrightarrow I^- + 2OH^-$	$+0.485$
Mg	$Mg(OH)_2 + 2e \longrightarrow Mg + 2OH^-$	-2.690
Mn	$Mn(OH)_2 + 2e \longrightarrow Mn + 2OH^-$	-1.56
	$MnO_4^- + 2H_2O + 3e \longrightarrow MnO_2 + 4OH^-$	$+0.595$
	$MnO_4^{2-} + 2H_2O + 2e \longrightarrow MnO_2 + 4OH^-$	$+0.60$
N	$NO_3^- + H_2O + 2e \longrightarrow NO_2^- + 2OH^-$	$+0.01$
O	$O_2 + 2H_2O + 2e \longrightarrow 4OH^-$	$+0.401$
S	$S + 2e \longrightarrow S^{2-}$	-0.445
	$SO_4^{2-} + H_2O + 2e \longrightarrow SO_3^{2-} + 2OH^-$	-0.93
	$2SO_3^{2-} + 3H_2O + 4e \longrightarrow S_2O_3^{2-} + 6OH^-$	-0.571
	$S_4O_6^{2-} + 2e \longrightarrow 2S_2O_3^{2-}$	$+0.08$
Sb	$SbO_2^- + 2H_2O + 3e \longrightarrow Sb + 4OH^-$	-0.66
	$Sn(OH)_6^{2-} + 2e \longrightarrow HSnO_2^- + H_2O + 3OH^-$	-0.93
	$HSnO_2^- + H_2O + 2e \longrightarrow Sn + 3OH^-$	-0.909

注：摘自 CRC Handbook of Chemistry and Physics. 82 ed. 2001～2002, 8-21～8-26。

附录六　常见配离子的稳定常数

配离子	$K_稳$	配离子	$K_稳$
$[Au(CN)_2]^-$	2×10^{38}	$[Cu(S_2O_3)_3]^{5-}$	6.9×10^{13}
$[Ag(CN)_2]^-$	1×10^{21}	$[FeCl_4]^-$	1.02
$[Ag(NH_3)_2]^+$	1.1×10^7	$[Fe(CN)_6]^{4-}$	1.0×10^{35}
$[Ag(SCN)_2]^-$	3.7×10^7	$[Fe(CN)_6]^{3-}$	1.0×10^{42}
$[Ag(CN)_4]^{3-}$	1.2×10^{10}	$[Fe(C_2O_4)_3]^{3-}$	2×10^{20}
$[Ag(S_2O_3)_2]^{3-}$	2.9×10^{13}	$[Fe(C_2O_4)_3]^{4-}$	1.7×10^5
$[Al(C_2O_4)_3]^{3-}$	2.0×10^{16}	$[Fe(NCS)]^{2+}$	2.2×10^3
$[AlF_6]^{3-}$	6.9×10^{19}	$[FeF_6]^{3-}$	1.0×10^{16}
$[Al(OH)_4]^-$	1.1×10^{33}	$[HgCl_4]^{2-}$	1.2×10^{15}
$[Cd(CN)_4]^{2-}$	6.0×10^{18}	$[Hg(CN)_4]^{2-}$	2.5×10^{41}
$[CdCl_4]^{2-}$	6.3×10^2	$[HgI_4]^{2-}$	6.8×10^{29}
$[Cd(NH_3)_4]^{2+}$	1.3×10^7	$[Hg(NH_3)_4]^{2+}$	1.9×10^{19}
$[Cd(SCN)_4]^{2-}$	4.0×10^3	$[Ni(CN)_4]^{2-}$	2.0×10^{31}
$[Co(NH_3)_6]^{2+}$	1.3×10^5	$[Ni(NH_3)_4]^{2+}$	9.1×10^7
$[Co(NH_3)_6]^{3+}$	2×10^{35}	$[Pb(CH_3COO)_4]^{2-}$	3×10^8
$[Co(NCS)_4]^{2-}$	1.0×10^3	$[Pb(CN)_4]^{2-}$	1.0×10^{11}
$[Cu(CN)_2]^-$	1.0×10^{24}	$[Pb(OH)_3]^-$	3.8×10^{14}
$[Cu(OH)_4]^{2-}$	3×10^{18}	$[Zn(CN)_4]^{2-}$	5×10^{16}
$[Cu(CN)_4]^{3-}$	2.0×10^{30}	$[Zn(C_2O_4)_2]^{2-}$	4.0×10^7
$[Cu(NH_3)_2]^+$	7.2×10^{10}	$[Zn(OH)_4]^{2-}$	4.6×10^{17}
$[Cu(NH_3)_4]^{2+}$	2.1×10^{13}	$[Zn(NH_3)_4]^{2+}$	2.9×10^9

注：摘自 Lange's Handbook of Chemistry. 15 ed. 1999，8.83-8.104。

附录七　常见物质的 $\Delta_f H_m^\ominus$、$\Delta_f G_m^\ominus$ 和 $S_m^\ominus$ (298.15K)

物　　质	$\Delta_f H_m^\ominus$/(kJ/mol)	$\Delta_f G_m^\ominus$/(kJ/mol)	$S_m^\ominus$/[J/(K·mol)]
Ag(cr)	0.0	0.0	42.6
Ag^+(aq)	105.6	77.1	72.7
AgCl(cr)	−127.0	−109.8	96.3
AgBr(cr)	−100.4	−96.9	107.1
Ag_2CrO_4(cr)	−731.7	−641.8	217.6
AgI(cr)	−61.84	−66.2	115.5
Ag_2O(cr)	−31.1	−11.2	121.3
Ag_2S(cr,辉银矿)	−32.6	−40.7	144.0
$AgNO_3$(cr)	−124.4	−33.4	140.9
Al(cr)	0.0	0.0	28.3
Al^{3+}(aq)	−531.0	−485.0	−321.7
$AlCl_3$(cr)	−704.2	−628.8	109.3
Al_2O_3(cr,刚玉)	−1675.7	−1582.3	50.9
B(cr,菱形)	0.0	0.0	5.9
B_2O_3(cr)	−1273.5	−1194.3	54.0
BCl_3(g)	−403.8	−388.7	290.1
BCl_3(l)	−427.2	−387.4	206.3
B_2H_6(g)	36.4	86.7	232.1

续表

物 质	$\Delta_f H_m^\ominus$/(kJ/mol)	$\Delta_f G_m^\ominus$/(kJ/mol)	$S_m^\ominus$/[J/(K·mol)]
Ba(cr)	0.0	0.0	62.5
Ba²⁺(aq)	−537.6	−560.8	9.6
BaCl₂(cr)	−855.0	−806.7	123.7
BaO(cr)	−548.0	−520.3	72.1
Ba(OH)₂(cr)	−944.7	—	—
BaH₂(cr)	−177.0	−138.2	63.0
BaCO₃(cr)	−1213.0	−1134.4	112.1
BaSO₄(cr)	−1473.2	−1362.2	132.2
Br₂(l)	0.0	0.0	152.2
Br⁻(aq)	−121.6	−104.0	82.4
Br₂(g)	30.9	3.1	245.5
HBr(g)	−36.3	−53.4	198.7
HBr(aq)	−121.6	−104.0	82.4
Ca(cr)	0.0	0.0	41.6
Ca²⁺(aq)	−542.8	−553.6	−53.1
CaF₂(aq)	−1228.0	−1175.6	68.5
CaCl₂(cr)	−795.4	−748.8	108.4
CaO(cr)	−634.9	−603.3	38.1
CaH₂(cr)	−181.5	−142.5	41.2
Ca(OH)₂(cr)	−985.2	−897.5	83.4
CaCO₃(cr,方解石)	−1207.6	−1129.1	91.7
CaSO₄(cr,无水石膏)	−1434.5	−1322.0	106.5
C(石墨)	0.0	0.0	5.7
C(金刚石)	1.9	2.9	2.34
C(g)	716.7	671.3	158.1
CO(g)	−110.5	−137.2	197.7
CO₂(g)	−393.5	−394.4	213.8
CO₃²⁻(aq)	−667.1	−527.8	−56.9
HCO₃⁻(aq)	−692.0	−586.8	91.2
H₂CO₃(aq,非电离)	−699.65	−623.16	187.4
CCl₄(l)	−128.2	−62.6	216.2
CH₃OH(l)	−239.2	−166.6	126.8
C₂H₅OH(l)	−277.6	−174.8	161
HCOOH(l)	−425.0	−361.4	129.0
CH₃COOH(l)	−484.3	−389.9	159.8
CH₃COOH(aq,非电离)	−485.76	−396.46	178.7
CH₃COO⁻(aq)	−486.01	−396.41	86.6
CH₃CHO(l)	−192.2	−127.6	160.2
CH₄(g)	−74.6	−50.5	186.3
C₂H₂(g)	227.4	209.9	200.4
C₂H₄(g)	52.4	68.4	219.3
C₂H₆(g)	−84.0	−32.0	229.2
C₃H₈(g)	−103.8	−23.4	270.3
C₄H₆(l,1,3-丁二烯)	88.5	—	199.0
C₄H₆(g,1,3-丁二烯)	165.5	201.7	293.0
C₄H₈(l,丁烯-1)	−20.8	—	227.0
C₄H₈(g,丁烯-1)	1.17	72.04	307.4
n-C₄H₁₀(l,正丁烷)	−14.3	—	—
n-C₄H₁₀(g,正丁烷)	−124.73	−15.71	310.0

续表

物 质	$\Delta_f H_m^\ominus/(kJ/mol)$	$\Delta_f G_m^\ominus/(kJ/mol)$	$S_m^\ominus/[J/(K \cdot mol)]$
$C_6H_6(g)$	82.9	129.7	269.2
$C_6H_6(l)$	49.1	124.5	173.4
$Cl_2(g)$	0.0	0.0	223.1
$Cl^-(aq)$	−167.2	−131.2	26.5
$HCl(g)$	−92.3	−95.3	186.9
$ClO^-(aq)$	−104.0	−8.0	162.3
$Co(cr)$	0.0	0.0	30.0
$Co(OH)_2(cr)$	−539.7	−454.3	79.0
$Cr(cr)$	0.0	0.0	23.8
$Cr_2O_3(cr)$	−1139.7	−1058.1	81.2
$Cr_2O_7^{2-}(aq)$	−1490.3	−1301.1	261.9
$CrO_4^{2-}(aq)$	−881.2	−727.8	50.2
$Cu(cr)$	0.0	0.0	33.2
$Cu^+(aq)$	71.7	50.0	40.6
$Cu^{2+}(aq)$	64.8	65.5	−99.6
$Cu(NH_3)_4^{2+}(aq)$	−348.5	−111.3	273.6
$CuCl(cr)$	−137.2	−119.9	86.2
$CuBr(cr)$	−104.6	−100.8	96.2
$CuI(cr)$	−67.8	−69.5	96.7
$Cu_2O(cr)$	−168.6	−146.0	83.1
$CuO(cr)$	−157.3	−129.7	42.6
$Cu_2S(cr)$	−79.5	−86.2	120.9
$CuS(cr)$	−53.1	−53.7	66.5
$CuSO_4(cr)$	−771.4	−662.2	109.2
$CuSO_4 \cdot H_2O(cr)$	−2279.65	−1880.04	300.4
HF	−273.30	−275.4	173.8
$F_2(g)$	0.0	0.0	202.8
$F^-(aq)$	−332.6	−278.8	−13.8
$F(g)$	79.4	62.3	158.8
$Fe(cr)$	0.0	0.0	27.3
$Fe^{2+}(aq)$	−89.1	−78.9	−137.7
$Fe^{3+}(aq)$	−48.5	−4.7	−315.9
$Fe_2O_3(cr)$	−824.2	−742.2	87.4
$Fe_3O_4(cr)$	−1118.4	−1015.4	146.4
$H_2(g)$	0.0	0.0	130.7
$H(g)$	218.0	203.3	114.7
$H^+(aq)$	0.0	0.0	0.0
$H_3O^+(aq)$	−285.83	−237.13	69.91
$Hg(g)$	61.4	31.8	175.0
$Hg(l)$	0.0	0.0	75.9
$HgO(cr)$	−90.8	−58.5	70.3
$HgS(cr)$	−58.2	−50.6	82.4
$HgCl_2(cr)$	−224.3	−178.6	146.0
$Hg_2Cl_2(cr)$	−265.4	−210.7	191.6
$I_2(cr)$	0.0	0.0	116.1
$I_2(g)$	62.4	19.3	260.7
$I^-(aq)$	−55.2	−51.6	111.3
$HI(g)$	26.5	1.7	206.6
$K(cr)$	0.0	0.0	64.7

续表

物　　质	$\Delta_f H_m^\ominus$/(kJ/mol)	$\Delta_f G_m^\ominus$/(kJ/mol)	$S_m^\ominus$/[J/(K·mol)]
K^+(aq)	−252.4	−283.3	102.5
KCl(cr)	−436.5	−408.5	82.6
KI(cr)	327.9	−324.9	106.3
KOH(cr)	424.6	−378.7	78.9
$KClO_3$(cr)	−397.7	−296.3	143.1
$KClO_4$(cr)	−432.8	−303.1	151.0
$KMnO_4$(cr)	−837.2	−737.6	171.7
Mg(cr)	0.0	0.0	32.7
Mg^{2+}(aq)	−466.9	−454.8	−138.1
$MgCl_2$(cr)	−641.3	−591.8	89.6
$MgCl_2 \cdot 6H_2O$(cr)	−2499.0	−2115.0	315.1
MgO(cr)	−601.6	−569.3	27.0
$Mg(OH)_2$(cr)	−924.5	−833.5	63.2
$MgCO_3$(cr)	−1095.8	−1012.1	65.7
$MgSO_4$(cr)	−1284.9	−1170.6	91.6
Mn(cr)	0.0	0.0	32.0
Mn^{2+}(aq)	−220.8	−228.1	−73.6
MnO_2(cr)	−520.0	−465.1	53.1
MnO_4^-(aq)	−541.4	−447.2	191.2
$MnCl_2$(cr)	−481.3	−440.5	118.2
Na(cr)	0.0	0.0	51.3
Na^+(aq)	−240.1	−261.9	59.0
NaCl(cr)	−411.2	−384.1	72.1
Na_2O(cr)	−414.2	−375.5	75.1
NaOH(cr)	−425.6	−379.5	64.5
Na_2CO_3(cr)	−1130.7	−1044.4	135.0
NaI(cr)	−287.8	−286.1	98.5
Na_2O_2(cr)	−510.9	−447.7	95.0
HNO_3(l)	−174.1	−80.7	155.6
NO_3^-(aq)	−207.4	−111.3	146.4
NH_3(g)	−45.9	−16.4	192.8
NH_3(aq)	−80.29	−26.5	111.3
$NH_3 \cdot H_2O$(aq,非电离)	−366.12	−263.63	181.21
NH_4^+(aq)	−132.51	−79.31	113.4
NH_4Cl(cr)	−314.4	−202.9	94.6
NH_4NO_3(cr)	−365.6	−183.9	151.1
$(NH_4)_2SO_4$(cr)	−1180.9	−910.7	220.1
N_2(g)	0.0	0.0	191.6
NO(g)	91.3	87.6	210.8
NO_2(g)	33.2	51.3	240.1
N_2O(g)	81.6	103.7	220.0
N_2O_4(g)	11.1	99.8	304.2
N_2O_4(l)	−19.5	97.5	209.2
N_2H_4(g)	95.4	159.4	238.5
N_2H_4(l)	50.6	149.3	121.2
O_3(g)	142.7	163.2	238.9
O_2(g)	0	0	205.2
OH^-(aq)	−230.0	−157.24	−10.75
H_2O(l)	−285.83	−237.13	69.91

续表

物　　质	$\Delta_f H_m^\ominus/(kJ/mol)$	$\Delta_f G_m^\ominus/(kJ/mol)$	$S_m^\ominus/[J/(K\cdot mol)]$
$H_2O(g)$	−241.8	−228.6	188.8
$H_2O_2(l)$	−187.8	−120.4	109.6
P(cr,白)	0.0	0.0	41.01
P(cr,红)	−17.6	—	22.8
$PCl_3(g)$	−287.0	−267.8	311.8
$PCl_3(l)$	−314.7	−272.3	217.1
$PCl_5(g)$	−374.9	−350.0	364.6
Pb(cr)	0.0	0.0	64.8
$Pb^{2+}(aq)$	−1.7	−24.4	10.5
PbO(cr,黄)	−217.4	−187.9	68.7
PbO(cr,红)	−219.0	−188.9	66.5
$PbO_2(cr)$	−277.44	−217.3	68.6
$Pb_3O_4(cr)$	−718.4	−601.2	211.3
$H_2S(g)$	−20.6	−33.4	205.8
$H_2S(aq)$	−38.6	−27.87	126
$H_2SO_4(l)$	−814.0	−690.0	156.9
$SO_4^{2-}(aq)$	−909.3	−744.5	20.1
$SO_2(g)$	−296.8	−300.1	248.2
$SO_3(g)$	−395.7	−371.1	256.8
$SO_3(l)$	−441.0	−373.8	113.8
Si(cr)	0.0	0.0	18.8
$SiO_2(cr,\alpha$-石英)	−910.7	−856.3	41.5
$SiF_4(g)$	−1615.0	−1572.8	282.8
$SiCl_4(l)$	−687.0	−619.8	239.7
Sn(cr,白)	0.0	0.0	51.2
Sn(cr,灰)	−2.1	0.1	44.1
SnO(cr)	−280.7	−251.9	57.2
$SnO_2(cr)$	−577.6	−515.8	49.0
$SnCl_2(cr)$	−325.1	—	—
$SnCl_4(cr)$	−511.3	−440.1	258.6
Ti(cr)	0	0	30.72
$TiO_2(cr)$	−944.0	−888.8	50.62
$TiCl_4(g)$	−763.2	−726.3	353.2
Zn(cr)	0.0	0.0	41.6
$Zn^{2+}(aq)$	−153.9	−147.1	−112.1
ZnO(cr)	−350.5	−320.5	43.7
$ZnCl_2(aq)$	−488.2	−409.5	0.8
ZnS(cr,闪锌矿)	−206.0	−201.3	57.7

注：cr 表示固体；aq 表示水溶液。

参 考 文 献

[1] 邬宪伟. 物理化学. 2版. 北京：化学工业出版社. 2007.
[2] 李素婷. 物理化学. 北京：化学工业出版社. 2007.
[3] 关荐伊，崔一强. 物理化学. 3版. 北京：化学工业出版社. 2018.
[4] 何杰. 物理化学. 2版. 北京：化学工业出版社. 2018.
[5] 张培青. 物理化学教程. 北京：化学工业出版社. 2018.
[6] 高职高专化学教材编写组. 物理化学. 3版. 北京：高等教育出版社. 2008.
[7] 张丽丹. 物理化学简明教程. 北京：高等教育出版社. 2011.
[8] 范康年. 物理化学. 北京：高等教育出版社. 2008.
[9] 李新民. 物理化学. 北京：化学工业出版社. 2013.
[10] 胡彩玲. 物理化学. 北京：化学工业出版社. 2017.